# LEÇONS

SUR

# LA GÉNÉRATION DES VERTÉBRÉS

# LEÇONS

SUR LA

# GÉNÉRATION DES VERTÉBRÉS

PAR

## G. BALBIANI

PROFESSEUR AU COLLÉGE DE FRANCE.

RECUEILLIES PAR LE D<sup>r</sup> F. HENNEGUY

REVUES PAR LE PROFESSEUR

Avec 150 figures intercalées dans le texte et 6 planches
en chromo-lithographie hors texte

## PARIS

OCTAVE DOIN, ÉDITEUR

8, PLACE DE L'ODÉON

1879

# AVANT-PROPOS

Les leçons qui composent cet ouvrage forment une partie du cours que j'ai professé pendant l'année scolaire 1877-1878. Malgré le titre de *Leçons sur la Génération des Vertébrés,* inscrit à la première page, le lecteur ne doit pas s'attendre à y trouver un exposé complet et dogmatique des phénomènes de la reproduction chez les animaux supérieurs. L'enseignement du Collége de France ne ressemble pas à celui des Facultés ; il n'est pas chargé de faire connaître toutes les parties d'une science, mais de la développer dans la branche qui est l'objet de ses progrès actuels. Parmi les découvertes les plus remarquables dont la science de la génération s'est enrichie dans ces derniers temps, il faut placer celles concernant l'origine et l'évolution des éléments essentiels de la reproduction des animaux, l'œuf et le spermatozoïde. Dans presque tous les pays de l'Europe, des travaux importants et nombreux ont été publiés sur l'ovogenèse et la spermatogenèse. J'en ai fait moi-même, depuis un grand nombre d'années, l'objet de mes études, pour ainsi dire constantes. C'est à présenter l'ensemble des progrès réalisés dans cette voie de recherches que sont consacrées ces leçons de mon cours.

Il me reste à dire quelques mots relatifs à la partie matérielle de cet ouvrage.

Ces leçons ont été recueillies par M. le docteur Henneguy, préparateur du cours, et ont été d'abord publiées hebdomadairement dans la *Revue internationale des Sciences,* dirigée par M. de Lanessan. Elles cessèrent de paraître lorsque le journal changea son mode de publication et devint mensuel. On retrouvera sans aucune modification, dans ce volume, les leçons déjà parues. Elles ont été complétées par celles restées inédites. Cette circonstance a permis de donner à ces dernières des développements que ne comportait pas le mode de publication primitivement adopté. Grâce à la libéralité de l'éditeur, quelques planches chromolithographiées ont même pu y être ajoutées. Elles sont toutes relatives à des recherches personnelles et sont destinées à faciliter l'intelligence des phénomènes assez compliqués de la spermatogenèse chez les Vertébrés. L'ouvrage leur doit une grande partie de sa valeur. On trouvera en outre dans le texte un certain nombre de figures originales, à côté d'autres empruntées aux auteurs dont les travaux sont exposés dans nos leçons. Nous avons toujours eu soin d'indiquer ces dernières dans la légende de la figure.

En terminant, je tiens à remercier M. Henneguy du soin avec lequel il a recueilli nos leçons, ainsi que M. O. Doin des sacrifices qu'il a faits pour la publication de cet ouvrage.

G. BALBIANI.

1ᵉʳ août 1879.

# COURS

# D'EMBRYOGÉNIE COMPARÉE

## DU COLLÉGE DE FRANCE

### PREMIÈRE LEÇON

Division des sciences biologiques. — Insuffisance de l'Anatomie comparée au point de
vue de la classification ; exemples. — Importance de l'Embryogénie pour établir. les
affinités zoologiques. — Ontogénie et Phylogénie. — Théorie de la Gastréa.

On divise la *Biologie*, ou étude des êtres vivants. en *Morphologie* et
en *Physiologie*.

La *Morphologie* a pour objet : d'une part. sous le nom d'*Anatomie
comparée*, l'organisation des animaux et des végétaux dont elle compare les parties homologues. et. d'autre part. sous le nom d'*Embryogénie*.
les phases successives par lesquelles passe un même être depuis le premier moment de son apparition jusqu'à son entier développement. La
*Physiologie* étudie les manifestations vitales des êtres et les fonctions
de leurs divers organes. Celles de ces fonctions qui ont trait à la génération, et les phénomènes de l'évolution embryonnaire des animaux.
telles sont les parties de la biologie qui forment le domaine de notre
enseignement. Avant d'aborder les questions qui feront l'objet particulier de nos études cette année. nous croyons qu'il ne sera pas inutile
de montrer l'importance acquise de nos jours par l'embryogénie, importance tellement considérable. que les diverses branches des sciences
biologiques se trouveront désormais placées dans la nécessité de
prendre pour bases de toutes leurs recherches les résultats fournis par
l'étude du développement des êtres vivants.

On classait autrefois les animaux d'après leur forme extérieure. On
les réunissait en groupes selon le plus ou moins de ressemblance qu'ils
présentaient entre eux : c'est ainsi que Linné avait établi six classes
d'animaux : 1° Mammifères. 2° Oiseaux. 3° Amphibiens. 4° Poissons.
5° Insectes. 6° Vers. d'après leurs caractères externes et certains caractères internes, tels que la conformation du cœur, l'aspect du sang. le

1*

mode de respiration et de reproduction. Cuvier le premier, en 1812, montra que la considération des apparences extérieures était insuffisante, et que l'anatomie comparée devait venir en aide à l'anatomie descriptive pour établir les affinités des animaux entre eux.

Si l'on ne considère, en effet, que les caractères extérieurs des animaux, on peut placer à côté l'un de l'autre deux genres dont l'organisation diffère considérablement. Linné et Cuvier plaçaient parmi les animaux qui vivent en état d'agrégation les Polypes et les Ascidies composées, et les désignaient sous le nom générique de Polypes. En 1815, Savigny (1), qui fit une étude approfondie des Ascidies composées, vit que ces animaux devaient être distraits des Polypes pour être placés à côté des Ascidies simples. Un Polype peut être en effet considéré comme un sac dans lequel s'accomplissent les phénomènes de la vie et de la reproduction; les Ascidies composées ont une organisation beaucoup plus complexe. Chaque animal possède un tube digestif avec une bouche et un anus, une cavité viscérale distincte de la cavité digestive, un système nerveux rudimentaire, un cœur et un système circulatoire, des branchies et des organes reproducteurs. Ce n'était donc que l'état d'agrégation qui les avait fait ranger parmi les Polypes.

Dans beaucoup de cas, les données fournies par l'anatomie comparée deviennent insuffisantes pour assigner à une espèce animale sa place véritable dans une classification. La classe des Crustacés en présente de curieux exemples.

Les Anatifes (*Lepas anatifera*, sont des Crustacés de l'ordre des Cirripèdes, que l'on trouve fixés sur les objets submergés dans la mer. A ne considérer que leur forme extérieure, on ne les aurait jamais placés parmi les Crustacés : ils ont en effet une coquille calcaire, portée sur un pédoncule plus ou moins long. Cuvier les rangeait parmi les Mollusques bivalves et comparait leurs appendices buccaux aux tentacules des Tarets ; Lamarck les classait parmi les Annélides : d'autres zoologistes parmi les Echinodermes. On aurait peut-être réussi à trouver la véritable nature de ces animaux par une étude plus approfondie de leur structure, mais l'embryogénie y conduisit d'une manière plus rapide et plus certaine. Un naturaliste anglais, Vaughan Thompson, a montré que le jeune Anatife, au sortir de l'œuf, a tous les caractères des jeunes Articulés; c'est un petit être possédant trois paires de pattes, nageant dans l'eau avec vivacité, identique aux larves des Crustacés désignées sous le nom générique de *Nauplius*. Le jeune Anatife subit, comme les larves des autres Crustacés, une série de métamorphoses, bien étudiées par

(1) SAVIGNY. *Mémoire sur les animaux sans vertèbres*. II, 1816.

Ch. Darwin ; il prend d'abord la forme *cypridienne*, c'est-à-dire qu'il ressemble à un *Cypris*, puis il finit par se fixer et devient un Anatife adulte.

La Balane (*Balanus balanoides*), autre Cirripède qui, par sa forme extérieure, ressemble beaucoup à un Mollusque, la Patelle, présente dans son développement des phases identiques à celles de l'Anatife.

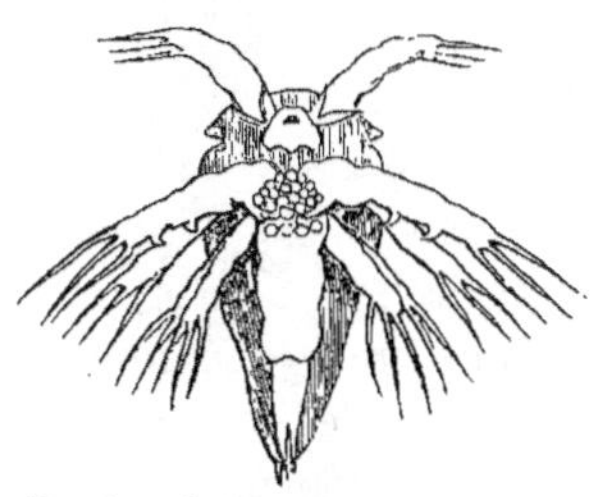

Fig. 1. — Balane. Larve nauplienne (d'après Spence Bate).

Le jeune animal qui sort de l'œuf est un *Nauplius* (fig. 1), c'est-à-dire une larve piriforme, munie d'un œil frontal impair, et de trois paires de pattes dont la première est simple et les deux autres sont bifurquées et portent des soies. L'extrémité de l'abdomen est aussi bifurquée. Après avoir subi plusieurs mues, le *Nauplius* prend la forme d'un *Cypris*, le corps est compris entre deux valves, réunies par leurs bords supérieur, antérieur et postérieur, la première paire de pattes devient les antennes ; ensuite, les différentes pièces de la bouche se forment ; sur le thorax, s'insèrent plusieurs paires de pieds nageurs, bifurqués. Après avoir mené pendant un temps plus ou moins long une vie indépendante, la jeune larve

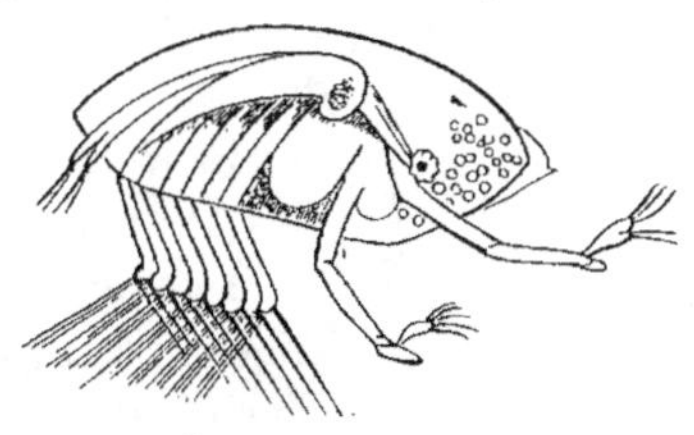

Fig. 2. — Balane. Larve cypridienne (d'après Spence Bate).

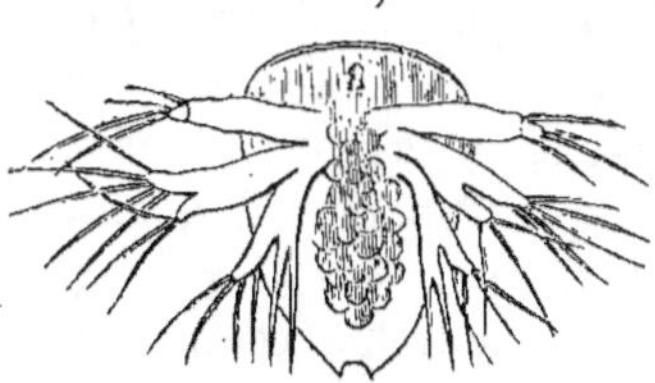

Fig. 3. — Balane adulte

se fixe sur les corps étrangers par ses antennes et se transforme en animal adulte, en s'entourant de pièces calcaires, qui lui forment une sorte de coquille, composée de plusieurs pièces (fig. 3).

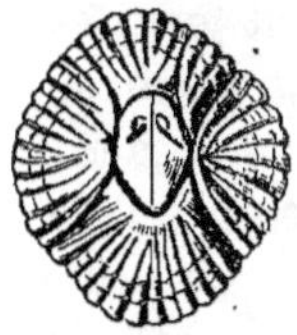

L'anatomie peut quelquefois ne pas présenter les ressources nécessaires pour déterminer une espèce animale, et même pour faire connaître sa véritable organisation. On trouve, par exemple, chez beaucoup de Crabes, chez le Pagure, de petites masses charnues, fixées sur les parois de l'abdomen. Chacune de ces petites masses est la forme adulte d'un Cirripède suceur (Rhizocéphale), d'une *Sacculina* ou d'un *Peltogaster* (fig. 6). Si on ouvre une de ces masses charnues, on voit qu'elle n'est composée que d'un sac, renfermant un nombre considérable d'œufs ;

Fig. 4. — *Peltogaster*. Larve nauplienne (d'après Lindstrœm).

il n'y a pas trace d'articulations, d'appendices extérieurs, de tube digestif, de système nerveux ; on ne trouve que des organes reproducteurs, ovaire et testicule, ces animaux étant hermaphrodites. Si l'on met en incubation ces œufs, on voit sortir de chacun d'eux une petite larve nauplienne dont l'abdomen est plus arrondi et plus court que celui de la larve des autres Cirripèdes et qui présente aussi trois paires de pattes et un œil médian (fig. 4); cette larve passe par la forme cypridienne,

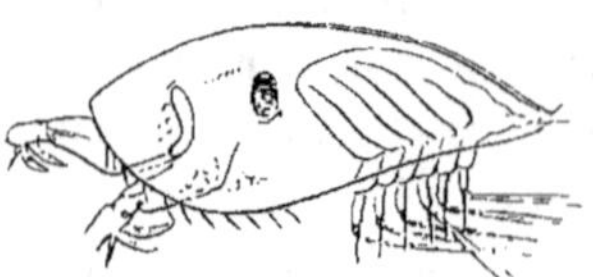

Fig. 5. — *Lernaeodiscus.* Larve cypridienne (d'après F. Müller).

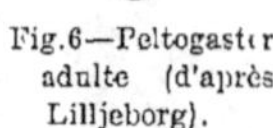

Fig. 6—Peltogaster adulte (d'après Lilljeborg).

prend l'aspect d'une nymphe munie de deux valves fig. 5), puis se fixe à l'aide de ventouses produites par ses antennes sur un autre Crustacé, perd ses différents organes et prend la forme adulte. Ce sont uniquement des considérations embryogéniques qui ont permis de placer ces singuliers animaux parmi les Crustacés.

Un autre exemple non moins intéressant nous est fourni par la classe des Arachnides. Depuis longtemps on connaissait certains parasites vermiformes qui vivent dans les sinus frontaux de certains Carnassiers, du Chien et du Loup, et désignés sous le nom de Pentastomes (1) ou de Linguatules. Ces animaux ont de 5 à 10 centimètres, ils présentent des segments très-courts, et possèdent une bouche, un tube digestif, un anus et des organes reproducteurs; de chaque côté de la bouche, ils ont une paire de petits crochets. Cuvier les avait placés parmi les vers cavitaires (Nématoïdes). Van Beneden reconnut que les jeunes de ce prétendu ver avaient une forme analogue à celle des jeunes Lernéopodes, et présentaient deux paires de pattes. Leuckart (2) a confirmé la découverte de

Fig. 7. — *Pentastomum taenioides.* Embryon. (d'après Leuckart).

van Beneden et a étudié les migrations de ces animaux. Les œufs tombent sur l'herbe avec le mucus nasal des Carnassiers, ils sont avalés par des Herbivores, en particulier par des Lièvres et des Lapins; ils éclosent dans l'intestin de ces derniers animaux. Les jeunes pénètrent dans le système circulatoire, passent dans le foie ou dans le poumon, et s'enkystent dans l'un ou l'autre de ces organes. Là, après

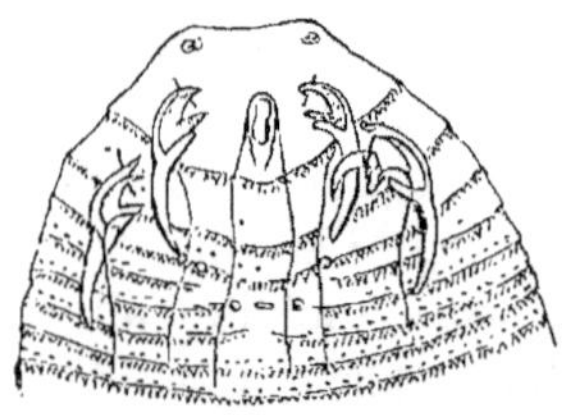

Fig. 8. — *Pentastomum taenioides.* Larve intermédiaire (d'après Leuckart).

plusieurs mues, ils prennent une forme vermiforme; cette larve intermédiaire entre l'embryon et l'adulte, était décrite autrefois comme une

---

(1) Le nom de Pentastome vient de ce que les premiers observateurs ont pris les crochets pour des ouvertures buccales. Les Pentastomes sont placés maintenant par la plupart des naturalistes parmi les Arachnides.

(2) LEUCKART, *Baud und Entwicklungsgesch. der Pentastomen*, Leipzig, 1860.

espèce particulière sous le nom de *Pentastomum denticulatum*. Pour acquérir la forme adulte, il faut qu'elle passe dans le corps d'un autre animal, ce qui arrive quand le Lapin est mangé par un Chien ou un Loup.

Parmi les Vertébrés, l'étude du développement a pu également conduire à classer quelques espèces. C'est ainsi que A. Müller (1) a reconnu que l'espèce de Poisson qu'on désignait autrefois sous le nom d'*Ammocœtes branchialis*, n'était qu'un état larvaire de la Lamproie commune.

L'embryogénie seule a permis d'établir les liens de parenté qui unissent les divers animaux entre eux. La plupart des zoologistes de l'école de Cuvier donnaient aux mots *parenté*, *affinité*, un sens purement figuré ; ils entendaient par là simplement les ressemblances qui existent entre certains animaux. Les naturalistes d'aujourd'hui donnent à ces mots leur sens propre, et y attachent une véritable idée de parenté ; aussi les classifications actuelles tendent à prendre la forme d'un

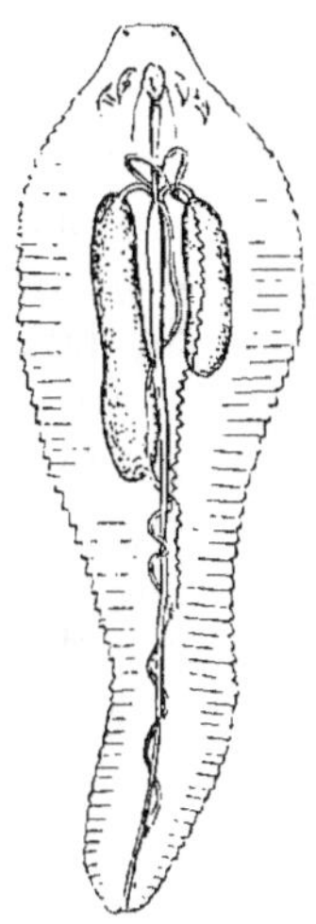

Fig. 9. — *Pentastomum tænioides*. Femelle adulte. (D'après Leuckart.)

arbre généalogique, dans lequel, au fur et à mesure qu'on s'éloigne de la base, les générations successives, représentées par des animaux, se différencient de plus en plus et se ressemblent de moins en moins.

L'espèce n'est, dans cette manière de voir, qu'une forme dérivée d'une forme antérieure, dont elle n'est qu'une modification.

Une espèce donnée présente dans son développement embryogénique une série de phases analogues à celles que l'espèce a parcourues pour arriver à l'état actuel ; c'est ce que Fritz Müller a énoncé de la façon suivante : « L'histoire de l'évolution individuelle est une répétition courte et abrégée, une récapitulation, en quelque sorte, de l'histoire de l'évolution de l'espèce (2). »

Haeckel a donné le nom d'*Ontogénie* (3) à l'histoire du développement de l'individu, c'est-à-dire à l'embryogénie proprement dite, et le nom de *Phylogénie* (4) à l'histoire de l'évolution de l'espèce. On peut donc dire que l'ontogénie est une courte récapitulation de la phylogénie.

C'est surtout depuis les travaux de Darwin que ces idées ont pris un grand crédit ; ce sont les lois de l'hérédité et de l'adaptation, établies par ce grand naturaliste, qui forment le lien existant entre l'évolution de

---

(1) Aug. Müller, *Archiv für Anatomie*, 1856.
(2) F. Müller, *Für Darwin*, Leipzig, 1864.
(3) Ὄν, ὄντος, être ; γένος, génération, naissance.
(4) Φυλή, race ; γένος, génération.

l'embryon et la transformation de l'espèce. L'individu tend à conserver la forme de ses ancêtres, l'adaptation à faire dévier cette forme.

Chez beaucoup d'animaux, le développement ontogénésique reproduit exactement la phylogénie ; mais souvent l'octogénie est modifiée : il y a, dans le développement, des phases de la phylogénie qui manquent ou qui sont *falsifiées*. Quand le développement individuel est plus ou moins dévié du développement phylogénésique qu'il doit reproduire, on dit qu'il y a *cænogenèse* (1).

Dans le développement de tout Vertébré, il y a des phases phylogénésiques normales. Tels sont les premiers phénomènes de l'évolution : la segmentation de l'œuf, la formation du blastoderme, l'apparition d'une corde dorsale, qui, chez tous les Vertébrés, occupe une position déterminée au-dessous du système nerveux central ; la formation du corps de Wolff, l'état hermaphrodite des organes sexuels. Chez les Vertébrés supérieurs, on trouve des phases cænogénésiques ; ce sont par exemple les apparitions successives de l'amnios et de l'allantoïde, transformations qui se sont introduites dans le développement quand un Vertébré inférieur a eu une tendance à devenir Vertébré supérieur.

Beaucoup de Crustacés ont un développement phylogénésique, puisque le jeune animal, au sortir de l'œuf, est un *Nauplius*, qui passe par la forme cypridienne avant d'arriver à l'âge adulte, et que certaines espèces existent à l'état de *Nauplius*, comme les *Cyclops*, et à l'état de larve cypridienne, comme les *Cypris* et les Ostracodes en général. Il peut arriver cependant qu'un Crustacé ne présente pas ces états larvaires avant son complet développement ; on sait, par exemple, que l'Écrevisse sort de l'œuf avec la forme qu'elle aura à l'état adulte. Cette absence d'état larvaire n'est qu'apparente ; à un certain moment du développement de l'œuf, on voit, en effet, l'embryon n'avoir que trois paires d'appendices antennes et mandibules supérieures et inférieures), et présenter la forme d'un *Nauplius*. C'est donc dans l'œuf que se passent ici les différentes phases de l'évolution générale des Crustacés.

Il est difficile de savoir à quelle cause attribuer cette abréviation et cette condensation des phases du développement. M. de Quatrefages a essayé d'expliquer ce fait : selon lui, un animal subit des métamorphoses hors de l'œuf, avant d'arriver à l'état adulte, lorsqu'il ne trouve pas dans l'œuf les éléments plastiques nécessaires à son développement ; quand ces éléments sont en quantité suffisante, les diverses phases phylogénésiques se passent dans l'œuf. Cette cause n'est pas évidemment la seule, et il faut aussi tenir compte des conditions de milien. Ainsi, pour emprunter encore un exemple à la classe des Crustacés, le *Leptodora*

(1) Καινὸς, nouveau ; γένος, génération.

*hyalina*, espèce de Daphnide qui vit dans l'eau douce, sort de l'œuf tantôt à l'état de Nauplius, tantôt à l'état parfait. O. Sars a reconnu que le *Leptodora* sortait sous la forme nauplienne des œufs destinés à hiverner, et P.-E. Müller a vu qu'il naît, sous la forme qu'il possède à l'état adulte, des œufs éclosant pendant l'été.

La théorie de la phylogenèse n'est pas née de nos jours. En 1793, Kielmeyer avait émis cette idée que chacun des états par lesquels un animal passe pendant son développement représente une forme de la série animale ; mais, pour lui, comme pour les philosophes de l'école de la nature, l'embryon du Vertébré supérieur, par exemple, avait d'abord la forme d'un Infusoire, puis celle d'un Polype, d'un Mollusque, etc., et arrivait ainsi à avoir sa forme définitive. Cette théorie résultait de la croyance, généralement admise à cette époque, que la série animale pouvait être comparée à une échelle dont chaque échelon, représentant une espèce, était supérieur au précédent.

Aujourd'hui, les naturalistes admettent que l'animal ne reproduit dans son évolution ontogénésique que les phases phylogénésiques de la branche de l'arbre généalogique à laquelle il appartient.

Les philosophes du siècle dernier avaient placé la Monade au bas de l'échelle zoologique ; certains naturalistes modernes partent maintenant de la *gastrea* pour établir l'arbre généalogique de l'individu ou de l'espèce. Cette gastrea, introduite dans la science par Haeckel, représente un sac composé de deux couches : l'une externe, *ectoderme*, l'autre interne, *endoderme*, limitant une cavité, *protogaster*, qui communique avec l'extérieur par une ouverture, *protostoma* (1).

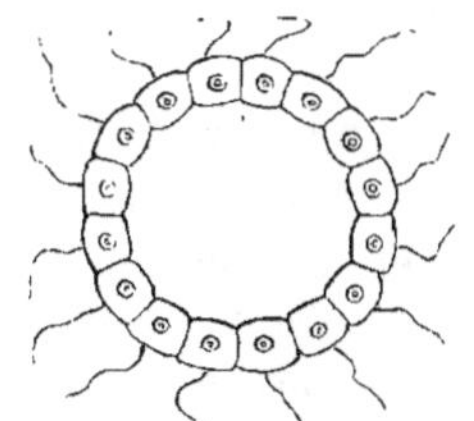

Fig. 10. — Blastula.

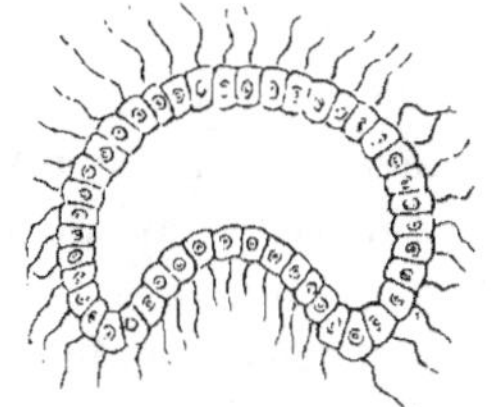

Fig. 11. — Commencement de l'invagination de la blastula.

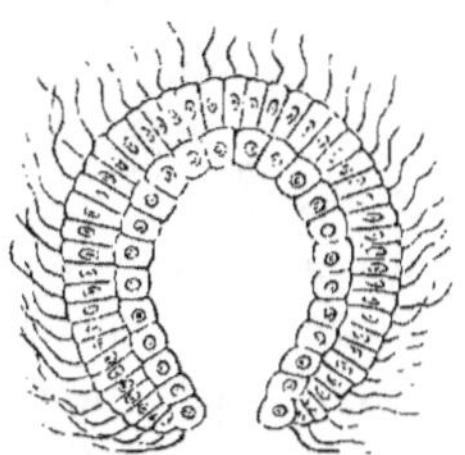

Fig. 12. — Gastrula.

L'œuf segmenté, arrivé à l'état mûriforme des anciens auteurs, constitue ce que Haeckel appelle la *morula*. Lorsque les cellules de la *morula* se sont disposées en une couche unique, *blastoderme*, à la périphérie de l'œuf, celui-ci devient une *blastula*. Bientôt une dépression se produit

(1) Haeckel, *Studien zur Gastræa-Theorie*, Jena, 1877.
Voyez aussi : G. Moquin-Tandon, *De quelques applications de l'embryologie à la classification*, in *Ann. Sc. nat.*, 1876.

à la surface de la *blastula*, dont une partie de la paroi s'invagine vers l'intérieur et finit par s'appliquer sur la face interne du blastoderme pour constituer l'*endoderme*. La cavité du sac à double paroi, ou *gastrula*, est désignée par Haeckel sous le nom de *protogaster*; la cavité primitive de la *blastula* (cavité de segmentation) se trouve alors réduite à une simple fente qui sépare l'endoderme de l'ectoderme.

Comme beaucoup d'animaux reproduisent cette forme gastréenne au début de leur développement, Haeckel pense que la gastrea est la forme ancestrale de tous les animaux. Cette hypothèse est-elle vraie ?

Elle se vérifie pour les Spongiaires, les Polypes, les Échinodermes, pour beaucoup de Vers, les Bryozoaires, etc. Mais peut-on l'admettre pour les Vertébrés ? Haeckel le prétend. Il admet avec Rauber que dans l'œuf de la Poule, par exemple, les bords du feuillet externe se recourbent en dedans pour former une gastrula ; ce fait n'a pas été constaté par d'autres observateurs et, fût-il exact, la gastrula prendrait naissance dans ce cas par un processus différent de celui qu'on observe chez les animaux inférieurs. Pour répondre à cette objection, Haeckel est obligé de reconnaître à la gastrula plusieurs modes de formation, et il admet des gastrulas falsifiées ou cænogénésiques.

Suivant Haeckel, l'antique gastrea aurait encore aujourd'hui des représentants vivants : ce seraient les animaux des deux genres *Haliphysema* et *Gastrophysema*, qui avaient été considérés jusqu'à présent comme des Eponges ou des Rhizopodes. Ces animaux sont fixés au fond de la mer par un pédicule ; leur corps est un sac dont la paroi est formée de deux couches de cellules limitant une cavité qui communique librement avec l'extérieur par une ouverture. La couche externe renferme des spicules, la couche interne est garnie de cils vibratiles.

Afin d'expliquer comment tous les animaux ont pu dériver de la forme gastréenne primitive, Haeckel admet que parmi les descendants de cette gastrea les uns se sont fixés au fond de la mer et sont devenus des *Protascus*, d'où sont sortis les animaux radiés ; les autres ont rampé, en prenant la forme bilatérale, et sont devenus des *Prothelmis* qui ont formé la souche des animaux bilatéraux. Haeckel est obligé de ranger les Échinodermes parmi les animaux bilatéraux, car leur larve est très-mobile et bilatérale. Aussi, pour lui, les Étoiles de mer sont des Vers soudés par la tête. Cette idée, émise déjà par Duvernoy en 1837, a été vivement combattue par Metschnikoff et Al. Agassiz, qui ont étudié d'une manière approfondie l'organisation et le développement des Échinodermes. Agassiz (1) a montré de plus qu'il y a autant d'animaux ra-

(1) AL. AGASSIZ, *Mém. sur l'embryogénie des Cténophores*, 1874.

diaires que d'animaux bilatéraux qui proviennent soit de gastrulas fixées, soit de gastrulas pélagiques.

Il résulte de ces faits que la théorie gastréenne, acceptée par beaucoup de naturalistes, est cependant fortement combattue, même en Allemagne, par des savants très-distingués, comme Claus, Semper et Kœlliker, qui sont cependant partisans de la doctrine de l'évolution.

Haeckel range aussi les Ascidies parmi les ancêtres des Vertébrés, et il s'appuie pour cela sur les remarquables travaux de Kowalevsky (1). Ce naturaliste, ayant étudié en même temps, en 1872, l'embryogénie de l'Ascidie et celle de l'*Amphioxus*, le plus simple de tous les Vertébrés, fut frappé des ressemblances que présentaient ces animaux dans les premières phases de leur développement. Chez l'Ascidie, comme chez l'*Amphioxus*, le système nerveux se forme par une invagination de l'ectoderme, et au-dessous de lui apparaît une rangée de cellules qui représente la corde dorsale. Cette découverte a été confirmée par les uns, combattue par les autres ; cependant aujourd'hui on tend à considérer cette homologie comme purement apparente. On pense que la corde dorsale est produite par cænogénésie et n'est qu'un organe de soutien destiné à faciliter la natation de la larve. Vogt et Reichert repoussent ainsi la manière de voir de Haeckel et de Kowalevsky. J'ai constaté que beaucoup d'Ascidies composées (Botrylles et Amarouques) n'ont pas de corde dorsale ; on ne voit dans la queue de la larve de ces animaux qu'un canal rempli d'un liquide clair ou rosé, entouré de grosses cellules striées musculaires ; mais dans le canal il n'y a pas trace de cellules.

On voit, par ce qui précède, dans quelle voie nouvelle l'embryogénie est entrée ; elle est devenue la plus philosophique de toutes les sciences des êtres vivants. Si elle ne présentait que peu d'intérêt quand on croyait que l'embryon était, dès le début, tout formé dans l'œuf, elle a conquis une grande importance depuis que Wolff a montré que le nouvel être se constitue petit à petit, partie par partie. Depuis que von Baer a montré aussi que les affinités zoologiques se révélaient dans l'ontogenèse et que des animaux appartenant à un même type ont un même mode de développement, on a été conduit à prendre l'embryogénie pour guide dans la classification des animaux et aucun groupement scientifique des êtres vivants ne pourra désormais être admis s'il ne puise dans l'embryogénie les éléments nécessaires à sa constitution. C'est à notre époque qu'il était réservé de trouver les affinités qui existent entre les divers animaux, grâce aux travaux de la nouvelle école dont Lamarck doit être considéré comme le fondateur et dont le chef actuel est Ch. Darwin.

---

(1) Kowalevski, in *Mém. de l'Acad. de Saint-Pétersb.*, série 7, II et XII, 1867-1868.

# DEUXIÈME LEÇON

Organes segmentaires chez les Vertébrés. — État hermaphrodite primitif de l'embryon. Œuf des Mammifères. — Œuf des Oiseaux. — Oviducte de la Poule. — Structure des enveloppes de l'œuf des Oiseaux.

Le cours de l'année dernière a été consacré à l'étude de l'appareil génital chez les Vertébrés ; je me suis attaché à exposer les travaux les plus récents sur la composition de cet appareil, et les recherches de Semper (1), Balfour (2), Spengel (3), etc., sur l'existence chez les Vertébrés d'organes particuliers, méconnus jusqu'à ce jour, et jouant un rôle très-important dans le développement et la constitution du système urogénital.

Ces organes, auxquels on a donné le nom d'*organes segmentaires*, à cause de leur analogie avec ceux des Vers, existent chez l'embryon des Plagiostomes, au niveau de chaque segment du corps, de chaque côté de la colonne vertébrale. Ce sont des canaux en lacet, s'ouvrant d'un côté dans la cavité péritonéale, par une extrémité évasée en entonnoir et garnie de cils vibratiles, et débouchant de l'autre côté dans un canal commun, le canal du corps de Wolff. L'ensemble de ces tubes forme le rein primitif ou corps de Wolff. Chez les Vers, et principalement chez les Annélides, où ils sont très-développés, ces canaux existent aussi à chaque segment, ils communiquent par une extrémité libre avec la cavité du corps, et s'ouvrent chacun séparément à l'extérieur, au lieu de déboucher dans un tronc commun. Ce système de canaux remplit, chez les Vers, le même rôle que le rein chez les animaux supérieurs ; de plus, ces canaux servent aussi de conduits d'évacuation pour les éléments sexuels. Chez les Vertébrés, les organes segmentaires persistent en partie chez l'adulte, comme Semper et Spengel l'ont démontré pour les Plagiostomes et les Batraciens, ils persistent dans le rein, et forment les conduits efférents des produits de la glande sexuelle mâle.

C'est sur cette homologie remarquable entre les organes segmentaires des Vers et des Vertébrés que Semper a fondé une théorie ingénieuse sur la parenté des Vertébrés et des Invertébrés.

(1) Semper, *Das Urogenitalsystem der Plagiostomen*, Leipzig, 1875.

(2) Balfour, *A preliminary account of the Development of the Elasmobranch Fishes*, in *Quarterly Journal of microsc. science*, oct. 1874.

(3) Spengel, *Das Urogenitalsystem der Amphibien*, in *Arbeiten aus dem zool.-zootom. Institut in Würzburg*, III, 1870.

Je rappellerai aussi en quelques mots les recherches les plus récentes relatives à l'origine des éléments sexuels chez les Vertébrés.

Quelques auteurs pensaient que l'embryon était primitivement dans un état d'indifférence sexuelle, qu'il n'était ni mâle ni femelle. Telle était l'opinion de Geoffroy Saint-Hilaire. de Jean Müller et de Leuckart.

De Blainville, Meckel, Rosenmüller croyaient que tous les embryons commençaient par être du sexe féminin, et que ce n'était qu'ultérieurement qu'un certain nombre d'entre eux se transformaient en mâles ; les organes génitaux externes, anx premiers temps du développement, ressemblent en effet beaucoup à ceux de la femelle adulte, et c'est sur cet aspect qu'ils avaient fondé leur théorie.

D'autres embryogénistes avaient émis l'idée que l'embryon est tout d'abord mâle et femelle, et qu'il ne garde ensuite que l'un ou l'autre sexe : le docteur Knox, qui le premier publia cette hypothèse. s'appuya sur des vues purement théoriques.

Waldeyer (1) a prouvé la réalité de cette hypothèse ; il a démontré que l'embryon des Vertébrés supérieurs présente, à une époque peu avancée de son développement, un état hermaphrodite, qu'il porte l'ébauche des deux sexes.

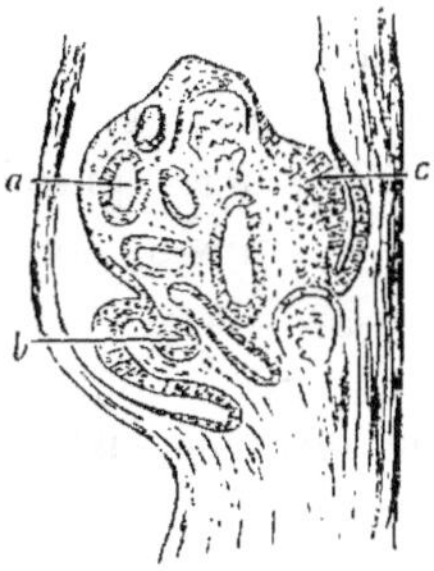

Si l'on pratique une coupe transversale sur la partie moyenne d'un embryon de Poulet vers la fin du quatrième jour. on voit que la cavité abdominale est tapissée d'un épithélium pavimenteux qui devient cylindrique au niveau du corps de Wolff, et constitue l'épithélium germinatif. Par suite du développement de l'embryon, cet épithélium cylindrique se concentre à la partie interne et à la partie externe de la surface du corps de Wolff ; les cellules qui recouvrent la partie intermédiaire deviennent pavimenteuses.

Fig. 13. — Coupe du corps de Wolff sur un embryon de Poulet à la fin du quatrième jour. *a.* coupe des canalicules du corps de Wolff ; *b,* rudiment du canal de Müller ; *c,* épithélium germinatif contenant les ovules primordiaux. (D'après Waldeyer.)

Aux dépens de l'épithélium germinatif externe se forme le canal de Müller (*b*), qui deviendra plus tard l'oviducte ; aux dépens de l'épithélium germinatif interne se forme la glande sexuelle femelle (ovaire). En effet, au milieu des cellules cylindriques apparaissent d'autres cellules plus grandes, isolées, arrondies : ce sont, d'après Waldeyer, les ovules primordiaux (*c*) ; ils mesurent de 15 à 18 millièmes de millimètre. Ces ovules, ces germes femelles, existent au début chez les deux sexes.

(1) Waldeyer, *Eierstock und Ei*, Leipzig, 1870.

Semper, chez les Plagiostomes, a vu des faits identiques à ceux que Waldeyer a décrits chez le Poulet ; mais ces deux observateurs ne sont pas d'accord sur l'origine des éléments mâles embryonnaires.

Pour Waldeyer, les ovules primitifs ne joueraient aucun rôle chez l'embryon du sexe masculin ; ils disparaîtraient. Les éléments mâles proviendraient d'un bourgeonnement des tubes du corps de Wolff ; ces bourgeons produiraient les canalicules spermatiques. Ainsi, l'appareil mâle et l'appareil femelle se développeraient aux dépens d'une même masse, le corps de Wolff ; mais les éléments femelles auraient leur origine dans l'épithélium germinatif ; les éléments mâles dériveraient du canal de Wolff.

D'après Semper, les éléments mâles et femelles auraient la même origine et viendraient de l'épithélium germinatif. Cet observateur a vu, chez les Plagiostomes, les ovules primordiaux, entourés d'une couche de cellules cylindriques, s'enfoncer dans le stroma de la glande sexuelle et devenir, chez la femelle, les follicules de l'ovaire ; chez le mâle, les ampoules du testicule. Quant au corps de Wolff (glande de Leydig), il ne donnerait naissance qu'au système sécréteur de la glande mâle : aux vaisseaux efférents et au *rete testis*.

L'état hermaphrodite, mâle et femelle, de l'embryon, dans les premiers temps de son développement, est donc maintenant un fait acquis à la science.

Tels sont, rapidement résumés, les principaux points sur lesquels nous avons insisté dans notre cours de l'année dernière. L'étude de l'appareil de la génération a pour corollaire celle des produits qui se forment dans son intérieur. Nos leçons de cette année seront consacrées à l'étude de ces produits, envisagés spécialement chez les animaux vertébrés. La connaissance des éléments sexuels mâles et femelles est indispensable pour aborder l'histoire de la fécondation et du développement.

Chez tous les Vertébrés il n'existe qu'un seul mode de reproduction, l'oviparité ; les modes de reproduction agame, la scissiparité et la gemmiparité, y sont inconnus ; c'est surtout à ces animaux qu'on peut appliquer le célèbre aphorisme d'Harvey : *Omne vivum ex ovo*. Les espèces appartenant à ce groupe ont besoin du concours des deux sexes pour se reproduire ; l'œuf ne se développe qu'après avoir subi l'influence de l'élément mâle. On trouve cependant, chez les Vertébrés, des traces de parthénogenèse, c'est-à-dire que l'œuf peut se développer sans avoir été fécondé. Ainsi, on sait que chez la Poule la segmentation de la cicatricule commence dans l'oviducte, que l'œuf ait été fécondé ou non ; seulement, dans ce dernier cas, le développement s'arrête bientôt. Bischoff a u également des œufs de Grenouille non fécondés présenter les premiers phénomènes de la segmentation.

Chez l'Homme, comme chez tous les Mammifères, l'œuf (fig. 14) se présente sous la forme d'une vésicule parfaitement sphérique; on y retrouve es éléments qui entrent dans la composition des œufs de tous les autres nimaux. Cette vésicule présente en effet une enveloppe, *membrane vitelline* ou *chorion*, un contenu ou *vitellus*, un noyau et un nucléole, uxquels on a donné le nom de *vésicule* et de *tache germinatives*.

Le volume de l'œuf varie suivant les espèces de Vertébrés; le diamètre e l'ovule chez la Femme est de $0^{mm}20$, chez la Lapine de $0^{mm}18$, chez e Cochon d'Inde, de $0^{mm}12$.

Chez les Mammifères, l'enveloppe de l'œuf a une épaisseur notable; lle est environ de $0^{mm}01$. C'est une membrane très-transparente que I. Coste comparait à un anneau de cristal, et qu'on appelle quelquefois our cette raison *zone pellucide*. Lorsqu'on rompt cette membrane, sa

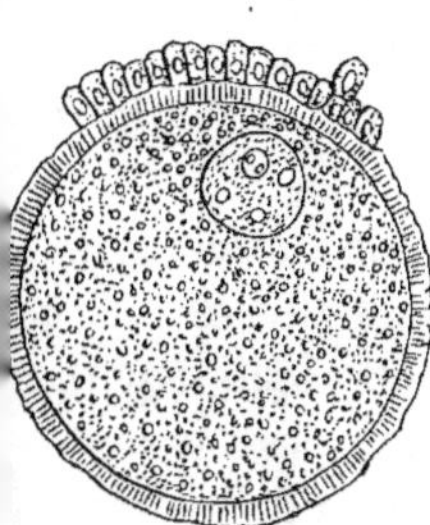

Fig. 14. — Œuf ovarien de
apin présentant encore à sa sur-
ace quelques cellules du disque
roligère (d'après Waldeyer).

déchirure est toujours nette. La membrane vitelline n'a pas une structure homogène; elle renferme des stries très-fines, rayonnées, vues pour la première fois par Remak et par Leydig. Ces stries paraissent représenter des canalicules très-étroits, analogues à ceux qu'on observe dans l'enveloppe chitinisée des œufs des Insectes. Chez les Poissons osseux, ces canalicules sont très-visibles. Il existe aussi dans l'enveloppe de l'œuf une striation concentrique qui indique qu'elle est formée de couches successives. Ces caractères prouvent que ette enveloppe n'est pas un produit de sécrétion de l'œuf et ne peut tre comparée à une membrane de cellule qui est homogène; c'est plutôt ine formation cuticulaire produite par les cellules épithéliales du folliule : il vaut mieux lui donner le nom de chorion et réserver le nom de nembrane vitelline pour les enveloppes sécrétées par le protoplasma itellin, ainsi que l'a proposé Ed. van Beneden.

Barry, Pflüger, Meissner, Ed. van Beneden, avaient cru apercevoir un nicropyle, sous la forme d'un trou très-fin, traversant la membrane itelline. Ed. van Beneden a reconnu depuis qu'il s'était trompé et qu'il 'existe pas de micropyle chez les Mammifères. Le simple examen d'un œuf au moment de la fécondation suffit du reste pour le démontrer, car on voit les spermatozoïdes traverser l'enveloppe ovulaire par tous les points de sa surface.

Quelques auteurs, entre autres Valentin, Rudolf Wagner, H. Meyer, ont cru que l'œuf des Mammifères avait deux membranes d'enveloppe, et qu'au-dessous du chorion il y avait une véritable membrane vitelline. Ils se fondaient, pour admettre l'existence de cette seconde enveloppe, sur ce fait que si l'on déchire le chorion, le vitellus ne se répand pas dans tous les sens, mais difflue comme une masse semi-liquide renfermée dans une enveloppe très-mince. Bischoff a montré que ce phénomène était dû simplement à la consistance du protoplasma vitellin. Du reste, cette seconde membrane n'est plus admise aujourd'hui, et pour ma part je n'ai jamais pu constater sa présence.

Le vitellus remplit complétement la cavité du chorion, dans l'œuf ovarien non fécondé. Cette masse est une sorte d'émulsion, renfermant une grande quantité de granulations fines et pâles de nature protéique. Au milieu d'elles se trouvent d'autres granulations plus fines, plus brillantes, qui présentent les réactions des substances grasses ; elles noircissent sous l'influence de l'acide osmique. Les granulations graisseuses sont très-abondantes dans l'œuf de la Vache et de la Chienne, ce qui lui donne un aspect blanchâtre, qui permet de le reconnaître facilement à travers les parois du follicule ovarien : elles sont rares au contraire dans l'œuf de la Femme et de la Lapine.

La masse vitelline renferme un noyau, la *vésicule germinative* (*vesicule de Purkinje*), qui mesure de 0$^{mm}$,045 à 0$^{mm}$,050 de diamètre. Cette vésicule a été vue pour la première fois par Purkinje, en 1825, dans la cicatricule de l'œuf de Poule, et elle a été découverte chez les Mammifères par M. Coste en 1834. La vésicule germinative contient elle-même un nucléole qui se présente sous la forme d'un petit globule de 0$^{mm}$005 de diamètre, c'est la *tache germinative* ou *tache de Wagner*, du nom de l'anatomiste qui l'a découverte en 1836. Généralement, à côté de cette tache on trouve quelques autres corpuscules plus petits. Le protoplasma de la vésicule germinative se présente sous la forme d'un réseau de filaments granuleux ; cette disposition a été signalée pour la première fois par Ed. van Beneden. J'ai constaté moi-même cette réticulation dans la vésicule germinative des Poissons osseux ; Flemming l'a vue chez les Unios, les Anodontes, et van Beneden chez l'Étoile de mer.

Ed. van Beneden (1) a appelé l'attention des embryogénistes sur les petits corps qui se trouvent dans la vésicule germinative à côté de la tache de Wagner ; il leur a donné le nom de *corpuscules pseudo-nucléaires*, et à la masse granuleuse réticulée de la vésicule germinative, le nom de *nucléoplasma*. Lorsque la vésicule germinative disparaît dans l'œuf mûr, quelque temps avant la fécondation, le nucléoplasma et les pseudonucléoles seraient expulsés de la masse vitelline pour former un des

(1) ED. VAN BENEDEN, *Communication préliminaire*, in *Bulletin de l'Acad. roy. de Belgique*, 2ᵉ sér. XI, 1875.

globules polaires, l'autre serait produit par la tache germinative. Nous reviendrons sur cette théorie lorsque nous étudierons les phénomènes qui se passent dans l'œuf avant la fécondation.

Si l'on compare un œuf d'Oiseau à un œuf de Mammifère, on croit tout d'abord avoir sous les yeux deux corps tout à fait différents. L'œuf de l'Oiseau est en effet un produit complexe, mais lorsqu'on l'a dépouillé de toutes ses parties accessoires, coquilles, membrane coquillière, albumine, on peut arriver à constater que le jaune qui reste est l'analogue de l'œuf des Mammifères.

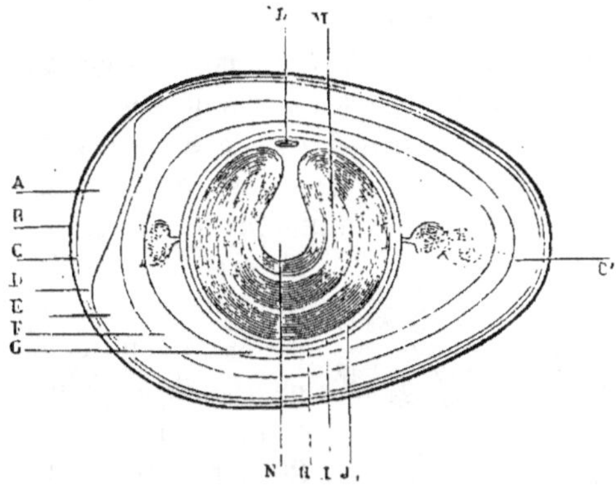


Fig. 15. — Coupe schématique de l'œuf de Poule : — A, chambre à air. B, coquille. C, feuillet externe, D, feuillet interne de la membrane coquillière. C', chalaze. E, couche liquide d'albumine. F, couche moyenne plus dense, dans laquelle se terminent les chalazes. G, couche albumineuse interne liquide. H, membrane chalazifère. I, membrane vitelline. J, couche de vitellus blanc. L, cicatricule. M, jaune présentant des couches concentriques, jaunes et blanches. N, latébra.

L'œuf de la Poule, au moment où il se détache de l'ovaire, n'est formé que par la masse du jaune. Cette masse est renfermée dans une membrane (membrane du jaune), que l'on regarde généralement comme homogène, mais qui, en réalité, est formée de fibrilles entre-croisées dans tous les sens. J'ai vu à la surface et dans l'épaisseur même de cette membrane des cellules détachées de la paroi du follicule ovarien ; cette enveloppe n'est donc pas une membrane vitelline, mais un véritable chorion.

Sur un point de la masse du jaune, on aperçoit une petite tache blanchâtre, qui porte le nom de *germe* ou de *cicatricule ;* c'est la seule partie de l'œuf qui se segmente et aux dépens de laquelle se forme l'embryon. Cette cicatricule renferme un vésicule, qui est la vésicule germinative.

En pratiquant une coupe du jaune durci, on voit que toute sa surface, au-dessous de la membrane extérieure, est recouverte d'une couche blanchâtre qui passe au-dessous de la cicatricule et s'enfonce dans le jaune en formant une figure qui représente une sorte de fiole, c'est la *latebra* de Purkinje. En enlevant la membrane vitelline et en raclant la surface du jaune, on peut examiner au microscope la structure des éléments de cette couche superficielle. On voit alors qu'elle renferme des vésicules à parois très-minces, de diamètre variable et de forme sphérique. Dans les plus petites de ces vésicules, il y a un corpuscule réfringent d'apparence graisseuse, qu'on a pris quelquefois pour un noyau; les vésicules un peu plus grosses présentent plusieurs corpuscules de nature albuminoïde. En se rapprochant du jaune les vésicules deviennent de plus en plus grandes et se remplissent de granulations qui finissent par occuper toute leur cavité. Le jaune proprement dit est constitué par des vésicules assez grosses, pouvant mesurer jusqu'à $0^{mm},1$ et renfermant des granulations très-fines, de nature albuminoïde, insolubles dans l'éther. Le jaune renferme aussi de la graisse, du protagon (His), des sels, de la cholestérine et une matière colorante qui serait de

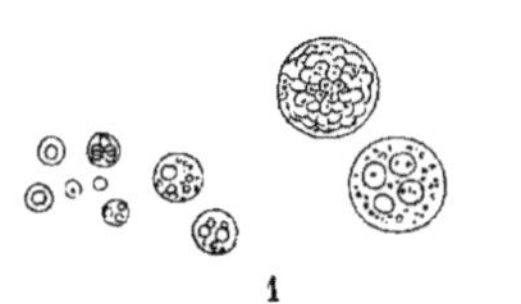

Fig. 16. — 1. Eléments du vitellus blanc de l'œuf de Poule. 2. Vésicule du jaune du même œuf. (D'après Foster et Balfour.)

l'hématoïdine , d'après Stædler. Gobley a découvert dans le jaune une substance grasse phosphorée, la lécithine, qui peut s'y trouver en quantité considérable, 20 pour 100. M. Dastre a vu que cette substance se présente sous la forme de corpuscules biréfringents, que M. Dareste avait pris pour des grains d'amidon.

Il arrive quelquefois , lorsqu'on fait une coupe d'un œuf bien cuit, que le jaune paraisse formé de couches concentriques alternativement blanches et jaunes. His dit n'avoir jamais observé cette disposition; Foster et Balfour pensent au contraire que le jaune est ainsi normalement constitué. Pour ma part, j'ai observé quelquefois cette alternance de couches, mais j'ai pu constater que les éléments qui les composent sont identiques, et que les vésicules des couches blanches ne sont que des vésicules du jaune dépourvues de matière colorante.

Le vitellus blanc, qui constitue la couche périphérique de l'œuf et la latébra, ne se solidifie pas par la cuisson, de sorte qu'il reste dans le jaune une cavité. Punkinje croyait que la latébra remplissait dans l'œuf le rôle d'un fil à plomb, et servait à ramener la cicatricule toujours en haut, en déplaçant le centre de gravité du jaune. Waldeyer partage aussi cette opinion. Wagner pensait au contraire que la cicatricule était primitivement au centre du jaune, et que la latébra et le canal vitellin étaient la trace de son passage.

La cicatricule est formée par une substance très-finement granulée, mais elle n'est pas nettement délimitée du vitellus blanc; sur les bords, les granulations deviennent plus grosses, et passent peu à peu aux vésicules de la couche sous-jacente de vitellus blanc.

L'œuf, tel que nous venons de le décrire, est l'œuf ovarien mûr; à ses parties essentielles, jaune et cicatricule, viennent s'ajouter des parties complémentaires, qui serviront à l'alimentation et à la protection de l'embryon. Ces produits adventifs sont, en procédant de dedans en dehors : 1° la *membrane chalazifère* et les *chalazes;* 2° les *couches d'albumine*, qui constituent le *blanc d'œuf;* 3° la *membrane coquillière*, formée de deux fines membranes accolées, et 4° la *coque calcaire* ou *coquille*. Il ne faut pas plus de vingt-quatre à trente-six heures à l'œuf ovarien pour se revêtir de ces différentes couches, tandis que le temps qui lui est nécessaire pour arriver à maturité dans l'ovaire peut être de plusieurs mois ou de plusieurs années.

Pour bien comprendre la formation successive de ces enveloppes secondaires, il est nécessaire de connaître la disposition et la structure de l'appareil dans lequel elles prennent naissance.

L'oviducte, chez tous les Oiseaux, est un canal indépendant de l'ovaire; il ne fait pas suite à cet organe, comme chez les Poissons et chez les Invertébrés, mais il lui est relié par un repli membraneux analogue au pavillon de la trompe des Mammifères. Cet oviducte est contenu dans un repli du péritoine auquel on a donné le nom de *mesometrium*.

Quand un œuf est mûr, le pavillon vient s'appliquer exactement sur le follicule ovarien, et le déglutit, pour ainsi dire; la paroi du follicule se rompt au niveau de la bande stigmatique, l'œuf tombe dans le pavillon, s'engage dans l'oviducte et descend assez rapidement jusqu'à la partie inférieure de ce conduit, où il séjourne quelque temps avant d'être expulsé.

Le pavillon est une simple membrane à peu près lisse, à bords découpés, mais ne présentant pas les nombreuses franges qui s'observent chez les Mammifères; il a la forme d'un entonnoir. La portion d'entrée de l'oviducte, qui fait suite au pavillon, est assez courte, et ne mesure que 4 à 5 centimètres; elle présente des plis longitudinaux peu marqués. La portion suivante a une longueur de 25 centimètres environ; les plis de la muqueuse y sont beaucoup plus accentués que dans la portion précédente, ils s'avancent dans la lumière du canal, leur direction est oblique, c'est-à-dire que chacun d'eux forme une spirale allongée. L'œuf parcourt cette région en deux ou trois heures, et s'y entoure de la membrane chalazifère et de l'albumine.

Vers la partie inférieure de cette région albuminipare, les plis de la muqueuse s'atténuent et disparaissent presque au niveau d'une ligne circulaire qui marque le commencement de la troisième portion de l'oviducte ; les plis de la muqueuse recommencent immédiatement au-dessous de la ligne circulaire, mais ils sont moins saillants que dans la deuxième portion. Cette troisième région est moitié moins large que la précédente, on l'appelle pour cette raison *isthme* de l'oviducte : elle n'a que 9 centimètres de longueur et l'œuf met environ trois heures à la parcourir. C'est là que se forme la membrane coquillière.

La quatrième portion de l'oviducte ou *utérus* est élargie, elle a 4 centimètres de longueur ; ses parois sont épaisses, et les plis de la muqueuse y présentent un aspect particulier ; ce sont des villosités légèrement frangées sur leurs bords et disposées assez irrégulièrement. L'œuf reste vingt-quatre heures dans cette région et s'y revêt de sa coquille.

M. Coste a vu que l'œuf de Poule, qui se détache de l'ovaire en général vers six heures du matin, arrive à midi dans la région utérine, y séjourne jusqu'au lendemain et est pondu vers midi.

Connaissant les phases successives de la formation des parties accessoires de l'œuf, nous pouvons maintenant étudier la structure de ces parties, et voir par quels éléments elles sont produites.

La membrane chalazifère est très-fine et appliquée sur la membrane vitelline ; elle se termine aux deux pôles opposés du jaune, suivant le plus grand axe de l'œuf, par deux cordons entortillés en tire-bouchon et nommés *chalazes*. Ces cordons sont formés d'une couche d'albumine épaissie ; ils doivent leur conformation à la disposition en spirale des replis de la muqueuse albuminipare et au mouvement de rotation que l'œuf subit pendant sa descente dans l'oviducte.

L'albumine, qui constitue le blanc d'œuf, paraît au premier abord être formée de plusieurs couches superposées. Mais, en réalité, elle ne présente qu'une seule couche, enroulée autour de l'œuf, de gauche à droite, et de la grosse vers la petite extrémité. Dans un œuf qui n'est pas encore arrivé à la partie inférieure de l'oviducte, cette couche d'albumine est encore assez dense, et n'est pas fluide comme on la trouve dans l'œuf pondu, de sorte qu'on peut facilement la dérouler.

Les deux feuillets de la membrane coquillière sont un feutrage de fibrilles entrecroisées dans tous les sens ; les fibrilles sont plus fines dans le feuillet externe que dans le feuillet interne. Quelques auteurs, entre autres Hermann, Landois et H. Meckel, avaient pensé que la membrane coquillière était constituée par des fibres musculaires lisses, détachées de la paroi de l'oviducte et feutrées ensemble par l'effet de la rotation de l'œuf. S'il en était ainsi, l'épithélium et la muqueuse de l'oviducte devraient se détacher apres chaque ponte; l'observation montre qu'il n'en est pas ainsi, et il est bien plus légitime d'admettre que les fibrilles de la membrane coquillière sont formées par de l'albumine concrétée. Melsens (1) a montré, en effet, qu'on peut produire artificiellement ces fibrilles en agitant de l'albumine avec différents sels; il se forme alors des lambeaux d'une sorte de tissu composé de filaments entrecroisés. On obtient le même phénomène, d'après Harting, en insufflant de l'air dans de l'albumine par un tube étroit.

La couche calcaire est produite par une sécrétion laiteuse, chargée de carbonate de chaux. Cette couche présente une structure assez complexe qui a été étudiée par Baudrimont et Martin Saint-Ange (2), Blasius (3), Nathusius (4) et Landois (5).

A la partie interne de la coquille, on trouve une couche fibrillaire renfermant un certain nombre de noyaux de nature organique, se colorant par le carmin et que Landois pense provenir des glandes utérines. Ces noyaux s'entourent les premiers de carbonate de chaux. Au dessus de cette couche, il en existe une seconde, formée par une trame organique dans les mailles de laquelle se déposent des grains de carbonate de chaux ; cette trame organique, comme la membrane coquillière, est constituée par de l'albumine concrétée. Enfin, à la surface de l'œuf, il y a une pellicule, découverte par Baudrimont et Martin Saint-Ange, criblée de petits trous correspondant à des pores ou canaux qui existent dans la coque calcaire, et qui permettent à l'air de pénétrer dans l'œuf. Cette pellicule est également fibrillaire : elle est très-épaisse et renferme des globules de graisse chez les Oiseaux aquatiques.

M. P. Gervais (6), qui a fait une étude comparative de la composition de la coquille chez plusieurs ordres d'Oiseaux et de Reptiles, a vu que cette coquille présentait des différences de structure suivant les divers groupes : ainsi, par exemple, chez les Brévipennes ou Coureurs (Autruche, Casoar, etc.) à la partie moyenne de la coquille, le carbonate de chaux se présente à l'état de cristaux en forme de pyramides triangulaires, dont les bases, placées les unes à côté des autres, dessinent une mosaïque. M. Gervais a pu faire une application intéressante de ses recherches à la détermination des débris d'œufs fossiles qu'on rencontre en assez grande quantité dans certains terrains crétacés de Provence. Ces œufs,

(1) Melsens, *Bull. de l'Acad. de Belgique*, 1851.
(2) Baudrimont et Martin Saint-Ange, *Annales de Chimie et de Physique*, 1850.
(3) Blasius, *Zeitschr. f. wiss. Zoologie*, XVII.
(4) Nathusius, *Zeitschr. f. wiss. Zoologie*, XVIII.
(5) Landois, *Zeitschr. f. wiss. Zoologie*, XV.
(6) P. Gervais, *Compt. rend. Ac. Sc.*, 22 janv. 1877.

que l'on ne savait à quelle espèce rapporter, appartiennent probablement l'*Hypselosaurus*, Reptile dont les débris fossiles se trouvent en grande quantité dans les terrains précédents.

La coquille de l'œuf des Oiseaux présente souvent une coloration spéciale : ainsi elle est brune chez le Faucon, verte chez le Pic vert, bleue chez certains Passereaux; elle peut être tachetée de plusieurs nuances comme chez la Perdrix.

M. Coste pensait que la matière colorante est secrétée par des glandes spéciales de l'utérus en même temps que les éléments de la coque. D'après Leuckart et Carus, ce pigment serait un produit d'exsudation des vaisseaux de l'oviducte; selon Wicke (1), la matière colorante viendrait de la bile mêlée aux excréments; la couleur verte serait produite par la biliverdine, la couleur rouge serait due à la bilirubine ou cholépyrrhine; ces couleurs en se combinant donneraient naissance aux diverses nuances qu'on observe sur certains œufs. Le pigment siége tantôt à la surface, tantôt dans toute l'épaisseur de la coque; d'après Landois, il serait situé entre la couche calcaire et la pellicule superficielle. La matière colorante se dépose dans le cloaque, car l'œuf est toujours blanc dans l'utérus.

La structure histologique de l'oviducte est fort mal connue. On a constaté l'existence de glandes dans les parois de ce conduit. Blasius prétend que les glandes de la partie inférieure, albuminipare, n'ont pas de canal excréteur; leur contenu serait déversé dans l'oviducte par la rupture de l'enveloppe glandulaire. M. Lataste a constaté que, chez les Reptiles, les glandes de cette région présentaient un canal excréteur très-court; il doit en être probablement de même chez les Oiseaux.

Quelque temps avant l'évacuation de l'œuf, l'albumine qui avait une certaine consistance se liquéfie; la partie qui est en contact avec le jaune et celle qui est en-dessous de la membrane coquillière deviennent fluides; la zone intermédiaire reste toujours plus dense; c'est dans cette couche que se terminent les chalazes, de sorte que ces cordons suspenseurs du jaune y trouvent toujours un point d'appui. Purkinje pensait que cette liquéfaction de l'albumine était produite par le contact de l'air au moment où l'œuf est expulsé. M. Coste a démontré que cette hypothèse était fausse, mais le phénomène de la liquéfaction n'en reste pas moins inexpliqué jusqu'à présent.

Les deux feuillets de la membrane coquillière sont intimement accolés l'un à l'autre tant que l'œuf est dans l'oviducte; ils se séparent après la ponte, pour former un espace rempli d'air (chambre à air) qui se trouve généralement à l'extrémité la plus grosse de l'œuf. Cette chambre à air,

_________

(1) WICKE, *Naumannia*, 1858.

très-petite au début, devient de plus en plus grande avec le temps ; on peut, d'après ses dimensions, juger de l'état de fraîcheur de l'œuf.

M. Coste a montré que c'était l'air extérieur qui pénétrait à travers la coquille dans la chambre à air. Il prit une Poule dont l'utérus renfermait un œuf et il lia l'oviducte au-dessus et au-dessous de l'utérus ; il enleva l'œuf ainsi entouré, le porta dans un bain d'huile, et l'y mit en liberté en incisant les parois de l'utérus : il ne se forma pas de chambre à air. Dans d'autres expériences, M. Coste put faire apparaître la chambre à air en un endroit quelconque de l'œuf en ne mettant que cet endroit au contact de l'air.

# TROISIÈME LEÇON

Œuf des Reptiles. — Structure de l'oviducte de la Tortue. — Œuf des Poissons cartilagineux. — Coque de l'œuf : rôle et structure. — Oviducte des Plagiostomes.

Les Reptiles sont les animaux qui ont le plus d'affinité, au point de vue anatomique, avec les Oiseaux. Dans ces deux classes de Vertébrés, l'appareil génital est construit sur le même plan ; ce qui distingue les Reptiles des Oiseaux, c'est que chez les premiers il existe deux ovaires et deux oviductes, tandis que chez les derniers il y a une des glandes génitales et son conduit qui avortent généralement, l'ovaire et l'oviducte gauches seuls persistent.

L'œuf ovarien des Reptiles présente le même aspect et possède la même constitution que celui des Oiseaux : c'est un œuf à gros vitellus, méroblastique, c'est-à-dire qu'une partie, le germe ou cicatricule, subit seule la segmentation et prend part à la formation de l'embryon. Le jaune est entouré d'une enveloppe considérée par les uns comme une membrane vitelline, par d'autres comme un chorion ; cette membrane est souvent striée comme celle de l'œuf des Mammifères. Chez le Crocodile, il y aurait, d'après Gegenbaur, une membrane vitelline et un chorion.

Eimer (1) décrit quatre membranes chez les Reptiles : 1° un épithélium interne, 2° une membrane vitelline, 3° une zone pellucide, 4° un chorion. Clark avait déjà signalé la présence d'un épithélium au-dessous de la membrane vitelline chez la Tortue, et antérieurement Klebs prétendait avoir vu un semblable épithélium chez l'Oiseau. Gegenbaur et Hubert Ludwig (2) ont montré que les observations de ces auteurs étaient complétement fausses ; dans l'œuf ovarien, Ludwig n'a jamais rencontré cet épithélium, il ne l'a trouvé que dans les œufs pris dans l'oviducte ; mais il a démontré en même temps que ces œufs étaient en voie de déve-loppement, et que ce prétendu épithélium n'était qu'une membrane embryonnaire. Rathke du reste, depuis longtemps, avait observé que l'embryon commençait à se former dans l'oviducte, chez les Lézards et les Serpents.

Le jaune des Reptiles est formé d'éléments semblables à ceux qui

(1) EIMER, *Archiv. für mikrosk. Anatomie.* VIII, 1872.
(2) H. LUDWIG, *Ueber die Eibildung im Thierreiche*, Würzburg, 1874.

constituent le vitellus blanc des Oiseaux ; il ne renferme pas de latébra.

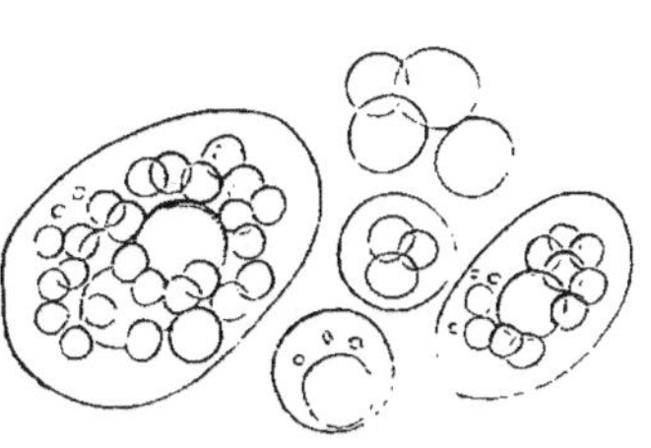
Fig. 17. — Éléments du vitellus de l'œuf des Reptiles (d'après Lereboullet).

Lereboullet a trouvé, à la surface du jaune, des vésicules contenant dans leur intérieur des corpuscules et des granulations libres qui représenteraient la partie plastique de l'œuf. A côté de ces éléments, il y a des globules de graisse et des vésicules graisseuses composées, qui se rencontrent au centre de l'œuf.

Chez les Chéloniens, on trouve dans le jaune des tablettes vitellines, d'apparence cristalline, analogues à celles qui constituent la plus grande partie du jaune de l'œuf des Plagiostomes et des Batraciens, et que nous décrirons plus tard.

La cicatricule paraît être formée des mêmes éléments que le vitellus blanc ; mais sa constitution histologique a été mal étudiée jusqu'à présent.

La vésicule germinative, contenue dans la cicatricule, présente de nombreuses taches germinatives ; Gegenbaur en a compté de 30 à 35 chez le Caïman. Eimer prétend que ces taches sont disposées en couches concentriques, au nombre de trois, et les a figurées ainsi, tandis que l'intérieur de la vésicule germinative est occupée par une masse granuleuse.

L'œuf des Reptiles s'entoure, dans l'oviducte, des mêmes parties complémentaires qui forment les enveloppes secondaires de l'œuf des Oiseaux ; la membrane chalazifère et les chalazes seules font défaut. Les couches d'albumine conservent toujours, dans l'œuf pondu, une densité plus grande que chez les Oiseaux, de sorte que le jaune n'a pas besoin d'être soutenu au milieu d'elles par les chalazes. La membrane coquillière est composée de deux feuillets ; la coque est calcaire chez les Tortues, les Crocodiles et les Geckos ; elle demeure molle et est parcheminée dans l'œuf des Lézards et des Serpents, animaux chez lesquels le développement embryonnaire commence dans le corps de la mère.

La coque, dont la structure histologique a été étudiée par Eimer, Nathusius et Leydig, est formée de fibrilles entrelacées et superposées en couches membraniformes. Les fibrilles de la couche interne sont grossières ; elles deviennent de plus en plus fines en allant vers l'extérieur. La couche la plus externe renferme des fibres très-longues, dont les extrémités varient suivant les espèces. Chez le Lézard, ces fibres sont terminées par un renflement en massue ; chez les Serpents, leur extrémité est plus dilatée et représente une masse homogène contenant des vacuoles, des globules ou des granulations. Quelquefois les fibres sont creusées dans toute leur longueur d'un canalicule rempli de bulles d'air; d'autres fois, elles sont denticulées sur leurs bords. Généralement spiroïdes, ces fibres présentent l'aspect des fibres élastiques; cette ressemblance n'est qu'apparente; la potasse n'exerce aucune action sur elles. D'après Leydig, ces fibres seraient un produit cuticulaire des cellules épithéliales de l'oviducte.

L'oviducte des Reptiles, comme celui des Oiseaux et des Mammifères, est indépendant de l'ovaire; il est contenu dans un mésométrium, repli du péritoine. Les ovaires étant au nombre de deux, il existe un oviducte de chaque côté de la colonne vertébrale, tandis que chez les Oiseaux, comme nous l'avons déjà vu, il n'y a généralement qu'un ovaire et qu'un oviducte.

L'oviducte commence par une partie dilatée en forme de large entonnoir, représentant le pavillon, qui reçoit l'œuf lorsqu'il se détache de l'ovaire : les bords de cette ouverture sont à peine découpés et ne présentent pas de franges comme chez les Mammifères. Après un trajet plus ou moins long suivant les espèces, mais toujours plus long proportionnellement que chez les Oiseaux, par suite des nombreuses circonvolutions qu'ils présentent, les deux oviductes s'ouvrent dans le cloaque, chambre postérieure commune à l'appareil génital, à l'appareil urinaire et à l'appareil digestif.

Bojanus avait distingué trois régions dans l'oviducte de la Tortue : une région antérieure, commençant au pavillon, et présentant intérieurement des plis longitudinaux plus accusés vers le bas que vers l'ouverture et à parois excessivement minces antérieurement, mais s'épaississant peu à peu; une région moyenne, plus courte que la première, d'aspect glandulaire, dont la surface est criblée de petites dépressions punctiformes; enfin, une région inférieure, plus large que les deux précédentes, offrant des sillons flexueux. Bojanus avait remarqué que c'est dans cette dernière portion de l'oviducte que se forme la coque de l'œuf.

A chacune de ces régions correspond une structure spéciale. M. Lataste (1), qui a publié récemment un mémoire sur la constitution histologique de l'oviducte de la Cistude d'Europe, a décrit aussi trois régions différentes.

La première portion de l'oviducte, à partir de l'ouverture péritonéale, est tapissée, à sa surface interne, par un épithélium formé de cellules à cils vibratiles sur les parties saillantes des plis longitudinaux, et de cellules dites *caliciformes* dans les intervalles de ces plis, au fond des

(1) LATASTE, *Anatomie microscopique de l'oviducte de la Cistude d'Europe*, in *Archives de physiologie*, 1876.

sillons. Les cellules caliciformes sont des sortes de tubes ouverts à leur extrémité libre; le protoplasma de la cellule est rassemblé au fond du tube et contient le noyau ; le reste de la cellule est clair, homogène, transparent et ne se colore pas par les réactifs. Ces cellules ont attiré l'attention des histologistes déjà depuis quelques années, car elles ont été vues dans différents organes chez les Vertébrés et chez les Invertébrés. On a signalé leur présence dans l'intestin grêle et dans l'estomac, où elles sont éparses parmi les cellules épithéliales et dans la muqueuse palpébrale; Max Schultze les a trouvées dans la peau des Pétromyzons et des Amphibiens, où il leur a donné le nom d'*organes en massue;* F. Eilhard Schulze les a décrites dans la muqueuse des bronches des Vertébrés supérieurs; on les a vues aussi dans les tentacules et la peau de certains Mollusques. Enfin, fait intéressant à signaler et à rapprocher de l'observation de M. Lataste, ces mêmes cellules caliciformes ont été trouvées dans les glandes du col utérin, chez la petite fille par Friedlænder, chez la Femme adulte par M. de Sinéty.

Au-dessous de la couche épithéliale, il y a un stroma conjonctif, peu abondant au commencement de l'oviducte, et devenant plus épais au fur et à mesure qu'on s'éloigne du pavillon. Ce stroma renferme de nombreux vaisseaux et des fibres musculaires lisses, éparses. La surface externe de l'oviducte est recouverte par la séreuse péritonéale.

Dans la seconde région, l'épithélium est formé presque entièrement de cellules caliciformes ; de distance en distance, on trouve une cellule vibratile isolée. Dans la partie antérieure de cette seconde région, les cellules caliciformes sont allongées, tubuliformes; dans la partie postérieure, elles sont beaucoup plus courtes

Le stroma conjonctif sous-jacent contient des glandes formées de cellules caliciformes agglomérées. La sécrétion de ces cellules s'accumule dans l'intérieur de la glande; celle-ci s'ouvre, entre les cellules de la couche épithéliale, par une très-petite ouverture difficile à apercevoir.

Des fibres circulaires lisses forment, en dehors de la zone glandulaire, une couche annulaire bien délimitée et assez épaisse.

La troisième région de l'oviducte possède un épithélium à cellules caliciformes, entre lesquelles on trouve encore quelques rares cellules vibratiles. Les glandes ont un aspect tout à fait différent de celui que présentent les glandes de la région moyenne ; elles sont en effet constituées par de grosses cellules gorgées de petits globules très-réfringents; M. Lataste les compare à de petits sacs pleins de grains. Ces glandes s'ouvrent par un petit col tapissé intérieurement de cellules caliciformes qui obstruent complétement la lumière du canal.

C'est dans les deux premières régions de l'oviducte, riches en cellules caliciformes, que l'œuf s'entoure d'albumine. On doit donc regarder les glandes caliciformes comme des éléments albuminogènes. M. Lataste n'a jamais vu, dans la troisième portion, d'éléments spéciaux destinés à sécréter la matière calcaire. Il est probable que les liquides de l'extrémité de l'oviducte sont chargés de carbonate de chaux et que la matière calcaire se dépose dans la trame fibreuse de la coquille, comme elle le fait, par exemple, dans la trame organique des os.

Les œufs des Poissons cartilagineux se rapprochent beaucoup de ceux des Reptiles et des Oiseaux ; ils sont volumineux, possèdent un gros vitellus méroblastique, et sont en général pourvus de parties accessoires.

On divise la classe des Poissons cartilagineux en deux sous-classes : celle des Holocéphales (Chimère et *Callorhynchus*) et celle des Plagiostomes ou Sélaciens (Raies et Squales).

Les œufs des Holocéphales ont été peu étudiés jusqu'à présent ; chez la Chimère, ils sont très-gros, allongés et entourés d'une coque cornée.

Chez les Sélaciens, les œufs naissent dans un ovaire qui ressemble beaucoup à celui des Oiseaux. Cet ovaire existe tantôt des deux côtés, chez toutes les Raies ovipares et vivipares, et chez quelques Squales vivipares (*Spinax, Acanthias, Scymnus*), tantôt d'un seul côté, et dans ce cas du côté droit, chez les Squales ovipares (*Scyllium*).

Jean Müller(1) a fait une remarque intéressante relative au nombre des ovaires chez les Sélaciens ; il a observé que les Squales qui possèdent une membrane nictitante, comme les Oiseaux, n'ont qu'un seul ovaire, que ceux qui sont dépourvus de cette membrane ont deux ovaires.

Quel que soit le nombre des ovaires, il y a toujours deux oviductes, dont les pavillons s'ouvrent sur la ligne médiane en se confondant par leur bord interne.

Chez les jeunes individus, il est quelquefois très-difficile de distinguer les ovaires ; ces organes sont en effet placés sur une masse molle, grisâtre ou jaunâtre, à laquelle J. Müller a donné le nom de *corps épigonal*. Cet auteur pensait que ce corps était un reste du corps de Wolff, mais sa signification est restée inconnue jusque dans ces derniers temps, où Semper a montré sa véritable origine.

Chez l'embryon des Plagiostomes, les organes génitaux naissent, en effet, sous forme de deux replis allongés de chaque côté du mésentère. A la partie antérieure de ces replis, l'épithélium devient cylindrique et constitue l'épithélium germinatif, contenant de grandes cellules arrondies qui sont les ovules primordiaux de la glande génitale. La partie sous-jacente à l'épithélium germinatif constitue le stroma de l'ovaire, le reste du repli devient le corps épigonal ; ce corps n'est donc qu'un

(1) J. MUELLER, *Abhandl. der Akadem. d. Wissenschaften*, Berlin, 1840.

prolongement du stroma de l'ovaire. Du reste, la structure du stroma de l'ovaire et celle du stroma du corps épigonal sont à peu près identiques; on y trouve une trame fibreuse, dans les mailles de laquelle sont de petites cellules granuleuses, ressemblant à de jeunes cellules embryonnaires, ou à des globules blancs du sang, et des follicules dans l'ovaire. Vogt et Pappenheim (1), en raison de l'abondance des petits éléments granuleux, avaient donné le nom de substance crayeuse au stroma de l'ovaire. En pratiquant des coupes de cet organe, j'ai rencontré souvent des canaux tapissés intérieurement par un épithélium cylindrique; Semper, qui les a également observés, pense que ces canaux sont des organes segmentaires atrophiés.

Les organes épigonaux persistent chez beaucoup d'espèces à l'état adulte; ils disparaissent chez les Raies et quelques Squales, tels que l'*Acanthias* et le *Scymnus*. Lorsqu'un des ovaires avorte, le corps épigonal du côté correspondant est moins développé que celui du côté opposé; Semper a remarqué que l'ovaire atrophié est représenté, chez beaucoup d'espèces, par des follicules rudimentaires.

L'œuf ovarien de Plagiostomes a la même constitution que celui des Reptiles et des Oiseaux; il est formé d'un jaune, présentant une cicatricule et entouré par une membrane. Les auteurs ne sont pas d'accord sur la nature et même sur l'existence de cette membrane d'enveloppe. D'après Schenk, elle serait homogène et représenterait par conséquent une membrane vitelline. Leydig (2) n'a rencontré aucune membrane autour du jaune de l'œuf du *Pristiurus melanostomus*, et Balfour a confirmé son observation. L'absence d'une membrane d'enveloppe ne serait pas impossible, car le jaune a une consistance très-dense.

La cicatricule est une petite masse discoïde, placée dans une dépression du jaune. Au moment où l'œuf se détache de l'ovaire, cette cicatricule est à peine visible, elle se concentre peu à peu, pendant que l'œuf descend dans l'oviducte, et ressemble, d'après M. Gerbe (3), à un petit bouton de vaccine. Schenk a vu qu'elle était contractile et présentait des mouvements amiboïdes très-lents; elle est généralement blanchâtre, quelquefois jaune pâle, et formée par une substance finement granuleuse, comme celle de la cicatricule de l'œuf de Poule. La position de la cicatricule est excentrique; chez les Raies, elle est située près du pôle du jaune qui est tourné du côté de la trompe (Gerbe); chez quelques Squales, elle est près du pôle dirigé vers l'utérus (Leydig).

(1) Vogt et Pappenheim, *Ann. des sciences nat.; Zoologie*, 4e série, XI et XII, 1859.
(2) Leydig, *Zur mikroskop. Anat. und Entwickelungsgeschichte der Rochen und Haie*, 1852.
(3) Gerbe, *Journal de l'Anatomie de Robin*, 1872.

La segmentation du germe commence lorsque l'œuf arrive dans la portion de l'oviducte appelée *glande nidamenteuse*, dans laquelle se forment les parties complémentaires qui s'ajoutent au jaune.

Schenk (1), qui a étudié d'une manière particulière la cicatricule, a décrit un phénomène très-curieux qui précède la segmentation. La cicatricule, qui a la forme d'une lentille plan-convexe, constituée par un protoplasma granuleux, ayant à son centre la vésicule germinative, s'étale à la surface

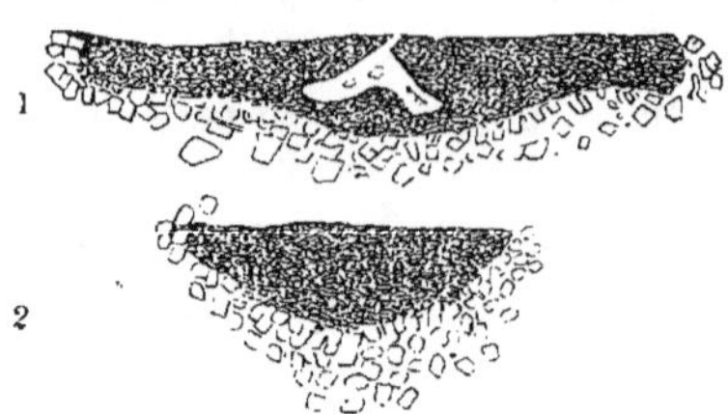

du jaune; la vésicule germinative disparaît, et il ne reste à sa place qu'une cavité, qui, sur une coupe, se montre comme un espace triangulaire communiquant avec la surface par un petit orifice (fig. 18, 1). Cette cavité elle-même s'efface et le protoplasma de la cicatricule se sépare en deux couches entre lesquelles apparaît une fente qui re-

Fig. 18. — 1, Cicatricule de l'œuf de la Raie présentant la cavité occupée par la vésicule germinative. — 2, Germe de l'œuf de la Raie après la fécondation d'après Schenk).

présente la cavité de segmentation. Cette cavité n'apparaît dans les œufs des Oiseaux qu'après la segmentation, lorsque les deux feuillets du blastoderme sont déjà formés; ici au contraire elle se développe même avant la fécondation; plus tard, chacune des deux couches de la cicatricule se segmente séparément et constitue les deux feuillets du blastoderme. D'après les observations récentes d'Alex. Schultz, cette fente serait une production artificielle due à un durcissement incomplet de la cicatricule dans l'acide chromique.

Les éléments du jaune de l'œuf des Plagiostomes ont une structure spéciale; ils se composent de vésicules renfermant dans leur intérieur des plaquettes carrées ou rectangulaires, dont les angles sont quelquefois

arrondis. La surface de ces plaquettes présente des stries parallèles, très-fines et perpendiculaires au grand axe de la plaquette. Si l'on comprime légèrement ces corps entre le porte-objet et le couvre-objet, on voit qu'ils sont formés de lamelles juxtaposées, qui se séparent alors.

Fig. 19. — Tablettes vitellines de l'œuf des Plagiostomes (d'après Gegenbaur).

Gegenbaur (2), qui a suivi le développement de ces tablettes, a vu qu'il n'existe primitivement dans l'œuf que des granulations très-fines qui grossissent peu à peu et se transforment en vésicules. Le contenu de ces vésicules prend

(1) SCHENK, *Sitzungsber. d. kais. Akad. d. Wissensch, in Wien*, 1873.
(2) GEGENBAUR, *Müller's Archiv.*, 1861.

une forme allongée ; ce n'est qu'à la fin du développement de l'œuf que les stries apparaissent et que la tablette devient libre.

On a émis des opinions très-différentes sur la nature de ces plaquettes. Jean Müller les comparait à des grains d'amidon ; Leydig, Vogt, Remak les ont décrites comme des tablettes de stéarine ; Virchow, en 1852, vit qu'elles étaient formées d'une substance albuminoïde à laquelle il donna le nom de *paravitelline* ; MM. Valenciennes et Frémy (1) confirmèrent cette découverte et appelèrent *ichthine* cette substance, qui diffère de la vitelline des Oiseaux par ses propriétés chimiques. L'ichthine est soluble dans la potasse ; l'iode la colore d'abord en jaune, puis en rouge lie de vin ; le carmin colore les tablettes en rouge intense.

Radlkofer a trouvé que les tablettes vitellines des Poissons cartilagineux possédaient la double réfraction ; il a voulu les considérer comme des cristaux organiques et les a comparées à certains cristalloïdes de nature organique qu'on trouve chez les végétaux, tels que les grains d'aleurone. Sénarmont a démontré que les tablettes d'ichthine n'étaient pas des cristaux.

L'œuf ovarien des Plagiostomes reçoit dans l'oviducte des parties complémentaires analogues à celles de l'œuf d'Oiseau, c'est-à-dire une membrane chalazifère, de l'albumine, et une coque ; la membrane coquillière manque.

La membrane chalazifère n'est pas immédiatement appliquée sur le jaune, comme chez les Oiseaux, elle en est écartée, et l'espace périvitellin est rempli par une substance fluide. Les chalazes sont peu tordues parce que l'œuf ne subit un mouvement de rotation bien marqué que dans la première portion de l'oviducte (Gerbe).

L'albumine n'est pas formée de couches concentriques ; elle se présente comme une masse fluide, homogène, dont la composition chimique diffère de celle des Oiseaux ; elle est en effet insoluble dans l'eau, elle ne se coagule pas par la chaleur ni par les acides ; aussi, lorsqu'on place un œuf entier dans une solution d'acide chromique, le jaune seul durcit, l'albumine reste liquide (Schenk).

La coque est solide, cornée, chez les Plagiostomes ovipares ; elle est molle, membraneuse, chez les vivipares. Chez quelques Squales vivipares, la coque se détruit dans l'oviducte même ; Leydig en a retrouvé les débris dans l'utérus, chez le *Scymnus Lichia*. J. Müller, qui n'avait pas vu ces débris, croyait que les œufs étaient nus chez quelques espèces vivipares.

La coque membraneuse des Plagiostomes vivipares possède la curieuse propriété d'augmenter de volume au fur et à mesure que l'embryon se développe. Aristote, qui avait reconnu l'existence de cette

(1) Valenciennes et Frémy, *Comp. rend. de l'Acad. des Sciences*, XXXVIII.

enveloppe membraneuse autour de l'embryon, la comparait à l'amnios des Vertébrés supérieurs. La membrane de l'œuf se plisse et chaque repli s'enchevêtre avec un repli correspondant de l'utérus, de sorte que l'échange des matériaux nutritifs entre la mère et l'embryon se fait par endosmose.

Chez certaines espèces vivipares, telles que le *Mustelus lævis*, il s'établit à un certain moment une relation plus intime entre le jeune et la mère. A cet effet, la vésicule ombilicale de l'embryon s'allonge considérablement sous forme d'un cordon, et entraîne avec elle la membrane de l'œuf; la partie terminale renflée de la vésicule présente de nombreuses villosités recouvertes par la membrane; ces villosités s'enfoncent entre les replis de la muqueuse utérine, et il s'établit ainsi un placenta fœtal, ombilical, et un placenta maternel, séparés par la coque de l'œuf.

Schenk (1) a vu que le cordon ombilical des Squales présente une disposition analogue à celle qu'on trouve dans le cordon allantoïdien des Vertébrés supérieurs. Sur une coupe de ce cordon, on aperçoit au centre une cavité qui est le canal vitello-intestinal, tapissé intérieurement par un épithélium, représentant l'endoderme. Autour du canal vitellin, il y a une couche de tissu conjonctif, dépendant du feuillet moyen et qui contient une artère et une veine; enfin la surface externe du cordon est recouverte par l'ectoderme.

La coque de l'œuf des Plagiostomes ovipares présente des formes différentes suivant les espèces. Chez la Raie, elle est quadrilatère, et, à chaque angle, il y a un prolongement creux à l'intérieur, dont le canal communique avec la cavité de l'œuf; à l'un des bouts, entre les deux cornes, se trouve une longue fente, par laquelle sortira le jeune animal quand son développement sera terminé (2). Chez les Roussettes, la coque est plus allongée et légèrement ovoïde; les cornes sont prolongées par un long filament entortillé; on pense généralement que ces appendices sont destinés à attacher l'œuf aux plantes marines. Chez d'autres espèces, la coque prend une forme très-bizarre : ainsi, chez le *Crossorhinus barbatus*, elle est conique et présente à sa surface externe une saillie disposée en spirale, ce qui donne à l'œuf l'aspect d'un escalier tournant.

L'étude histologique de cette coque a été faite par M. Gerbe et par Schenk dans l'œuf de Raie, mais leurs descriptions ne concordent pas.

---

(1) SCHENK, *Der Dotterstrang der Plagiostomen*, in *Sitzungsber. d. kais. Akad. der Wiss.*, Wien., 1874.

(2) Les pêcheurs donnent aux œufs de Raie le nom de *civière de Raie, bourse de matelot, bourse de Sirène, coussin de mer.*

Ces deux auteurs admettent trois couches dans la partie résistante cornée, qui constitue la coque proprement dite, et qui est recouverte par une espèce de bourre formée par des fibres grossières, plus abondantes vers le bord de l'œuf que sur la partie bombée.

D'après Schenk (1), sur une coupe faite à l'extrémité de l'œuf, perpendiculairement à la fente qui livrera passage à l'embryon, on remarque au-dessous de la bourre extérieure une couche fibreuse, assez mince, puis une couche plus épaisse, formée par une masse homogène, renfermant un grand nombre de petites cavités, qui représentent les aréoles décrites par M. Gerbe; cette couche s'étend jusqu'au bord libre de la coque. A la partie interne, la troisième couche est granuleuse, et elle se divise en deux zones, dont l'externe est plus claire que l'interne. Sur le bord de la coque, cette couche granuleuse offre une disposition plissée, les parties saillantes de l'un des bords pénètrent dans les sillons du bord opposé, comme les dents d'un engrenage. Cette disposition a pour but d'empêcher les bords de l'ouverture de s'écarter.

En traitant la coque par la potasse à froid, elle se gonfle, et on peut séparer les trois couches l'une de l'autre, ainsi que l'a fait M. Gerbe; une dissolution bouillante de potasse la dissout. La matière cornée qui constitue cette coque est de nature azotée; elle laisse un résidu de 2 à 3 pour 100 de cendres, après l'incinération; d'après Schenk, ce serait de la kératine, substance qui entre dans la composition des productions épidermiques des animaux supérieurs.

La coque de l'œuf des Plagiostomes est un organe de protection, mais elle est tellement dense qu'elle s'oppose à l'échange des gaz entre l'intérieur de l'œuf et le milieu extérieur, et l'embryon ne pourrait respirer si l'eau n'entrait pas à un certain moment dans l'œuf. A une certaine période du développement, de chaque ouverture branchiale de l'embryon, et de l'ouverture des évents, sort une touffe de longs filaments découverts par Monro, en 1785. Ces filaments, étudiés depuis par S. Leuckart et Cornalia, sont des prolongements de la muqueuse des branchies internes, et jouent le rôle de branchies provisoires; c'est lorsque ce premier appareil respiratoire s'est développé, que l'eau pénètre dans l'œuf. A cet effet, il existe dans l'épaisseur de la coque des fentes qui, chez les Roussettes, sont situées à la base des cornes, sur le bord le plus long, et qui alternent d'un côté à l'autre, c'est-à-dire que, si sur une des faces de la coque ces fentes sont sur le bord droit, sur la face opposée elles sont sur le bord gauche. Chez la Raie, ces ouvertures sont symétriques.

Les fentes de la coque sont primitivement fermées par une matière

(1) Schenk, *Sitzungsber. d. kais. Akad. der Wiss.*; Wien, 1873.

glutineuse, sorte de mastic que Leydig regarde comme produit par une coagulation de la couche superficielle de l'albumine de l'œuf.

Il existe aussi une autre fente, dont nous avons déjà parlé, destinée à la sortie du jeune animal. Chez les Roussettes, elle est à l'extrémité de l'œuf dont le bord est rectiligne : le bord de l'extrémité opposée étant concave. Cette fente, déjà connue de Vicq-d'Azir, ne s'ouvre qu'à la fin du développement embryonnaire ; Allen Thomson et Duméril pensent que ses bords restent appliqués l'un contre l'autre par suite de l'élasticité de la coque.

Après avoir décrit les parties accessoires de l'œuf des Plagiostomes, il nous reste à voir rapidement la disposition et la structure des organes dans lesquels elles se forment.

L'oviducte des Poissons cartilagineux présente des particularités qui le différencie de celui des animaux que nous avons étudiés jusqu'à présent.

C'est toujours dans un canal préformé, comme chez les Mammifères, les Oiseaux et les Reptiles, que l'œuf pénètre après la rupture du follicule ovarique ; cependant il existe une espèce de Squale, le *Lœmargus borealis*, qui ne possède pas d'oviducte ; les œufs tombent directement dans la cavité abdominale. Il existe à la partie postérieure du corps, de chaque côté de l'anus, deux canaux qui font communiquer directement la cavité péritonéale avec l'extérieur, et qui servent de conduits évacuateurs pour les produits sexuels. Cette disposition, qui existe chez les Leptocardiens (*Amphioxus*) et chez les Cyclostomes (Lamproie, Myxine), se retrouve parmi les Poissons osseux, chez les Salmonides (Saumon, Truite) et quelques autres espèces.

Les pores péritonéaux persistent chez les Plagiostomes qui ont des oviductes, chez le mâle aussi bien que chez la femelle, mais ils n'ont plus aucune relation avec l'appareil génital. La plupart des zoologistes pensent que l'eau peut pénétrer par ces orifices dans la cavité péritonéale, et que l'animal peut ainsi respirer par les parois de cette cavité. Il existe aussi chez les Plagiostomes une communication entre le péritoine et le péricarde, au moyen d'un canal qui vient s'ouvrir au devant de l'estomac par deux petites ouvertures ; l'eau arrive-t-elle jusque dans la cavité péricardique ? nous l'ignorons jusqu'à présent. Une disposition analogue a été signalée chez l'Esturgeon.

Les oviductes sont toujours au nombre de deux, et s'étendent de la partie antérieure du corps jusqu'au cloaque. Au lieu d'être indépendants et libres, comme ils le sont chez les Vertébrés supérieurs, les deux oviductes sont maintenus en place à leur extrémité supérieure, et sont réunis par le bord interne de leur pavillon, sur la ligne médiane du corps, de sorte qu'il existe une ouverture unique rattachée antérieurement au diaphragme et postérieurement au foie, dans laquelle débouchent les deux oviductes. Il résulte de cette disposition anatomique que l'œuf, à l'inverse de ce qui se passe chez les Oiseaux et les Reptiles, mais d'une façon analogue à celle qu'on observe chez les Batraciens, est obligé d'aller trouver l'extrémité supérieure de l'oviducte. Vogt et Pappenheim supposaient que les viscères forment, par suite de leur position respective, une sorte d'entonnoir autour de l'ovaire, et que les œufs sont conduits ainsi naturellement vers le pavillon ; cette progression de l'œuf serait aussi favorisée par les contractions des parois abdominales. M. Bruch (1), qui a fait un travail important et très-intéressant sur l'appareil génital des Sélaciens, a vu qu'au moment de la reproduction l'ouverture de l'oviducte se dilate considérablement, et que l'œuf peut alors facilement y pénétrer.

Après le pavillon vient une partie tubuleuse que l'œuf parcourt rapidement pour arriver dans une région particulière, où se forment les parties accessoires. Les éléments glandulaires sont en effet concentrés en une seule portion de l'oviducte à laquelle on a donné le nom de *glande de l'oviducte* ou *glande nidamenteuse*. Cette portion glandulaire occupe généralement le milieu de l'oviducte, mais sa position varie suivant les espèces et avec l'âge ; au moment de la reproduction, elle augmente beaucoup de volume et se rapproche de l'utérus ; elle est tantôt de forme annulaire, tantôt de forme losangique, etc.

Au-dessous de la glande nidamenteuse, l'oviducte est très-peu développé chez les ovipares ; chez les vivipares, au contraire, cette partie se dilate en une poche, véritable utérus, dans laquelle se développent les œufs. Les deux utérus sont toujours distincts ; souvent ils paraissent ne faire qu'un à l'extérieur, mais dans ce cas il existe une cloison interne.

Les deux oviductes débouchent chacun isolément dans le cloaque, par deux ouvertures qui sont dilatées chez l'adulte, mais qui, chez l'embryon et le jeune animal, sont obstruées par une membrane, sorte d'hymen, qui disparaît au moment de la reproduction. Cette membrane peut cependant persister longtemps, ou peut-être se reformer plus tard, car Semper l'a observée chez un *Hexanchus griseus* de 3 mètres de long.

Chez quelques mâles des Plagiostomes, on retrouve des vestiges des oviductes. On ne peut se rendre compte de la persistance de ces organes femelles chez les mâles qu'en suivant, comme l'a fait Semper, le développement embryogénique des conduits évacuateurs des produits sexuels chez les deux sexes.

(1) Bruch *Études sur l'appareil de la génération chez les Sélaciens*, thèse, Strasbourg, 1860.

Semper admet que chez le jeune embryon des Plagiostomes il se forme de chaque côté du corps un canal qui est le conduit des reins primitifs, et qui s'ouvre librement à son extrémité supérieure dans la cavité abdominale. Chez la femelle, ce canal primordial se divise longitudinalement par une cloison en deux autres conduits ; la cloison ne va pas jusqu'à l'extrémité supérieure, de sorte que l'un des conduits conserve l'ouverture primitive et que l'autre est fermé ; le premier est le canal de Müller (oviducte), l'autre le canal de Leydig (canal de Wolff).

Chez le mâle, le cloisonnement du canal primordial ne se fait que d'une manière incomplète, de sorte que le canal de Müller est réduit au pavillon et à une portion du conduit supérieurement, et à l'utérus inférieurement : on retrouve en effet ces deux parties chez quelques Squales adultes *(Mustelus vulgaris)* et toute la portion intermédiaire fait défaut. Les deux pavillons sont réunis par leur bord interne, comme chez la femelle, et l'utérus s'ouvre dans le cloaque. Jusque dans ces derniers temps, on décrivait cet utérus mâle tantôt comme une vessie urinaire, tantôt comme un réceptacle séminal.

Hyrtl a constaté que les deux canaux de Müller persistent dans toute leur longueur chez les Chimères mâles, et qu'ils restent indépendants, comme cela a lieu chez les Batraciens. Chez le Triton et le Crapaud mâles, par exemple, le canal de Müller persiste à côté du canal de Wolff : c'est un tube dont l'intérieur est tapissé d'un épithélium vibratile, comme l'oviducte, et qui se termine par une ouverture dans la cavité abdominale, et par une extrémité en cul-de-sac dans le cloaque.

Chez la femelle, le canal de Wolff persiste et devient le conduit excréteur de la portion supérieure du rein, à laquelle Semper a donné le nom de glande de Leydig, et qui représente le rein primitif ; la portion inférieure du rein a un conduit spécial. Nous savons que chez les femelles des Vertébrés supérieurs, des Mammifères, il reste aussi des vestiges du canal de Wolff, qui est représenté dans sa partie supérieure par l'organe de Rosenmüller, ou parovarium, et dans sa partie inférieure par le canal de Gartner ; de même, chez les mâles, l'hydatide de Morgagni et l'utricule prostatique sont des traces du canal de Müller.

La structure histologique de l'oviducte a été faite par J. Müller, Vogt et Pappenheim, Leydig, Bruch et Gerbe ; mais les descriptions données par ces auteurs sont fort incomplètes. On trouve, sur une coupe de ce conduit, une tunique externe, séreuse, formée par le péritoine ; une tunique musculaire présentant des couches concentriques de fibres lisses ; une tunique muqueuse, constituée par du tissu conjonctif et un épithélium vibratile depuis le pavillon jusqu'à l'utérus ; dans cette dernière portion, les cellules épithéliales sont cylindriques ou pavimenteuses.

Au niveau de la glande nidamenteuse, le canal de l'oviducte conserve son calibre, ses parois seules sont épaissies. Elles renferment un grand nombre de glandes tubuleuses, disposées transversalement. M. Gerbe admet deux zones concentriques de glandes, une zone interne dans laquelle les glandes sont courtes et rectilignes, et une zone externe formée par des glandes plus longues, flexueuses, qui souvent se dichotomisent. Les glandes de la zone interne produiraient l'albumen, celles de la zone externe sécréteraient les éléments de la coque.

M. Gerbe (1) a montré que la sécrétion de l'albumen et celle de la coque étaient simultanées ; si un œuf ne s'engage qu'à moitié dans la glande nidamenteuse, la portion engagée est recouverte d'albumen et d'une portion de coque, tandis que l'autre est encore nue.

L'œuf ne subit pas de rotation dans la glande, mais la légère torsion que présentent les chalazes prouve qu'il doit tourner sur son axe avant d'arriver dans cette portion de l'oviducte. M. Gerbe a démontré aussi que chez la Raie l'œuf arrivait dans l'utérus plié sur lui-même dans le sens de sa plus grande longueur ; généralement il n'y a qu'un seul œuf dans chaque utérus, on en rencontre cependant quelquefois deux chez certaines Raies (*Pteroplatca*).

Alex. Schultz (2), dans un travail qu'il a publié récemment sur le développement de la Torpille, a montré que la fécondation se fait dans l'oviducte. On trouve en effet, au moment de la reproduction, des spermatozoïdes dans toute la longueur de ce canal, jusqu'à la partie supérieure de la glande nidamenteuse, mais pas au delà ; de plus, on n'en trouve jamais dans l'albumine de l'œuf ; il est donc probable que c'est en ce point de l'oviducte que se fait la fécondation. Cet auteur a signalé aussi un fait curieux, à savoir, que chez la Torpille, les œufs de l'ovaire droit pénètrent dans l'oviducte gauche et réciproquement.

La muqueuse de l'utérus est lisse chez les espèces ovipares ; elle ne présente que quelques plis peu marqués, tantôt longitudinaux, tantôt en zig-zag. Les espèces vivipares ont une muqueuse utérine revêtue de villosités de dimension et de forme très variables. Chez l'*Acanthias vulgaris*, ces villosités sont élargies à leur extrémité et ont une forme triangulaire ; souvent elles sont lobées et se terminent par un long filament ; ces appendices villeux sont la plupart du temps rangés en séries longitudinales (3).

Au moment de la reproduction, l'utérus s'hypertrophie, comme chez les Mammifères, et se vascularise considérablement ; en même temps

(1) Gerbe, *Journ. de l'Anatomie de Robin*, 1872.
(2) Alex. Schultz, *Archiv f. mikrosh. Anatomie*, XIII, 1876.
(3) Leydig, *Zur mikros. Anat. und Entwick. der Rochen und Haie*, 1852.

les villosités acquièrent un grand développement, surtout chez les Raies vivipares; elles remplissent la cavité utérine et y forment une sorte de bouillie ou de nid vasculaire, selon l'expression de M. Bruch; le chevelu s'insinue entre toutes les parties de l'embryon et leur apporte des éléments nutritifs.

Chez les Raies appartenant au genre *Pteroplatea*, il se développe normalement deux embryons dans chaque loge utérine; ces deux embryons sont enlacés et enroulés de manière à représenter deux cornets emboîtés l'un dans l'autre.

Leydig a étudié au point de vue histologique la structure des villosités utérines; il a reconnu qu'elles sont très-vasculaires. Chaque villosité, qui chez les Raies acquiert une longueur de 1 ou 2 centimètres, dimension que n'atteint aucune autre espèce de villosité, est parcourue par deux vaisseaux, artère et veine, réunis en arcade à l'extrémité et comprenant entre eux un réseau capillaire à mailles étroites. Ces vaisseaux se distinguent par une couche très-épaisse de fibres musculaires lisses, annulaires; du reste, cet élément contractile est très-développé dans le système vasculaire des Plagiostomes.

# QUATRIÈME LEÇON

---

Œuf des Poissons. — Leptocardiens. — Cyclostomes. — Ganoïdes. — Dipnoïques. — Composition de l'œuf des Salmonides.


Outre les Plagiostomes, la grande classe des Poissons renferme plusieurs sous-classes ayant des caractères bien distincts ; ce sont : les Leptocardiens, représentés par un seul genre ne contenant qu'une seule espèce, l'*Amphioxus* (1); les Cyclostomes (Lamproie, Myxine); les Ganoïdes(Esturgeon, etc.); les Dipnoïques (2), et enfin les Poissons osseux proprement dits ou Téléostéens.

(1) L'*Amphioxus lanceolatus* a une organisation tellement différente de celle des autres Vertébrés qu'on le considérait autrefois comme un Mollusque, et que Pallas le décrivit, en 1778, sous le nom de *Limax lanceolatus*. Costa l'appela plus tard *Branchiostoma lubricum*, et c'est Yarrel qui lui a donné le nom qu'il porte actuellement.

Cet animal, qu'on peut regarder avec Haeckel, comme le plus simple et le plus ancien des Vertébrés, ou, avec la plupart des naturalistes, comme un Vertébré dégradé, n'a pas plus de 5 à 6 centimètres de longueur.

L'étude de son organisation a donné lieu à un grand nombre de travaux, parmi lesquels les plus importants sont ceux de Goodsir, J. Müller, Max Schultze, Rathke, Kœlliker, Kowalevsky, W. Müller, Stieda, Rolph. L'*Amphioxus* est dépourvu de cerveau, de boîte crânienne et de colonne vertébrale; le cœur est remplacé par de simples vaisseaux pulsatiles; son sang est incolore; ses organes génitaux sont représentés par deux sacs s'étendant, de chaque côté, dans toute la longueur de la cavité branchiale; ses produits sexuels tombent dans la cavité viscérale et sont expulsés par le pore génital placé en avant de l'anus.

(2) Les Dipnoïques sont des animaux de transition entre les Poissons et les Batraciens; on les regardait autrefois comme des Amphibies écailleux, maintenant on les range parmi les Poissons. On ne connaissait que deux genres appartenant à cette sous-classe (*Lepidosiren, Protopterus*) ; Forster et Krefft ont découvert un nouveau genre (*Ceratodus*) qui vit dans les fleuves de l'Australie. Ces animaux ont la forme des Poissons et sont recouverts d'écailles; ils possèdent deux appareils respiratoires, dont ils se servent alternativement : des poumons et des branchies. Les Dipnoïques vivent dans

L'œuf de l'*Amphioxus*, découvert par J. Müller en 1844, est très-simple, il ne mesure que $\frac{1}{13}$ de millimètre ; il se compose d'une membrane vitelline entourant une masse vitelline finement granulée, et renfermant une vésicule et une tache germinative, qui n'existent que dans l'œuf ovarien et disparaissent au moment de la ponte. Cet œuf est holoblastique comme celui des Mammifères, c'est-à-dire que toute sa masse subit la segmentation, ainsi que l'a vu Kowalevsky (1). Cet observateur a montré également que l'Amphioxus est le seul Vertébré chez lequel il se forme une gastréa type aux débuts du développement. Le blastoderme est formé d'une seule couche de cellules constituant une sphère creuse ; sur un point de la paroi de cette sphère il se produit une invagination ; cette partie invaginée vient s'appliquer à la surface interne de la sphère, de sorte que l'embryon se compose de deux feuillets (ectoderme et endoderme) et d'une cavité centrale, présentant une ouverture dans le point de la vésicule blastodermique au niveau duquel s'est produite l'invagination.

La composition de l'œuf des Cyclostomes est peu connue. D'après Steenstrup, l'œuf des Myxines est de forme allongée, elliptique, et il est revêtu d'une enveloppe assez solide, qui porte à ses deux extrémités des houppes de filaments terminés par un crochet à trois branches, figurant une sorte d'ancre. Max. Schultze, qui a suivi le développement du *Petromyzon*, a constaté que l'œuf de cet animal subit aussi le fractionnement total.

Parmi les Ganoïdes, l'Esturgeon est l'espèce qui a été le plus étudiée ; les œufs de ce Poisson sont fortement pigmentés et noirs, comme les œufs des Batraciens ; de même que ces derniers, ils renferment aussi des tablettes vitellines. A l'un des pôles de l'œuf il existe six petits trous disposés en cercle autour d'un autre orifice central : ces orifices sont des micropyles ; ce fait est intéressant à signaler, car chez les autres Poissons il n'existe qu'un seul micropyle.

Chez les Téléostéens, les œufs présentent des différences d'une famille à l'autre ; nous étudierons d'abord ceux du groupe des Salmonides (Saumon, Truite, Palée) parce qu'ils ont été l'objet d'un grand nombre de travaux et de recherches embryogéniques.

L'œuf du Saumon est assez volumineux ; il mesure en moyenne 6$^{\text{mm}}$

des marais et des cours d'eau ; lorsque ceux-ci se dessèchent, au moment des chaleurs, ces singuliers animaux s'enfoncent dans la vase, recouvrent les parois de leur trou d'une mince couche de mucus, et respirent alors par leurs poumons. Lorsque la saison des pluies vient remplir leurs marais, ils sortent et reprennent leur vie aquatique en respirant par leurs branchies.

(1) KOWALEVSKY, *Entwickelungsgeschichte von* Amphioxus lanceolatus, St-Pétersbourg, 1867.

de diamètre. De consistance assez molle au moment de la ponte, il devient rapidement dur et élastique, par suite de l'imbibition de la coque. Miescher a montré, en effet, qu'un œuf pesant 127 milligrammes au sortir de la cavité abdominale, pèse 133 milligr. après quelque temps d'immersion dans l'eau ; il augmente donc de 10 à 11 centièmes de son poids primitif en absorbant de l'eau.

His (1), à qui l'on doit un travail très-important sur la constitution de l'œuf des Poissons osseux, décrit dans celui du Saumon quatre parties essentielles : 1° Une membrane épaisse (capsule); 2° une zone périphérique (couche corticale); 3° une partie épaissie de cette couche (germe); 4° une masse centrale (vitellus nutritif).

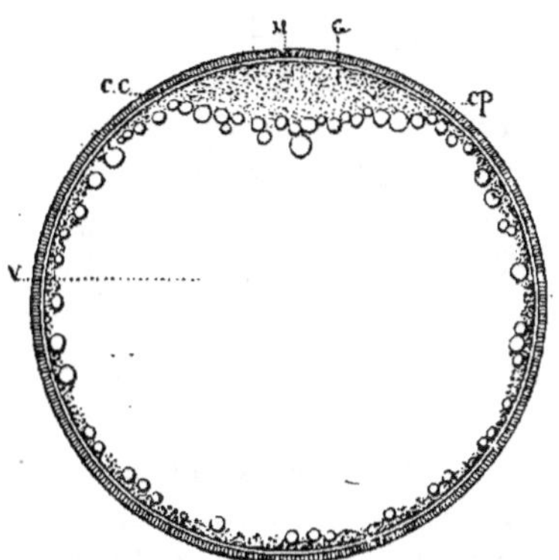

Fig. 20. — Œuf de Truite. — *Cp* capsule. *cc* couche corticale. *G* germe. *V* vitellus nutritif. *M* micropyle.

La membrane externe mesure de $0^{mm},033$ à $0^{mm},035$ d'épaisseur ; elle a été décrite d'une façon très-différente par les auteurs qui l'ont étudiée. Vogt (2) a constaté qu'elle existait déjà dans le follicule, mais, par une inconséquence difficile à comprendre, il lui a donné le nom de membrane coquillière et il l'a comparée à la membrane coquillière de l'œuf d'Oiseau, qui, comme nous l'avons déjà vu, ne se forme que dans la région inférieure de l'oviducte. Allen Thomson compara, avec plus de justesse, l'enveloppe de l'œuf des Poissons à la zone pellucide des Mammifères. Lereboullet l'a désignée sous le nom de chorion, et il a vérifié qu'elle prenait naissance dans l'ovaire. Œllacher (3) admet aussi que c'est un chorion, et il décrit une membrane vitelline au-dessous de cette première enveloppe. Pour Waldeyer, au contraire, c'est une membrane vitelline et cependant il pense qu'elle est un produit de sécrétion des cellules du follicule. Enfin, His appelle cette membrane *capsule de l'œuf;* c'est le nom que nous lui conserverons, car il ne préjuge rien de son origine ni de sa nature.

Cette capsule est striée dans toute son épaisseur par des canalicules très-fins (canaux poreux), découverts par J. Müller. Quand on laisse l'œuf hors de l'eau pendant quelque temps, l'air pénètre dans ces canali-

(1) His, *Untersuchungen über das Ei und die Eientwickelung bei Knochenfischen,* Leipzig, 1873.

(2) Vogt, *Embryologie des Salmones,* Neuchâtel, 1842.

(3) Œllacher, *Beitrag zur Entwickl. der Knochenfische,* in *Zeitsch. f. wiss. Zoologie,* XXII und XXIV.

cules, qui apparaissent alors comme autant de lignes noires sur une coupe examinée au microscope.

L'enveloppe de l'œuf présente une ouverture, un micropyle, destiné à livrer passage aux spermatozoïdes au moment de la fécondation. Les Poissons sont les seuls Vertébrés chez lesquels on ait jusqu'à présent reconnu la présence d'un micropyle.

Le micropyle a été vu pour la première fois, en 1855, chez le Saumon, la Truite, le Brochet et la Carpe par Carl Bruch (1); cet auteur croyait être le premier à signaler l'existence d'un micropyle chez les Vertébrés, mais, cinq ans avant lui, Doyère (2) avait constaté ce fait sur l'œuf du *Syngnathus Ophidium;* il avait reconnu à la surface de la capsule une petite dépression au fond de laquelle était un canal qui s'ouvrait en face du disque proligère (c'est ainsi qu'il appelait le germe) et il donna à ce canal le nom de *micropyle.* Barry, en 1840, prétendit avoir observé un micropyle chez les Mammifères (Lapin), mais nous avons déjà vu que c'était une erreur. Ransom, en 1854, constata la présence d'un micropyle chez l'Epinoche.

C'est aussi à Doyère que l'on doit la première observation de l'existence d'un micropyle chez les Invertébrés, chez un Céphalopode, le *Loligo media*, mais sa découverte a été méconnue; Leuckart, J. Müller et Leydig l'ont vu ensuite chez un grand nombre d'Invertébrés.

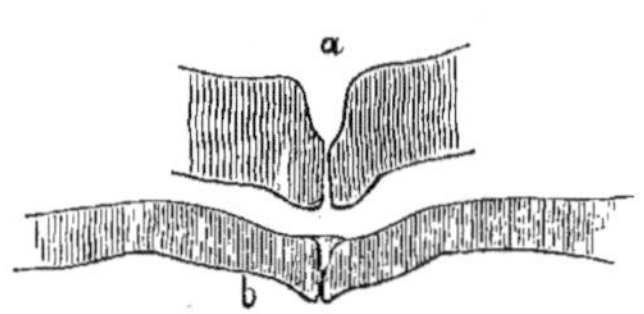

Fig. 21. — *a* Coupe à travers le micropyle d'un œuf de Truite. *b* Coupe montrant la cuvette micropylaire (d'après His).

Lorsqu'on considère un œuf de Saumon ou de Truite par sa surface, on aperçoit un point de la capsule qui paraît comme déprimé, et représente une petite cuvette au fond de laquelle on découvre un orifice : c'est le micropyle. Sur une coupe passant dans cette région, on constate que la paroi interne de la capsule fait saillie, à ce niveau, dans l'intérieur de l'œuf. La forme du micropyle n'est pas exactement la même chez la Truite et chez le Saumon. Chez ce dernier, au fond de la cuvette, il existe une sorte de petit cratère assez évasé qui se termine par un canal très-étroit. Chez la Truite, le cratère est beaucoup moins large, ses bords sont plus taillés à pic et le canal qui le termine est plus large. His a mesuré la largeur comparative de la tête d'un spermatozoïde et du canal micropylaire; il a constaté que, chez le Saumon, cette largeur est à peu près la même et que, par conséquent, il ne peut entrer dans l'œuf qu'un seul spermatozoïde

(1) C. Bruch, *Ueber die Befruchtung des thierischen Eies und über die histolog. Deutung desselben*, Mayence, 1855.
(2) Doyère, l'*Institut*, XVIII, 1850.

à la fois : ce fait est à l'appui de la manière de voir des embryogénistes qui pensent qu'il suffit d'un seul animalcule spermatique pour féconder un

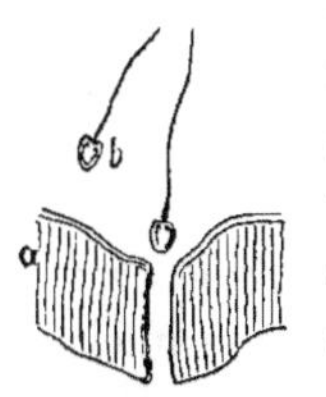

Fig. 22.— *a* Coupe à travers le micropyle du Saumon. *b* Spermatozoïdes (d'après His).

œuf. Chez la Truite, au contraire, le diamètre du canal micropylaire est plus grand que celui de la tête d'un spermatozoïde ; j'ai pu, du reste, vérifier sur une coupe passant à travers le micropyle d'un œuf de Truite, plongé dans l'acide chromique au moment de la fécondation, qu'il y avait plusieurs spermatozoïdes engagés à la fois dans le micropyle.

La position du micropyle est fixe ; cet orifice est toujours placé au-dessus du germe, tantôt au centre, tantôt excentriquement, dans l'œuf pris avant la ponte. Mais quand l'œuf a séjourné quelque temps dans l'eau, surtout après la fécondation, le vitellus se rétracte, devient mobile et exécute dans la capsule un mouvement de rotation qui tend à ramener toujours le germe en haut. Dès lors, les relations qui existent entre le micropyle et le germe sont changées.

M. Coste pensait que, jusqu'au moment de la ponte, les parties plastiques et les éléments nutritifs sont mêlés dans l'œuf, et que, sous l'influence de la fécondation, il se fait entre ces deux sortes d'éléments un départ, qui a pour effet de rassembler tous les éléments plastiques de l'œuf pour constituer le germe. Aussi M. Coste croyait que les œufs des Poissons osseux sont un intermédiaire entre les œufs méroblastiques des Oiseaux et les œufs holoblastiques des Mammifères.

Lereboullet a adopté cette manière de voir pour les Salmonides seulement, et il admettait que chez les autres Poissons osseux le germe préexiste à la fécondation ; chez le Brochet, en effet, le germe se distingue facilement à cause de sa coloration jaunâtre.

Les recherches les plus récentes ont prouvé que le germe existe avant la ponte chez tous les Téléostéens ; quelquefois il est à peine visible, ses contours sont mal délimités, et les éléments nutritifs se mêlent aux éléments plastiques sur ses bords. D'après His, le germe de l'œuf du Saumon, placé au-dessous de la capsule et reposant sur le vitellus nutritif, a un diamètre qui varie entre 2 millimètres et 2mm,5 ; et une épaisseur d'environ 0mm,5. Il est formé d'une substance finement granuleuse.

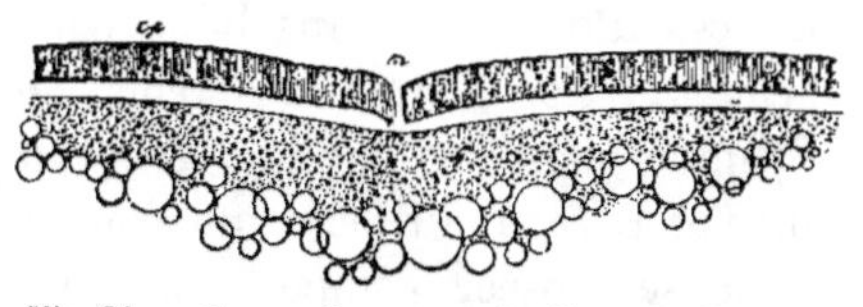

Fig. 23. — Coupe du germe de l'œuf du Saumon; *cp* capsule ; *m* micropyle ; *f* germe (d'après His).

Si l'on extrait ce germe de l'œuf, on le voit s'étaler et envoyer de tous les points de sa périphérie des prolongements s'anastomosant fréquemment entre eux, et de longs filaments qui lui donnent l'apparence d'un Rhizopode. Ces changements de forme me paraissent être dus à un affaissement du germe sous son propre poids, plutôt qu'à des mouvements actifs ; cependant le germe est doué, chez certains Poissons, de véritables mouvements amiboïdes, car on les observe dans l'œuf même à travers la capsule.

La couche corticale, pour His, se comporte comme le vitellus blanc dans l'œuf des Oiseaux ; elle est formée par une substance granuleuse, moins diffluente que celle qui constitue le germe, et renfermant dans son épaisseur de gros globules rougeâtres chez le Saumon, jaunâtres chez la Truite, qui donnent aux œufs de ces animaux leur coloration particulière ; lorsqu'on isole ces globules, on voit que chacun d'eux est entouré d'une zone granuleuse.

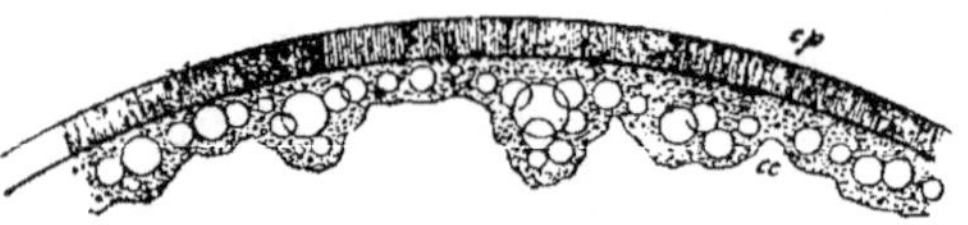

Fig. 24. — Coupe à travers la couche corticale de l'œuf du Saumon. *cp* capsule. *cc* couche corticale renfermant de gros globules rougeâtres (d'après His).

On croyait que ces globules étaient de nature graisseuse ; His a observé qu'ils augmentent de volume, qu'ils pâlissent quand on les met au contact de l'eau ; il avait pensé qu'ils étaient formés de lécithine, mais Miescher a montré qu'ils ne renferment pas cette substance.

Ces éléments sont beaucoup moins denses que l'eau ; sur un germe durci, ils restent attachés à sa partie inférieure et le font flotter à la surface de l'eau.

Chaque globule est entouré d'une couche mince de matière albumineuse comme His l'avait constaté : lorsqu'on le met dans l'eau, cette couche se gonfle et disparaît, de sorte que le contenu de la vésicule s'étale, et semble grossir et pâlir. Les globules prennent ce même aspect quand on les comprime entre deux lames de verre. En réalité, le contenu de ces globules est insoluble dans l'eau ; si l'on écrase des œufs de Saumon dans ce liquide, on voit surnager à la surface une couche huileuse, rosée, composée de globules plus ou moins gros.

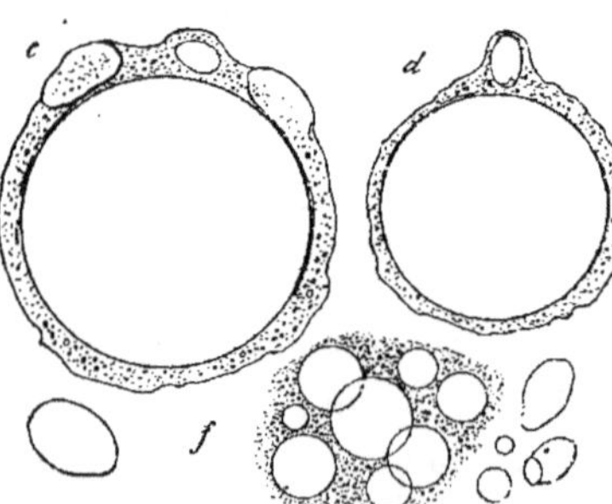

Fig. 25. — Eléments de la couche corticale de l'œuf de Saumon : *c*, *d* Globules huileux colorés, entourés d'une couche albuminoïde ; *f* globules pâles (d'après His).

La matière huileuse ne se coagule pas à une température de 100°, ni sous l'influence des acides concentrés ; elle est insoluble dans les alcalis, très-soluble dans l'éther et le chloroforme, lorsqu'on a déchiré mécaniquement la couche albumineuse qui entoure les vésicules. Enfin, caractère important à noter, et qui prouve bien que cette substance est de nature graisseuse, comme on le croyait avant His, elle noircit fortement et presque instantanément sous l'influence de l'acide osmique. D'après MM. Valenciennes et Frémy, ce serait une huile phosphorée.

On trouve aussi dans la couche corticale des globules pâles, mous, incolores, que His considère comme des noyaux; il se fonde pour cela sur une analyse de Miescher, qui aurait reconnu que ces corpuscules sont formés de nucléine, substance qui entre dans la constitution des noyaux des cellules. Il est difficile d'admettre ainsi la présence de noyaux libres dans l'intérieur de l'œuf, et il est bien plus probable que ces prétendus noyaux ne sont que des vésicules de nature albuminoïde.

La couche corticale était connue longtemps avant le travail de His. Lereboullet (1), l'avait déjà décrite en 1861, et avait reconnu qu'elle avait des relations avec le germe; mais il croyait que cette couche n'entoure que les deux tiers de l'œuf, et il en faisait dériver par segmentation un des feuillets de l'embryon, le feuillet muqueux (endoderme).

OEllacher (2) a constaté que la couche corticale entoure l'œuf tout entier et que le germe y est enchâssé comme la cornée dans la sclérotique; mais il donne à cette couche le nom fort impropre de membrane vitelline. Le même auteur assimile l'œuf à une cellule graisseuse dont le protoplasma et le noyau sont amassés sur un point et dont tout le reste est rempli de graisse contenue par une mince couche de protoplasma.

Klein (3) adopte la manière de voir d'OEllacher, mais il appelle *archiblaste* la cicatricule, et *parablaste* la couche corticale; comme Lereboullet, il pense que la partie de la couche corticale sous-jacente au germe entre dans la constitution de l'embryon. Van Bambeke (4) donne le nom de *couche intermédiaire* à la couche corticale.

Malgré les nombreuses recherches qui ont été faites à ce sujet, on ne connaît pas encore exactement la signification de cette couche; on sait qu'elle entre dans la constitution du germe, et Lereboullet et Van Bambeke ont reconnu qu'elle constitue le feuillet interne du blastoderme.

La masse centrale de l'œuf est formée d'une substance hyaline ne renfermant pas d'éléments figurés, visqueuse et homogène; cette substance se coagule au contact de l'eau, des acides et de l'alcool et

---

(1) Lereboullet, *Ann. des Sc. nat.; Zoologie*, 4ᵉ série, XVI, 1861.

(2) Œllacher, *Beitrag zur Entwickl. der Knochenfische*, in *Zeitsch. f. wiss. Zoologie*, XXII und XXIV.

(3) Klein, *Quaterly Journal of microscop. Science*, 1876.

(4) Van Bambeke, *Recherches sur l'embryologie des Poissons osseux*, 1875.

devient opaque et blanche ; elle est soluble dans les alcalis et dans la liqueur de Müller.

La masse vitelline se coagulant dans l'eau, on doit se demander comment il se fait qu'elle reste inaltérée dans l'œuf, qui se développe au milieu de l'eau. La capsule de l'œuf, qui est poreuse et munie d'un micropyle, n'empêche pas l'eau de pénétrer dans l'œuf. On a admis la présence d'une membrane vitelline au-dessous de la capsule, et c'est sur ce seul fait de l'inaltérabilité de l'œuf dans l'eau que Vogt se fondait pour admettre l'existence d'une membrane vitelline  Lereboullet prétend avoir isolé des lambeaux de cette membrane ; mais, d'après Waldeyer et His, elle n'existerait pas. Suivant His, la couche corticale seule empêche l'eau d'arriver au contact du vitellus. Lorsque, en effet, cette couche est rompue, l'œuf devient blanc et opaque ; c'est ce qui arrive souvent lorsqu'on pratique des fécondations artificielles, parce qu'en pressant sur l'abdomen de l'animal pour faire sortir les œufs, on soumet ceux-ci à une compression trop forte, comme His l'a démontré expérimentalement pour les œufs de l'Ombre. Le même phénomène s'observe quand à la surface de l'œuf se développent des moisissures ; celles-ci traversent la capsule et la couche corticale, et permettent ainsi à l'eau d'arriver à la masse vitelline centrale.

L'œuf de l'Ombre (*Thymallus vulgaris*), qui appartient aussi au groupe des Salmonides, a la même structure que celui du Saumon et de la Truite. Chez ce poisson, la cicatricule est jaune citron ou jaune orange. Outre les gros globules huileux et les prétendus noyaux de His, la couche corticale renferme des éléments plus complexes ; ce sont des vésicules contenant un ou plusieurs globules de nature albuminoïde, et tout à fait analogues aux éléments du vitellus blanc des Oiseaux.

# CINQUIÈME LEÇON

Œufs des Poissons osseux (*Suite*). — Esocides. — Enveloppe de l'œuf des Scombérésocides. — Cyprinides. — Vésicules et taches germinatives. — Mouvements des taches
germinatives. — Disparition de la vésicule germinative.


La famille des Ésocides est voisine de celle des Salmonides; elle
renferme le Brochet dont l'œuf présente des particularités intéressantes.
Cet œuf, étudié, par Lereboullet (1), H. Aubert (2), Reichert (3) et His (4),
se gonfle après son immersion dans l'eau, et acquiert un volume de
2 à 3 millimètres; on y retrouve les mêmes parties que dans l'œuf des
Salmonides (capsule, couche corticale, germe et vitellus central).

La capsule est striée par des canaux poreux et, suivant His, elle
présenterait aussi une striation parallèle à la surface de l'œuf, ce qui
prouverait qu'elle est produite par des couches successives, secrétées par
des cellules épithéliales. Elle présente une petite dépression au fond de
laquelle est un micropyle, découvert par Carl Bruch, en 1855, et qui a la
même forme que celui des Salmonides.

Le germe, coloré en jaune, est très-accusé, surtout quand l'œuf a été
immergé dans l'eau, et forme une saillie convexe de 1 millimètre à 1 millimètre 1/2 de diamètre, constituée par un protoplasma pénétré d'une
multitude de petites granulations. Lereboullet croyait que ce germe
renfermait, en outre des éléments plastiques, des éléments nutritifs,
globules vitellins et vésicules de graisse.

Les éléments nutritifs appartiennent à la couche corticale, comme
nous l'avons déjà vu, et non pas au germe.

(1) LEREBOULLET, *Recherches d'Embryologie comparée sur le développement du
Brochet, de la Perche et de l'Écrevisse*, in *Mém. de l'Acad. des Sc.*, XVII, 162.
(2) AUBERT, *Zeitschrift für wiss. Zoologie*, V, 1854.
(3) REICHERT, *Müller's Archiv*, 1856.
(4) His, *loc. cit.*

Lereboullet a vu que la vésicule germinative, placée au centre de l'ovule, se rapproche de la périphérie à mesure que l'œuf grossit. La vésicule germinative renferme, d'après lui, des corpuscules celluliformes, des globules graisseux et des granules. Quand l'œuf a atteint 1 millimètre de diamètre, la vésicule germinative a disparu, et ses débris se sont dispersés dans toute l'étendue de l'œuf, sous la forme de flocons jaunâtres mêlés aux éléments du vitellus. La couleur de ces flocons provient d'une substance finement granuleuse mêlée de corpuscules brillants. Cette substance et les corpuscules constituent les éléments plastiques du vitellus. Au moment de la déhiscence du follicule ovarien, les éléments plastiques émigreraient vers la périphérie de l'œuf en entraînant avec eux la majeure partie des éléments nutritifs, globules vitellins et vésicules graisseuses. Quant au reste du vitellus, il demeurerait tout à fait transparent et ne contiendrait que quelques globules vitellins dispersés.

Nous étudierons plus tard la formation du germe, et nous verrons qu'il ne prend pas naissance comme le croyait Lereboullet.

La couche corticale de l'œuf du Brochet, qui mesure, d'après His, de $0^{mm}017$ à $0^{mm}045$, renferme des vésicules pâles, et des vésicules contenant des gouttelettes de graisse.

L'œuf du Brochet est devenu célèbre depuis le travail de Reichert (1). Suivant cet observateur, la masse centrale aurait une structure très-remarquable. Elle serait composée d'une substance fondamentale, fluide, homogène, transparente, qui serait traversée par des canalicules à trajet parabolique, remplis d'une substance albuminoïde. Les sommets des paraboles décrites par les canalicules passeraient par le centre de la masse vitelline, et les extrémités de leurs branches viendraient aboutir à la surface, où les canaux s'ouvriraient par une petite ouverture, visible à l'état frais. Pour voir ces canaux, Reichert a fait durcir les œufs par l'acide chromique, l'alcool à 90° et l'acide nitrique dilué. OEllacher prétend avoir vu une disposition analogue dans le vitellus de la Truite. Il est très-probable que ces observateurs ont été induits en erreur par une disposition que prend le vitellus au moment de sa coagulation.

Lorsqu'on fait durcir, en effet, des œufs de Truite dans une solution d'acide chromique, il arrive souvent que le vitellus se fragmente en pyramides dont tous les sommets aboutissent au centre de l'œuf. OEllacher avait déjà signalé ce fait. J'ai constaté aussi cette division en masses pyramidales dans l'œuf des Araignées, sous l'influence de l'acide chromique.

(1) REICHERT, *Müller's Archiv*, 1856.

Lereboullet et récemment Reichenbach (1) ont décrit cette disposition radiée du vitellus chez l'Écrevisse, et ils la considèrent comme normale ; e crois, pour ma part, qu'elle est due à l'action des réactifs, comme chez les Araignées (2).

Chez la plupart des Poissons osseux, l'œuf n'est entouré que d'une seule membrane ; cependant, en dehors de la capsule, il peut exister une seconde enveloppe.

Dans l'œuf de la Perche, la capsule présente deux couches, une couche interne finement striée et une couche externe moins épaisse à stries plus grosses. En dehors de cette première enveloppe, il en existe une seconde beaucoup plus épaisse, signalée par J. Müller, en 1854. Cette enveloppe présente des canaux très-gros, s'ouvrant à l'extérieur par des orifices dilatés en entonnoirs, au milieu de facettes hexagonales qui donnent à la surface de la membrane l'aspect d'une mosaïque ; les canaux communiquent les uns avec les autres par des branches transversales. Kœlliker et Müller ont comparé ces canaux à ceux de la dentine : ils se forment en effet d'une manière identique. A l'embouchure de chaque entonnoir se trouve une cellule qui envoie un prolongement dans l'intérieur du canalicule ; de plus, His a vu que la substance intercellulaire qui réunit les canalicules est formée d'une matière gélatineuse, soluble dans l'eau après une ébullition de plusieurs heures. La solution se prend en gelée par le refroidissement, elle se trouble par l'acide acétique et l'acétate de plomb, et Haussmann a constaté qu'on peut la transformer en glycocolle ; elle présente donc les réactions de la chondrine.

Leuckart a observé un micropyle chez la Perche ; ce canal ne traverse que la capsule de l'œuf, et il ne paraît pas exister dans l'enveloppe externe. Leuckart pense que les spermatozoïdes traversent cette membrane à cause de sa mollesse, ou qu'ils passent par les canalicules, dont les lumières sont béantes dans l'œuf pondu.

Chez les Scombérésocides (3), Haeckel a découvert entre la membrane vitelline et le vitellus une couche d'une structure toute particulière (4).

---

(1) Reichenbach, *Zeitschrift für wiss. Zoologie*, XXIX, 1877.

(2) On observe des faits analogues dans le règne minéral. On sait qu'une plaque d'argile en se desséchant se fendille quelquefois plus ou moins régulièrement. La production des prismes de basalte est due à la contraction qu'éprouvent les matières volcaniques en se refroidissant ; enfin on trouve des rognons de substances minérales cristallisées, comme l'arragonite, qui sont formés de pyramides dont les sommets aboutissent tous au même point, absolument comme dans les œufs que nous venons de décrire.

(3) Les Scombérésocides sont des Poissons marins appartenant aux Malacoptérygiens abdominaux. Cette famille renferme les genres *Belone, Scomberesox, Hemiramphus Tylosurus* et *Exocœtus*.

(4) Haeckel, *Müller's Archiv*. 1855.

Cette couche est formée de fibres serrées les unes contre les autres, mais se laissant facilement dissocier par la pression ; ces fibres sont transparentes, homogènes, cylindriques, pleines et solides, flexibles et élastiques, et ne s'anastomosent jamais entre elles ; leur aspect rappelle celui des fibres élastiques. Leur longueur est très-grande : elles peuvent faire deux ou trois fois le tour du vitellus. L'une de leurs extrémités est effilée ; l'autre, renflée en massue, a reçu de Haeckel le nom de *racine*. La racine présente généralement une base aplatie par laquelle elle s'applique à la face interne de la membrane de l'œuf ; quelquefois la base est entourée par une sorte de rebord.

Fig. 26. — Racine d'une fibre de l'œuf du *Scomberesox*, d'après Haeckel.

La racine est renfermée dans une espèce de voile qui l'enveloppe complétement et à travers lequel passe la fibre. Chez le *Belone*, les fibres sont toutes placées concentriquement de sorte que l'œuf présente deux pôles et un axe, autour

Fig. 27. — Œuf de *Belone*, d'après Haeckel.

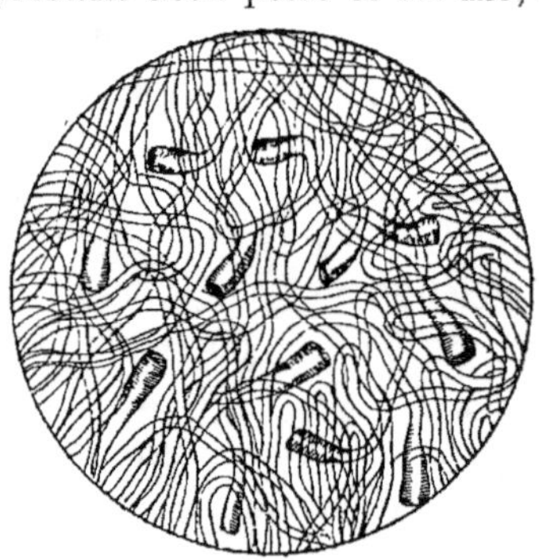

Fig. 28. — Œuf de *Scomberesox*, d'après Haeckel.

duquel les fibres sont disposées comme les parallèles d'un globe terrestre ; dans d'autres espèces, comme chez le *Scomberesox*, elles s'étendent dans tous les sens.

Ces singuliers éléments présentent quelques-unes des réactions des fibres élastiques ; ils ne se dissolvent que dans l'acide sulfurique concentré, ou dans l'acide acétique après une ébullition prolongée. Les alcalis les rendent fragiles et les dissolvent à la longue. L'eau bouillante, l'éther et l'alcool ne les attaquent pas ; l'iode les

Fig. 29. — Développement des fibres de l'œuf du *Scomberesox*, d'après Haeckel.

colore en jaune.

Voici, d'après Haeckel, comment ces fibres se développent. L'œuf ovarien est entouré par une capsule homogène présentant d'abord quelques petits points brillants, produits par un épaississement de la membrane. Ces points grossissent et prennent une forme triangulaire ou quadrilatère ; leur couche externe se différencie et se sépare alors pour constituer une membrane autour du corpuscule. Celui-ci s'allonge et perce la membrane qui forme alors le voile de la racine. Le corpuscule s'allongeant de plus en plus donne naissance à une fibre qui s'étend au-dessus du vitellus.

Kœlliker (1) a rectifié depuis l'observation d'Haeckel : il a vu, en effet, que cette enveloppe de fibres est en dehors de la membrane vitelline et non pas en dedans, comme l'a dit Haeckel.

Ces éléments ont une grande ressemblance avec ceux que nous avons vus former la coque de l'œuf des Lézards et des Serpents, mais ils ont une origine toute différente ; ceux-ci sont, en effet, un produit de sécrétion des cellules de l'oviducte, tandis que les fibres que nous venons d'étudier ne sont que des appendices de l'enveloppe de l'œuf. On peut les comparer avec plus de raison aux villosités choriales qui se produisent à la surface de l'œuf des Mammifères, lorsque cet œuf commence à contracter des connexions avec la muqueuse utérine.

Nous avons vu que les éléments huileux sont épars dans la couche corticale ; chez certains Poissons, ces éléments sont réunis en un seul gros globule central. Dans l'œuf ovarien, ils sont d'abord dispersés dans la masse du vitellus, puis ils se rapprochent du centre ; il en est ainsi chez la Lote (Retzius). Baer a vu que, par exception, on rencontrait un globule huileux unique chez la Perche, l'*Acerina cernua* et le *Lucioperca sandra* ; Retzius l'a trouvé quelquefois chez le Brochet. G. O. Sars, en 1865, a signalé aussi un gros globule central chez la Morue et chez le Maquereau ; les œufs de ces animaux doivent à cette disposition anatomique de flotter à la surface de la mer, tandis que ceux des autres Poissons tombent généralement au fond de l'eau (2).

Dans les œufs que nous avons examinés jusqu'ici les éléments vitellins se présentent sous la forme de vésicules, il en est de même chez les Cyprinides ; mais, chez ces animaux, les vésicules sont précédées dans leur apparition par des tablettes analogues à celles qui existent dans

---

(1) Kœlliker, *Verhandl. d. physik. u. med. Ges. in Würzburg*, VIII, 1858.

(2) A l'époque du frai, les Morues s'approchent des côtes afin que les jeunes puissent trouver une nourriture abondante dans les larves des Crustacés qui existent à ce moment en grande quantité. Tandis que les mâles du Hareng nagent derrière les femelles pour féconder leurs œufs, les mâles de la Morue se tiennent au-dessous des femelles ; les œufs étant moins denses que l'eau de mer viennent à la surface, le micropyle tourné en bas, parce que le globule huileux occupe la position opposée ; la laitance du mâle remonte aussi à la surface de la mer, et les spermatozoïdes rencontrent le micropyle de l'œuf. Dans l'eau douce, les œufs et la laitance tombent au contraire au fond. Les œufs et la laitance du Maquereau se comportent comme ceux de la Morue. (*Forhandlinger af Vid. Selskabet i Christiania*, 1865, et *Magaz for Naturvidensk.* 1866.)

l'œuf des Plagiostomes, des Batraciens, et de quelques Reptiles. Nous avons déjà vu, en parlant de l'œuf des Plagiostomes, les différentes opinions qui ont été émises sur la nature de ces éléments. Virchow pensait que chez les Poissons osseux ils sont formés, comme chez les Poissons cartilagineux, par de la paravitelline.

MM. Valenciennes et Frémy (1) ont vu que les tablettes des Poissons osseux présentaient des différences dans leurs réactions chimiques avec celles des Poissons cartilagineux. Les premières sont en effet solubles dans l'eau, tandis que l'ichthine est insoluble. Ces auteurs ont proposé le nom d'*ichthidine* pour désigner la substance constituant les tablettes des Cyprinides (2); ils ont également donné le nom d'*émydine* à la substance qui entre dans la composition des tablettes des Chéloniens. L'émydine est très-soluble dans les solutions alcalines et insoluble dans l'eau; elle ne se dissout pas dans l'acide acétique; l'ichthine et l'ichthidine sont au contraire peu solubles dans la potasse et très-solubles dans l'acide acétique. Les tablettes des Batraciens sont formées d'ichthine.

La genèse de ces tablettes a été étudiée, au point de vue morphologique, par de Filippi (3). Dans le jeune œuf ovarien, il n'a constaté au début que des globules homogènes, albuminoïdes, qui se gonflent considérablement dans l'eau pure, mais qui conservent leur forme dans l'eau salée, où leur contour s'accuse seulement davantage. Plus tard on ne trouve plus dans l'œuf que des tablettes de forme rectangulaire, à angles plus ou moins arrondis, qui, primitivement homogènes, présentent ensuite des stries perpendiculaires ou parallèles à leur grand axe. Sous l'influence de la compression ou d'une température élevée (60°), les tablettes d'ichthidine se divisent tantôt dans le sens de leurs stries, tantôt d'une manière irrégulière. Lorsqu'on les met dans l'eau, on voit chaque tablette s'entourer instantanément d'une vésicule; dans la glycérine, le phénomène est moins rapide, et on peut observer la production de cette vésicule, qui apparaît par suite du gonflement d'une couche très-mince entourant la tablette. Quelquefois il y a deux ou trois tablettes dans chaque vésicule. De Filippi pense que ces vésicules sont des cellules et que les tablettes se multiplient dans leur intérieur par division. Gegenbaur, qui a vu, chez les Plagiostomes, les vésicules provenir de granulations, nie leur nature cellulaire. Par suite du développement de l'œuf, les tablettes vitellines

<hr>

(1) VALENCIENNES ET FRÉMY, *Compt. rend. de l'Acad. des Sc.*, XXXVIII.

(2) MM. Valenciennes et Frémy ont donné le nom d'*ichthuline* à la substance albuminoïde qui se trouve dans l'œuf des Cyprinides à côté des tablettes d'ichthidine, et qui constitue la masse vitelline des Salmonides. L'ichthuline est insoluble dans l'eau, et soluble dans les acides acétique, phosphorique et chlorhydrique; sa composition se rapproche de celle de l'albumine.

(3) F. DE FILIPPI, *Zeitsch. für wiss. Zoologie*, 1859.

disparaissent et sont remplacées par des vésicules ; on n'en retrouve plus trace dans l'œuf pondu.

Parmi les éléments de l'œuf des Poissons osseux, la vésicule germinative présente un intérêt particulier.

Placée au centre de l'ovule, cette vésicule se rapproche de la périphérie à mesure que l'œuf se développe. Elle est sphérique et renferme un grand nombre de taches germinatives : Auerbach prétend en avoir compté jusqu'à deux cents. Ces taches sont fixées à la paroi de la vésicule germinative, comme Leydig l'a démontré pour les Poissons osseux et les Batraciens ; il n'y en a pas dans l'intérieur.

Dans le jeune ovule, les taches germinatives sont peu nombreuses, mais elles sont plus volumineuses que dans l'œuf mûr ; souvent il n'y en a qu'une. A mesure que l'œuf grossit, les taches augmentent de nombre et diminuent de volume ; ce fait a conduit Auerbach (1) à admettre qu'elles se multiplient par division. Eimer (2), au contraire, pense que la multiplication de ces taches se fait par l'augmentation de volume de granulations, qui sont au centre de la vésicule germinative et qui se transformeraient en taches ; mais c'est une simple vue de l'esprit qui ne repose sur aucune observation directe. Il m'a semblé qu'elles se multiplient par bourgeonnement ; j'ai vu, en effet, souvent quelques taches présenter une petite saillie, qui, peut-être, se sépare ensuite pour former une nouvelle tache.

Quand on traite la vésicule germinative par une solution acétique, son contenu se rétracte vers l'intérieur, et les taches restent reliées à la paroi par un pinceau de filaments, comme si elles s'étiraient, ainsi que je l'ai observé chez le *Cottus lævigatus ;* quelquefois même j'ai vu ces filaments traverser la membrane de la vésicule et se continuer dans le vitellus ; cette disposition est-elle normale, ou est-elle due à un effet du réactif, c'est ce que je ne sais pas encore.

Les taches germinatives sont formées d'un protoplasma doué d'une contractilité très-prononcée. Dans les jeunes ovules du Brochet, Auerbach a vu une même tache prendre successivement une forme sphérique, polygonale ou dentée sur ses bords ; aussi pense-t-il que c'est grâce à cette contractilité que les taches peuvent s'éloigner l'une de l'autre après leur division. Eimer a observé ces mêmes mouvements dans l'œuf du *Silurus glanis*. Pour étudier ces changements de forme des taches germinatives, il faut avoir soin de placer l'œuf dans un liquide qui n'altère pas sa composition ; le liquide ovarien est celui qui convient le mieux, et on doit en empêcher l'évaporation.

(1) Auerbach, *Organolog. Studien*, I. Heft, 1874.
(2) Eimer, *Arch. f. mikros. Anatomie*, XI. 1875.

Les mouvements amiboïdes des nucléoles ne s'observent pas seulement chez les Poissons et je rappellerai à cette occasion que je les ai signalés le premier (1), en 1864, dans l'œuf des Arachnides, des Myriapodes et des Hélix. Les mouvements sont de deux sortes : des mouvements amiboïdes et des contractions de vacuoles renfermant un liquide. Ainsi dans l'œuf de l'*Epeira diadema*, le nucléole émet des prolongements tantôt dans un sens, tantôt dans un autre, et exécute des mouvements semblables à ceux des cellules lymphatiques et des cellules pigmentaires des Batraciens ; ces contractions sont beaucoup plus énergiques que chez les Poissons. Chez le *Phalangium*, la tache germinative renferme un grand nombre de petites vacuoles ; si l'on observe cette tache pendant quelque temps, on voit une des vacuoles augmenter de volume et se rapprocher de la surface ; là, elle crève, comme une bulle de savon, et le liquide qu'elle contient se répand dans la vésicule germinative. Il reste à la périphérie une petite encoche, à la place où était la vacuole ; le même phénomène se reproduit ensuite sur un autre point du nucléole, et cela tant que l'œuf ne s'altère pas.

Depuis lors, les mouvements actifs des nucléoles ont été constatés chez plusieurs espèces animales, non-seulement dans les œufs, mais encore dans d'autres cellules, par Metschnikoff, Brandt, O. Hertwig, etc.

La vésicule germinative des Poissons contient souvent, en outre des nucléoles, un réseau fibrillaire présentant des parties élargies aux points d'anastomoses des fibrilles. Ces fibrilles remplissent l'intérieur de la vésicule et relient entre eux les nucléoles. Un réseau semblable a été observé par Kleinenberg dans l'œuf de l'Hydre, par Hertwig chez l'Oursin et la Souris, par Flemming chez les Najades, et par Ed. van Beneden chez l'Étoile de mer, comme nous avons déjà eu occasion de le dire.

La vésicule germinative persiste dans l'œuf jusqu'au moment de la maturité, puis elle disparaît chez les Poissons osseux, comme chez tous les animaux ; les embryogénistes ont émis les opinions les plus diverses sur son mode de disparition et sur le rôle qu'elle joue ensuite. Les œufs des Poissons osseux ont été l'objet d'un grand nombre de travaux à cet égard ; ils se prêtent, en effet, beaucoup mieux à ce genre d'observation que ceux des autres animaux, à cause de leur volume et de la facilité avec laquelle on peut se les procurer et les observer en dehors de l'animal.

J'ai déjà exposé l'opinion de Lereboullet sur la disparition de la vésicule germinative chez le Brochet. Avant lui, Vogt avait émis l'idée qu'après la disparition de la vésicule germinative, les taches constituaient le germe et formaient les premières cellules de l'embryon.

---

(1) Balbiani, *Compt. rend. et Mém. de la Soc. de Biologie*, 1864.

Récemment OEllacher a étudié la disparition de la vésicule germinative chez la Truite, et voici, selon lui, comment se passerait ce phénomène. La vésicule germinative se rapprocherait de la périphérie de l'œuf, et arriverait au milieu du germe immédiatement au-dessous de la capsule. La vésicule s'ouvrirait alors comme une bourse et s'étalerait de telle sorte que sa membrane formerait une espèce de voile à la surface du germe; son contenu s'échapperait sous forme d'une petite masse floconneuse et les taches se verraient encore dans l'épaisseur du voile.

J'ai cherché à vérifier l'observation d'OEllacher, sur laquelle un grand nombre d'auteurs s'appuient pour expliquer la disparition de la vésicule germinative, et je n'ai jamais observé rien de semblable à ce qu'il décrit. Ce qu'il a pris pour les taches germinatives ne sont que des globules de la couche corticale de l'œuf qui pénètrent à travers le germe et arrivent à sa surface au moment de la contraction de la masse vitelline produite par les réactifs durcissants. Quant au voile, qui ne serait que la paroi de la vésicule germinative étalée, et qu'OEllacher représente épais et strié, c'est la couche la plus superficielle du germe, moins riche en granulations que la partie profonde, et striée comme le protoplasma que Strasburger a observé dans certaines cellules végétales. OEllacher, pour se faire une idée de ces stries, a examiné de jeunes œufs ovariens : il a vu les filaments dont j'ai déjà parlé, traversant la membrane de la vésicule et il a cru les retrouver à la surface du germe.

<h1 style="text-align:center">SIXIÈME LEÇON</h1>

Œuf des Poissons osseux (*suite*). — Mouvements du germe et du vitellus nutritif. — Constitution de l'appareil femelle des Poissons. — Leptocardiens. — Dipnoïques. — Cyclostomes. — Ganoïdes. — Téléostéens.

Il ne me reste plus, pour terminer l'histoire de l'œuf des Poissons osseux, qu'à dire quelques mots des mouvements qui se passent dans le germe.

On attribue généralement la découverte de ces mouvements à Stricker, mais cet auteur a vu seulement à la surface du germe d'œufs non fécondés et durcis, des mamelons qu'il pensait avoir été produits par des contractions. C'est OEllacher (1) qui le premier a observé directement les mouvements actifs du germe dans l'œuf vivant, et les a vus persister pendant douze heures jusqu'au moment de la segmentation. His les a également signalés chez le Brochet; le germe paraît se ramasser et s'étaler successivement, mais très-lentement. Van Bambeke (2) attribue la lenteur de ces mouvements à la basse température à laquelle on observe les œufs; ces Poissons pondant durant la saison froide de l'année. Il a vu en effet que dans l'œuf de la Tanche, qui fraye aux mois de juin et de juillet, les mouvements du germe sont beaucoup plus rapides que chez la Truite et le Brochet.

Dans l'œuf de la Tanche, d'après cet observateur, le germe est constitué par une calotte qui recouvre le tiers du vitellus. Au moment de la ponte, cette calotte prend une forme plus ramassée, les vésicules vitellines viennent se rassembler au-dessous du germe, et la masse vitelline s'éclaircit; on peut alors distinguer des filaments partant de la face inférieure du germe et pénétrant dans le vitellus. Selon van Bambeke, ces filaments iraient chercher les globules vitellins pour les amener au-dessous du germe; ils seraient comparables, par conséquent, aux pseudopodes des Rhizopodes, des Gromies par exemple. Quand ces mouvements préhenseurs ont cessé, il se produit dans le germe des mouvements alternatifs d'expansion et de contraction; souvent il se fragmente même, comme s'il se segmentait, mais ses débris se rassemblent pour recon-

(1) OELLACHER, *Zeitsch. f. wiss. Zoologie*, XXII, 1872.
(2) VAN BAMBEKE, *Recherches sur l'Embryologie des Poissons osseux*, 1875.

stituer de nouveau une masse unique ; quelquefois un des fragments reste isolé et ressemble alors à un globule polaire.

Van Bambeke a observé des faits semblables dans l'œuf de la Lote (*Gadus Lota*), mais les mouvements y sont moins accentués.

Le vitellus nutritif de certains Poissons est également le siége de mouvements de deux sortes : des mouvements de contraction et des mouvements de rotation.

W. Ransom (1) a vu le vitellus, chez l'Épinoche et le Brochet, changer de forme d'une manière rhythmique, devenir piriforme, elliptique. sphérique, etc. His a constaté les mêmes mouvements chez le Brochet et l'Ombre, mais il les attribue à une contraction de la couche corticale.

Rusconi (2), en 1840, avait vu le vitellus de l'œuf du Brochet tourner sur lui-même trente heures après la fécondation; il croyait que cette rotation était due à des cils vibratiles. A cette époque, en effet, on attribuait un grand nombre de mouvements aux cils vibratiles que Purkinje et Valentin venaient de découvrir (3).

Aubert (4) a signalé aussi des mouvements dans le vitellus du Brochet. D'après Reichert (5), ces mouvements seraient des oscillations dues à des ondulations qui, en parcourant la masse vitelline, déplaceraient son centre de gravité.

Bischoff a observé des mouvements actifs du vitellus dans l'ovule de la Truie, OEllacher dans l'œuf de la Poule, Pflüger dans l'œuf ovarien de la Chatte. Tous ces modes d'activité de l'œuf sont indépendants de la fécondation.

Nous ne nous sommes encore occupés jusqu'à présent que de la composition des œufs des Poissons, nous devons étudier maintenant, comme nous l'avons fait pour les autres classes de Vertébrés, la disposition de l'appareil qui sert à évacuer ces œufs au dehors. Certains zoologistes ont cru que cet appareil est, chez les Poissons, tout à fait différent de ce qu'il est chez les autres Vertébrés; d'autres, au contraire, ont voulu le ramener au type commun que nous avons déjà vu exister chez les Mammifères, les Oiseaux, les Reptiles et les Plagiostomes.

Nous conserverons, dans l'étude des conduits génitaux femelles des Poissons, la même division que nous avons suivie dans l'étude de la

(1) W. Ransom, *Philosophical Transactions*, 1873.

(2) Rusconi, *Müller's Archiv*, 1840.

(3) En 1826, Rusconi attribuait au contraire la rotation de l'embryon des Batraciens dans l'œuf à des courants qui se produiraient à travers la peau de l'embryon; Dutrochet venait d'établir les lois de l'endosmose, et l'on voulait alors expliquer tous les mouvements de cette manière.

(4) Aubert, *Zeitsch. f. wiss. Zoologie*, 1854.

(5) Reichert, *Müller's Archiv*, 1857.

composition et de la structure de leurs œufs, et nous examinerons la disposition de l'appareil excréteur femelle, chez les Leptocardiens, les Dipnoïques, les Ganoïdes et les Téléostéens.

Ainsi que Rathke l'a constaté le premier, l'*Amphioxus* ne possède pas d'oviducte : les œufs de cet animal tombent directement dans la cavité du corps. Les ovaires forment de chaque côté, dans la partie moyenne de la cavité branchiale, deux masses allongées, composées de petites poches dont le volume est plus considérable au milieu de la masse qu'à ses extrémités. M. P. Bert (1) a compté de 22 à 26 petites poches dans un seul ovaire; chacune d'elles, de forme ronde, elliptique ou légèrement cubique, est une petite masse d'œufs entourée d'une membrane, et représente un ovaire distinct.

Au moment de la maturité, chaque sac ovarien crève, et les œufs se répandent librement dans la cavité du corps, que Rolph (2) a démontré récemment être la cavité branchiale de l'animal, comme nous le verrons bientôt; puis ces œufs sont évacués au dehors par une ouverture, placée en avant de l'anus et par laquelle sort également l'eau qui a servi à la respiration de l'animal, ainsi que l'avait vu M. de Quatrefages (3); cette ouverture est le pore branchial. Kowalevski (4) prétendait que les œufs sortent par l'ouverture buccale, mais M. Bert confirma l'observation de M. de Quatrefages; il vit, de plus, que chaque poche ovarique se cicatrise après sa rupture, et qu'on rencontre à ce moment sur sa surface des granulations pigmentaires. W. Müller (5) a voulu concilier l'opinion de Kowalevski et celle de M. de Quatrefages; cet auteur croit qu'au moment de la reproduction, les parois latérales du corps forment deux replis qui, descendant de chaque côté au-dessous de la face ventrale, se rejoindraient sur la ligne médiane, et formeraient ainsi une sorte de canal, s'ouvrant au-dessous de la bouche. Les œufs sortiraient par le pore branchial, et suivraient ce conduit cutané jusqu'à la bouche, par laquelle ils sembleraient ainsi être évacués. Une semblable disposition est difficile à concevoir, car Rolph a observé qu'à l'époque de la reproduction l'animal est très-distendu, et que, par conséquent, les parois du corps ne peuvent pas former de replis, comme le prétend W. Müller.

Les testicules occupent, chez l'*Amphioxus*, la même position que les ovaires, et le sperme est évacué, comme les œufs, par le pore branchial.

(1) P. Bert, *Compt. rend. de l'Acad. des Sciences*, 2ᵉ semestre, 1867.
(2) Rolph, *Morphol. Jahrbuch von Gegenbaur*, II, 1876.
(3) De Quatrefages, *Ann. des Sc. nat., Zoologie*, 3ᵉ série, II, 1845.
(4) Kowalevski, *Entwickelungsgeschichte von Amphioxus lanceolatus*, Saint-Petersbourg, 1867.
(5) W. Müller. *Jenaische Zeitsch.*, X, 1875.

J'ai déjà dit que la cavité dans laquelle tombent les éléments sexuels, et que l'on regardait comme la cavité du corps, doit être considérée, depuis le travail de Rolph, comme la cavité branchiale; c'est par des recherches embryologiques que cet observateur a pu s'assurer de ce fait.

Lorsque l'*Amphioxus* est à l'état de larve, il se forme, de chaque côté, des fentes qui traversent la paroi du corps et celle de l'intestin antérieur accolées : ce sont les premières fentes branchiales. Par suite des progrès du développement, Rolph a constaté que la paroi latérale du corps envoie deux replis qui descendent de chaque côté, passent au devant des fentes branchiales, et viennent se rejoindre au-dessous sur la ligne médiane, enfermant ainsi la cavité branchiale dans une duplicature de la paroi du corps. La cavité viscérale n'est donc que secondaire et se forme entre la cavité branchiale et cette paroi.

Chez les Dipnoïques, l'appareil génital femelle a un conduit excréteur propre. Hyrtl (1) a vu que, chez le *Lepidosiren paradoxa*, il existe deux oviductes. assez courts, s'ouvrant dans la cavité abdominale par une ouverture élargie en forme de pavillon et débouchant à l'extérieur par un orifice spécial. Une semblable disposition existe chez les Batraciens, et cela se comprend facilement, puisque les Dipnoïques ne sont qu'une forme de transition entre les Poissons et les Batraciens.

Les Cyclostomes n'ont qu'un ovaire, situé sur la ligne médiane du corps dans les Lamproies, du côté droit dans les Myxines. Chez ces Poissons, c'est la cavité péritonéale qui tient lieu d'oviducte, comme Duméril (2) l'a vu le premier; il n'existe que deux petits canaux très-courts, traversant les parois du corps et se réunissant en un seul, avant de déboucher à l'extérieur dans le pore génital. Stannius (3) a observé un fait très-intéressant chez les Cyclostomes : toute la cavité péritonéale est tapissée par un épithélium vibratile; il en est de même, comme nous le verrons bientôt, chez d'autres Poissons.

Les Ganoïdes ont un appareil excréteur des produits sexuels, chez le mâle et la femelle; en même temps les pores péritonéaux persistent comme dans les Plagiostomes. Les oviductes sont courts et larges; ils s'ouvrent, ainsi que l'a vu Rathke (4), antérieurement dans la cavité abdominale, et postérieurement dans les uretères; ceux-ci se réunissent ensuite en un seul conduit qui débouche à l'extérieur par une ouverture assez large. Leydig a trouvé, chez une femelle de *Polypterus bichir*, la cavité abdominale remplie de laitance, et il s'est demandé

(1) Hyrtl, *Lepidosiren paradoxa*, Monographie, Prag, 1845.
(2) Duméril, *Dissert. sur la famille des Cyclostomes*, 1812.
(3) Stannius, *Handbuch d. Anat. d. Wirbelthiere*, Berlin, 1854.
(4) Rathke, *Beitræge z. Geschichte der Thierwelt*. II. 1824.

par quelle voie cette laitance avait pu pénétrer. Les spermatozoïdes arrivent probablement dans la cavité péritonéale par l'oviducte qui est beaucoup plus large que les pores péritonéaux, presque oblitérés dans cette espèce.

Chez le mâle, l'appareil excréteur a la même composition que chez la femelle. On admet généralement que les spermatozoïdes tombent dans la cavité du corps et passent dans un conduit largement ouvert dans cette cavité, c'est-à-dire que, dans les Ganoïdes, le canal de Müller remplit le même rôle chez le mâle que chez la femelle. Les Ganoïdes paraissent ainsi faire exception sous ce rapport, car nous savons que chez les autres Vertébrés, le canal de Müller persiste, chez le mâle, soit en entier, comme chez les Batraciens, soit en partie, comme chez les Plagiostomes, soit à l'état de vestiges, comme chez les Mammifères, mais qu'il ne sert jamais à l'évacuation du sperme. L'appareil génital mâle des Ganoïdes rentrerait donc dans le type commun aux autres Vertébrés, s'il existait une communication directe entre le testicule et le canal de Wolff. Rathke avait cru voir des canaux efférents entre le rein et le testicule. Récemment Semper a entrevu un petit canal efférent unique entre la partie antérieure du rein et la partie correspondante du testicule, ainsi qu'il l'a observé chez un Plagiostome (*Scyllium canicula*); mais de nouvelles recherches seraient à faire pour confirmer l'existence de ce canal efférent.

Stannius a constaté dans la cavité abdominale la présence d'un épithélium cylindrique à cils vibratiles, mais seulement dans le voisinage de la glande sexuelle mâle ou femelle. Leydig a vu aussi, chez le *Polypterus bichir* et l'Esturgeon, des bandes d'épithélium vibratile s'étendant dans la cavité du corps.

L'appareil reproducteur femelle des Téléostéens est construit sur deux types différents. Le premier type comprend les Poissons qui ont un ovaire sans conduit excréteur, le second type renferme ceux possédant un ovaire avec un oviducte, qui n'est que le prolongement de la membrane ovarique.

Carus a constaté le premier l'absence des oviductes dans le Saumon et la Truite, Vogt dans la Palée; l'Anguille, la Murène, les *Notopterus* et les *Galaxias* ne possèdent pas non plus d'oviducte. Chez ces Poissons, les œufs tombent dans la cavité abdominale et sont évacués par le pore génital. Vogt a constaté que la cavité abdominale des Salmonides femelles est tapissée par un épithélium à cils vibratiles, très-développé dans les régions qui se trouvent en contact avec les œufs après la rupture des follicules ovariens.

J'ai vérifié l'existence de cet épithélium chez la Truite; je l'ai trouvé

ans toute l'étendue des parois de la cavité péritonéale, sur les mésova-
iums et le mésentère, mais je ne l'ai pas rencontré à la partie antérieure
e la vessie natatoire, ni à la surface du foie. Les cellules de cet épithé-
ium sont sub-cylindriques, leurs cils ont un mouvement très-vif qui
ersiste quelques heures après la mort de l'animal. Chez le mâle, dont le
esticule est pourvu d'un canal déférent, je n'ai pu observer aucune trace
l'épithélium vibratile ; toute la cavité abdominale est revêtue d'un épi-
hélium pavimenteux, très-difficile à détacher et qui lui donne un aspect
rillant, tandis que la surface interne de la cavité abdominale de la
emelle a un aspect terne, dû à la présence de l'épithélium cylindrique.

D'après Vogt, les Poissons qui possèdent un oviducte n'auraient pas
l'épithélium vibratile ; Stannius, au contraire, dit en avoir trouvé chez
e Brochet. J'ai examiné dernièrement un Brochet femelle adulte, et je
'ai pu, comme Vogt, rencontrer d'épithélium vibratile ; mais cela tient
eut-être à ce que mon observation a été faite à une époque éloignée de
elle de la reproduction, et il se pourrait qu'au moment du frai, on trouvât
es cils, comme cela a lieu pour les Batraciens.

Chez les Poissons osseux qui ont un appareil excréteur des produits de
'ovaire, les deux oviductes se réunissent à la partie postérieure du
orps pour former un seul canal qui vient s'ouvrir tantôt isolément en
rrière de l'anus et de l'urèthre, tantôt en même temps que ce dernier
anal dans une petite dépression (pore urogénital); c'est cette dernière
lisposition qui existe chez le Brochet.

Rathke, Lereboullet, Vogt et Pappenhein, Leydig, Waldeyer, ont
tudié les rapports qui existent entre l'ovaire et son conduit excréteur.

Si l'on introduit une sonde par le pore génital d'un Poisson à oviducte,
l'un Brochet, par exemple, cette sonde s'engage dans un canal très-
ourt qui représente l'oviducte proprement dit, puis elle pénètre
dans l'intérieur du sac ovarique ; on la voit alors suivre le bord
supérieur de ce sac, relié à la vessie natatoire par un mésovarium très-
étroit, et arriver facilement à sa partie antérieure terminée en cul-de-sac.
La sonde s'est donc engagée dans un espace libre, compris entre
e stroma de l'ovaire et la membrane d'enveloppe de la glande, espace
que Leydig a reconnu être tapissé de cils vibratiles et que Waldeyer a
proposé d'appeler *canal ovarique*.

L'étude du développement de ce conduit pourrait seule nous éclairer
sur sa signification morphologique, mais elle n'a pas été faite. Pour Waldeyer, le canal ovarique et l'oviducte ne seraient autre chose que le canal
de Müller ; l'ovaire serait contenu dans le pavillon de la trompe qui formerait une poche close autour de lui. Waldeyer se fonde, pour établir cette
hypothèse, sur des déductions tirées du développement des Vertèbres

supérieures et sur une disposition particulière qui existe chez certains Mammifères. Chez les Marsupiaux (Wombat et Kangourou), l'ovaire est, en effet, situé sur le pavillon même de la trompe; si l'on suppose que le pavillon enveloppe complétement l'ovaire et que ses bords se soudent, on a la disposition que présente l'appareil femelle des Poissons.

Semper pense, au contraire, que l'oviducte n'a aucune analogie avec le canal de Müller et que c'est un canal particulier aux Poissons osseux chez lesquels il n'y aurait ni canal de Müller, ni canal de Wolff. Le canal primaire des reins primitifs ne se dédoublerait pas et persisterait comme uretère; Semper(1) rattache la formation de l'oviducte à une disposition des organes segmentaires qu'il a observée chez quelques Plagiostomes. Cette manière de voir est hypothétique et ne repose sur aucune observation.

Nous avons vu que, chez les Oiseaux, les Reptiles et les Plagiostomes, l'œuf s'entoure, en traversant l'oviducte, de parties accessoires; il n'en est pas de même chez les Poissons osseux; l'oviducte chez eux n'est qu'un simple conduit évacuateur, et l'œuf est pondu tel qu'il sort de l'ovaire· Cependant les œufs de certains Poissons sont disposés en masses gélatineuses ou en cordons que la femelle enroule autour des plantes aquatiques, comme le fait la Perche, par exemple; la matière glaireuse qui réunit ces œufs entre eux ne serait que la seconde enveloppe, que nous avons déjà décrite chez la Perche, et qui se gonflerait dans l'eau.

Certains Téléostéens, peu nombreux, donnent naissance à des petits vivants. Les œufs se développent dans le sac ovarique, qui se remplit, au moment du frai, d'un liquide albumineux, et les jeunes ne sortent que lorsqu'ils n'ont plus de vésicule ombilicale. Parmi les Poissons vivipares, les mieux connus sont une espèce de Blennie (*Blennius* ou *Zoarces viviparus*) qui se trouve sur nos côtes, les Anableps et les Pœcilies, poissons d'eau douce de l'Amérique du Sud, et quelques Silures.

(1) Semper, *Das Urogenitalsystem der Plagiostomen*, Leipzig, 1875.

# SEPTIÈME LEÇON



L'œuf des Amphibiens diffère, par sa structure, des œufs que nous avons étudiés jusqu'à présent ; il est intermédiaire entre l'œuf holoblastique des Mammifères et l'œuf méroblastique des autres Vertébrés ovipares. Cet œuf n'est pas, en effet, entièrement formé de matière plastique, il enferme une assez grande quantité de substance nutritive ou vitelline, mais la partie plastique et la partie nutritive y sont intimement mêlées, et, lorsque cet œuf se segmente, la matière plastique entraîne pour ainsi dire avec elle les éléments nutritifs, de sorte que chaque sphère de segmentation renferme une certaine quantité de substance nutritive.

On divise la classe des Amphibiens en trois ordres : les Apodes (1), les Urodèles (2) et les Anoures (3) ou Batraciens proprement dits. Les œufs des animaux appartenant à ces trois ordres ont une composition à peu près identique ; aussi, nous nous bornerons à étudier l'œuf des Batraciens en général et de la Grenouille en particulier.

Tout le monde connaît l'aspect des œufs de Grenouille pondus, qui se présentent comme une masse gélatineuse renfermant un grand nombre de petits grains noirs ; chacun de ces petits grains est un œuf propre-

(1) Les Apodes ou Céciliens ont été longtemps considérés comme des animaux appartenant au groupe des Serpents ; leur corps est allongé, vermiforme, dépourvu de membres, leur peau est recouverte de petites écailles disposées en rangées transversales, mais leur organisation interne et l'existence d'une respiration branchiale, pendant la période larvaire, les ont fait ranger parmi les Amphibiens. Les trois principaux genres d'Apodes, *Cœcilia, Siphonops, Epicrium*) sont tous trois exotiques.

(2) Les Urodèles sont des Amphibiens à peau nue, à corps allongé, possédant le plus souvent deux paires de membres : les pattes postérieures font défaut chez les Sirènes. Les Urodèles se divisent en deux sous-ordres: les Ichthyodes, qui comprennent les Pérennibranches, animaux à branchies persistantes (*Siren, Proteus, Menobranchus*) et les Dérotrêmes, animaux sans branchies (*Amphiuma, Menopoma*) ; les Salamandrines (*Molge, Plethodon, Amblystoma, Triton, Salamandra.*) L'Axolotl (*Siredon pisciformis*), que l'on plaçait parmi les Pérennibranches, devrait être mieux rangé parmi les Salamandrines, puisqu'il ne représente qu'un état larvaire, et qu'il est susceptible de se transformer en Amblystome.

(3) Les Anoures, Amphibiens dépourvus de queue, renferment un grand nombre d'espèces indigènes, que l'on peut grouper d'après la forme de leur pupille : Batraciens à pupille ronde (*Hyla*, Rainette, *Rana,* Grenouille) ; Batraciens à pupille transversale (*Bufo*, Crapaud) ; Batraciens à pupille verticale (*Pelobates, Bombinator, Pelodytes, Alytes*).

ment dit, tel qu'il se détache de l'ovaire; l'albumine qui l'entoure n'est qu'un produit secondaire, se formant dans l'oviducte, comme chez les Oiseaux. Nous ne nous occuperons pour le moment que de l'œuf ovarien.

Cet œuf, chez un grand nombre de Batraciens, est pigmenté, tantôt en noir, tantôt en brun, tantôt en jaune. L'œuf du Crapaud, parmi nos espèces indigènes, est le plus fortement pigmenté : il est complétement noir; celui du Crapaud accoucheur (*Alytes obstetricans*) est, au contraire, le moins pourvu de pigment, aussi a-t-il été quelquefois choisi par les embryogénistes, notamment par Vogt, pour l'étude du développement. Van Bambeke (1) a pu aussi se servir avec avantage de l'œuf du Pélobate brun, dont l'hémisphère supérieur complétement noir, et l'hémisphère inférieur d'un blanc pur, sont séparés par une bande équatoriale grise.

Chez la Grenouille rousse (*Rana temporaria* ou mieux *R. fusca*) (2), l'œuf est très-foncé et présente à son pôle inférieur un petit espace blanc; l'œuf de la Grenouille verte (*R. esculenta*) est moins fortement coloré, et la zone pigmentée y est moins épaisse que dans celui de l'espèce précédente. L'œuf du Triton est d'un brun pâle.

C'est au centre de la partie noire de l'œuf que se forment les premiers sillons de segmentation, aussi on peut donner à cette partie le nom de *pôle* ou d'*hémisphère germinatif*. Quand on place des œufs pondus, non fécondés, dans l'eau, le pôle germinatif se place dans une position quelconque. Si les œufs sont fécondés, cette partie de l'œuf se tourne toujours vers la partie supérieure. Nous avons déjà vu que chez les Poissons osse ix, le germe prend également cette position, et qu'on peut expliquer ce phénomène par la présence d'une certaine quantité d'eau entre la capsule et la couche corticale; chez les Batraciens, on ne sait encore à quelle cause attribuer cette rotation de l'œuf.

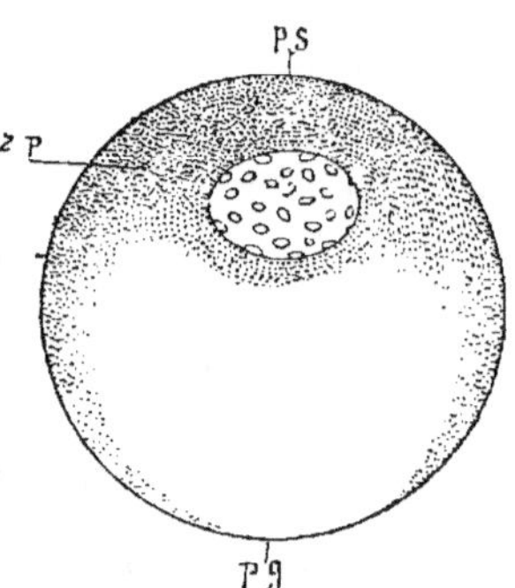


Fig. 30. — Coupe de l'œuf d'une Grenouille. — *Ps*, pôle supérieur : *pg*, pôle inférieur; *zp*, zone pigmentée renfermant la vésicule germinative.

L'œuf des Batraciens renferme une vésicule germinative, située

(1) Van Bambeke, *Mém. cour. Acad. de Belgique*, XXXIV, 1868.

(2) On croit généralement que le nom de *Rana temporaria*, donné à la Grenouille rousse, vient de la tache foncée qu'elle présente dans la région temporale. Leydig (*Die anuren Batrachier der deutschen Fauna*, Bonn, 1877) a trouvé que c'est Conrad Gessner qui a dénommé ainsi cette espèce de Grenouille. Gessner croyait en effet que la Grenouille rousse ne pondait pas d'œufs, qu'elle mourait au moment de l'hiver, et qu'au printemps il sortait de la boue de nouvelles petites Grenouilles, nées par génération spontanée; ces animaux, d'après lui, ne vivaient donc qu'une année et avaient une existence *temporaire*.

abord au centre de la masse vitelline, et qui se rapproche peu à peu
pôle germinatif; à la fin du développement de l'œuf ovarien, la vési-
le pénètre dans la zone pigmentée, comme nous le verrons plus tard.

La vésicule germinative a le même aspect et la même structure que
lle des Poissons osseux; elle est volumineuse, par rapport aux dimen-
ons de l'œuf, et renferme un grand nombre de taches germinatives
acées à la face interne de sa membrane. Ces taches ont une forme
bglobuleuse ou allongée; souvent elles renferment des vacuoles;
. Hertwig a constaté qu'elles présentent des mouvements amiboïdes.
e même observateur a signalé dans l'intérieur de la vésicule germinative
la Grenouille un réseau de fibrilles reliant entre elles les taches ger-
inatives; ce réseau est très-visible, sans l'aide d'aucun réactif, dans
œuf ayant déjà un certain volume et commençant à se pigmenter; dans
s jeunes ovules, on ne peut l'apercevoir qu'à l'aide de l'acide acétique.
ntre les mailles du réseau fibrillaire il existe une substance claire,
yaline (*suc nucléaire* des auteurs allemands).

La masse vitelline de l'œuf renferme trois sortes d'éléments : des ta-
lettes vitellines, des granulations pigmentaires et des globules albumi-
eux, qui coexistent en même temps dans l'œuf mûr de tous les Batra-
ens.

Les tablettes vitellines sont les plus nombreuses de ces trois éléments ;
les se présentent sous la forme de plaquettes carrées ou rectangulaires,
angles souvent arrondis, striées perpendiculairement à leur grand
xe, et sont tout à fait analogues à celles des Plagiostomes et des Poisons osseux. Cramer (1) pensait que ces tablettes provenaient de granu-
tions qui augmentent de volume à mesure que l'œuf se développe. Telle
st aussi l'opinion de Waldeyer ; mais, suivant lui, les granulations se
onfleraient pour se transformer en tablettes. Une semblable explication
st difficile à accepter; comment comprendre, en effet, qu'une granu-
ation puisse, par un simple gonflement, donner naissance à une tablette
itelline? Le fait est qu'on n'a pas suivi jusqu'à présent le développement
e ces éléments vitellins.

Chez les Cécilies, d'après Spengel (2), les tablettes sont irrégulières et
arement aplaties. Au point de vue chimique, les tablettes vitellines des
Batraciens ont la même composition que celles des Plagiostomes : elles
ont formées d'ichthine, insoluble dans l'eau.

Les granulations pigmentaires, noires, brunes ou jaunes, sont très-
nes; très-abondantes à la périphérie de l'œuf dans la région du pôle ger-

(1) Cramer, *Müller's Archiv*, 1848.
(2) Spengel, *Arbeiten aus dem zool.-zootom. Institut in Würzburg*. III, 1876.

minatif, elles n'existent qu'en petite quantité au pôle inférieur et dans la partie centrale.

Les autres éléments de l'œuf sont des globules sphériques, incolores, homogènes, formés d'une substance albuminoïde, et semblables à ceux que nous avons décrits dans la couche corticale de l'œuf des Poissons osseux.

Ecker (1) croyait que ces globules n'apparaissaient dans l'œuf qu'au moment de sa maturité, après la disparition de la vésicule germinative et provenaient de la transformation des taches germinatives. Newport (2) leur assignait la même origine; pour lui, les taches germinatives étaient de véritables cellules, nées par multiplication dans l'intérieur de la vésicule germinative et formant plus tard les premières cellules embryonnaires. Cette théorie venait de l'idée que Purkinje se faisait de la vésicule germinative qu'il avait découverte; cet anatomiste pensait que la vésicule, au moment de sa disparition, se mêlait aux éléments du jaune pour former ce qu'il appelait le *coliquamentum* (cicatricule), c'est-à-dire la matière germinative aux dépens de laquelle doit se former l'embryon. Les successeurs de Purkinje, adoptant cette manière de voir, cherchèrent toujours à faire jouer à la vésicule germinative un rôle important dans la constitution du germe.

L'hypothèse d'Ecker et de Newport est facile à réfuter : il suffit pour cela d'examiner un œuf ovarien possédant encore sa vésicule intacte : on y trouve déjà des globules albumineux en assez grande quantité, ce qui prouve bien qu'ils ne viennent pas des taches germinatives.

Le jeune ovule des Batraciens ne renferme qu'une masse protoplasmique, homogène et hyaline avec une vésicule germinative et ses taches multiples. Les premiers éléments qui apparaissent dans ce protoplasma sont les granulations pigmentaires. Chez la Grenouille rousse, ces granulations se forment toujours autour d'un corps particulier, décrit déjà depuis longtemps par plusieurs auteurs sous le nom de *noyau vitellin*, et sur lequel j'aurai à revenir à propos de l'ovogénèse. J'ai retrouvé ce corps chez un grand nombre d'animaux, et il paraît jouer un rôle important dans l'œuf.

Après les granulations pigmentaires, ce sont les globules albumineux qui se forment dans la partie centrale; les tablettes vitellines n'y paraissent qu'en dernier lieu.

Les tablettes vitellines sont propres aux Batraciens, aux Plagiostomes, à certains Poissons osseux et à quelques Reptiles. Je les ai ren-

(1) Ecker, *Icones physiologicæ*, Leipzig, 1851-1859.
(2) Newport, *Philosoph. Transactions*. 1858.

ntrées aussi exceptionnellement, il est vrai, chez les Oiseaux, entre
utres chez le Moineau et la Poule ; mais je ne considère leur existence
ez ces animaux que comme une anomalie.

Au sujet de la membrane d'enveloppe de l'œuf des Batraciens, nous
trouvons la même diversité d'opinion que nous avons déjà constatée
ur les œufs des autres Vertébrés. Les uns admettent que l'œuf ovarien
t dépourvu d'enveloppe; ainsi Max Schultze pense que l'enveloppe de
œuf est simplement constituée par une couche corticale plus dense du
tellus à la surface. Telle est aussi l'opinion de van Bambeke au sujet
: l'œuf ovarien du Pélobate brun; l'œuf pondu de cet animal serait
outre entouré d'une membrane qui se formerait dans l'oviducte.

Il existe réellement une couche plus dense à la périphérie de l'œuf,
mme Remak et Baer l'avaient déjà vu; mais, chez la Grenouille, van
mbeke admet en outre une membrane vitelline, et je crois aussi qu'il
est ainsi. Remak (1) pensait même que la sphère vitelline est
tourée par deux membranes : par une membrane vitelline (*Dotterhaut*)
par une membrane de cellule ovulaire (*Eizellemembran*); cette
rnière, appliquée immédiatement à la surface du vitellus, s'enfonce-
it dans les sillons de segmentation et formerait une enveloppe propre à
aque cellule.

Reichert (2) partage l'opinion de Remak, et il se fonde, pour admettre
xistence d'une membrane en contact avec la masse vitelline, sur
bservation d'un fait intéressant qui se passe au moment du fraction-
ment. On voit, en effet, sur les bords des sillons en voie de formation,
s plis transversaux très-fins, qui paraissent être dus au plissement
une membrane. Ces plis (*Faltenkranz* de Reichert) disparaissent
and le sillon est terminé. Max Schultze (3) a démontré que cette
parence n'est pas due à une membrane, et que c'est la substance
ême du vitellus, plus dense à la périphérie que dans le reste de la
asse de l'œuf, qui se plisse ainsi sur le bord des sillons. C'est d'après
tte observation qu'il a pu établir que la membrane d'une cellule
est qu'une partie accessoire, puisque les premières sphères de segmen-
tion n'en possèdent pas.

Waldeyer a décrit aussi une membrane autour de l'œuf de la Gre-
ouille, mais cette membrane ne prendrait pas part à la segmentation,
mme le pensait Reichert; elle présenterait des stries radiées très-fines,
mme celle des Mammifères, et serait par conséquent un chorion.

1) Remak, *Untersuchungen über die Entwickelung der Wirbelthiere*, 1855.
(2) Reichert, *Müller's Archiv*, 1841.
(3) Max Schultze, *Observationes nonnullæ de ovorum Ranarum segmentatione*,
nn, 1863.

Un grand nombre d'observateurs ont signalé, à la partie supérieure de l'œuf de la Grenouille, une petite tache ou fossette, dont la signification n'est pas encore bien connue.

Prévost et Dumas (1) ont décrit les premiers au centre du pôle noir de l'œuf une petite tache jaune qu'ils ont comparée à la cicatricule de l'Oiseau ; ils pensaient qu'il existait un micropyle en face de cette tache.

Baer (2), en 1834, remarqua que cette tache était l'orifice d'un canal conduisant à une cavité située plus profondément, et pensa que cette cavité représentait l'emplacement de la vésicule germinative, qui disparaissait à un certain moment, et que le canal et le trou marquaient le passage de la vésicule à travers la masse vitelline pour arriver à la surface de l'œuf.

Newport (3) a également vu le canal et le trou observés par Baer, mais il constata en même temps l'existence, dans l'œuf, de la vésicule germinative ; de sorte que l'explication de Baer était inadmissible. Pour Newport, la vésicule germinative disparaîtrait sur place.

Rusconi (4) n'admet ni le canal, ni la cavité de Baer, mais il a observé l'existence du trou au milieu du champ germinatif. Ecker n'a vu, au contraire, que la cavité. Max Schultze a décrit une simple dépression à la partie supérieure de l'œuf, qu'il a appelée *fossette germinative*, et il a cru qu'elle correspondait à un micropyle.

Van Bambeke a observé la même fossette chez le Pélobate. Pour lui, la vésicule germinative disparaîtrait sur place ; depuis ce premier travail, van Bambeke s'est rallié à l'opinion de Baer. Sur une coupe de l'œuf du Crapaud et d'autres Batraciens, il a vu à la partie supérieure un croissant de substance pigmentée, donnant naissance en son milieu à un corps renflé en massue qui pénètre dans l'intérieur de l'œuf ; il attribue l'apparence de cette *figure claviforme* à la migration de la vésicule germinative ; une partie de cette vésicule persisterait dans l'intérieur de l'œuf, l'autre se répandrait à sa surface, entre le vitellus et la membrane d'enveloppe. Nous reviendrons avec plus de détails sur tous ces faits, lorsque nous nous occuperons des phénomènes qui se passent dans l'œuf avant la fécondation.

L'œuf ovarien, tel que nous venons de le décrire, s'entoure, en traversant l'oviducte, de la substance gélatineuse qui réunit les œufs pondus ; avant d'étudier la disposition et la structure de cet oviducte, il est utile d'exposer brièvement la conformation de l'ovaire des Batraciens et le

(1) Prévost et Dumas, *Ann. des sciences naturelles,* 1re série, II, 1824.
(2) Baer, *Müller's Archiv,* 1837.
(3) Newport, *Philosoph. Transactions,* 1851.
(4) Rusconi, *Amours des Salamandres aquatiques,* Milan, 1821.

écanisme par lequel l'œuf sort de l'ovaire et pénètre dans le conduit
acuateur.

L'appareil génital femelle des Batraciens offre, en effet, des particu-
rités très-intéressantes et se rapproche de celui des Vertébrés supé-
eurs par l'indépendance de la glande sexuelle et du conduit évacuateur,
ais ce conduit est très-éloigné de la glande, et il faut que les œufs
llent s'engager dans l'oviducte, comme chez les Plagiostomes.

Les ovaires des Batraciens, dont la disposition avait déjà été bien
servée par Swammerdam, sont constitués par deux masses lobées, placées
chaque côté de la colonne vertébrale. Chaque ovaire est formé d'un
ombre variable de loges ou sacs ovulaires dont la grosse extrémité est
urnée vers l'extérieur, et dont les sommets sont réunis entre eux par
a repli du péritoine. Chaque sac est indépendant des sacs voisins, comme
wammerdam s'en était assuré en les insufflant; on peut donc considérer
acune de ces loges comme un petit ovaire particulier. Il arrive souvent
ue ces poches sont lobées, ce qui a fait croire que l'ovaire pouvait pré-
nter des cloisons transversales incomplètes.

L'ovaire est ainsi composé de loges distinctes chez tous les Anoures,
cepté chez les *Pelodytes*. Le nombre de ces loges varie suivant les
spèces : d'après Spengel, il y en a quatre chez l'*Alytes*, cinq chez le
*iscoglossus*, de neuf à douze chez le *Pelobates*, neuf chez l'*Hyla*, de
euf à quinze chez la *Rana ;* dans le genre *Bufo*, elles sont encore plus
ombreuses. Chez les Apodes et les Urodèles, l'ovaire ne présente qu'une
eule cavité, offrant quelquefois des cloisons incomplètes.

Si l'on incise une des poches ovariques, on voit que les œufs font
aillie à sa surface interne, et que sa surface externe est lisse et unie.
ette disposition se retrouve chez les Poissons osseux, excepté chez les
almonides ; chez ces derniers animaux, comme chez tous les autres
ertébrés, les œufs font saillie à la surface externe de l'ovaire.

Dans son ensemble, l'appareil femelle des Batraciens présente donc
es caractères mixtes : il se rapproche de celui des Poissons osseux par
ovaire, et de celui des autres Vertébrés par l'oviducte ; nous avons
éjà vu que l'œuf de ces animaux était aussi un type intermédiaire entre
s œufs à segmentation totale et les œufs à segmentation partielle.

De quelle manière l'œuf, qui fait saillie à la surface interne de l'ovaire,
eut-il arriver à l'extrémité des oviductes, dont les ouvertures supérieures
nmobiles sont placées à la base des poumons, de chaque côté du cœur?

Suivant la plupart des zoologistes (1), les œufs tomberaient dans la

(1) Milne Edwards, *Leçons sur la Physiol. et l'Anat. comparée de l'Homme et
es Animaux*, VIII, 1865.

cavité de l'ovaire, s'y rassembleraient, puis passeraient dans la cavité abdominale par suite de la rupture de la paroi ovarique au moment du frai ; telle est l'opinion de M. Milne Edwards.

Selon Rathke (1), il existerait un orifice normal, préformé, à l'extrémité interne de chaque sac ovarien chez les Anoures, et à l'extrémité supérieure de l'ovaire des Urodèles. Wittich, Leydig et Lereboullet ont montré qu'il n'y avait jamais d'ouverture dans les parois de l'ovaire. On peut insuffler sous l'eau les divers compartiments de l'ovaire d'une Grenouille, avant ou après la ponte, et l'on constate que les poches se distendent et restent gonflées tant qu'on ne donne pas à l'air une issue artificielle.

C'est par un mécanisme tout spécial, et sans analogue chez les autres Vertébrés, que l'œuf abandonne l'ovaire. J'ai vérifié avec M. Henneguy qu'il n'existe jamais d'ouverture, soit normale, soit temporaire dans les parois de l'ovaire. Lorsque la Grenouille est arrivée au moment de la ponte, il se produit une destruction de l'enveloppe péritonéale de l'ovaire au niveau de chaque capsule ovulaire ; l'œuf fait peu à peu saillie à la surface externe de l'ovaire en passant à travers le pédoncule de la capsule qui le renferme. La capsule accompagne quelquefois l'œuf pendant sa sortie et, se retournant comme un doigt de gant, fait saillie à la surface de l'ovaire ; après la chute des œufs on voit la surface externe des loges ovariques hérissée de capsules vides renversées en dehors. Au bout de quelques jours ces capsules rentrent dans la cavité ovarienne, et l'on n'aperçoit plus à la surface de la glande que les orifices de sortie des œufs. Ces orifices deviennent très-visibles si l'on colore la paroi de l'ovaire par le carmin : ils se présentent comme de petites taches incolores ; si l'on traite par une solution de nitrate d'argent la surface externe de l'ovaire, ces ouvertures deviennent aussi très-apparentes, car on constate que les cellules du péritoine manquent à leur niveau.

Swammerdam avait déjà signalé des capsules ovulaires vides à la surface interne de l'ovaire après la ponte, mais de Wittich, en 1853, semble avoir entrevu le phénomène que je viens de décrire ; il vit, en effet, des capsules faisant saillie en dehors de l'ovaire d'une Salamandre, mais il crut que c'était un fait accidentel (2).

C'est dans ma leçon du 24 mars 1877 que j'ai exposé le résultat de nos recherches sur la chute des œufs chez les Batraciens ; au mois d'avril de la même année Brandt (3) publiait un travail sur le même sujet. Cet auteur a constaté aussi que l'ovaire de la Grenouille ne présente pas

(1) Rathke, *Beiträge zur Geschichte der Thierwelt*, IV, 1825.
(2) Wittich, *Zeitschrift f. wiss. Zoolog.*, IV, 1853.
(3) Brandt, *Zeitschrift f. wiss Zoolog.*, XXVII, 1877.

l'ouverture, ni avant ni après la ponte, et que jamais les œufs ne tombent dans son intérieur. Il a vu en outre qu'au moment de la ponte, il se produit une ouverture au niveau d'insertion de la capsule, au-dessus de chaque œuf mûr, et il a reconnu que lorsqu'il existe déjà des capsules vides dans l'intérieur de l'ovaire, on peut insuffler ce dernier sans que l'air s'échappe par les orifices de sortie des œufs. Quant à la manière dont se produit cette ouverture, Brandt admet qu'elle se forme, soit par destruction locale de la paroi ovarique, au point d'attache de la capsule, soit par une déchirure de cette paroi, à ce même niveau, amenée par une contraction de la capsule qui chasserait l'œuf au dehors.

Si l'on peut s'expliquer la production de l'orifice de sortie de l'œuf, il est beaucoup plus difficile de se rendre compte du renversement de la capsule ovulaire et de sa rentrée, et jusqu'à présent je n'ai pu saisir par quel mécanisme se produit ce phénomène.

J'ai dit que ce mode d'expulsion des œufs de l'ovaire était sans analogue dans les Vertébrés, mais parmi les Invertébrés on observe des faits semblables. Chez les Araignées, les œufs font saillie à la surface externe des tubes ovariques, et au moment de la ponte ils pénètrent dans la cavité de ces tubes en passant par le col du follicule; il en est de même chez quelques Insectes, entre autres chez les Coccides.

# HUITIÈME LEÇON

Transport des œufs dans la cavité abdominale des Amphibiens. — Epithélium péritonéal. — Constitution de l'appareil femelle des Amphibiens. — Réceptacle séminal des Urodèles. — Structure de l'oviducte de la Grenouille.


Les œufs, en quittant l'ovaire, tombent dans la cavité abdominale et n'y séjournent pas longtemps, car on les retrouve bientôt rassemblés dans la partie postérieure de l'oviducte. Ce n'est que depuis les recherches de Mayer (1), Thiry (2), Schweigger-Seidel et Dogiel (3) que l'on sait de quelle manière les œufs sont amenés aux orifices des oviductes. Mayer, en 1832, signala des cils vibratiles à la surface de la cavité péritonéale de la Grenouille, mais il n'indiqua pas le sexe de l'animal. En 1866, Schweigger-Seidel et Dogiel virent que cet épithélium vibratile n'existe que chez les femelles. Thiry avait déjà constaté que l'épithélium vibratile est très-développé sur la paroi antérieure et interne de la cavité abdominale, et sur les replis qui unissent le cœur et le foie aux oviductes. Le même auteur a vu que les cellules à cils vibratiles sont disposées en bandes ou en traînées, qui se dirigent toutes vers les ouvertures des oviductes. Cet épithélium cilié joue le même rôle chez les Batraciens que chez les Salmonides : il sert à faire progresser les œufs dans un sens déterminé. Pour le prouver, Thiry ouvrit une Grenouille par le dos, et enleva tous les viscères de manière à laisser intacte la paroi antérieure de la cavité abdominale; il plaça à la partie inférieure de cette paroi des œufs écrasés et il vit alors les granulations pigmentaires s'avancer rapidement vers la partie supérieure de l'abdomen et le courant se diviser en deux bandes, qui se dirigeaient vers l'ouverture de chaque oviducte. Thiry a placé aussi des œufs dans la cavité abdominale et les a vus se diriger vers la partie supérieure de cette cavité.

Waldeyer, Neumann et Grunau (4) ont confirmé les recherches de Thiry et de Schweigger-Seidel et Dogiel. Waldeyer a constaté de plus la présence des cils vibratiles à la surface des mésovariums; Neumann a vu les mêmes cils à la surface du foie des Grenouilles et des Tritons. En faisant

---

(1) MAYER, *Frorieps'Notizen,* 1832, 1836.
(2) THIRY, *Gœttinger Nachrichten,* 1862.
(3) SCHWEIGGER-SEIDEL und DOGIEL, *Arbeiten aus der physiol. Anstalt zu Leipzig,* 1866.
(4) NEUMANN und GRUNAU, *Arch. f. mikroskop. Anatomie,* XI, 1875.

macérer le foie dans la liqueur de Müller, on peut facilement détacher la
séreuse qui recouvre cet organe, et on constate que les cellules vibratiles
forment des îlots réunis entre eux par des traînées de ces mêmes cellules.
Une disposition analogue existe dans la cavité abdominale.

Les cellules à cils vibratiles diffèrent des autres cellules du péritoine
par leur forme et leur aspect; elles sont plus petites que ces derniè-res, à contour régulier et polygonal, les autres cellules ressemblent au contraire aux cellules endothéliales : elles sont grandes et à contour irrégulier. Neumann a observé que les cellules ciliées ne sont pas situées au-dessus des cellules péritonéales, mais

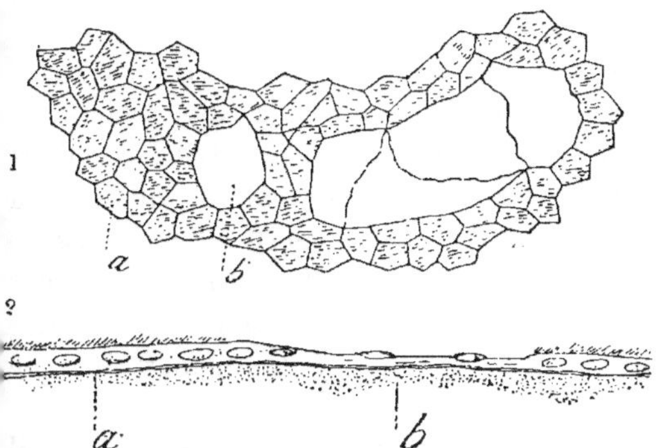

Fig. 31. — 1. Epithélium de la cavité péritonéale de la Grenouille : *a* cellules à cils vibratiles; *b* cellules pavimenteuses.
Fig. 32. — 2. Coupe perpendiculaire du même épithélium; *a*, cellules à cils vibratiles; *b*, cellules pavimenteuses (d'après Neumann).

qu'elles sont continues avec ces dernières et comme enchâssées au milieu
d'elles. Ce fait est intéressant au point de vue embryogénique. La cavité
pleuro-péritonéale est, en effet, tapissée chez le jeune embryon par un
épithélium appartenant au type cylindrique, ainsi que Schenk l'a vérifié
pour le Poulet et Gœtte pour les Batraciens. Plus tard, ces cellules cylindriques se transforment en cellules pavimenteuses, chez l'animal adulte ;
au moment de la reproduction, un certain nombre de ces cellules pavimenteuses redeviennent cylindriques et ciliées. L'épithélium cylindrique
et l'épithélium pavimenteux peuvent donc se transformer l'un dans
l'autre.

A la surface de l'ovaire, le péritoine conserve son caractère de séreuse
et ne présente jamais de cils vibratiles; chez les Mammifères, Waldeyer
a montré que les cellules de la séreuse péritonéale devenaient cylindriques à la surface de l'ovaire.

La face interne de chaque sac ovarien est également tapissée par une
couche de cellules endothéliales, qui recouvre chaque follicule, et que
l'on met facilement en évidence par une imprégnation de nitrate d'argent.
L'ovaire des Batraciens peut donc être considéré schématiquement comme
une substance glandulaire contenue entre deux séreuses.

Nous venons de voir comment l'œuf des Batraciens sort de l'ovaire et
comment il est amené à l'ouverture des oviductes. il nous reste à étudier
la disposition et la structure histologique de ces conduits.

Chez les Apodes, tout l'appareil femelle présente une forme allongée en rapport avec la conformation du corps de l'animal. Les oviductes s'étendent, comme des tubes rectilignes, à la partie externe des reins et commencent, à l'extrémité antérieure de ces organes, par une ouverture élargie ou pavillon. A leur partie postérieure, les deux oviductes s'ouvrent chacun séparément dans le cloaque et sont indépendants des urétères; cette disposition est constante chez les Batraciens.

Les Urodèles et les Anoures, dans le jeune âge, ont un oviducte rectiligne; plus tard, et principalement au moment de la reproduction, ce conduit s'allonge beaucoup et devient alors flexueux. Chez certaines espèces et surtout chez les espèces ovipares, l'oviducte se dilate à sa partie inférieure en une poche, sorte d'utérus, qui sert, soit à emmagasiner les œufs avant la ponte (Anoures), soit à renfermer les jeunes pendant leur développement (Salamandre noire). Le passage de l'oviducte à l'utérus se fait graduellement chez les Urodèles, et d'une manière brusque chez les Anoures.

Chez quelques Urodèles, il existe à la partie terminale de l'appareil génital femelle, entre les deux oviductes, un réceptacle séminal, découvert, par Siebold (1) en 1858, chez la Salamandre noire des Alpes (2).

Siebold avait remarqué que cet animal se reproduit plusieurs fois par an, bien que le mâle n'entre en rut et ne s'accouple qu'une seule fois; il en concluait qu'il devait exister chez la femelle un réceptacle séminal capable de conserver les spermatozoïdes à l'état vivant pendant un temps assez long. L'observation confirma l'exactitude de son hypothèse; il trouva, en effet, à la face dorsale du cloaque de la femelle une petite éminence blanchâtre qui, examinée au microscope, se montra formée de tubes flexueux. Ces tubes sont divisés en deux groupes de trente à quarante éléments chacun, et sont remplis de sperme. Lorsque les œufs sont arrivés dans l'utérus, les spermatozoïdes remontent vers l'oviducte, mais les œufs sont tellement pressés les uns contre les autres, que les éléments

---

(1) SIEBOLD, *Zeitschr. f. wiss. Zoologie*, IX, 1858.

(2) SCHREIBERS (*Isis*, 1833) a vu le premier que la Salamandre noire des Alpes (*Salamandra atra*) ne produisait que deux petits vivants à la fois, placés isolément dans chaque extrémité terminale des oviductes. Au moment de la ponte, quarante à soixante œufs tombent dans chaque utérus, mais un seul de ces œufs, celui qui est le plus rapproché du cloaque, se développe; les autres se fusionnent en une masse vitelline commune qui sert à nourrir le jeune animal. Celui-ci ne quitte la mère que lorsque son développement est achevé et qu'il a subi toutes ses métamorphoses. La Salamandre noire vit en effet dans des endroits où il y a peu d'eau, et où, par conséquent, le têtard ne pourrait trouver les conditions nécessaires à sa vie aquatique. Cette Salamandre se reproduit plusieurs fois par an, elle est par conséquent aussi féconde que les autres espèces qui donnent naissance à plusieurs petits à la fois.

spermatiques ne peuvent pénétrer dans l'utérus, et ne fécondent que l'œuf qui se trouve à l'ouverture de l'oviducte.

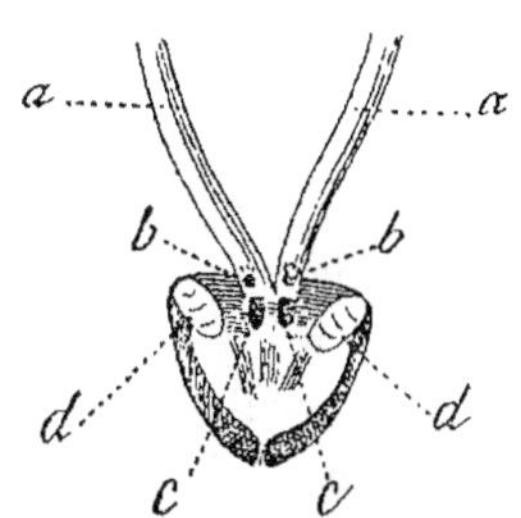

Fig. 33. — Paroi dorsale du cloaque ouvert chez le *Triton tænia-tus* : *aa*, oviductes ; *bb*, orifices des oviductes ; *cc*, taches pigmentaires indiquant la place des réceptacles séminaux ; *dd*, coupe de la paroi du cloaque (d'après Siebold).

Siebold a observé un réceptacle séminal chez la *Salamandra maculosa*, et chez les Tritons indigènes (*Triton cristatus*, *T. tæniatus*, *T. alpestris* ou *igneus*). C'est chez le *Triton tæniatus* que l'on peut le mieux observer ce singulier organe. Il existe à la face dorsale du cloaque deux taches pigmentaires qui indiquent les ouvertures des deux groupes de tubes qui composent le réceptacle séminal. Chacun de ces tubes est formé d'une membrane propre, à la surface interne de laquelle est un épithélium composé de cellules lâchement unies entre elles. Dans l'eau, ces tubes se gonflent et deviennent transparents ; on ne retrouve plus dans leur intérieur que les noyaux des cellules et des spermatozoïdes morts ; l'eau tue en effet instantanément les animalcules spermatiques.

L'existence d'un réceptacle séminal chez la femelle, et l'action de l'eau sur les spermatozoïdes prouvent que, chez les Urodèles, il y a un véritable accouplement. Les anciens observateurs, entre autres

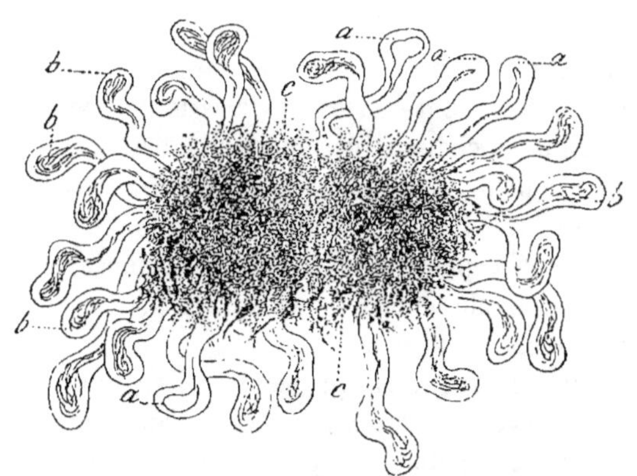

Fig. 34. — Réceptacle séminal du Triton ; *a,a*, tubes vides ; *b,b*, tubes renfermant des spermatozoïdes ; *c, c*, taches pigmentaires .

Spallanzani et Rusconi, prenaient pour l'accouplement de ces animaux, les préliminaires de cet acte. En 1841, Finger le premier décrivit l'accouplement du *Triton tæniatus* (1) ; il vit le mâle appliquer exactement son cloaque sur celui de la femelle. Schreibers a constaté aussi l'accouplement direct de la Salamandre noire. Les lèvres du cloaque du mâle sont très-développées et se tuméfient au moment de la reproduction ; elles renferment des glandes qui sécrètent une substance agglutinative servant à attacher le mâle à la femelle. Schnetzler

(1) FINGER, *De Tritonum genitalibus eorumque functione*. Thèse de Marburg.

a vu l'accouplement du *Triton alpestris*, et M. Robin et Stieda ont
observé qu'il y avait féconda-
tion interne chez l'Axolotl.

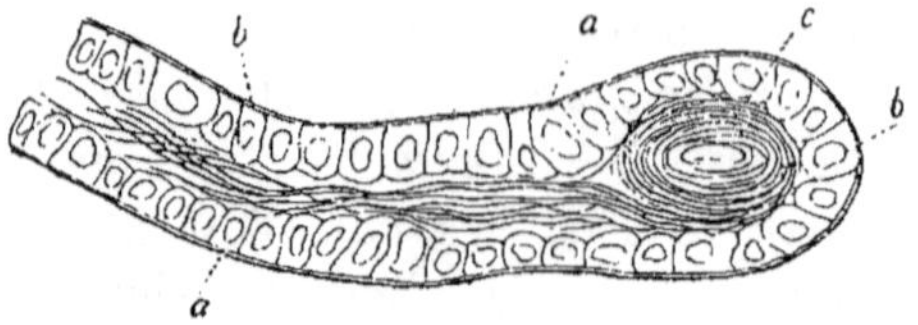

Les Urodèles sont les seuls
Vertébrés dont les femelles
aient un réceptacle séminal ;
ce n'est pas que chez les autres Vertébrés il n'y ait une
disposition particulière, qui

Fig. 35. — Tube du réceptacle séminal isolé ; *aa,bb*, cellules épithéliales ; *c*, spermatozoïdes (d'après Siebold).

permette aux spermatozoïdes de demeurer dans les organes génitaux
femelles en attendant la chute des œufs, mais dans ce cas ce sont les
plis mêmes de la muqueuse de la trompe qui servent à emmagasiner
les spermatozoïdes, et il n'existe pas d'organe spécial.

Les oviductes des Anoures commencent toujours par une ouverture
peu large, située à la partie antérieure de la cavité abdominale, entre le
cœur et les poumons. Presque rectilignes dans le jeune âge, ces conduits
deviennent très-longs chez l'adulte et décrivent un grand nombre de
circonvolutions. D'après Lereboullet, un oviducte de Grenouille déroulé
aurait dix fois la longueur du corps de l'animal. A l'ouverture succède un
tube très-grêle et presque droit, de 2 centimètres environ de longueur.
Au niveau de l'estomac, l'oviducte change brusquement d'aspect ; il
devient très-flexueux et augmente de diamètre ; cette portion est la plus
longue et se termine au niveau de l'extrémité inférieure du rein. L'oviducte se dilate alors en une poche capable d'acquérir un volume assez
considérable, que l'on désigne généralement sous le nom d'*utérus*, et
dans laquelle les œufs se rassemblent avant la ponte.

Les deux utérus sont toujours séparés, bien que souvent ils semblent
ne former qu'une seule cavité ; mais cette disposition n'est qu'apparente,
car, dans ce cas, il existe une cloison médiane. Cependant dans le genre
*Bufo*, d'après Spengel, la cloison s'arrêterait à quelque distance du
cloaque, de sorte que les deux utérus communiqueraient l'un avec l'autre.
Vogt et Pappenheim ont signalé une disposition semblable chez l'*Alytes
obstetricans*. M. A. de l'Isle (1) a montré que cette communication des
deux utérus ne se produisait qu'à un âge avancé. Chez les jeunes Alytes
de trois à quatre ans, les deux oviductes sont complétement distincts
jusqu'à leur extrémité ; chez des femelles de cinq à six ans on trouve dans
la cloison de séparation des utérus un orifice dont la position et le diamètre sont variables. Cet orifice se produit d'une façon mécanique et
M. A. de l'Isle a montré qu'il était dû à la pression que les œufs exercent

(1) A. DE L'ISLE, *Ann. des scienc. nat.* 6ᵉ série, III, 1876.

sur la cloison ; ceux-ci sont, en effet, refoulés par les étreintes du mâle, qui, au moment de l'accouplement, embrasse fortement la femelle dans la région inguinale.

La structure histologique de l'oviducte des Batraciens n'a été étudiée, et encore d'une manière incomplète, que chez la Grenouille, par Stannius et Leydig, Lereboullet (1), Bœttcher (2), Neumann et Grunau (3), et M. Lataste (4).

Lorsqu'on pratique des coupes sur un oviducte durci dans l'alcool, on peut distinguer trois régions présentant une structure différente et correspondant aux portions que nous avons déjà énumérées.

La portion qui fait suite à l'ouverture abdominale a des parois très-minces présentant des plis longitudinaux d'abord peu marqués et devenant plus saillants à mesure qu'on se rapproche de la seconde portion. La surface de ces plis est recouverte d'un épithélium à cils vibratiles. L'intervalle qui sépare chaque pli présente un épithélium pavimenteux. Au-dessous de l'épithélium on trouve une couche très-mince de tissu

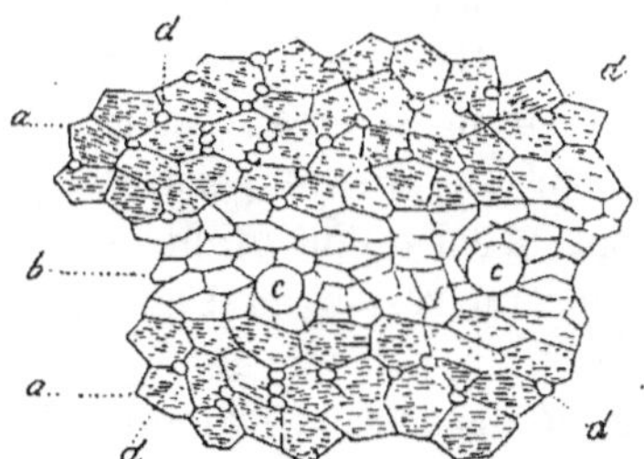

Fig. 36. — 1. Fragment de la surface interne de l'oviducte de la Grenouille. *aa*, cellules à cils vibratiles ; *bb*, cellules pavimenteuses ; *cc*, ouvertures des glandes ; *dd*, ouvertures des cellules caliciformes.

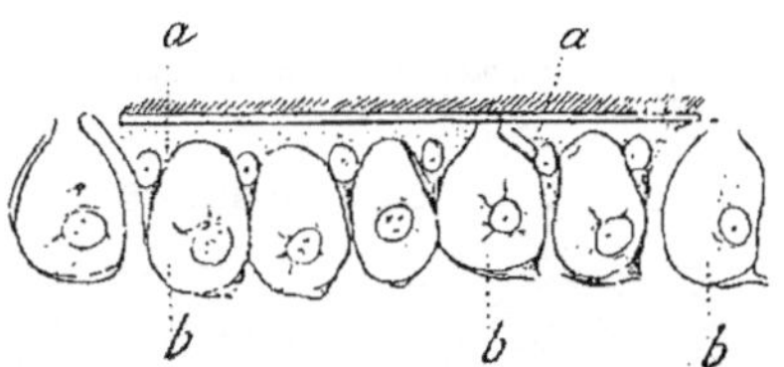

Fig. 37. — 2. Coupe de l'épithélium. *a*, *a*, cellules à cils vibratiles ; *b*, *b*, cellules caliciformes (d'après Neumann.)

conjonctif, contenant un vaisseau au niveau de chaque pli ; puis une couche continue de cellules assez larges et granuleuses, dont j'ignore complétement la fonction. Il n'existe pas de glandes dans cette région.

La seconde portion de l'oviducte présente une couche muqueuse, une couche glandulaire, une couche conjonctive, et en dehors une enveloppe séreuse, qui entoure l'oviducte dans toute sa longueur. Bœttcher croyait que toute la muqueuse était formée de cellules cylindriques ciliées, mais Neumann et Grunau ont vu qu'elle renferme un grand nombre

(1) Lereboullet, *Recherches sur l'anat. des org. génit. des animaux vertébrés*, in *Nova Act. Acad. Cæs. Leop. Carol. natur. curiosor.* 1851.

(2) Bœttcher, *Virchow's Archiv*, XXXVI, 1866.

(3) Neumann und Grunau, *Arch. f. mikroskop. Anat.* XI, 1875.

(4) Lataste, *Compt. rend. de la Soc. de Biologie*, 1876.

de cellules caliciformes qui s'ouvrent entre des cellules cylindriques vibratiles à la surface des plis, et entre des cellules pavimenteuses dans leurs intervalles ; ces cellules caliciformes et vibratiles présentent des prolongements qui s'enfoncent dans le tissu sous-jacent.

La couche glandulaire, qui forme presque toute l'épaisseur de l'oviducte, contient des glandes régulièrement disposées, constituées de tubes simples, quelquefois dichotomisés, et séparés les uns des autres par une très-petite quantité de tissu conjonctif.

Ces glandes sont exclusivement formées de cellules caliciformes remplies d'éléments particuliers, qui se montrent sous l'aspect de petits globules sphériques, transparents, renfermant un petit grain brillant.

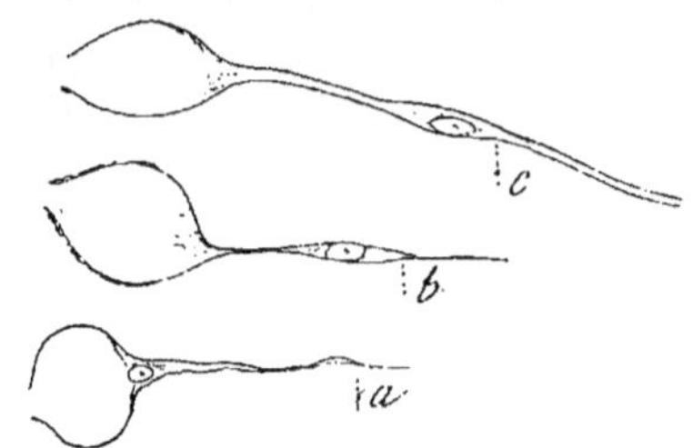

Fig. 38. — *abc*, cellules caliciformes avec prolongements.

Neumann les désigne sous le nom de *globules colloïdes*. Ces éléments ont la propriété de se gonfler considérablement dans l'eau, et ils donnent cette propriété à l'oviducte entier. Si l'on met dans l'eau un oviducte de Grenouille, il augmente rapidement de volume et se transforme en une masse gélatineuse. Bœttcher a vu qu'un oviducte pesant 9 gr. 6, et donnant après dessiccation un résidu de 1 gr. 709 de substance sèche, acquiert un poids de 1084 grammes, lorsqu'il a été immergé dans l'eau ; 1 gramme de la substance sèche de l'oviducte se transforme donc en 624,28 grammes de gelée.

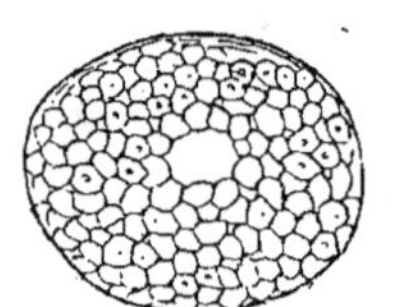

Fig. 39. — Cellule remplie de globules colloïdes (d'après Neumann).

Quand un œuf traverse l'oviducte, il s'entoure de ces globules colloïdes, qui constituent la couche d'albumine entourant les œufs pondus. Chez la Grenouille, chaque œuf est entouré d'une couche spéciale ; il en est de même du Crapaud, mais, chez cet animal, les œufs sont en outre entourés d'une masse d'albumine commune qui les réunit en un long cordon. Cette albumine a des propriétés spéciales, ainsi elle ne se coagule pas par la chaleur. D'après M. Lataste, il y aurait autour de l'œuf une série de couches d'albumine, séparées par des couches intermédiaires d'une substance granuleuse disposée en une sorte de réticulum. M. Lataste pense que cette substance est produite par les cellules caliciformes épithéliales ; il n'en est probablement pas ainsi, car les cellules caliciformes de la muqueuse ne contiennent pas de granulations.

Leydig et Bœttcher nient l'existence de fibres musculaires dans l'oviducte de la Grenouille ; Stannius et Lereboullet prétendent, au contraire, en avoir vu ; je n'ai pu jusqu'à présent constater leur présence.

Au point où l'oviducte débouche dans l'utérus, on observe une modifi-

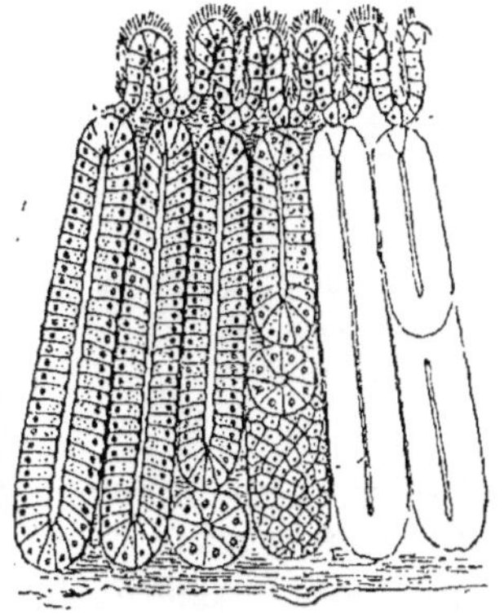

cation dans la couche glandulaire ; si l'on examine ce conduit à contre-jour, on observe une zone transversale étroite, d'un millimètre environ de largeur, plus opaque que la partie supérieure de l'oviducte. Cette zone est formée de tubes glandulaires diffé-rents des précédents ; ils sont aussi disposés radiairement, et moitié plus étroits ; ils ne mesurent que $0^{mm},08$. Leur contenu n'est pas constitué par des globules colloïdes comme celui des tubes de la partie supé-rieure, mais par des granulations jau-nâtres, très-fines, remplissant complétement les cellules glandulaires dont elles masquent les noyaux. Ces granulations sont inso-

Fig. 40. — Fragment d'une coupe trans-versale de l'oviducte de la Grenouille, montrant les glandes à cellules cali-ciformes, surmontées des plis de la muqueuse interne.

lubles dans l'eau, mais solubles dans la potasse. M. Lataste est le premier observateur qui semble avoir aperçu ces glandes de l'extrémité inférieure de l'oviducte ; il les appelle glandes utérines et croit que leurs cellules sont caliciformes.

L'utérus est tapissé intérieurement par un épithélium à cils vibratiles qui présente de nombreux plis. Au-dessous de cet épithélium, on trouve, comme dans la première portion, une couche de cellules petites et rem-plies d'une masse réfrigente ; en dehors de cette couche on rencontre du tissu conjonctif très-vascularisé, puis une couche de fibres muscu-laires lisses longitudinales, et enfin la séreuse péritonéale.

NEUVIÈME LEÇON



Nous ne nous sommes occupés, jusqu'à présent, que de l'organisation
de l'œuf dans les différentes classes de Vertébrés en l'envisageant seulement depuis le moment où il abandonne l'ovaire jusqu'à celui où il
arrive dans l'utérus chez les vivipares, et jusqu'au moment de la ponte
chez les ovipares. Nous l'avons vu pendant ce trajet s'entourer en général
de parties nouvelles, plus ou moins nombreuses, toujours accessoires
et fournies par l'oviducte. Nous devons rechercher maintenant l'origine
de cet œuf dans l'ovaire, c'est-à-dire étudier cette partie de l'histoire de
l'œuf à laquelle on a donné le nom d'*ovogénèse*.

L'œuf ovarien est toujours contenu dans une loge formée par le tissu
même de l'ovaire, et que l'on a appelée *follicule de Graaf*, *ovisac*, *capsule*
ou *follicule ovarien*. L'intérieur du follicule est tapissé par une
couche de cellules granuleuses, connue, depuis Baer, sous le nom de
*membrane granuleuse;* il vaudrait mieux l'appeler, avec M. Coste,
*membrane celluleuse*, puisqu'elle est formée de cellules, et non de
granulations, mais nous lui conserverons cependant le nom qui lui a
été donné par Baer, puisqu'il est généralement adopté. Cette membrane
est plus ou moins développée suivant les différentes classes de Vertébrés,
et c'est chez les Mammifères qu'elle acquiert le plus d'importance.
L'œuf de ces animaux est entouré de plusieurs couches de cellules, et il
occupe dans le follicule une position excentrique. Par suite du développement, une petite cavité se forme dans l'intérieur du follicule par liquéfaction d'un certain nombre de cellules de la membrane granuleuse. Cette
liquéfaction gagne de proche en proche, et il ne reste que les cellules
qui sont à la périphérie du follicule et celles qui entourent l'ovule; ces
dernières constituent le *cumulus proliger* de Baer.

Chez tous les autres Vertébrés, il n'y a jamais qu'une seule rangée de
cellules autour de l'ovule et le follicule ne présente pas de cavité.

Tous les embryogénistes admettent que l'enveloppe du follicule est
une dépendance de l'ovaire, mais ils sont loin d'être d'accord sur l'ori-

gine de la membrane granuleuse et de l'ovule. On peut distinguer trois périodes dans l'histoire de l'ovogénèse.

La première période commence avec Baer, qui découvrit l'œuf des Mammifères, en 1827. Elle comprend les travaux de Purkinje, R. Wagner, Bischoff, Barry, Warthon Jones, Valentin, Steinlein, Leuckart, Coste, H. Meckel, Allen Thomson, Vogt, etc. ; elle dure jusqu'en 1862, époque à laquelle parut le remarquable travail de Pflüger, qui inaugura une seconde période et provoqua les recherches de Borsenkow, Spiegelberg, Letzerich, Langhans, Kœlliker, His, etc. Enfin, la troisième période date de la publication du mémoire de Waldeyer (1870), qui ouvrit une ère nouvelle aux recherches des embryogénistes.

Bischoff (1), parmi les auteurs de la première période, est celui qui a donné la description la plus complète de l'œuf et qui a le mieux résumé les idées de ses contemporains : c'est pour cette raison que je ferai un court exposé de sa théorie.

Bischoff a constaté que le follicule de Graaf apparaît de très-bonne heure dans l'ovaire de l'embryon de la Vache et de la Truie. Carus, avant lui, avait déjà signalé l'existence de follicules bien développés dans l'ovaire de la petite fille au moment de la naissance. D'après Bischoff, les premières traces des follicules se montrent sous la forme de petits groupes arrondis de cellules nues, plongés au sein même de l'ovaire. Chaque groupe s'entoure ensuite d'une enveloppe qui, pour Bischoff, serait une différenciation du stroma de l'ovaire, et qui, pour Leuckart et Steinlein, serait une sécrétion des cellules périphériques du follicule. Bientôt le centre du jeune follicule s'éclaircit et l'on y distingue une vésicule claire ; c'est la vésicule germinative qui n'est qu'une cellule transformée ; cette vésicule s'entoure par attraction de granulations qui forment le vitellus, lequel sécrète ensuite une membrane d'enveloppe. Ainsi, Bischoff fait naître l'œuf par formation centrifuge, c'est-à-dire que la vésicule germinative apparaît la première et la membrane vitelline en dernier lieu.

Cette opinion avait été déjà émise par Purkinje, lorsqu'il eut découvert la vésicule connue sous le nom de vésicule de Purkinje, et que Baer appela vésicule germinative, lui attribuant un rôle très-important dans l'œuf.

La théorie de Bischoff fut adoptée par les observateurs de son époque et principalement par Leuckart. Cette description de la genèse de l'œuf était, en effet, très-séduisante, car elle se rapprochait des observations faites par Schleiden sur la genèse des cellules végétales ; cet auteur faisait

_______________

(1) BISCHOFF, *Traité du développement de l'homme et des mammifères*, Paris, 1843.

apparaître en premier lieu le nucléole, c'est-à-dire la tache germinative, puis le noyau qui représente la vésicule germinative de l'œuf, ensuite le protoplasma de la cellule qui correspond au vitellus, et enfin la membrane d'enveloppe. Aussi Schwann s'appuya sur cette analogie pour démontrer que l'œuf n'est qu'une cellule.

Cette manière de voir n'a pas été admise par M. Coste (1). Il s'est assuré que jamais la vésicule germinative n'apparaît isolément ; pour lui, l'ovule se montre d'abord comme un petit globule plein, homogène, solide, qui se creuse d'une cavité dont les parois représentent la membrane vitelline. Dans cette cavité se forme presque en même temps un second globule, qui se transforme à son tour en une vésicule (vésicule germinative). C'est par une interposition de molécules entre les deux vésicules emboîtées l'une dans l'autre, qu'apparaît le vitellus. A l'inverse de ce que croyait Bischoff, l'œuf, d'après M. Coste, serait donc produit par une formation centripète.

Cette théorie fut vivement critiquée par les auteurs allemands et surtout par Leuckart ; elle avait cependant quelques points communs avec les idées de certains histologistes ; ainsi Reichert admettait également que le vitellus se forme par voie endosmotique à travers la membrane vitelline ; et Schwann avait adopté ce schéma de développement pour expliquer la formation du contenu de toutes les cellules tant végétales qu'animales. Quant à la production de la vésicule germinative par formation endogène, elle ne pouvait paraître complétement inadmissible, puisque l'on savait déjà que des noyaux de cellule naissent spontanément au milieu d'une masse de protoplasma, d'un blastème, comme cela se voit par exemple dans le blastoderme des Insectes.

Tel était l'état de l'ovogénèse lorsque Pflüger (2), en 1863, chercha à démontrer que l'ovule ne prend pas naissance dans le stroma même de l'ovaire, mais dans des canaux, des tubes, qui existent dans cet organe. Cette idée n'était pas entièrement nouvelle. En 1838, Valentin (3) avait, en effet, annoncé que, chez les embryons de Vache et de Brebis, il avait aperçu dans l'ovaire des tubes semblables à ceux du testicule. Ces tubes étaient fermés à leurs deux extrémités, disposés parallèlement au petit axe de l'ovaire, et constitués par une membrane propre renfermant des cellules épithéliales. Bientôt, ces tubes présentaient dans leur intérieur des vésicules de plus en plus volumineuses au fur et à mesure qu'on s'éloignait de la surface de l'ovaire, et entourées de cellules épithéliales.

<hr>

(1) Coste, *Histoire générale et particulière du développement des corps organisés*, I, p. 148, Paris, 1847.
(2) Pflüger, *Die Eierstöcke der Säugethiere und des Menschen*, Leipzig, 1863.
(3) Valentin, *Müller's Archiv*, p. 531, 1838.

Valentin compara ces tubes aux gaînes ovariques des Insectes. Les follicules se développaient, suivant lui, dans ces tubes et devenaient libres après la naissance, mais il ne dit pas de quelle manière ils se forment.

Cette observation de Valentin passa inaperçue et n'eut aucune influence sur les recherches ultérieures des embryogénistes. En 1856, Billroth annonça que, sur un fœtus humain de quatre mois, il avait reconnu que les follicules ovariques se forment par des étranglements sur de longs tubes cylindriques.

C'est d'une manière tout à fait indépendante de celle de ses devanciers que Pflüger est arrivé aux mêmes conclusions. Voici quels sont les principaux résultats de ses recherches.

L'ovaire, comme le testicule, chez les nouveau-nés, se compose de nombreux tubes, simples ou ramifiés, qui augmentent de diamètre en s'éloignant de la surface de l'organe ; la portion périphérique du tube représente toujours un état moins avancé que la portion centrale. Chaque tube possède une membrane propre, très-visible chez la Chatte, mais que Pflüger n'a pu trouver chez le Veau, et renferme un contenu formé d'abord de cellules épithéliales régulières qui se différencient plus tard en deux sortes d'éléments, dont les uns deviennent les ovules, et les autres donnent naissance à la membrane granuleuse.

Chez la Chatte, ces tubes sont en continuité directe avec la surface de l'ovaire, mais ils sont terminés en cul-de-sac. Pflüger a reconnu le premier que l'épithélium qui recouvre la surface de l'ovaire est cylindrique ; il s'est même demandé si les tubes n'auraient pas leur point d'origine dans cet épithélium, si les ovules qui se forment dans les tubes ne seraient pas eux-mêmes des cellules péritonéales modifiées et si, par conséquent, les follicules ne seraient pas des vésicules séreuses séparées du péritoine. Il n'insista pas sur cette idée, mais il entrevit ce que Waldeyer a démontré plus tard être la vérité.

A l'extrémité périphérique des tubes ovariques, Pflüger reconnut l'existence de petites vésicules, qu'il considéra comme des noyaux entourés d'une mince couche de protoplasma ; il appela cette portion du tube la *chambre germinative (Keimfach)*.

A mesure que l'on se rapproche de l'extrémité centrale du tube , on voit certaines cellules de la chambre germinative présenter les caractères de jeunes ovules, tandis que d'autres restent à l'état de petites cellules. Les ovules primitifs se multiplient par division et par bourgeonnement ; ils sont très-contractiles, à tel point que Pflüger dit avoir vu, chez la Chatte, un de ces ovules se mouvoir sur le porte-objet comme une amibe, et sortir du champ du microscope.

Pflüger a pu observer directement la multiplication de ces ovules. Il a vu un ovule présenter un prolongement qui augmente petit à petit de volume ; son noyau se divise, mais la tache germinative demeure dans la partie du noyau qui reste affectée à la cellule mère, et une nouvelle tache germinative apparaît subitement dans le noyau du nouvel ovule. Cette apparition subite d'une tache germinative dans un noyau n'a pas été seulement observée par Pflüger. Ed. van Beneden a constaté, chez la Grégarine du Homard, que le nucléole, doué de mouvements amiboïdes très-marqués, disparaît à un moment donné pour reparaître ensuite subitement.

Les jeunes ovules restent en connexion les uns avec les autres, et forment dans les tubes des chaînes ou des chapelets.

Les cellules des tubes qui ne se sont pas transformées en ovules se multiplient comme ces derniers ; les unes se disposent comme un épithélium sur les parois du tube, les autres viennent entourer les chaînes

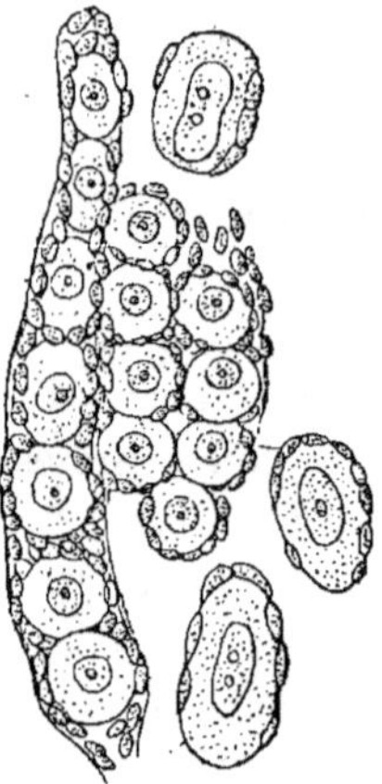
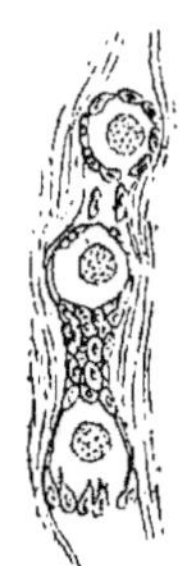

Fig. 41. — Tubes de Pflüger d'un fœtus humain de sept mois.    Fig. 42. — Tube de Pflüger de l'ovaire de la Lapine.

d'ovules, de manière à former une couche de cellules autour de chacun d'eux. Quelquefois, les ovules, au lieu de former des chaînes, se séparent complétement.

Les tubes ovariques commencent à se segmenter par leur partie centrale. Leur paroi, au niveau de chaque étranglement de la chaîne d'ovules primordiaux, envoie un prolongement dans l'intérieur du tube ; en même temps, les cellules épithéliales pénètrent entre les ovules, de sorte que bientôt le tube se trouve fragmenté en autant de segments qu'il y avait d'ovules, et chaque segment représente un jeune follicule.

Pflüger a recherché s'il y avait production de tubes ovariques après la naissance. Chez la Chatte et chez la Chienne, aux approches de chaque époque du rut, il a observé des tubes et des follicules en voie de formation ; en dehors du moment de la reproduction, il n'a pu trouver dans l'ovaire que des follicules isolés.

Les recherches de Pflüger ont été confirmées par un grand nombre d'auteurs, entre autres par His (1) et Kœlliker (2). Ces observateurs n'ont jamais trouvé de membrane propre aux tubes de Pflüger ; aussi les appellent-ils des cordons glandulaires, parce qu'on ne peut pas les considérer comme des tubes. Spiegelberg et Letzerich décrivent au contraire une membrane autour des cordons glandulaires. Chez la Femme, His et Kœlliker ont remarqué aussi que les amas glandulaires n'ont pas toujours une forme allongée, comme le croyait Pflüger, mais que souvent ils sont irréguliers, arrondis ou ramifiés. Pour His, les cellules épithéliales qui entourent les ovules viendraient du tissu conjonctif, qui forme le stroma de l'ovaire ; cette idée a été reprise dernièrement par Foulis, nous aurons à y insister plus tard.

Ed. van Beneden (3), dans son grand mémoire sur *la Composition et la Signification de l'œuf*, a étudié aussi la structure des tubes de Pflüger chez les Mammifères. Il a observé les chaînes d'ovules décrites par les auteurs précédents, mais il ne croit pas que les ovules primordiaux se multiplient par bourgeonnement. La chambre germinative de Pflüger ne serait constituée, suivant lui, que par une masse de protoplasma renfermant des noyaux, et ne contiendrait pas de cellules distinctes.

Les travaux de Pflüger ont été révoqués en doute par Schrœn (4), Grohe (5) et Bischoff. Ces auteurs nièrent l'existence de cordons glandulaires et pensaient que les follicules se formaient isolément dans l'intérieur du stroma de l'ovaire. Schrœn, dont les recherches sont antérieures à celles de Pflüger, faisait naître les ovules à l'état de cellules nues, mais il a commis une erreur d'observation due à la manière dont il colorait ses préparations. Kœlliker, qui a eu occasion d'examiner les préparations de Schrœn, a pu se convaincre que ce que ce dernier a pris pour des ovules nus n'était que de jeunes follicules dont les cellules épithéliales étaient peu visibles. Le travail de Schrœn n'en est pas moins très-important, parce qu'il renferme la première indication de l'existence des jeunes follicules à la périphérie de l'ovaire. Schrœn croyait que les jeunes ovules

(1) His, *Arch. f. mikroskop. Anat.*, I, 1865.
(2) Kœlliker, *Elém. d'histologie humaine*, Paris, 1872.
(3) Ed. v. Beneden, *Mém. cour. des sav. étr. de l'Ac.. r. des Sc. de Belgique*, XXXIV, 1870.
(4) Schrœn, *Zeitschr. f. wiss. Zoologie*, XII, 1863.
(5) Grohe, *Virchow's Arch. f. path. Anatomie*, XXVI, 1863.

s'enfoncent dans le stroma et s'y entourent d'une couche cellulaire empruntée au tissu conjonctif de l'ovaire, de manière à constituer des follicules.

M. Sappey (1), en 1864, sans avoir connaissance des travaux de Pflüger et de Valentin, a démontré que les jeunes vésicules ovariennes avaient pour siége la périphérie de l'ovaire et il a constaté que ces vésicules étaient des follicules et non des ovules nus, comme le croyait Schrœn.

Il résulte donc des travaux faits pendant cette seconde période de l'ovogénèse que les ovules ne se forment pas dans toute l'épaisseur de l'ovaire, comme on le pensait antérieurement, mais qu'ils n'apparaissent qu'à la périphérie de cet organe. Waldeyer a reporté encore plus loin l'origine de l'ovule ; il la place en dehors de l'ovaire, dans la couche cellulaire épithéliale qui recouvre sa surface. Waldeyer (2) n'est arrivé à cette conclusion que successivement, en examinant un grand nombre d'embryons de divers âges appartenant à différentes espèces de Vertébrés. Nous suivrons, dans l'exposé des résultats de cet observateur, la marche qu'il a lui-même suivie dans ses recherches.

Chez la Femme, c'est à un âge très-peu avancé qu'on peut constater la formation des ovules : dès le troisième mois de la vie embryonnaire, on distingue déjà dans l'embryon la portion périphérique ovigère et le stroma central. A cet âge, l'embryon n'a que 4 ou 5 centimètres de longueur, et l'ovaire se présente sous la forme d'une petite masse allongée parallèlement à l'axe du corps, ne mesurant pas plus de 3 millimètres de longueur, sur 1 millimètre de largeur et $0^{mm},5$ d'épaisseur. Elle est appliquée sur le corps de Wolff par une face concave. Cet ovaire présente les trois zones que l'on distingue chez l'adulte : une couche superficielle formée de cellules épithéliales, une couche parenchymateuse et un stroma vasculaire; on n'y voit aucune trace d'albuginée, c'est-à-dire de cette tunique fibreuse qui revêt plus tard l'ovaire au-dessous de l'épithélium, et qui n'est bien marquée qu'à l'âge de sept ou huit ans.

L'épithélium se compose d'une seule couche de petites cellules subcylindriques ; au-dessous de lui un tissu fibreux forme de larges mailles renfermant des cellules. Les trabécules que circonscrivent ces mailles sont des prolongements du stroma central ; les cellules proviennent de la couche épithéliale. Ces cellules épithéliales sont, en effet, englobées par le stroma de l'ovaire, qui est le siége d'une prolifération très-active et envoie sans cesse des prolongements vers la surface de l'ovaire. A mesure que ce travail histogénique se produit, les cellules épithéliales se

(1) Sappey, *Traité d'anatomie descriptive*, III, Paris, 1864.
(2) Waldeyer, *Eierstock und Ei*, Leipzig, 1870.

multiplient, de sorte qu'il reste toujours une couche de cellules à la surface de l'ovaire.

Bientôt, parmi les cellules d'origine épithéliale qui constituent les amas de la couche périphérique, quelques-unes se différencient; elles augmentent de volume et acquièrent un noyau assez grand avec un nucléole : ce sont les ovules primordiaux. Ainsi Waldeyer a vu l'origine des tubes de Pflüger, et il a constaté qu'ils sont produits par une invagination de l'épithélium.

A sept ou huit mois de la vie fœtale, les ovaires ont changé de situation et de

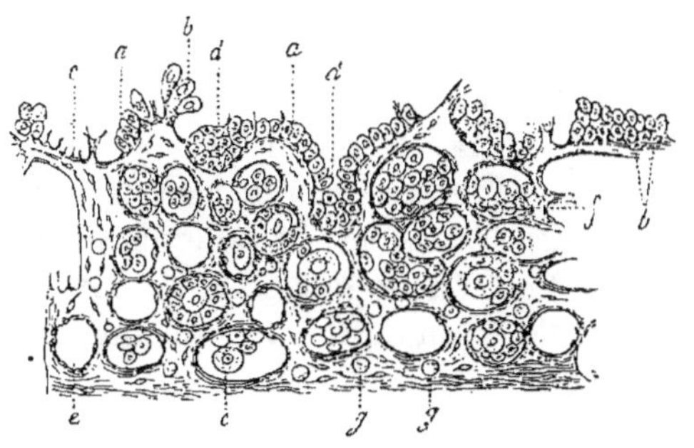


Fig. 43. — Coupe de la surface de l'ovaire d'un fœtus humain de trente-deux semaines. a, épithélium; b, ovules dans l'épithélium; tractus conjonctifs; d, amas de cellules épithéliales en voie d'invagination; e, follicule primordial dans une lacune du stroma; f, amas de cellules épithéliales et d'ovules primordiaux invaginés; g, cellules granuleuses de His. (D'après Waldeyer.)

structure; ils sont placés transversalement à l'axe du corps, comme ils le seront plus tard, mais ils sont moins allongés et plus épais. Les loges caverneuses de la portion périphérique sont plus petites et plus nombreuses. Les ovules sont en plus grande quantité, et l'on voit déjà, vers la partie profonde de la couche ovigère, les petites cellules épithéliales se ranger autour des ovules et constituer les jeunes follicules; mais on ne trouve pas encore de tubes de Pflüger proprement dits.

Comment se fait-il que le nombre des ovules augmente dans l'ovaire? Waldeyer n'a pas constaté directement la multiplication des cellules ovulaires, il ne l'admet qu'en théorie; cette multiplication est bien réelle et on peut l'observer. A cet âge, en effet, on constate dans l'épithélium ovarique la présence de cellules rondes, plus grandes que les cellules épithéliales, et qui ne sont autre chose que de jeunes ovules apparaissant avant leur pénétration dans l'ovaire. Ces jeunes ovules sont des cellules nues, et sans membrane d'enveloppe; elles mesurent de $0^{mm},015$ à $0^{mm},018$ de diamètre, tandis que les cellules épithéliales n'ont que $0^{mm},015$ à $0^{mm},018$ de longueur et $0^{mm},005$ à $0^{mm},006$ de largeur.

Il existe donc chez l'embryon de sept à huit mois de petits follicules parfaitement isolés dans les lacunes du stroma renfermant les amas épithéliaux et ovulaires. Si on dilacère la substance fraîche de l'ovaire dans un liquide neutre, comme le sérum iodé, on parvient à isoler ces petits follicules, et l'on voit que les cellules épithéliales adhèrent intimement à l'ovule et que ces follicules n'ont pas de membrane propre.

Bischoff admettait, au contraire, une membrane d'enveloppe autour du follicule; Pflüger, comme nous l'avons déjà vu, prétendait l'avoir observée chez certaines espèces et pas chez d'autres. Waldeyer nie l'existence de cette membrane, et pour ma part je n'ai pu encore la mettre en évidence.

Chez le nouveau-né, les ovaires ont déjà de 1 centimètre à 1$^{cm}$,5 de longueur. A cet âge, on voit apparaître au-dessous de l'épithélium un nouvel élément, une mince couche de tissu conjonctif, qui représente l'albuginée. L'existence de cette couche indique que le travail ovogénique a cessé et qu'il ne se produit plus d'invagination de l'épithélium. C'est à ce moment qu'on observe la formation des tubes de Pflüger. On trouve

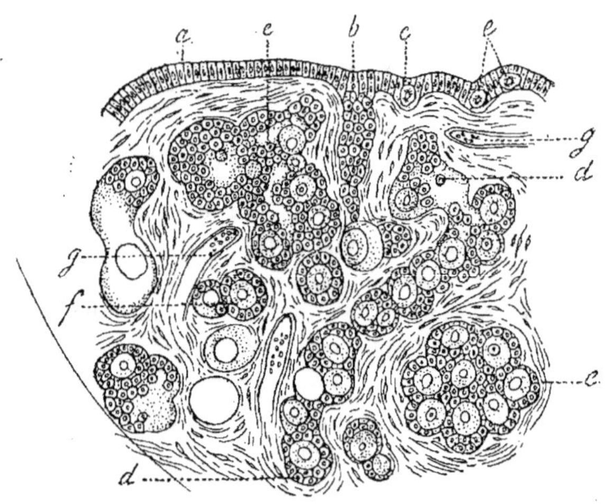

Fig. 44. — Coupe de l'ovaire d'un enfant nouveau-né. *a*, épithélium germinatif; *b*, tube ovarique à son début; *c*, ovules primitifs dans l'épithélium; *dd*, tube ovarique renfermant des follicules en voie de formation; *ee*, groupes d'ovules sur le point de se séparer en follicules; *f*, follicule déjà isolé; *gg*, vaisseaux. (D'après Waldeyer.)

encore cependant, dans la couche épithéliale, de jeunes ovules primordiaux. Ce sont des ovules retardataires, qui ne peuvent plus pénétrer dans le stroma de l'ovaire, à cause de la présence de la couche de tissu conjonctif; d'après Waldeyer, ces ovules seraient destinés à avorter ou à tomber dans la cavité abdominale.

Waldeyer pense que la transformation en tubes des amas cellulaires de forme arrondie est due à la prolifération du tissu conjonctif, qui comprime ces amas et les force, pour ainsi dire, à s'allonger. Je ne puis partager cette opinion, et je pense que c'est par suite de la division successive des ovules, parallèlement à la surface de l'ovaire, qu'apparaissent

les chaînes d'ovules. J'ai pu observer, chez plusieurs espèces de Vertébrés, cette division, et Kœlliker l'a également signalée. Les tubes ovigères
ont la structure décrite par Pflüger, mais on n'y voit pas de chambre germinative à leur partie terminale, et ils ne paraissent pas avoir de membrane d'enveloppe.

DIXIÈME LEÇON

Multiplication des ovules. — Néo-formation et destruction d'ovules à différents âges, — Structure de l'ovaire de la Chienne, de la Chatte, de la Lapine, etc. — Ovogénèse chez les Oiseaux. — Origine des ovules ; épithélium germinatif.

Les tubes ovariques une fois formés, on doit se demander s'il se produit de nouveaux ovules. A priori, on peut répondre affirmativement à cette question, car le nombre des ovules de l'ovaire d'une petite fille est plus considérable que celui de l'ovaire d'un nouveau-né.

Nous avons déjà vu comment Pflüger explique la formation des follicules, par la pénétration dans les tubes de cloisons émanant de la membrane de ces tubes. Waldeyer, qui n'admet pas la présence de cette enveloppe, pense que la prolifération du tissu conjonctif suffit à produire l'étranglement des chaînes d'ovules et la séparation des follicules.

Le travail de segmentation des tubes de Pflüger dure jusqu'à l'âge de deux ou trois ans. A trois ans, on ne trouve plus que des follicules isolés et indépendants. Kœlliker avait déjà remarqué que, dès la première année, il n'y a plus production de cordons ovulaires ; on peut cependant observer des tubes de Pflüger à un âge plus avancé et même chez l'adulte. Pour Kœlliker, ces cordons ne seraient que des trabécules formées de cellules épithéliales et ne renfermeraient pas d'ovules. Telle est aussi l'opinion de Langhans ; Waldeyer soutient, au contraire, que ce sont de véritables tubes de Pflüger contenant des ovules, visibles à l'aide de forts grossissements et sur des coupes très-minces.

Nous avons dit que les ovules se multiplient dans les tubes de Pflüger par division, après la naissance. Kœlliker décrit en outre un autre mode de production des ovules. Les follicules déjà formés donneraient naissance à de nouveaux ovules par bourgeonnement. Dans certains ovisacs, il a vu des appendices de la membrane granuleuse, représentant des cylindres plus ou moins longs, terminés par une extrémité arrondie ou renflée ; mais il n'y a pas constaté la présence d'ovules, et il suppose qu'il doit s'en former dans cet appendice. Il a de plus figuré un ovule avec deux vésicules germinatives, et il admet que c'est un ovule en voie de division.

J'ai vu quelquefois des follicules semblables, et j'ai pu constater que les deux vésicules germinatives appartiennent chacune à deux ovules renfermés dans le même follicule et pressés l'un contre l'autre. Kœlliker dit aussi avoir observé chez une Femme, morte en couches au septième mois de la grossesse, un grand nombre de jeunes follicules dans l'ovaire, et il pense qu'ils étaient de formation récente.

On peut expliquer cette néo-formation de follicules autrement que par un bourgeonnement des follicules préexistants. Koster (1), qui, en même temps que Waldeyer, a signalé, dès 1869, l'invagination de l'épithélium à la surface de l'ovaire, Koster a vu des tubes de Pflüger pendant toute la durée de la vie chez l'adulte. Cette observation de Koster est très-exacte; j'ai vu des tubes ovigères très-bien formés chez une Femme de vingt-deux ans, et Pflüger, comme nous l'avons déjà dit, a constaté la présence des tubes chez l'adulte au moment de la reproduction. Waldeyer n'admet le fait que pour la Chienne.

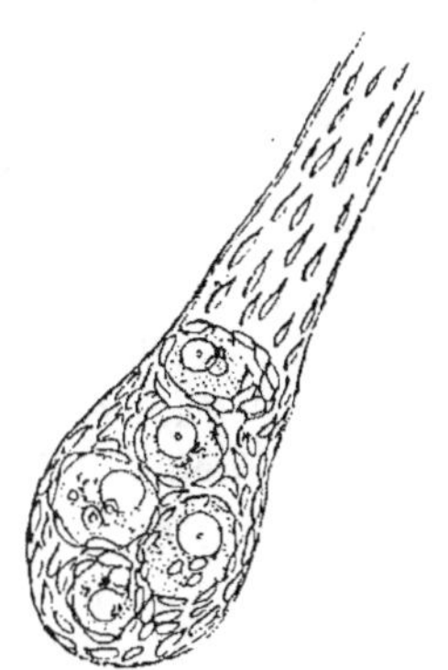

Fig. 45. — Tube de Pflüger de l'ovaire d'une Femme de vingt-deux ans, renfermant de jeunes follicules primitifs.

L'existence de tubes de Pflüger chez la Femme et les animaux adultes est démontrée aujourd'hui; elle n'a lieu, il est vrai, qu'exceptionnellement, mais elle suffit à expliquer la multiplication postembryonnaire des ovules.

Vers l'âge de deux ou trois ans, le nombre des jeunes follicules est considérable. M. Sappey a estimé qu'il y en avait 400 000 dans l'ovaire d'une petite fille de trois ans; ces follicules, dans la couche périphérique, ne mesurent que 5 à 7 centièmes de millimètre de diamètre, et leurs ovules de 3 à 4 centièmes de millimètre; dans la couche profonde, on peut trouver quelques follicules déjà développés, ayant de $1^{mm}$ à $1^{mm},5$ de diamètre. Le nombre de ces follicules diminue rapidement avec l'âge; ainsi Henle n'en a compté que 36 000 environ chez une Femme de dix-huit ans (2); ils disparaissent par dégénérescence de leurs éléments. Un certain nombre d'entre eux sont aussi expulsés de l'ovaire, car, à chaque époque cataméniale, il s'en détache au moins un ovule.

L'ovaire, chez l'adulte, conserve la même structure que chez la petite fille; les follicules y sont seulement plus espacés, et les travées de tissu conjonctif plus épaisses; de plus, un certain nombre de follicules arrivent à maturité et acquièrent un volume très-grand. Chez la Femme, l'albu-

(1) Koster, *Archives néerlandaises des sciences exactes et naturelles*, IV, 1869.

(2) Henle, *Handbuch der Eingeweidelehre*, 1873.

ginée a une épaisseur assez notable. Henle y décrit trois couches : une couche superficielle composée de fibres parallèles au grand axe de l'ovaire, une couche moyenne dont les fibres sont perpendiculaires à cet axe, et une couche inférieure dont les fibres sont, comme celles de la couche superficielle, parallèles au grand axe. Cette albuginée ne forme pas une membrane isolable, et on ne peut la détacher de la surface de l'ovaire comme on le fait pour d'autres organes. Cette tunique fibreuse doit être, en effet, considérée comme une stratification du tissu conjonctif à la surface de l'ovaire.

La période sexuelle détermine dans l'aspect extérieur et la structure de l'ovaire des modifications dues à trois causes principales. Les unes sont liées à la maturation des follicules, qui, de la profondeur, arrivent vers la périphérie et font saillie à la surface sous forme de grosses vésicules claires ; les autres tiennent à la formation des corps jaunes, que nous étudierons plus tard, et aux hémorrhagies qui se font fréquemment dans le stroma même de l'ovaire, aux époques menstruelles.

Vers l'âge de quarante-sept à cinquante ans, la Femme devient généralement stérile, et on ne trouve plus de follicules dans ses ovaires; mais l'épithélium germinatif persiste à la surface de l'organe, qui est irrégulière, rugueuse et rappelle l'aspect d'une masse cérébrale. Il en résulte que l'épithélium s'enfonce dans les fentes et les circonvolutions, et que, sur une coupe, on croirait avoir affaire à des invaginations épithéliales, comme chez l'embryon, ressemblance qui n'est qu'apparente. L'albuginée a augmenté encore d'épaisseur et peut présenter jusqu'à cinq et six couches stratifiées.

En résumé, nous voyons que dans l'ovaire le tissu conjonctif est constamment en voie de prolifération; la conséquence de ce fait est que les follicules les plus développés se trouvent, du moins dans le jeune âge, à la partie profonde de l'organe. Il n'y a pas migration du follicule de la périphérie au centre, comme on le croyait autrefois; celui-ci se développe à l'endroit où il a pris naissance, mais de nouvelles couches de tissu conjonctif viennent s'étendre au-dessus de lui, de sorte qu'il paraît descendre dans le stroma. Un phénomène analogue s'observe dans les gaînes ovigères des Insectes, où l'œuf le plus ancien est le plus éloigné de la chambre germinative et le plus rapproché de l'extrémité externe de la gaîne. Ici, la chambre germinative occupe l'extrémité de la gaîne, qui s'allonge à mesure que de nouveaux œufs sont produits. Chez les Mammifères, la chambre germinative est en quelque sorte étalée à la surface de l'ovaire : c'est l'épithélium. Les tubes de Pflüger sont comparables aux gaînes ovigères des Insectes, et l'ovaire n'est qu'un assemblage de gaînes ovigères réunies par une grande quantité de tissu conjonctif. Cette comparaison avait du reste déjà été faite par Valentin et par Waldeyer.

Dans l'ovaire de tous les Mammifères, on constate que, en même temps qu'il se forme de nouveaux follicules, un certain nombre de follicules déjà bien développés s'atrophient. Cette disparition s'observe même chez le fœtus, comme l'ont vu Slavianski (1) et M. de Sinéty (2). Le volume qu'acquièrent quelques follicules chez le nouveau-né peut être comparé à celui que possèdent les follicules mûrs de l'adulte; il peut atteindre jusqu'à 1 centimètre de diamètre. La présence de ces follicules donne à l'ovaire un aspect kystique; aussi les premiers observateurs qui, tels que Virchow, ont examiné ces ovaires, ont-ils cru à l'existence de véritables kystes. M. de Sinéty a constaté que c'étaient bien des follicules, mais qu'ils ne se rompaient pas pour émettre leur ovule. Vallisneri avait déjà vu de gros follicules ovariens chez de jeunes sujets, et plus récemment Carus (3) les signala chez des nouveau-nés; depuis, ils ont été observés par Bischoff, Raciborski, Courty, Depaul, Waldeyer, de Sinéty, etc. On rencontre ces follicules assez fréquemment, car Haussmann, qui a examiné quarante-six ovaires de morts-nés, en a trouvé douze fois. Suivant Slavianski, le processus de régression de ces ovules serait analogue à celui que l'on observe dans la formation des corps jaunes; nous nous en occuperons plus tard lorsque nous parlerons de la chute de l'œuf.

Jusqu'à présent nous n'avons étudié l'ovogénèse que dans l'espèce humaine; quelques espèces animales offrent certaines particularités intéressantes à noter.

On trouve dans l'ovaire du Chien nouveau-né les mêmes tubes de Pflüger que chez le nouveau-né humain; seulement, d'après Waldeyer, ils seraient moins longs et moins ramifiés que chez ce dernier. L'ovaire de la Chienne adulte diffère de celui de la Femme en ce que, pendant toute la durée de la vie, il présente une production de tubes; aussi ne possède-t-il pas d'albuginée au-dessous de l'épithélium. Souvent les invaginations de cet épithélium ne renferment pas d'ovules et ne paraissent contenir que des cellules toutes semblables entre elles. Enfin, chez la Chienne, beaucoup plus fréquemment que chez toute autre espèce animale, on rencontre des follicules à ovules multiples, au nombre de deux, trois ou quatre.

Chez la Chatte, au moment de la naissance, l'ovaire ne présente aucune différence essentielle avec l'ovaire du nouveau-né chez l'Homme et

(1) Slavianski, *Archives de physiologie*, 2e série, I, 1874.
(2) Sinéty, *Archives de physiologie*, 2e série, II, 1875.
(3) Carus, *Müller's Arch.*, 1837.

chez la Chienne. Même aspect caverneux de la couche ovigère, dont les mailles renferment de nombreux groupes ou cordons d'ovules qui, par leur union, forment un réseau continu sur toute la périphérie de la glande. Quelques-unes des branches périphériques du réseau s'avancent jusqu'à la surface, où elles se confondent avec l'épithélium. Les ovules ne sont accompagnés que de rares cellules épithéliales formant autour de chacun d'eux une couche folliculaire très-incomplète, disposition que j'attribue à une multiplication plus active des cellules ovulaires que des cellules épithéliales.

Chez la Chatte adulte, on n'observe que rarement des cordons ovulaires. Par contre, les jeunes follicules isolés sont très-nombreux, pressés les uns contre les autres dans la couche corticale, sur toute la surface de l'ovaire, comme Schrœn (1) les a aperçus et figurés le premier, mais en les prenant à tort pour des cellules nues (*cellules corticales* de Schrœn), destinées à se développer ultérieurement en ovules. Waldeyer attribue cette erreur de Schrœn à ce que les cellules du follicule ne sont pas d'abord nettement délimitées les unes des autres, et paraissent former ainsi une couche continue, qui ne se différencie non plus pas très-visiblement de l'ovule qu'elle entoure. Chez les vieilles Chattes, Waldeyer n'a trouvé aucune trace de tubes de Pflüger ni de follicules isolés jeunes, même en cherchant à constater leur existence aux époques indiquées comme les plus favorables par Pflüger, c'est-à-dire à l'époque du rut.

L'ovaire de la Lapine se rapproche de celui de la Chienne en ce qu'on peut trouver, pendant toute la vie, des tubes de Pflüger et de jeunes follicules en voie de formation. Waldeyer a décrit chez la Lapine de grands follicules mûrs se prolongeant du côté de la surface de l'ovaire par un long col tapissé de cellules semblables à celles qui constituent la couche granuleuse, et qui est probablement un reste du tube d'invagination de l'épithélium.

L'ovaire de la Truie ressemble beaucoup extérieurement à celui des animaux ovipares, des Oiseaux et des Reptiles. Il présente à sa surface de nombreuses bosselures, formées les unes par des corps jaunes, les autres par des follicules mûrs, tandis que la surface de l'ovaire des autres Vertébrés est, au contraire, généralement lisse. D'après Waldeyer, il n'y aurait pas chez la Truie de néo-formation de tubes de Pflüger.

La Vache a un ovaire qui a beaucoup d'analogie avec celui de la Femme ; chez le jeune Veau de quatre mois on trouve de nombreux tubes, mais assez courts ; les follicules mûrissent de très-bonne heure, ce qui est en rapport avec ce fait que la Vache peut déjà se reproduire à dix-

---

(1) Schrœn, *Zeitschr. f. wiss. Zool.*, XII, 1863.

huit mois. L'ovaire de l'adulte possède une albuginée formée de plusieurs couches de tissu conjonctif.

Trois ans après la publication du travail de Pflüger sur l'ovaire des Mammifères, Stricker (1) signalait dans l'ovaire d'un jeune Poulet de huit jours l'existence de tubes fermés à leurs deux extrémités; mais il ne dit pas s'ils renfermaient des ovules et il ne parle pas de la segmentation de ces tubes pour la formation des follicules. Waldeyer a vu également les tubes ovariques des Oiseaux; mais il a été plus loin et c'est chez le Poulet qu'il a pu suivre l'origine de l'épithélium germinatif et le développement de l'ovule.

A une période très-peu avancée du développement, le feuillet moyen de l'embryon se dédouble en deux couches, dont l'une s'accole au feuillet externe, l'autre au feuillet interne. De la séparation de ces deux couches résulte une fente qui s'agrandit et devient la cavité pleuro-péritonéale. C'est à l'angle interne de cette cavité, dans la partie du feuillet moyen

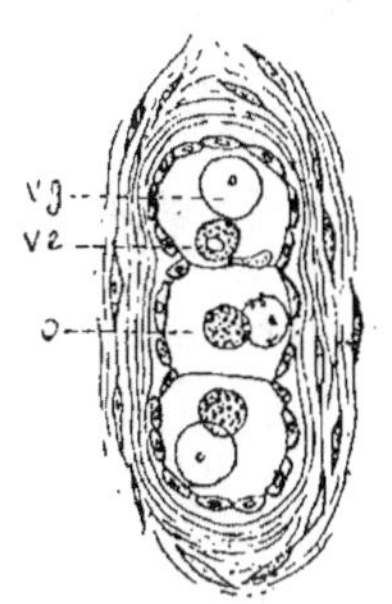



Fig. 46. — Tube de Pflüger du Veau, renfermant trois ovules. o, ovule ; vg, vésicule germinative ; ve, vésicule embryogène.

qui ne s'est pas dédoublée et qui correspond à la *plaque moyenne* (*Mittelplatte*) de Remak, qu'est placé, de chaque côté de l'axe longitudinal de l'embryon, le canal de Wolff. Ce canal détermine, dans la cavité pleuro-péritonéale, une saillie qui augmente rapidement par suite du développement des tubes qui constituent le corps de Wolff.

La surface du corps de Wolff est d'abord recouverte par un épithélium cylindrique. Cet épithélium s'aplatit, comme nous l'avons déjà dit dans une leçon précédente (2), à la partie moyenne et ne conserve ses caractères que dans la région interne et la région externe de la saillie. Au quatrième jour de l'incubation on distingue parmi les cellules épithéliales cylindriques de la région interne des éléments arrondis plus grands que les cellules voisines : ce sont les ovules primordiaux au milieu de l'épithélium germinatif. Dans la partie sous-jacente à cet épithélium germinatif, le tissu embryonnaire prolifère de manière à constituer à la surface du corps de Wolff une nouvelle petite saillie que Waldeyer appelle *éminence* ou *protubérance sexuelle*. D'abord étendue, sous forme de bandelette, sur une grande longueur du corps de Wolff, l'éminence sexuelle se rétracte, se ramasse et constitue en même temps une saillie plus marquée à la surface de ce dernier.

---

(1) Stricker, *Sitzungsber. d. kais. Akad. d. Wissensch. in Wien*, 1867.
(2) Voyez deuxième leçon, p. 34.

Au douzième jour, l'ovaire se présente déjà comme une petite masse nettement séparée du corps de Wolff, et dont l'intérieur offre de larges sinus lymphatiques. De tous les points de la périphérie de l'organe s'avancent des fibres conjonctives qui s'insinuent entre les cellules épithéliales de façon à les englober avec les ovules primordiaux. L'ovaire prend alors l'aspect caverneux que nous avons déjà signalé chez les Mammifères, et ne contient que de jeunes follicules mesurant de 30 à 36 millièmes de millimètre, avec un ovule de 15 à 18 millièmes de millimètre. Les tubes n'apparaissent que plus tard.

Avant de passer à l'étude de l'ovogénèse chez les autres Vertébrés, nous devons examiner d'abord les objections qui ont été faites à Waldeyer.

En 1872, Kapf (1) s'attacha à combattre toutes les observations de Waldeyer. Suivant cet auteur, l'ovaire ne serait pas revêtu d'un épithélium particulier; la séreuse péritonéale passerait sans interruption à la surface de l'organe, ses cellules seraient seulement à ce niveau un peu plus allongées que dans le reste de la cavité abdominale. Les tubes et les invaginations épithéliales décrits par Waldeyer ne seraient que des apparences produites par des coupes passant à travers des sillons et des fentes qui existeraient à la surface de l'ovaire, et seraient tapissés par l'épithélium. Il ne faudrait pas confondre ces enfoncements avec les véritables tubes de Pflüger, formés aux dépens des cellules mêmes du stroma de l'ovaire. Enfin Kapf prétend que chez l'embryon il n'y a pas de différenciation de la séreuse au niveau de l'éminence sexuelle, et l'épithélium ne renfermerait pas d'ovules primordiaux. Il admet bien cependant des épaississements locaux de l'épithélium, mais cette disposition serait en rapport avec l'accroissement ultérieur dont ces points doivent être le siége. Kapf me semble n'avoir raison que sur un point, c'est sur la nature de l'épithélium ovarique. Waldeyer croit en effet que le péritoine s'arrête autour de l'ovaire par un bord saillant, et il invoque les preuves suivantes en faveur de sa manière de voir : les cellules épithéliales du péritoine sont pavimenteuses, celles de l'ovaire sont cylindriques; en râclant la surface de l'ovaire on peut détacher les cellules, ce qui est impossible sur la surface du péritoine; si l'on traite la surface de l'ovaire par une solution de nitrate d'argent à 1 pour 100, on voit apparaître un réseau régulier, hexagonal, analogue à celui qu'on observe sur les muqueuses; le péritoine, au contraire, dans les mêmes circonstances, ne montre qu'un réseau très-irrégulier comme celui de toutes les séreuses. Enfin, chez la Lapine, on peut constater que l'épithélium de la surface de l'ovaire se continue directement avec celui du pavillon.

(1) Kapf, *Archiv f. Anat. und Physiologie,* 1872.

Kapf a montré également par des imprégnations d'argent que la séreuse péritonéale ne s'arrête pas brusquement au niveau de l'ovaire, mais que les cellules passent graduellement de la forme pavimenteuse à la forme cylindrique. Plus récemment Velander est arrivé au même résultat (1). De plus, il faut tenir compte, comme le fait Henle, du trajet du péritoine, et il est difficile d'admettre que l'ovaire soit le seul organe de la cavité abdominale qui n'ait pas de revêtement séreux. Quant à la différence qui existe entre les cellules du péritoine et celles de l'ovaire, elle ne doit pas nous étonner, puisque nous avons déjà vu que, chez les Batraciens et chez certains Poissons, les cellules péritonéales se transforment à un moment donné en cellules cylindriques possédant même des cils vibratiles.

Les autres assertions de Kapf sont complétement fausses, comme j'ai pu m'en assurer moi-même. Il existe en effet des dépressions à la surface de l'ovaire, mais à côté d'elles on voit de véritables invaginations de l'épithélium renfermant des ovules. J'ai vu aussi dans l'épithélium germinatif de l'embryon de Poulet les ovules primordiaux signalés par Waldeyer.

Un auteur anglais, James Foulis (2), qui tout récemment a étudié la structure de l'ovaire chez la jeune Chatte, a nié l'existence des invaginations épithéliales, mais il a observé les jeunes ovules dans l'épithélium germinatif. D'après Foulis, les éléments qui constituent cet épithélium ne sont pas des cellules, parce qu'ils n'ont pas de membrane d'enveloppe. Il les nomme simplement corpuscules épithéliaux, et chaque corpuscule serait susceptible de devenir un ovule. Le stroma conjonctif de l'ovaire envoie vers l'épithélium des prolongements très-fins qui viennent entourer les ovules primordiaux et les retiennent tandis que de nouvelles couches de stroma se forment au-dessus d'eux et les séparent ainsi de l'épithélium. Ce seraient les cellules conjonctives plates et fusiformes qui deviendraient vésiculaires autour de l'ovule et formeraient les cellules épithéliales du follicule.

Foulis n'admet pas de tubes ovigères dans l'ovaire, et il dit n'avoir observé que des masses d'ovules logées dans les mailles du stroma; ces groupes (*egg-clusters*) se sépareraient ensuite pour donner naissance aux follicules. Ainsi Foulis diffère essentiellement de Waldeyer au sujet de l'origine de la membrane granuleuse du follicule; le premier la fait dériver du stroma même de l'ovaire, le second lui donne pour origine l'épithélium germinatif.

Si les recherches de Waldeyer ont été contestées, leur exactitude a été

<hr>

(1) Velander, *Upsala Läkareförnings Förhandlinger*, IX. 1874.
(2) James Foulis, *Quarterly Journal of Microsc. Science*, 1876.

aussi confirmée par plusieurs auteurs, Leopold (1), Romiti (2), Kœlliker (3). Ces observateurs ont constaté l'existence de l'épithélium germinatif avec des ovules primordiaux chez le Poulet, chez la Truie et le fœtus humain. Mais Kœlliker se sépare de Waldeyer au sujet de l'origine de l'épithélium folliculaire ; il croit que cet épithélium provient des canaux du corps de Wolff, qui enverraient des cordons cellulaires pleins venant se mettre en rapport avec les ovules et les entourant de cellules. Kœlliker a commis une erreur d'observation, comme nous le verrons bientôt en étudiant les phénomènes d'ovogénèse chez les autres Vertébrés.

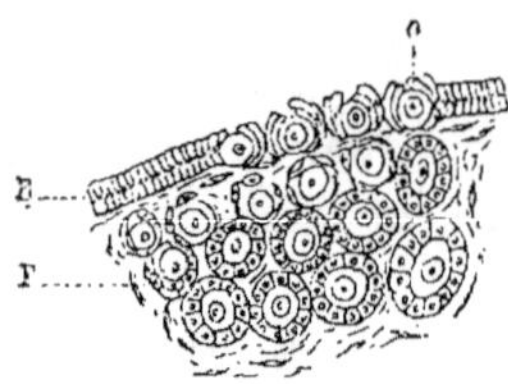

Fig. 47. — Portion périphérique de l'ovaire d'une jeune Chienne. E, épithélium ; o, ovules entourés de cellules allongées ; F, jeunes follicules.

Quant à moi, après avoir longtemps douté de l'origine épithéliale que Waldeyer assigne aux cellules de la membrane granuleuse, j'ai pu me convaincre de l'exactitude de cette observation. Sur une coupe d'ovaire de jeune Chienne j'ai vu des ovules encore contenus dans l'épithélium ovarien, et les cellules épithéliales s'allonger autour de ces ovules de manière à les entourer ; immédiatement au-dessous de l'épithélium il y avait de jeunes follicules avec ces cellules allongées (4).

(1) Leopold, *Dissert. inaug.*, 1870.
(2) Romiti, *Arch. f. mikrosk. Anat.*, X, 1873.
(3) Kœlliker, *Verhandl. d. med.-phys. Ges. in Würzburg*, 1875.
(4) Depuis la rédaction de ces lignes, j'ai appris par une lettre de mon ami, le professeur Ch. Rouget, de Montpellier, que, par ses recherches poursuivies d'une manière entièrement indépendante, il est arrivé à constater également les ovules primitifs dans l'épithélium de l'ovaire, ainsi que le groupement particulier des cellules épithéliales autour de ces ovules, chez les embryons et les jeunes des Mammifères.        B.

## ONZIÈME LEÇON

Ovogénèse chez les Reptiles. — Recherches de Max Braun. — Glande sexuelle indifférente ; sa transformation en ovaire ou en testicule. — Ovogénèse chez les Plagiostomes. — Travaux de Semper et de Balfour.

Jusqu'à l'année dernière on était dans une ignorance à peu près complète relativement au mode de formation de l'œuf chez les Reptiles. Les travaux de Semper sur le développement du système urogénital chez les Plagiostomes ont donné une impulsion nouvelle aux recherches sur l'ovogénèse. Dans un mémoire important, Max Braun (1), élève de Semper, a confirmé chez les Reptiles les observations que son maître avait faites chez les Poissons cartilagineux. C'est ce travail que je vais analyser.

Pour bien comprendre la formation de la glande sexuelle, il faut d'abord connaître le développement du corps de Wolff, c'est-à-dire du système urogénital, dont l'apparition précède celle de l'ovaire et du testicule.

Semper a démontré que, chez les Plagiostomes, le corps de Wolff n'est que la réunion de canaux formés par des invaginations partielles et locales de l'épithélium péritonéal, au niveau de chaque segment du corps, canaux qui s'enfoncent dans le mésoderme et vont déboucher dans le canal de Wolff.

Chez les Reptiles, d'après les recherches de Braun, le corps de Wolff se forme de la même manière. De chaque côté du corps, au niveau de chaque protovertèbre, il se produit dans le mésoderme une invagination de l'épithélium péritonéal. Ces enfoncements de cellules épithéliales débutent par l'extrémité antérieure de l'embryon et se continuent ensuite progressivement jusque vers l'extrémité postérieure. Plus tard, par suite de l'accroissement du corps de l'embryon et de la concentration du corps de Wolff, la concordance numérique qui existe entre les segments du corps et les invaginations épithéliales disparaît.

Tandis que chez les Plagiostomes les invaginations épithéliales se

(1) Max Braun, *Das Urogenitalsystem der einheimischen Reptilien*, in *Arbeiten aus d. zool.-zoot. Institut in Würzburg*, 1877.

font sous forme de canaux s'ouvrant dans la cavité péritonéale, chez les Reptiles elles ont lieu sous forme de cordons cellulaires pleins. Après un court trajet rectiligne, ces cordons se renflent et donnent naissance à une petite masse arrondie. Ce renflement, d'abord plein comme le cordon dont il provient, se creuse d'une petite cavité et se transforme en une vésicule que Braun appelle *vésicule segmentaire*. Le canal de Wolff, qui apparaît, comme chez le Poulet, dans le feuillet moyen, n'a primitivement aucune relation avec la série des vésicules segmentaires. Bientôt de chaque vésicule part un prolongement d'abord droit, puis se contournant par suite du développement, qui vient déboucher dans

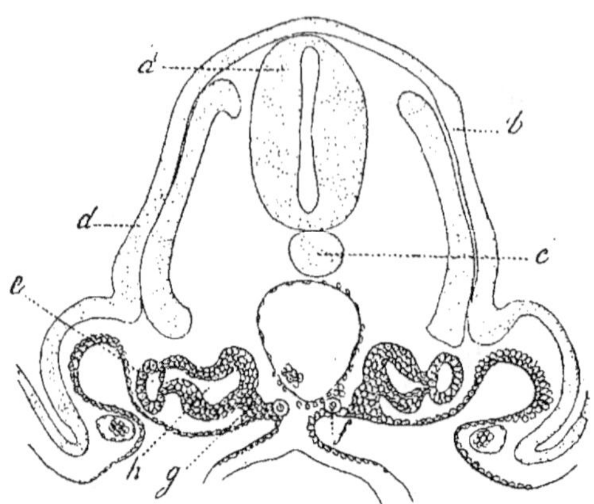

Fig. 48. — Coupe transversale d'un embryon d'Orvet *(Anguis fragilis)*, long de 8 à 10 millimètres. *a*, moelle épinière ; *b*, lame musculaire; *c*, corde dorsale au-dessous de laquelle se trouve l'aorte; *d*, ectoderme ; *e*, canal de Wolff ; *f*, ovule primitif ; *g*, point où s'est faite l'invagination de l'épithélium péritonéal ; *h*, vésicule segmentaire. (D'après Max Braun.)

le canal de Wolff. En même temps les cordons de cellules épithéliales qui ont donné naissance aux vésicules segmentaires s'atrophient et disparaissent, de sorte que les vésicules perdent toute connexion avec le péritoine ; chez quelques Poissons cartilagineux, au contraire, entre autres chez l'*Acanthias*, les organes segmentaires persistent pendant toute la durée de la vie et communiquent avec la cavité abdominale.

La présence de vésicules segmentaires n'a été signalée jusqu'à présent que chez les Reptiles. Rathke et Lereboullet les avaient déjà vues, mais ils ne connaissaient pas leur mode de formation ; Lereboullet pensait qu'elles s'allongeaient et venaient s'ouvrir dans le canal de Wolff.

Les vésicules segmentaires deviennent plus tard des glomérules de Malpighi ; l'aorte envoie dans chaque vésicule une petite branche qui s'y ramifie et produit le peloton vasculaire ; cependant Braun pense que le glomérule se forme plutôt d'une manière indépendante et qu'il n'entre que plus tard en relation avec l'aorte. La paroi de la vésicule bourgeonnerait en un point et dans ce bourgeon se formeraient les vaisseaux et même les globules sanguins.

Le corps de Wolff, chez les Reptiles, se compose donc de trois parties : de vésicules segmentaires, de tubes contournés provenant de ces vésicules, et du canal de Wolff. Chez le mâle, le corps de Wolff forme plus tard l'épididyme; chez la femelle on en retrouve des vestiges, comme chez les autres Vertébrés.

L'appareil génital se constitue en même temps que le corps de Wolff et apparaît de très-bonne heure. Chez un embryon d'Orvet de 7 à 8 millimètres, on aperçoit déjà de chaque côté du mésentère, au point où celui-ci se détache de la paroi de la cavité abdominale, un épaississement de l'épithélium dont les cellules sont cylindriques et qui renferme d'autres cellules plus grandes, arrondies. Ces dernières cellules sont les ovules primordiaux; elles existent chez le mâle comme chez la femelle; l'embryon est, par conséquent, au début, dans un état complet d'indifférence sexuelle.

Le tissu conjonctif placé à la base du mésentère se soulève au-dessous de l'épithélium cylindrique, de façon à constituer une saillie longitudinale de chaque côté du corps. Cette saillie commence assez brusquement en avant par un renflement et elle va en s'amincissant jusqu'à sa partie terminale, de sorte qu'elle représente une sorte de fuseau. Braun a donné le nom de *pli génital* à cette saillie et celui de *couche des ovules primitifs* (*Ureierlager*) à la partie d'épithélium qui la recouvre; nous conserverons à cet épithélium le nom qui lui a été donné par Waldeyer, chez le Poulet, et nous l'appellerons *épithélium germinatif*.

Les cellules de cet épithélium ne sont pas disposées en une seule couche, elles sont irrégulièrement placées sur plusieurs rangs et ne se différencient pas nettement des cellules du stroma sous-jacent; elles se colorent cependant plus fortement que ces dernières quand on les traite par le picrocarminate d'ammoniaque. Les jeunes ovules contenus dans l'épithélium et le stroma mesurent de 17 à 20 millièmes de millimètre de diamètre chez un embryon d'Orvet de 8 à 9 centimètres de long. Chez un embryon de Lézard agile de 10 millimètres, ils ne mesuraient que 17 millièmes de millimètre, le noyau 8 millièmes de millimètre.

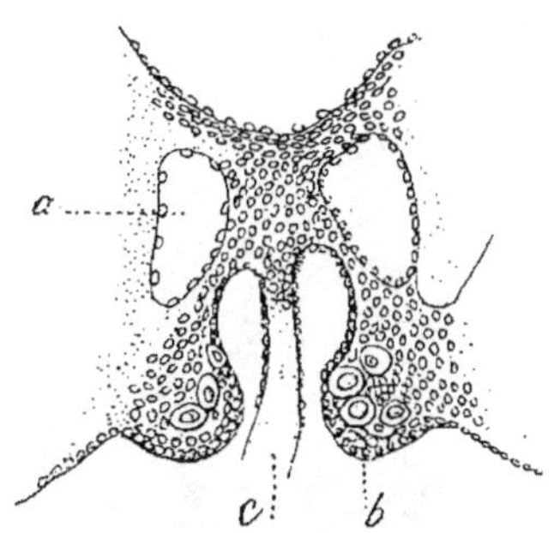

Fig. 49. — Coupe transversale des plis génitaux d'un embryon de *Lacerta agilis* de 10 millimètres. *a*, veine cardinale; *b*, pli génital, avec l'épithélium germinatif renfermant des ovules primordiaux; *c*, mésentère. (D'après Max Braun.)

Bientôt de chaque vésicule segmentaire se détache un bourgeon cellulaire plein qui se dirige vers le pli génital. Ces bourgeons envoient les uns vers les autres des prolongements qui forment une grande anastomose longitudinale, de laquelle partent de nombreux prolongements qui s'anastomosent eux-mêmes entre eux et constituent une sorte de plexus étalé à la base du pli génital. C'est de ce réseau que partent des cordons (*cordons segmentaires*) qui s'avancent dans l'intérieur du pli génital et arrivent en contact avec l'épithélium germinatif. Ce phénomène a lieu dans les deux sexes chez le Lézard et l'Orvet. Chez le mâle les cordons segmentaires deviennent les canalicules séminifères, chez la femelle ils avortent.

Il ne faut pas confondre les organes segmentaires avec les cordons segmentaires ; les premiers apparaissent avant les seconds et sont produits par une invagination de l'épithélium péritonéal, tandis que les cordons proviennent d'un bourgeonnement des vésicules segmentaires.

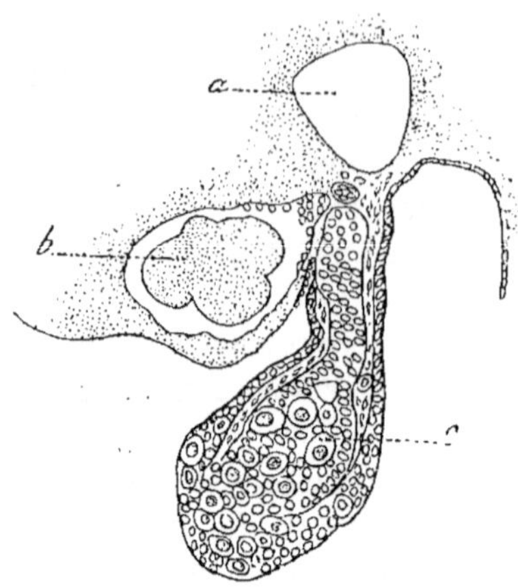

Fig. 50. — Coupe transversale du pli génital d'un embryon d'Orvet de moins de 19 millimètres. *a*, veine cardinale ; *b*, glomérule de Malpighi ; *c*, cordon segmentaire placé dans le pli génital et dans lequel les jeunes ovules ont émigré. (D'après Max Braun.)

Les ovules contenus dans l'épithélium germinatif émigrent vers le cordon segmentaire ; celui-ci ne paraît pas, en effet, avoir de membrane propre et les ovules peuvent pénétrer par toute sa surface.

Braun croit que les ovules pénètrent à l'état nu dans le cordon, accompagnés de quelques rares cellules épithéliales. La migration des ovules marque le terme de l'indifférence sexuelle ; elle a lieu, chez le Lézard, quand l'embryon a une longueur de 10 à 13 millimètres, mesurée de la tête à l'anus, et chez l'Orvet, lorsque l'embryon a de 14 à 20 millimètres.

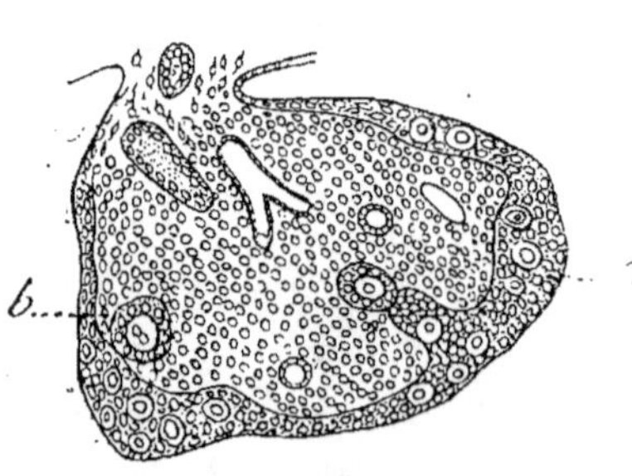

Fig. 51. — Coupe de l'ovaire d'un embryon d'Orvet près d'éclore. *a*, épithélium germinatif renfermant des ovules primordiaux ; *b*, jeune follicule de Graaf. Dans la partie supérieure, on voit des restes des cordons segmentaires atrophiés. (D'après Max Braun.)

Chez les Ophidiens (*Trepidonotus natrix*), on observe également l'existence d'un pli génital, recouvert par un épithélium germinatif ; mais les Ophidiens diffèrent des Sauriens en ce que les cordons segmentaires deviennent promptement canaliculés et ne se mettent en communication avec l'épithélium germinatif que lorsque la glande a pris son caractère sexuel particulier. Cette communication n'a lieu que chez le mâle. où les canaux segmentaires deviennent les canalicules séminifères du testicule. Chez la femelle, ils restent à l'état rudimentaire et ne pénètrent pas dans le pli génital.

La transformation de la glande sexuelle neutre en ovaire est caractérisée par la disparition des cordons segmentaires et la formation des follicules de Graaf. Les cordons s'atrophient peu à peu. et on en retrouve encore parfois des traces au moment de la naissance (Orvet). L'ovaire commence donc par être un organe hermaphrodite, dont les ovules sont les éléments femelles. et dont les cordons segmentaires représentent les éléments mâles.

Avec le progrès du développement, chez les Sauriens, l'épithélium germinatif se concentre sur les parties latérales de l'ovaire, et reprend sur le milieu de l'organe le caractère séreux,

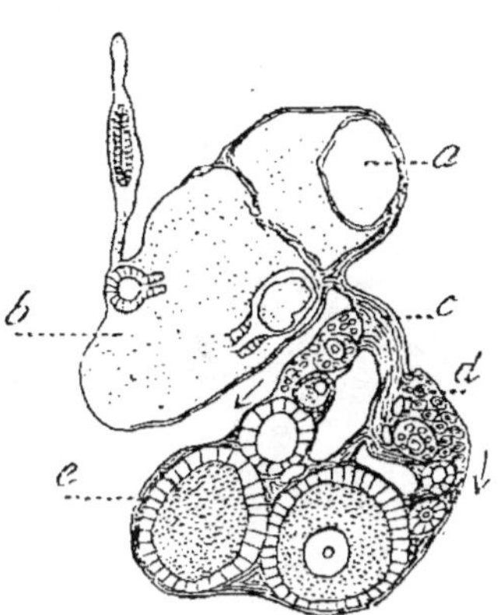

Fig. 52. — Coupe transversale. demi-schématique, de l'ovaire d'un Lézard d'un an. *a*, rein accessoire ; *b*, corps de Wolff; *c*, mésovarium ; *d*, l'une des deux couches ovigères ; l'autre couche est vue du côté opposé; *e*, follicule de Graaf. Les petites flèches indiquent la direction suivant laquelle se forment les follicules ovariens. (D'après Max Braun.)

comme sur le reste du péritoine. Leydig avait déjà signalé ce fait, car il avait montré que les jeunes ovules se forment de chaque côté de l'ovaire (1).

Dans l'ovaire des Geckos. l'épithélium germinatif conserve la disposition qu'il avait chez l'embryon, mais on ne trouve plus d'ovules que sur les parties latérales. Chez les Ophidiens (Couleuvre). l'épithélium germinatif, d'abord placé à la face ventrale de l'ovaire. chez l'embryon, est refoulé peu à peu vers le mésovarium par le développement des follicules.

Chez le Lézard, ainsi que Leydig l'a reconnu le premier. chaque ovaire présente deux couches ovigènes fusiformes placées longitudinalement de chaque côté du mésovarium. Suivant Braun. qui a observé la même disposition chez l'Orvet, ces deux couches résultent d'une concentration de l'épithélium germinatif sur les parties latérales de l'ovaire, tandis qu'à la face ventrale il a repris son caractère ordinaire de séreuse. Chacune des deux couches germinatives peut être le point

(1) Leydig, *Die deutschen Saurier*, 1872.

de départ de follicules de Graaf. Les jeunes follicules prennent naissance à la partie interne des portions germinatives, et chaque nouveau follicule qui apparaît pousse devant lui ceux qui sont déjà formés, de sorte qu'ils constituent une chaîne de follicules, dont les plus développés sont les plus éloignés de la couche germinative.

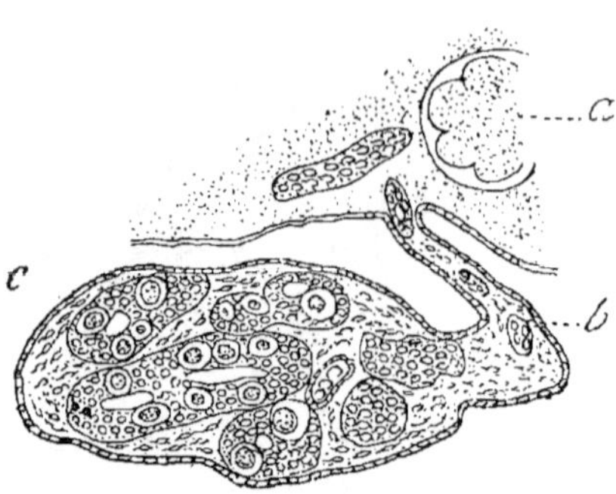

Fig. 53. — Coupe transversale du testicule d'un embryon d'Orvet complétement développé. a, glomérule; b, mésorchium ; c, testicule montrant la coupe de plusieurs canalicules séminifères contenant des ovules primitifs. (D'après Max Braun.)

Cette disposition est identique à celle qu'on observe dans les gaînes ovigères des Insectes, comme nous l'avons déjà dit à propos des tubes de Pflüger. Au moment où il va quitter la couche germinative, l'ovule augmente de volume, les cellules épithéliales se disposent autour de lui, pour former plusieurs rangées, qui plus tard se réduisent à une couche unique de cellules, comme chez les Oiseaux. Le jeune follicule se sépare de la couche germinative en entraînant avec lui une partie du stroma sous-jacent. La membrane propre du follicule, sécrétée par les cellules épithéliales, ne se montre d'abord qu'à la partie opposée à la couche germinative, puis elle finit par l'entourer complétement.

Sur des ovaires plus âgés, les follicules perdent la disposition sériée qu'ils avaient primitivement, et font saillie d'une manière irrégulière à la surface de l'ovaire.

Quand la glande sexuelle, primitivement indifférente, doit se transformer en testicule, l'épithélium germinatif s'atrophie, et prend le caractère séreux de l'épithélium péritonéal. Les cordons segmentaires se creusent d'une cavité, et deviennent, comme nous l'avons déjà dit, les canalicules séminifères. Braun a retrouvé dans leur intérieur, chez l'adulte, les ovules qu'il a vus pénétrer dans les cordons à un âge moins avancé, et il fait jouer à ces ovules un rôle dans la formation des spermatozoïdes ; il croit qu'ils deviennent des spermatoblastes ; nous verrons, lorsque nous aborderons l'étude de la spermatogénèse, que ces ovules ont une autre signification.

La partie postérieure des cordons segmentaires, en connexion avec le glomérule de Malpighi, disparaît chez le mâle comme chez la femelle; cette disparition se fait dans toute l'étendue du testicule, sauf dans les deux ou trois derniers cordons segmentaires antérieurs, qui deviennent les canaux efférents du testicule, le canal de Wolff, dans lequel ils dé-

bouchent, constituant, comme chez les autres Vertébrés, le canal déférent. L'atrophie de la portion postérieure des cordons segmentaires
commence pendant la vie embryonnaire et se continue dans le cours de
la première année qui suit la naissance.

Nous allons passer maintenant à l'étude de l'ovogénèse chez les Plagiostomes ou Elasmobranches.

Ce sont surtout les importants travaux de Semper (1) et de Balfour (2) qui nous ont fait connaître l'origine des ovules chez les Plagiostomes. Sur une coupe d'un jeune embryon de Squale, de chaque
côté du mésentère, on voit deux petites saillies analogues à celles que
nous avons déjà remarquées chez les Reptiles : ce sont les plis génitaux; plus en dehors se trouvent deux autres saillies formées par le
canal de Wolff; c'est entre le pli génital et la saillie du corps de
Wolff que se font les invaginations des organes segmentaires.

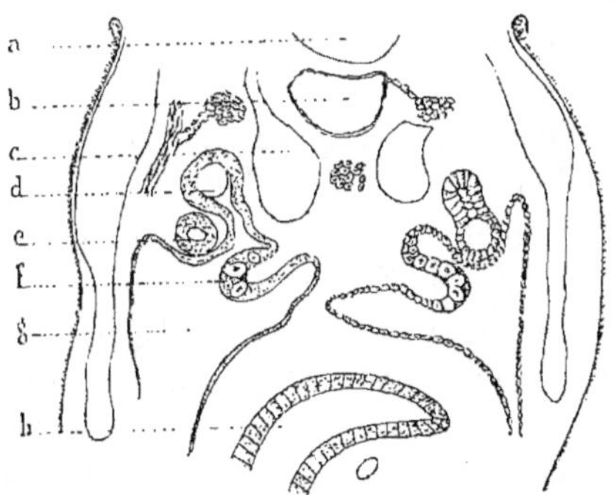

Fig. 54. — Coupe transversale de la région abdominale
d'un embryon de Squale. *a*, corde dorsale ; *b*, aorte ;
*c*, veine cardinale ; *d*, canal segmentaire ; *e*, canal
de Wolff ; *f*, pli génital contenant des ovules primitifs ;
*g*, cavité pleuro-péritonéale ; *h*, intestin. (D'après Balfour.)

Fig. 55. — Coupe transversale de
la base du mésentère d'un embryon femelle d'*Acanthias vul-
garis* de 1<sup>cm</sup>,9 montrant les plis
germinatifs. *a*, avec les ovules ;
*b*, stroma. (D'après Semper.)

On peut distinguer deux parties dans chaque pli génital : une portion
antérieure, qui deviendra la glande sexuelle, mâle ou femelle, et une
portion postérieure, qui sera le corps épigonal. Chez certaines espèces,
comme l'*Acanthias*, les deux plis génitaux restent séparés par le mésentère. Chez d'autres, comme le *Mustelus*, les deux plis se soudent de
bonne heure par leur partie postérieure ; les deux corps épigonaux

(1) SEMPER, *Das Urogenitalsystem der Plagiostomen*, Würzburg, 1875.
(2) BALFOUR, *The Development of Elasmobranch Fishes*, in *Journal of Anatomy and
Physiology*, 1876, 1877, 1878.

ne forment plus alors qu'une seule masse, emprisonnant une portion du mésentère ; sur sa partie antérieure se développent les deux glandes génitales, dont l'une avorte chez la femelle dans certains genres (*Scyllium*, *Mustelus*, *Galeus*, etc.). L'ovaire simple est placé alors sur la ligne médiane, entre les deux oviductes, fait qu'Aristote connaissait déjà.

La surface du pli génital est recouverte, dans sa partie antérieure, par un épithélium cylindrique analogue à celui qui existe chez les autres Vertébrés que nous avons déjà examinés. C'est dans l'épaisseur de cet épithélium germinatif que se forment les ovules. Ceux-ci apparaissent de très-bonne heure, et précèdent même le développement du pli génital. Lorsque ce pli est constitué, les jeunes ovules sont beaucoup plus nombreux dans l'épithélium, et font même saillie dans le stroma sous-jacent.

Bientôt les ovules primordiaux provenant de la différenciation de cellules épithéliales se multiplient par voie de division. D'après Semper, il y aurait production endogène de cellules filles dans chaque ovule, et l'on verrait plusieurs ovules réunis dans une enveloppe commune, celle de la cellule mère. Je crois qu'il y a là une erreur d'observation ; il est en effet difficile d'admettre que les ovules primordiaux aient déjà une membrane propre : je crois plutôt qu'ils se multiplient par scission successive, comme cela a lieu dans l'ovaire des Mammifères. Quel que soit le mode de prolifération de ces ovules, ils ne tardent pas à former, à la surface de l'ovaire, au-dessous de l'épithélium, une couche de 2 à 3 millimètres d'épaisseur, et à laquelle viennent s'ajouter constamment d'autres ovules provenant de la transformation de nouvelles cellules épithéliales. La production d'ovules aux dépens de l'épithélium s'observe pendant toute la vie, parce que l'épithélium persiste à la surface de l'ovaire.

Les phénomènes que nous venons de décrire se passent également au début chez les deux sexes ; la glande génitale est donc primitivement dans un état d'indifférence sexuelle analogue à celle qui existe chez les Oiseaux et chez les Reptiles, et ce n'est qu'ultérieurement qu'elle revêt le caractère femelle ou le caractère mâle.

La transformation de la glande sexuelle en ovaire est caractérisée par la formation de follicules de Graaf ; cette évolution a lieu à une période du développement qui varie suivant les espèces de Plagiostomes. Ainsi l'apparition des follicules n'a lieu, chez l'*Acanthias*, que lorsque l'embryon a atteint de 11 à 18 centimètres ; chez le *Scymnus lichia*, quand il a environ 23 centimètres ; chez le *Mustelus lœvis*, quand il mesure de 14 à 15 centimètres (Semper).

La manière dont se forment les follicules a été observée pour la première fois par Hubert Ludwig (1). Quand l'ovule a atteint un certain développement dans l'épithélium germinatif, les cellules épithéliales tendent à l'entourer et s'allongent autour de lui. L'ovule pénètre dans le stroma, ainsi environné de cellules, et reste pendant quelque temps en connexion avec l'épithélium par un cordon de cellules qui peu à peu disparaît, de sorte que l'ovule se trouve isolé au milieu du stroma, et que le follicule se trouve constitué. Chez les Raies adultes, on n'observe plus d'invaginations d'ovules, mais on trouve encore des follicules réunis à l'épithélium par un pédoncule. Al. Schultz a vu la même chose chez les Torpilles, animaux dont les follicules apparaissent très-tardivement (2).

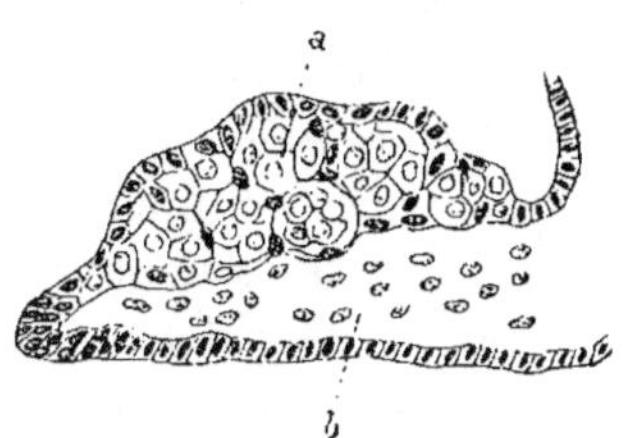

Fig. 56. — Coupe transversale du pli germinatif d'un embryon femelle d'*Acanthias vulgaris* de 5ᶜᵐ,7. *a*, ovules en voie de division ; *b*, stroma. (D'après Semper.)

D'après Semper, le mode de production des follicules observé par Ludwig ne serait que secondaire, et ce n'est pas ainsi isolément que les premiers follicules prendraient naissance. Chez l'embryon, les ovules s'invagineraient dans le stroma de l'ovaire, par groupes, et formeraient des tubes de Pflüger, analogues à ceux des autres Vertébrés. Ce n'est qu'après la naissance qu'il y aurait des invaginations partielles d'ovules.

Semper admet aussi une autre origine pour les follicules; il croit que dans un follicule bien développé quelques-unes des cellules épithéliales peuvent augmenter de volume et se transformer en jeunes ovules, qui se sépareront plus tard. J'ai constaté également, une dizaine d'années avant Semper, l'existence de cellules assez grosses parmi ces cellules épithéliales de follicules de Raie, mais je ne pense pas que les cellules soient de jeunes ovules, et nous verrons

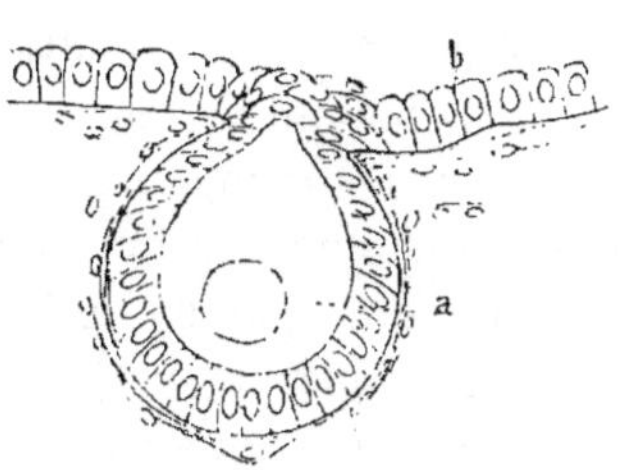

Fig. 57. — Phases successives de la formation des follicules ovariens et de leur pénétration dans le stroma, chez la jeune Raie; *a*, ovule ; *b*, cellules épithéliales. (D'après H. Ludwig.)

plus tard quelle signification on doit donner, selon moi, à ces productions.

(1) H. Ludwig, *Ueber die Eibildung im Thierreiche*, Würzburg, 1874.
(2) Al. Schultz, *Archiv f. mikrosk. Anatomie*, XI, 1875.

Chez les embryons d'*Acanthias*, de *Scymnus*, Semper a trouvé dans le stroma de l'ovaire, entre des follicules déjà bien formés, des groupes de cellules, toutes semblables entre elles, groupes qui tantôt étaient isolés, tantôt paraissaient être rattachés à l'épithélium germinatif par un pédoncule cellulaire. Ces corps seraient, pour Semper, des éléments épithéliaux invaginés, destinés à devenir des ampoules testiculaires. L'ovaire des Plagiostomes passerait donc par une phase hermaphrodite, comme celui des Reptiles. Les groupes cellulaires mâles disparaissent bientôt dans l'ovaire. Cependant chez l'*Hexanchus griseus* on observe, même à l'âge adulte, un état hermaphrodite très-développé. A la base de l'ovaire, dans l'épaisseur du mésovarium, il existe une masse tuberculeuse, dont l'aspect est très-différent de celui de la glande femelle. Examinée au microscope, cette masse se montre formée d'un grand nombre de petites vésicules identiques aux ampoules testiculaires du mâle. Chaque vésicule renferme un espace central vide, entouré de cellules épithéliales, mais on n'y trouve jamais de spermatozoïdes. Il y a donc, chez l'*Hexanchus*, un testicule rudimentaire à côté de l'ovaire. Cette disposition est l'inverse de ce qui s'observe chez le Crapaud mâle, où l'on trouve au-dessus du testicule un petit ovaire rudimentaire, connu sous le nom d'organe de Bidder, et qui renferme des ovules identiques aux jeunes ovules de la femelle, mais n'arrivant jamais à maturité.

Ainsi, tandis que chez les Reptiles, d'après Max Braun, l'hermaphrodisme primitif de la glande sexuelle femelle est caractérisé par la présence de cordons segmentaires provenant du corps de Wolff et représentant les éléments mâles, chez les Plagiostomes, d'après Semper, les éléments mâles viendraient de l'épithélium germinatif, comme les éléments femelles. Il est difficile d'admettre une telle différence d'origine chez des animaux qui présentent une aussi grande analogie pour tout le reste de leur développement, et il doit y avoir une erreur d'observation d'un côté ou de l'autre. Je pense que l'opinion de Semper est plus acceptable et que les cordons segmentaires de Braun doivent être des canaux efférents et non des canalicules séminifères du testicule; nous étudierons, du reste, cette question d'une manière plus approfondie à propos de la spermatogénèse.

# DOUZIÈME LEÇON

Ovogénèse chez les Poissons osseux et chez les Amphibiens. — Résumé. — Signification morphologique de l'œuf. — Comparaison de l'œuf des Vertébrés ovipares avec celui des Mammifères. — Diverses théories de la constitution de l'œuf; Corte, Gegenbaur, Waldeyer, Ed. van Beneden, His.

Il ne nous reste plus, pour terminer l'histoire de l'ovogénèse, qu'à dire quelques mots de l'origine première de l'œuf chez les Poissons osseux et chez les Batraciens.

Pour les Poissons osseux, les recherches embryogéniques manquent absolument; Waldeyer est le seul auteur qui se soit occupé récemment de cette question, et ses observations ont été faites chez l'adulte. Sur une coupe du canal ovarique du Brochet, on voit que la partie externe de ce conduit est tapissée intérieurement par des cils vibratiles, tandis que la partie interne en contact avec l'ovaire est recouverte par un épithélium pavimenteux. Dans le stroma sous-jacent à cet épithélium il y a de jeunes cellules arrondies, granuleuses, que Waldeyer (1) pense être des cellules épithéliales, invaginées et différenciées en ovules. Cette interprétation est probablement vraie, mais on ne peut l'affirmer tant qu'on n'aura pu suivre toute l'évolution de ces cellules et le développement de l'ovaire chez le jeune animal.

Chez la Grenouille, le péritoine, à la surface de l'ovaire, est formé de cellules séreuses semblables sur toute son étendue. Suivant Waldeyer, il y aurait de distance en distance des trous au-dessous desquels se trouveraient des groupes de jeunes ovules invaginés. Je n'ai jamais vu ces lacunes dans l'épithélium, et le stroma de l'ovaire est si peu développé, qu'on conçoit difficilement l'existence de véritables tubes de Pflüger chez les Batraciens; mais on observe souvent dans le stroma des groupes de jeunes ovules transparents, très-inégaux de taille, entremêlés de cellules épithéliales. O. Hertwig (2), chez le *Rana tem-*

(1) Waldeyer, *Eierstock und Ei*, Leipzig, 1870.
(2) O. Hertwig, *Morphologisches Jahrbuch von C. Gegenbaur*, III, 1877.

*poraria*, a figuré un groupe de ce genre, relié par un bouchon épithélial à la surface de l'ovaire, et le décrit comme un tube de Pflüger.

Gœtte (1), qui a fait une étude très-importante du développement du *Bombinator igneus*, assigne à l'œuf des Batraciens une origine toute différente de celle que nous avons admise jusqu'à présent pour les autres Vertébrés.

La glande sexuelle n'apparaît chez le têtard du *Bombinator* qu'au moment où celui-ci commence à acquérir les membres postérieurs ; elle se montre de chaque côté du mésentère sous forme d'un cordon cellulaire. Dans ce cordon, le follicule prendrait naissance avant l'œuf ; ce serait un petit groupe de cellules toutes semblables entre elles. Les cellules centrales de ce petit groupe se fusionneraient bientôt pour constituer une masse homogène renfermant des noyaux ; ces noyaux se confondraient eux-mêmes en un seul qui deviendrait la vésicule germinative de l'œuf. Le protoplasma qui entoure la vésicule germinative se liquéfie et l'œuf serait constitué à ce moment par une masse liquide avec un noyau. Les éléments vitellins et la membrane vitelline seraient sécrétés par les cellules des follicules. Gœtte compare la production de l'ovule à une sécrétion ; aussi, pour lui, l'œuf ne serait pas un organisme vivant, et il part de ce point de vue pour construire une théorie nouvelle, qui ne tendrait à rien de moins qu'à renverser toutes les idées reçues aujourd'hui en embryogénie (2).

Les singulières observations de Gœtte s'éloignent tellement de celles de tous les autres embryogénistes modernes, que l'on ne saurait les accepter jusqu'à ce qu'elles aient été vérifiées. On a toujours considéré l'œuf ovarien jusqu'à présent comme un organisme monocellulaire, et jamais on ne l'a fait dériver de la réunion de plusieurs cellules. Il est probable que Gœtte aura été induit en erreur, et qu'il aura pris des cellules en voie de multiplication, comme Semper en a signalé chez les Plagiostomes, pour des éléments en voie de fusionnement.

Les faits relatifs à l'ovogénèse, que nous venons de passer rapidement en revue, nous montrent que les ovules primitifs ont une origine identique chez tous les Vertébrés. Nous avons vu, en effet, que dans les différents groupes de ces animaux le premier rudiment de la glande sexuelle apparaît toujours dans la région de la cavité pleuro-péritonéale placée entre la racine du mésentère et le corps de Wolff. L'épi-

(1) Gœtte, *Die Entwickelungsgeschichte der Unke*, 1875.

(2) Voir pour l'exposé et la réfutation de cette théorie : Semper, *Ueber die Gœtte'sche Discontinuitätslehre des organischen Lebens*, in *Arbeiten aus dem zool.-zoot. Institut in Würzburg*, II, 1875 et Haeckel, *Ziele und Wege der heutigen Entwickelungsgeschichte*, Iéna, 1875.

thélium de cette région (épithélium germinatif) est plus épais que celui du reste de la cavité abdominale, et c'est dans son épaisseur que se forment, chez le mâle et chez la femelle, les ovules primordiaux d'où proviendront tous les ovules du futur individu.

La glande génitale fait saillie dans la cavité abdominale sous forme d'un pli (pli génital), qui s'étend dans une grande longueur. Ce pli, chez quelques Plagiostomes, conserve sa longueur primitive, et donne naissance à l'ovaire par sa partie antérieure, tandis que le reste devient le corps épigonal; il doit persister aussi entièrement chez les Poissons osseux, car chez ces animaux l'ovaire est très-allongé. Chez les autres Vertébrés, le pli génital se concentre vers sa partie antérieure et se transforme en ovaire ou en testicule.

La glande génitale est d'abord dans un état complet d'indifférence sexuelle. Chez la femelle, elle prend le caractère d'un ovaire, par suite de la formation de follicules de Graaf. Ces follicules se produisent soit par invagination directe des ovules entourés de cellules épithéliales, soit par la segmentation d'amas ovulaires invaginés (tubes de Pflüger). Enfin les ovules se multiplient dans le stroma de l'ovaire, soit par division, soit par bourgeonnement d'un follicule déjà formé, d'après Kœlliker, soit aux dépens des cellules de l'épithélium folliculaire, d'après Semper; ces deux derniers modes de multiplication sont encore incertains, comme nous l'avons déjà dit.

L'oviducte se forme chez tous les Vertébrés, excepté peut-être chez les Poissons osseux, d'une manière indépendante de l'ovaire. Presque toujours, il a pour origine le canal de Müller, et celui-ci résulte le plus ordinairement lui-même de la différenciation de l'épithélium de la surface du corps de Wolff, sauf chez les Plagiostomes, où il est formé par la division du canal primaire du rein primordial (Semper).

Après avoir étudié le mode de formation de l'ovule, il nous reste à voir quelles transformations subit cet ovule depuis le moment où il abandonne l'épithélium germinatif et où il pénètre dans le stroma de l'ovaire, jusqu'à l'époque de sa maturité. Durant cette période, l'œuf est, en effet, le siége de phénomènes particuliers qui ont pour but de le transformer en un corps nouveau. L'ovule n'est d'abord qu'une simple cellule qui s'accroît comme toutes les autres cellules ; mais il possède bientôt, par l'acquisition d'un vitellus et d'une membrane, des propriétés spéciales, qui en font un organisme particulier, capable de donner naissance à un être nouveau.

Les embryogénistes ne sont pas d'accord pour savoir si l'œuf conserve jusqu'à la fin de son développement sa valeur physiologique primitive, s'il reste une simple cellule, ou s'il devient un organisme complexe, pluricellulaire. Cette question s'est surtout posée à propos de l'œuf méroblastique des ovipares, et même au sujet de l'œuf holoblastique des Mammifères. Ainsi, pour quelques auteurs, entre autres Grohe et Waldeyer, l'œuf des Mammifères ne serait pas une cellule simple parce qu'il recevrait des éléments des cellules du follicule.

Tout récemment, Lindgren (1) a soutenu la même opinion en s'appuyant sur un fait qu'il a observé chez la Truie. Sur un certain nombre d'ovules de cet animal, Lindgren a vu des cellules de l'épithélium pénétrant dans l'œuf à travers les canaux poreux de la membrane vitelline. Ces cellules avaient envoyé des prolongements dans l'épaisseur de la zone pellucide et formé des bourgeons qui constituaient une couche de cellules autour du vitellus. Le vitellus serait ainsi nourri par les cellules de l'épithélium, l'œuf renfermerait plusieurs cellules, et cesserait dès lors d'être un organisme monocellulaire.

L'observation de Lindgren n'est pas nouvelle; déjà, en 1863, Pflüger, dans son travail sur l'ovaire (2), avait décrit et figuré des ovules de Chatte présentant l'aspect des ovules décrits par Lindgren; mais il avait reconnu que dans ces ovules le vitellus était altéré et concentré sous forme d'une masse irrégulière au centre de l'œuf; aussi regardait-il ce fait comme étant anomal. J'ai moi-même observé des ovules semblables chez la Chatte, et j'ai également constaté l'altération du vitellus. Quant à la signification de cette pénétration des cellules du follicule dans l'œuf, je ne crois pas qu'il faille la chercher dans un phénomène de nutrition du vitellus ; je pense que c'est une exagération pathologique d'un fait qui se passe normalement dans tous les ovules, à savoir : l'introduction d'une cellule épithéliale qui y joue le rôle d'élément mâle. J'exposerai bientôt ma manière de voir à ce sujet, après avoir traité de la spermatogénèse.

Tous les auteurs sont d'accord pour considérer le jeune ovule des ovipares comme une cellule simple; mais la comparaison devient moins aisée quand l'œuf a acquis son complet développement. Il existe trois opinions principales différentes relatives à la signification morphologique de l'œuf d'Oiseau. Suivant les uns, l'œuf ovarien mûr est l'équivalent d'un follicule de Graaf de Mammifère (H. Meckel, Allen Thomson, Ecker, His) ; suivant d'autres, l'œuf d'Oiseau entier est une simple cellule (Schwann, Wagner, Kœlliker, Samter, Leuckart, Gegenbaur, Cramer); enfin, suivant Waldeyer, cet œuf est une cellule complexe, parce qu'elle renferme des éléments venus du dehors.

(1) Lindgren, *Archiv für Anatomie und Entwickelungsgeschichte, herausgegeben von His und Braune*, 1877.
(2) Pflüger, *Ueber die Eierstöcke der Sæugethiere und des Menschen*, 1863, p. 76.

Quand, en 1847, M. Coste (1) eut montré que, de toutes les parties de l'œuf d'Oiseau, une seule, la cicatricule, subit la segmentation, on fut naturellement conduit à comparer cette cicatricule à l'ovule entier des Mammifères, et le vitellus jaune au follicule de Graaf. Tandis que le follicule des Mammifères se rompt pour mettre l'ovule en liberté, celui des Oiseaux serait expulsé entièrement. C'est Henri Meckel (2) qui a émis le premier cette hypothèse, et elle fut adoptée par ses contemporains. Ceux-ci, pour démontrer leur théorie, cherchèrent à prouver qu'il existe une membrane autour de la cicatricule; ils n'en trouvèrent pas dans l'œuf mûr; aussi admirent-ils qu'elle disparaît à un certain moment pour que la cicatricule soit en rapport avec le vitellus.

Kœlliker et Samter (3) montrèrent qu'à aucune période du développement de l'œuf, depuis le commencement de l'apparition du vitellus jusqu'à la maturité, il n'existe de membrane autour de la cicatricule; cette enveloppe se trouve, au contraire, à la périphérie des jeunes ovules, et elle empêche les éléments du follicule de pénétrer dans leur intérieur. Les éléments vitellins ne peuvent donc prendre naissance dans l'œuf que par production endogène.

L'origine des éléments du jaune a donné lieu à des interprétations très-différentes. Pour Gegenbaur (4), ce ne sont pas des cellules, mais des vésicules provenant de l'accroissement de granulations moléculaires. Cet observateur a vu apparaître par places, dans le protoplasma du jeune ovule, des granulations qui se transforment en globules, lesquels augmentent de volume et deviennent les éléments du vitellus blanc. Les éléments du jaune dérivent de ceux du vitellus blanc, comme nous l'avons déjà vu; ceux de la cicatricule sont les plus jeunes, puisqu'ils sont encore à l'état de granulations. Il reste autour de l'œuf une zone de protoplasma homogène qui ne renferme pas de granulations vitellines, couche corticale ou marginale, et qui se transforme en membrane vitelline pendant les derniers temps du développement.

H. Ludwig (5) est arrivé aux mêmes conclusions que Gegenbaur; pour lui, tous les éléments vitellins, quelle que soit leur forme, sont toujours le produit de l'activité vitale de la cellule ovulaire, et ne viennent jamais de l'épithélium, ni d'autre part.

Certains auteurs pensent, au contraire, qu'il y a dans l'œuf de véri-

(1) Coste, *Comptes rendus de l'Académie des Sciences*, XXIV, 1847.
(2) H. Meckel, *Zeitschrift f. wiss. Zool.*, III, 1852.
(3) Kœlliker, *Entwickelungsgeschichte des Menschen und der höheren Thiere*, 1861.
(4) Gegenbaur, *Müller's Arch.*, 1861.
(5) H. Ludwig, *Ueber die Eibildung im Thierreiche*, 1874.

tables cellules filles nées par production endogène. Telle est l'opinion de Schwann, Reichert, Leuckart, Wagner; elle régna dans la science jusqu'en 1852, époque à laquelle H. Meckel compara l'œuf de l'Oiseau au follicule de Graaf, comme nous l'avons dit ci-dessus.

M. Coste (1) considérait aussi les éléments du jaune comme des cellules, mais il les faisait provenir de *granules moléculaires* nés dans la substance de l'œuf. Ces granules se convertissent en vésicules au sein desquelles se trouve un noyau, puis deux, puis un très-grand nombre. Les vésicules ou cellules à noyaux ainsi formées sont les éléments du vitellus blanc. Elles se transforment en vésicules du jaune en augmentant de volume et par la multiplication des noyaux intérieurs, qui finissent par remplir comme une fine poussière toute la cavité de la vésicule. Les cellules du jaune repoussent à la périphérie de l'œuf une partie du protoplasme primitif de l'ovule renfermant la vésicule germinative; ainsi se trouve constituée la cicatricule.

Waldeyer (2) a émis une opinion éclectique qui tient le milieu entre celle de Gegenbaur et celle de Schwann. Il regarde l'œuf d'Oiseau comme un organisme complexe, mais qui ne contient ni cellules, ni corpuscules protoplasmiques; les éléments du jaune viendraient, suivant cet observateur, de l'épithélium du follicule. A une certaine période du développement de l'ovule, les cellules de l'épithélium prennent une disposition particulière; elles sont allongées, coniques et placées les unes à côté des autres, de façon à présenter alternativement vers l'ovule leur grosse ou leur petite extrémité. Ces cellules envoient vers l'ovule des prolongements très-fins, parallèles, qui constituent ce que Waldeyer appelle la *zone radiée*. L'œuf n'ayant pas encore de membrane d'enveloppe, les prolongements épithéliaux se mettent directement en rapport avec son protoplasma; les extrémités des filaments se résolvent en granulations extrêmement petites qui se transforment en globules, puis en vésicules, et traversent toutes les phases signalées par Gegenbaur.

A une période voisine de la maturité, la partie centrale de la zone radiée disparaît. Sa portion périphérique, qui est en rapport avec l'épithélium, persiste seule; les filaments se confondent entre eux et donnent naissance à la membrane vitelline. Une semblable origine de la membrane vitelline paraît peu probable. L'enveloppe propre de l'œuf, comme nous l'avons déjà vu, est, en effet, formée de fibrilles très-fines entrecroisées et disposées perpendiculairement aux cellules épithéliales du follicule; elle semble bien être un produit de sécrétion de ces cellules,

(1) Coste, *Histoire générale et particulière du développement des corps organisés*, I, 1847.
(2) Waldeyer, *Eierstock und Ei*, Leipzig, 1870.

nais elle ne doit pas provenir d'une transformation directe de la zone
adiée.

Ainsi, Waldeyer considère bien l'œuf comme une cellule unique,
nais il veut en faire un organisme complexe, parce qu'il vient s'y
jouter des éléments provenant de l'épithélium. En admettant la réalité
les observations de ce savant histologiste, l'origine extra-ovulaire des
éléments vitellins ne serait pas une raison pour refuser à l'œuf le caractère unicellulaire. Une amibe, que tout le monde regarde comme un
organisme monocellulaire, cesse-t-elle d'être une cellule quand elle a
absorbé des corpuscules étrangers servant à sa nutrition? Évidemment
non. Pourquoi n'en serait-il pas de même de l'œuf?

La même année où paraissait le travail de Waldeyer, en 1870,
M. Ed. van Beneden publiait un important mémoire sur la composition
et la signification de l'œuf (1). Ses recherches ont porté sur l'œuf des
Vers et des Crustacés parmi les Invertébrés, et sur celui des Oiseaux
et des Mammifères parmi les Vertébrés.

Dans tout œuf, M. Ed. van Beneden admet deux parties distinctes :
une partie plastique, aux dépens de laquelle se formera l'embryon, c'est
le protoplasma de la *cellule-œuf;* une partie nutritive qui servira à l'accroissement de l'embryon ; M. van Beneden lui donne le nom de *deutoplasma.* Le deutoplasma est tantôt intimement mêlé au protoplasma,
tantôt il lui est seulement juxtaposé ; au point de vue de son origine et
au point de vue histologique il n'a pas toujours la même constitution.
Chez certains animaux, tels que les Cestoïdes, les Trématodes, les
Distomes, les Turbellariés, le deutoplasma est produit par des organes
spéciaux annexés à l'appareil génital, et décrits sous le nom de
*vitellogènes;* van Beneden les appelle *deutoplasmigènes.* Ces organes
sécrètent une substance qui vient s'ajouter à l'ovule, sans y pénétrer,
et s'entoure en même temps que lui d'une membrane ou coque. C'est
une sorte de réserve de matériaux nutritifs qui serviront plus tard à
nourrir le jeune embryon sorti de l'œuf proprement dit. Le produit
des glandes deutoplasmigènes est tantôt une masse granuleuse amorphe, tantôt de véritables cellules. Il est évident que, dans ce cas, l'œuf,
tel qu'il est pondu par l'animal, est un organisme complexe pluricellulaire, mais on trouve dans son intérieur l'ovule primitif unicellulaire
ou la *cellule-œuf* de van Beneden.

Chez le plus grand nombre des animaux, le deutoplasma est contenu
dans l'œuf même et se présente sous forme de granulations molé-

_______________

(1) Ed. Van Beneden, *Recherches sur la composition de la signification de l'œuf,* in
*Mém. couronnés de l'Acad. roy. de Belgique,* 1870.

culaires, qui peuvent grossir, se transformer en globules ou en vésicules, mais ne deviennent jamais des cellules.

La matière nutritive est localisée dans l'œuf méroblastique de certains ovipares (Oiseaux, Reptiles, Poissons, etc.); dans d'autres, au
contraire, elle est mêlée à la substance plastique, comme dans les œufs
holoblastiques des Mammifères. Dans ce dernier cas, après la fécondation, il s'opère quelquefois un départ entre le protoplasma et le deutoplasma; les éléments plastiques viennent se réunir et former une
couche à la périphérie de l'œuf : cette couche subit seule la segmentation. Quelquefois, cependant, le deutoplasma peut prendre part aussi
à la segmentation. Ainsi, chez beaucoup d'Articulés, après la segmentation de la partie plastique, la partie nutritive se divise également et
donne même parfois naissance à de véritables cellules. Ed. van Beneden
propose de réserver le nom de *segmentation* à la division de la cellule-
œuf et de donner le nom de *fractionnement* à la division du deutoplasma
pur ou plus ou moins mélangé d'éléments plastiques.

La théorie d'Ed. van Beneden est sujette à quelques critiques.
H. Ludwig fait remarquer avec raison que l'auteur désigne sous le nom
de deutoplasma des éléments qui, s'ils ont une même signification physiologique, ont une origine très-différente. On ne peut admettre les
termes de protoplasma et de deutoplasma que pour désigner les parties
plastiques et nutritives de l'œuf, sans tenir compte de leur mode de
formation.

Quant à la signification morphologique de l'œuf, Ed. van Beneden se
range à l'opinion de Gegenbaur et considère l'œuf comme une cellule
unique.

Il me reste à signaler une autre théorie relative à l'œuf des ovipares :
c'est celle que His a exposée dans son grand travail sur le développement
du Poulet (1), en 1868, et plus récemment, en 1873, dans un Mémoire
sur l'œuf des Poissons osseux (2).

Toute la théorie de His repose sur l'origine qu'il assigne aux éléments
épithéliaux du follicule, et au rôle physiologique qu'il fait jouer à ces
éléments dans les phénomènes ovogénésiques. Depuis la publication du
travail de Waldeyer, His est un des rares histologistes qui ne partagent
pas l'opinion de cet observateur. Pour His, en effet, les cellules du follicule ne sont pas de véritables cellules épithéliales. Ce sont des cellules
migratrices qui existent en grande quantité dans le stroma de l'ovaire,
c'est-à-dire des globules blancs ou leucocytes.

His a remarqué qu'il existe autour du follicule de nombreux vaisseaux

---

(1) His, *Untersuchungen über die erste Anlage des Wirbelthierleibes*, 1868.
(2) His, *Untersuchungen über das Ei und die Eientwickelung bei Knochenfischen*, 1873.

sanguins et de grandes lacunes lymphatiques, d'où les leucocytes peuvent sortir facilement par diapédèse, traverser l'enveloppe fibreuse du follicule, et former une couche que His désigne sous le nom de *granulosa*. Les jeunes ovules de 35 à 80 millièmes de millimètre, sont nus et représentés par une masse fondamentale homogène renfermant un noyau, la vésicule germinative; plus tard, autour de chacun d'eux, viennent se ranger des cellules (*Kornzellen*) qui ne forment qu'une seule couche.

Le vitellus de l'ovule primordial a reçu de His le nom d'*archilécithe*, et les granulations très-fines qu'il renferme le nom de *granules vitellins vrais*. Ces granules seraient formés de protagon, parce qu'ils se colorent en orangé, puis en rouge vineux sous l'influence de l'acide sulfurique. Les granules vitellins vrais n'existent pas dans toute la masse de l'ovule; à la périphérie du vitellus, on voit une zone hyaline, homogène, c'est la *couche zonoïde*. His pense que cette couche se transforme plus tard en membrane vitelline.

Quand l'ovule a atteint un diamètre de 2 à 5 dixièmes de millimètre, les cellules de la granulosa se sont multipliées; elles ne sont pas rangées comme des cellules épithéliales, mais elles sont disposées d'une manière irrégulière. C'est à ce moment que commence la formation de la partie nutritive de l'œuf ou *paralécithe*. A cet effet, les leucocytes de la granulosa se gonflent, perdent leur noyau et deviennent des vésicules plus ou moins grosses. On voit ces vésicules tantôt autour de l'ovule, tantôt entre la granulosa et la paroi du follicule, tantôt enfin dans l'intérieur même de l'ovule, entre la couche zonoïde et l'archilécithe. Après leur pénétration dans l'archilécithe, ces éléments subissent une nouvelle transformation; ils récupèrent un ou plusieurs noyaux et deviennent les éléments du vitellus blanc, puis ceux du vitellus jaune, par suite de la multiplication considérable et le fractionnement de leurs noyaux. Les leucocytes, pour arriver dans l'archilécithe, sont obligés de passer à travers la couche zonoïde; celle-ci se reconstitue à mesure qu'elle est traversée, et lorsqu'elle s'est transformée en membrane vitelline, elle peut encore livrer passage aux cellules de la granulosa. Le paralécithe est donc formé par la migration des leucocytes dans l'archilécithe, qui se trouve comme dissocié. Il reste cependant une partie de l'archilécithe intacte autour de la vésicule germinative; c'est elle qui constitue la cicatricule.

On voit que la théorie de His se rapproche beaucoup de celle de H. Meckel; elle n'en diffère qu'en ce que ce dernier considérait l'œuf d'Oiseau comme l'analogue du follicule des Mammifères, le jaune étant formé par les cellules du follicule, tandis que His admet que le jaune est formé par la pénétration des cellules du follicule dans l'intérieur de l'œuf.

Nous avons vu que His regarde les globules contenus dans les vésicules du vitellus blanc comme étant des noyaux. Il se base principalement sur la composition chimique de ces globules pour établir leur analogie avec les noyaux de cellules. Miescher a découvert, en effet, dans les noyaux des globules du pus une substance albuminoïde particulière à laquelle il a donné le nom de *nucléine* et qui existe aussi dans les globules du vitellus blanc de l'œuf de Poule. La nucléine est insoluble dans le suc gastrique et très-soluble dans les alcalis; elle est très-riche en phosphore, car elle en contient jusqu'à 15 pour 100.

En étudiant le développement de l'œuf des Poissons osseux, His est arrivé à assigner au paralécithe la même origine que chez le Poulet. Dans l'ovaire des Poissons osseux, le jeune ovule est constitué par une masse protoplasmique finement granuleuse, l'archilécithe, entouré par une couche zonoïde. Cette couche deviendrait la capsule de l'œuf, parce que, traitée par l'acide acétique, elle se montre traversée par des stries très-fines parallèles semblables aux canaux poreux de la capsule. Cette disposition ne saurait être invoquée pour établir l'origine de la capsule aux dépens de la couche zonoïde, car nous avons vu que, sous l'influence de l'acide acétique, on peut observer de semblables stries dans toute l'épaisseur du vitellus, et même jusque dans la vésicule germinative.

Le jeune ovule est déjà entouré d'une couche de cellules qui, pour His, ne sont pas des cellules épithéliales, mais qui sont de nature endothéliale, parce qu'elles sont très-plates, et semblables à celles du péritoine.

L'accroissement de l'œuf est déterminé par l'apparition du paralécythe, qui est formé, comme chez les Oiseaux, par la migration dans l'archilécithe des globules blancs existant en grande quantité dans le stroma de l'ovaire, surtout à l'époque du frai. His ne dit pas avoir observé la pénétration des leucocytes dans l'ovule ; il a seulement vu des éléments cellulaires se rapprocher de l'œuf, se fixer sur la capsule, et changer de forme ; mais il supposa qu'ils doivent la traverser à un moment donné.

His a été conduit par les idées qu'il s'est faites sur l'origine du paralécithe, à émettre une théorie embryogénique qui fit beaucoup de bruit dans la science et que j'essayerai de résumer brièvement.

Il y aurait dans l'œuf d'Oiseau deux parties qui concourraient à la formation de l'embryon : la cicatricule et une portion du vitellus blanc sousjacent. Si l'on examine un œuf de Poule fécondé et fraîchement pondu, mais non encore incubé, on voit que la segmentation est déjà très-avancée, et que le feuillet externe est formé. Au-dessous du feuillet externe s'étend une couche de vitellus blanc, qui s'en sépare au milieu de la cicatricule, de manière à laisser un espace libre rempli de liquide, et qu'on appelle la *cavité germinative*. A la périphérie de la cicatricule, cette couche de vitellus blanc s'épaissit et forme une sorte de bourrelet ou de rempart (*Keimwall*), qui, suivant His, jouerait un rôle important dans la constitution de l'embryon.

Aux dépens du germe segmenté, ou de l'archilécithe se forment le système nerveux, les organes des sens, les fibres musculaires lisses et striées, les épithéliums et les glandes; du vitellus blanc ou paralécithe dérivent le sang et les tissus de substance conjonctive. His donne le nom d'*archiblaste* aux éléments provenant de l'archilécithe, et celui de *parablaste* aux éléments fournis par le paralécithe.

Quand l'œuf est fécondé, l'archilécithe subit seul l'action de la semence du mâle; le paralécithe est influencé d'une manière secondaire, il est, pour ainsi dire, entraîné par l'évolution de l'archilécithe. Du reste, les éléments du vitellus blanc étant des leucocytes, c'est-à-dire des cellules, la segmentation est ici inutile, et ces éléments peuvent directement s'organiser en tissus. His suppose, en effet, qu'à un certain moment du développement les éléments du parablaste prolifèrent, se groupent et se disposent en un réseau qui s'insinue entre les éléments du germe. Le réseau se creuse de canaux qui deviennent les vaisseaux de l'embryon, renfermant des globules sanguins; les vaisseaux pénètrent dans tous les organes et entraînent avec eux des cellules parablastiques qui se transforment en éléments conjonctifs. His arrive ainsi à cette conclusion que le sang de l'embryon provient directement de celui de la mère, puisque les cellules du paralécithe ne sont que des leucocytes émigrés dans le stroma de l'ovaire.

Une semblable théorie est assurément très-séduisante, il ne lui manque malheureusement que la réalité, et His est à peu près le seul embryogéniste à la défendre. Depuis Pander et Baer, on regarde le germe fécondé comme source unique de tous les tissus de l'embryon, y compris le sang et le système vasculaire.

Il faut le dire, du reste, la théorie de His repose sur des erreurs d'observation. Si nous nous en rapportons aux recherches récentes de Kœlliker (1), dans l'œuf de Poule fécondé et pondu, le feuillet interne est déjà constitué comme le feuillet externe, et le bourrelet parablastique de His ne serait qu'un épaississement du feuillet interne.

Quant aux cellules de la granulosa, depuis les recherches de Waldeyer,

_______

(1) Kœlliker, *Entwickelungsgeschichte des Menschen und der höheren Thiere*, 1876.

presque tous les histologistes, à part Foulis, qui les fait provenir des éléments conjonctifs de l'ovaire, Kœlliker, de l'épithélium des canaux du corps de Wolff, et His, des leucocytes, presque tous les histologistes leur assignent pour origine l'épithélium ovarique. J'ai déjà dit que, pour ma part, j'ai constaté que les jeunes ovules pénètrent dans le stroma de l'ovaire, entourés de cellules épithéliales. Waldeyer a prouvé aussi, par une expérience, que les leucocytes ne pénètrent pas dans le follicule. Il injecta du cinabre finement pulvérisé dans la veine jugulaire d'une Lapine ; les globules blancs du sang absorbèrent des grains de cinabre, et Waldeyer retrouva dans le stroma de l'ovaire, jusque dans le voisinage des follicules, de ces globules sortis par diapédèse, mais il n'y en avait aucun dans les follicules eux-mêmes.

De toutes les théories que je viens d'exposer sur la signification de l'œuf des ovipares, celle qui consiste à regarder cet œuf comme une cellule unique me paraît la plus conforme à la réalité ; cela devient encore plus évident quand on compare l'œuf des Vertébrés à celui des Invertébrés. Chez les Insectes, par exemple, on voit facilement que l'épithélium qui entoure l'œuf ne sert qu'à sécréter la coque de cet œuf. De plus, dans une même gaîne ovarique, on peut suivre le développement des éléments vitellins et constater qu'ils sont la transformation de granulations très-fines, comme Gegenbaur l'a démontré pour les Vertébrés. Dans l'ovaire des Araignées, l'œuf est entouré d'une capsule homogène, sans cellules, et il n'est en rapport avec des cellules épithéliales qu'au niveau du pédoncule ; or, les éléments vitellins se forment dans toute la masse de l'œuf, ce qui prouve bien qu'ils ne sont pas sécrétés par l'épithélium.

Est-ce à dire cependant que l'œuf soit toujours une cellule simple ? Nous verrons plus tard que, chez un grand nombre d'espèces animales, il vient s'ajouter à l'œuf, dans l'ovaire même, une autre cellule qui le modifie ; cette modification peut être tellement importante, qu'elle peut provoquer le développement complet de l'œuf et sa transformation en un nouvel individu, sans le secours de l'élément mâle.

Lorsque nous nous sommes occupés de l'ovogénèse chez les Mammifères et les autres animaux, nous avons négligé de parler de l'évolution du follicule. L'œuf et le follicule ne se développent pas simultanément; le premier atteint le volume qu'il aura au moment de la maturité, alors que le second a conservé à peu près ses dimensions primitives.

Nous avons déjà vu que, à un moment donné, le follicule est le siége d'une multiplication active de cellules épithéliales, qui gardent toutes les mêmes dimensions; que, plus tard, il se forme dans son intérieur une petite lacune, qui augmente de plus en plus et devient la cavité du follicule, remplie de liquide sur un point de la paroi de cette cavité; les cellules de la membrane granuleuse forment une éminence qui contient l'ovule, et à laquelle Baer a donné le nom de *disque* ou mieux de *cumulus proliger*, car elle n'a pas la forme d'un disque.

Le processus de disparition des cellules centrales du follicule a été étudié par Waldeyer et par Luschka. Ces cellules se ramollissent et s'agglutinent les unes aux autres; leurs noyaux deviennent libres, et le protoplasma cellulaire se liquéfie. Waldeyer a analysé le liquide résultant de la fonte de ces cellules, et il a vu qu'il renferme une faible proportion de sels et une substance albuminoïde particulière, à laquelle Scherer a donné le nom de *paralbumine*. L'acide acétique détermine dans le liquide folliculaire un précipité floconneux, qui se redissout dans un excès de réactif. La paralbumine est soluble dans l'acide chlorhydrique et dans les alcalis; précipitée par l'alcool, elle se redissout ensuite dans l'eau distillée; on voit que ses propriétés diffèrent notablement de celles de l'albumine : en raison de son origine, la paralbumine peut donc être considérée comme du protoplasma liquéfié.

Au moment de la formation de la cavité du follicule, les cellules de la membrane granuleuse qui sont en contact avec la paroi de l'ovisac prennent une disposition particulière; elles se rangent les unes à côté des autres, de manière à former une couche de cellules analogues aux cellules épithéliales; les autres cellules de la membrane granuleuse sont, au contraire, sphériques et placées d'une manière irrégulière. Plus tard, cet arrangement se détruit, et toutes les cellules qui sont en contact avec la paroi du follicule prennent, comme les autres, une forme arrondie.

Quelle est la position occupée par l'ovule dans le follicule? De Baer et tous les anciens observateurs croyaient que l'ovule était situé dans la partie la plus superficielle du follicule, c'est-à-dire dans la partie où se fera la déhiscence de ce follicule.

Pouchet (1), en 1847, avança que, chez la Truie, l'ovule occupe le fond du follicule, c'est-à-dire la partie la plus éloignée de la surface de l'ovaire. Il se fonda sur ce fait pour établir toute une théorie. D'après lui, il se produirait au fond du follicule, au-dessous de la membrane granuleuse, une hémorrhagie qui remplirait bientôt de sang toute la cavité folliculaire. L'ovule nagerait sur cette espèce de lac de sang et serait porté à la partie opposée du follicule.

M. Coste a vivement combattu cette opinion; comme les anciens embryogénistes, il a toujours vu l'ovule occuper le sommet du follicule. Cependant Schrön, chez la Truie; Henle, chez la Brebis; Kölliker, chez la Femme, ont trouvé l'ovule au fond du follicule. Waldeyer, qui a examiné un grand nombre de follicules, est arrivé à cette conclusion, que l'ovule n'occupe pas une position fixe, et que, généralement situé d'abord au fond du follicule, il est transporté au sommet au moment de la déhiscence.

Sur des ovaires de Chienne et de Vache, j'ai pu voir par transparence, à travers le follicule, l'ovule se présenter comme un petit point blanc, parce que, chez ces animaux, le vitellus renferme une grande quantité de graisse; d'autres fois, l'ovule paraissait placé plus profondément.

Quelle que soit la position de l'ovule dans le follicule de Graaf, au moment de la maturité, cet ovule se détache de la membrane granuleuse en entraînant les cellules du disque proligère, et vient flotter à la surface du liquide folliculaire, près du point où se fera la rupture. Si l'on vient, en effet, à crever un follicule mûr et qu'on recueille le liquide qui s'en échappe, on trouve l'ovule libre au milieu de ce liquide.

Chez quelques animaux, entre autres chez le Lapin, les cellules du disque proligère forment autour de l'ovule un réseau composé de filaments s'entre-croisant et se soudant entre eux, que Barry a appelés des

____

(1) Pouchet, *Théorie de l'ovulation spontanée*, Paris, 1847.

*rétinacles*. Cet auteur pensait que ces filaments servaient à maintenir l'œuf dans le follicule et qu'ils facilitaient son expulsion par suite de la pression qu'exerce sur eux le liquide intrafolliculaire. Bischoff nia l'existence de ces rétinacles; mais M. Coste les a vus et les a figurés autour de l'ovule du Lapin, et je les ai également observés souvent. Hensen a constaté aussi leur présence chez cet animal, mais ne les a pas trouvés chez le Cochon d'Inde. M. Coste expliquait la formation de ces rétinacles par une dislocation de la membrane granuleuse produite par la pénétration du liquide folliculaire; Hensen admet, avec plus de raison, qu'ils sont dus à une liquéfaction incomplète de la masse des cellules qui entourent l'ovule (1). Du reste, ces rétinacles n'ont aucune importance physiologique, car ils manquent chez la plupart des Mammifères.

On trouve dans la membrane granuleuse de petits corps particuliers, sortes de vésicules ou de globules homogènes, de volume variable, signalés pour la première fois par Bernhardt (2), chez le Lapin, l'Ecureuil, la Souris et la Vache. Bernhardt considérait ces corps comme des globules de graisse. C'était aussi l'opinion de R. Wagner. Bischoff a signalé leur existence dans l'ovaire du Lapin et dans celui d'une jeune fille de vingt-cinq ans. Il pensait que ces éléments étaient destinés à devenir des ovules et des follicules nouveaux.

En 1875, Call et Exner (3) ont décrit ces mêmes corpuscules; mais, ignorant les recherches de leurs prédécesseurs, ils ont cru les avoir découverts. Ces auteurs ont constaté la présence de cellules autour de chaque vésicule et l'existence de granulations dans l'intérieur de la vésicule. Leurs observations ont été faites sur des préparations durcies; mais si on examine la membrane granuleuse à l'état frais, on voit que la vésicule centrale est homogène.

J'ai vu très-nettement ces éléments chez le Lapin. Les vésicules, entourées d'une couche de cellules, forment de petits systèmes de dimensions variables, pressés les uns contre les autres. Au moment de la maturité du follicule, quelques-uns de ces systèmes sont isolés et se présentent sous forme d'une vésicule granuleuse, avec des cellules fusiformes régulièrement implantées à sa surface comme les cellules du disque proligère le sont à la surface de l'ovule arrivé à maturité.

Quelles sont la signification et l'origine de ces singuliers éléments? Sont-ils dus à une simple disposition des cellules de la membrane gra-

---

(1) Hensen, *Zeitschr. f. Anat. und Entwickelungsgeschichte*, I, 1875.

(2) Bernhardt, *Symbola ad ovi mammalium historiam ante prægnationem* (Dissert. inaug.), Breslau, 1834.

(3) Call und Exner, *Sitzungsber. d. Kais. Akad. der Wissensch. in Wien*, 1875.

nuleuse ou à un bourgeonnement de ces cellules qui s'entoureraient
ainsi de cellules filles? Je crois que c'est de cette dernière façon qu'ils
sont produits, et que la vésicule centrale de chaque système a été
primitivement une cellule simple.

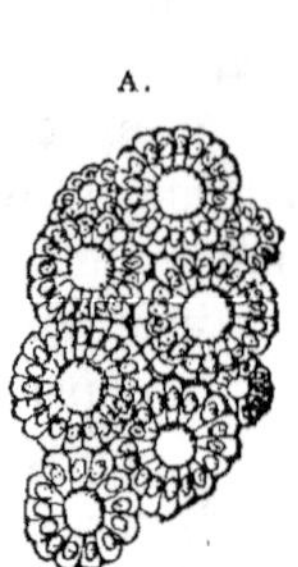
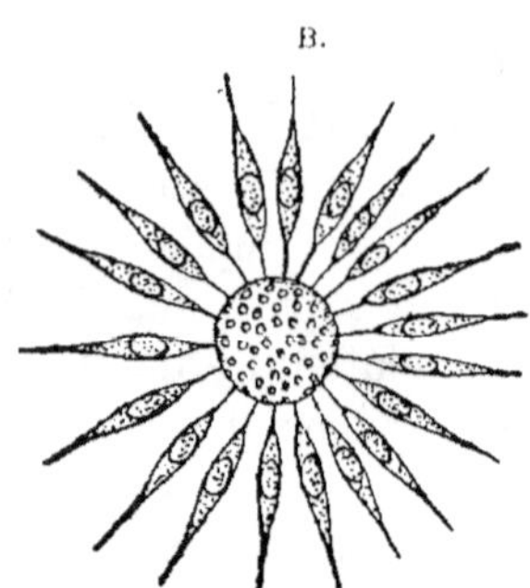


Fig. 58.— Amas cellulaires de la membrane granuleuse des follicules de Graaf du Lapin : A, d'un follicule
non mûr ; B, d'un follicule mûr.

Leydig (1) a donné une figure d'un groupe de cellules du disque
proligère de l'œuf de la Taupe qui ne laisse aucun doute à cet égard; il
a représenté un certain nombre de prolongements claviformes de gran-
deurs différentes, dont le noyau est placé à leur extrémité renflée et qui
s'insèrent tous sur un globule central. Leydig a observé dans ce cas un
phénomène de gemmation, et il a assisté ainsi au développement des
systèmes radiés de la membrane granuleuse.

Cette disposition est importante à noter au point de vue de la signification de l'épithélium ovarique. L'ovule et les cellules qui l'entourent
ayant la même origine, il n'y a rien d'étonnant à ce que ces cellules
présentent les mêmes phénomènes que l'ovule lui-même. Or, le bourgeonnement de l'ovule est un fait bien connu. Chez les Pucerons, on
observe au centre de la chambre germinative qui termine chaque gaîne
ovarique une petite cellule, difficilement visible, autour de laquelle
rayonnent d'autres cellules sous forme de bourgeons. Parmi ces cellules, les unes se développent, descendent dans la gaîne ovarique, et
restent attachées pendant quelque temps à la cellule mère par un pédoncule; ce sont les ovules viables; les autres restent petites et
constituent les ovules abortifs, ou les prétendues cellules vitellogènes
de quelques auteurs. Meissner a vu aussi que, chez les Gordiacés, les
ovules se multiplient par bourgeonnement aux dépens d'une cellule
mère; il en est de même chez les Nématoïdes. Leydig a figuré le

(1) Leydig, *Lehrbuch der Histologie*, fig. 249. 1857.

bourgeonnement de l'ovule chez un Mollusque, la *Venus decussata* (1).

Enfin, comme nous le verrons plus tard, dans le testicule des Plagio-stomes, les ovules qui proviennent de l'épithélium germinatif et s'enfon-cent dans le stroma de la glande, entourés de cellules épithéliales, pro-duisent sur toute leur surface des bourgeons. A un certain moment, la cellule mère, qui a donné naissance à ces bourgeons, disparaît et est remplacée par une vésicule centrale, de sorte que chaque ampoule testi-culaire ressemble à un de ces systèmes cellulaires de la membrane gra-nuleuse. Tous ces faits prouvent que l'ovule et les cellules épithéliales qui l'entourent ont la même origine, puisqu'une cellule épithéliale peut se comporter comme un ovule.

Quand le moment de la déhiscence du follicule approche, les cellules du disque proligère prennent une disposition spéciale, signalée pour la première fois par Bischoff, qui a donné cette disposition comme un caractère de maturité de l'œuf. Ces cellules deviennent fusiformes et se rangent toutes perpendiculairement à la surface de l'ovule, de manière à lui constituer une sorte de couronne (*corona radiata* de Bischoff). Reichert a prétendu que l'aspect de ces cellules était dû à une illusion d'optique ; il n'en est rien, et j'ai constaté moi-même la réalité de l'ob-servation de Bischoff.

Cette couronne radiée accompagne l'ovule jusque dans la trompe, et celui-ci s'en débarrasse en descendant au milieu des villosités de l'ovi-ducte ; c'est quand il est privé des cellules de cette couronne que la fé-condation a lieu.

Pour bien comprendre les phénomènes qui se passent dans l'ovaire après la chute de l'œuf, il est indispensable de connaître la constitution du follicule de Graaf mûr.

De Baer distinguait dans le follicule deux couches qu'il comparait à celles d'une membrane muqueuse, savoir : une couche externe ou fibreuse. formée d'un tissu cellulaire dense, renfermant les grosses ramifications vasculaires, et une couche interne ou muqueuse, plus épaisse, plus molle, dans laquelle pénètrent les capillaires qui se ramifient à sa surface (2).

M. Robin rejette l'existence de la couche externe, qui appartient, selon lui, au stroma de l'ovaire, dont il n'est pas possible de la sé-parer nettement, et il n'admet qu'une seule tunique ou membrane pro-pre, dans la constitution de laquelle entrent les éléments suivants :

(1) Leydig, *Lehrbuch der Histologie*, fig. 6, B.
(2) Baer, *De ovi mammalium et hominis genesi epistola*, 1827.

des fibres lamineuses, soit complétement développées, soit à l'état de corps fusiformes; quelques noyaux embryoplastiques, une assez grande quantité de matière amorphe, transparente, finement granuleuse; enfin, des cellules spéciales (cellules de l'ovisac ou de l'oariule), soit à l'état de cellules complètes, soit à l'état de noyaux libres, et plus ou moins nombreux selon les régions. Au milieu de tous ces éléments circulent de nombreux capillaires.

His (1) admet, comme de Baer, deux tuniques dans la paroi du follicule. La tunique externe ne se différencierait du stroma de l'ovaire que par le grand nombre de vaisseaux qu'elle contient. Elle renferme aussi des sinus lymphatiques très-développés; les éléments conjonctifs y sont plus condensés que dans le reste du stroma et sont mêlés à une grande quantité de fibres musculaires lisses.

La tunique interne, d'après le même auteur, est formée par un réseau très-riche de capillaires entre les mailles duquel sont comprises des cellules conjonctives embryonnaires; ces cellules seraient des leucocytes sortis des vaisseaux par diapédèse; dans le jeune follicule elles sont séparées par une masse granuleuse amorphe qui devient moins abondante dans un follicule plus développé. Waldeyer a démontré expérimentalement que les cellules de la tunique interne sont bien des globules blancs du sang; ayant injecté, comme nous l'avons déjà dit, du cinabre dans la veine jugulaire d'une Lapine, il a retrouvé, au bout de quelque temps, des grains de cinabre dans le stroma de l'ovaire, autour du follicule, et jusque dans les cellules de la tunique interne. Cette observation est donc en faveur de l'hypothèse de His.

Autour du follicule, en dehors de la tunique externe, le stroma de l'ovaire est formé d'un tissu conjonctif très-lâche, renfermant un grand nombre de sinus lymphatiques et de vaisseaux; cette disposition permet d'énucléer facilement le follicule, comme Régnier de Graaf l'avait déjà fait.

Slavianski (2) a donné récemment une description de la structure de la paroi du follicule, qui diffère de celle que nous venons de décrire. Après avoir fait écouler le liquide contenu dans un follicule, il y versa une solution de nitrate d'argent, et il vit apparaître à la face interne un réseau identique à celui que présentent les séreuses placées dans les mêmes conditions. Cet observateur a même pu enlever des lambeaux d'une membrane endothéliale très-fine recouvrant la face interne du follicule et à laquelle il a donné le nom de *membrane propre* du follicule; cette membrane n'avait pas été signalée avant lui. En dehors de la

(1) His, *Archiv f. mikroskop. Anatomie*, 1, 1865.
(2) Slavianski, *Archives de Physiologie*, 2ᵉ série, I, 1874.

tunique interne du follicule, le tissu conjonctif de l'ovaire offre une structure spéciale. Si l'on fait une injection d'acide osmique dans cette couche périfolliculaire, on dissocie les fibres dont elle se compose, et l'on voit qu'elle est formée de tissu cellulaire réticulé, dont les fibres s'entre-croisent dans tous les sens. Les mailles interceptées par ces fibres renferment des leucocytes et des cellules conjonctives plates de nature endothéliale, appliquées, par places, à la surface des travées conjonctives. La couche périfolliculaire est donc formée de tissu conjonctif lâche, si bien décrit par M. Ranvier.

Les vaisseaux s'arrêtent au sommet du follicule, c'est-à-dire à la partie la plus superficielle, et y laissent un espace privé de capillaires ; c'est la *macule* ou *stigma*. A ce niveau, comme Kehrer l'a montré, les tuniques du follicule sont plus minces, ainsi que la membrane granuleuse ; c'est en cet endroit que se fera la rupture de la paroi, pour permettre la sortie de l'ovule.

Chez les Oiseaux, la capsule ovarique qui renferme l'œuf est beaucoup plus saillante que chez les Mammifères ; lorsque l'œuf a atteint un certain développement, cette capsule est placée entièrement en dehors du stroma de l'ovaire, et elle n'y est rattachée que par un pédicule. Cette différence de situation amène des différences de structure.

On peut distinguer, avec de Baer, dans le follicule des Oiseaux, deux couches, comme dans celui des Mammifères : une tunique externe fibreuse, et une tunique interne muqueuse. La tunique externe est mince, formée de tissu cellulaire condensé ; la tunique interne est plus épaisse, plus molle, comme veloutée, à cause des nombreux vaisseaux qu'elle renferme.

Il faut arriver jusqu'à 1868, où His a étudié avec soin la structure de la capsule ovarique des Oiseaux, dans son ouvrage sur le développement du Poulet (1). Suivant lui, la tunique externe est formée d'éléments fusiformes, qu'il regarde comme des fibres musculaires lisses peu développées. Ces fibres s'entre-croisent dans tous les sens et constituent des mailles ou lacunes lymphatiques, tapissées par des cellules endothéliales. Ces lacunes sont plus grandes et plus nombreuses dans la partie périphérique de la tunique externe que dans sa partie profonde. Dans la partie en contact avec la tunique interne, on voit des capillaires en grand nombre et une certaine quantité de leucocytes. Ces derniers éléments sont plus rares dans le follicule des Oiseaux que dans celui des Mammifères.

His explique ce fait par la pénétration successive des leucocytes du

---

(1) W. His, *Untersuchungen über die erste Anlage des Wirbelthierleibes*, Leipzig, 1868.

follicule dans l'œuf et leur transformation en éléments du vitellus blanc.

Ce qu'il y a de plus remarquable dans le follicule des Oiseaux, c'est la disposition particulière des vaisseaux ; elle avait déjà attiré l'attention de Purkinje et de Baer, et elle fut étudiée plus tard avec plus de soin par Allen Thomson (1), Baudrimont et Martin Saint-Ange (2), et surtout par His.

On observe dans la tunique externe du follicule de nombreuses petites artères, qui se ramifient et s'anastomosent ; de leurs ramifications partent des ramuscules plus fins qui pénètrent dans la tunique interne et y prennent une disposition étoilée. Au centre de chaque étoile se trouve l'embouchure d'une veine vers laquelle convergent les capillaires ; ces veinules se jettent dans des veines situées plus superficiellement. Les capillaires des étoiles ne s'anastomosent pas entre eux, mais ils communiquent avec ceux des étoiles voisines.

Baudrimont et Martin Saint-Ange comparaient ces étoiles vasculaires aux cellules chromatophores des Céphalopodes. His les a rapprochées avec plus de raison des *vasa vorticosa* de la couche interne de la choroïde.

Quand on sépare les deux tuniques du follicule, on voit la membrane externe tapissée d'une multitude de petits points rouges qui correspondent aux veinules centrales des étoiles. La tunique interne, au contraire, paraît parsemée d'une infinité de petites taches claires qui ne sont que les ouvertures béantes des petites veines ; aussi, de Baer, qui avait remarqué cette disposition, croyait-il que la tunique muqueuse du follicule était criblée de petites ouvertures permettant au sang d'arriver jusqu'au contact de l'œuf. Allen Thomson prit d'abord ces petites taches pour des orifices glandulaires ; plus tard, il reconnut son erreur, et leur assigna leur véritable signification.

On voit à la surface du follicule une bande claire, connue sous le nom de *stigma*, qui est la ligne suivant laquelle s'ouvrira le follicule au moment de la maturité de l'œuf. Les vaisseaux qui pénètrent dans le follicule par le pédicule se dirigent tous vers le sommet de ce follicule, en se ramifiant dans la tunique externe. Les ramifications vasculaires viennent se jeter dans deux sinus veineux parallèles, placés de chaque côté de la bande stigmatique. Ces sinus, qu'Allen Thomson n'avait pas vus, ont été signalés par Baudrimont et Martin Saint-Ange. Chaque sinus envoie quelques petits vaisseaux, qui s'anastomosent rarement

(1) Allen Thomson, *Todd's Cyclopædia*, V, suppl. 1859.
(2) Baudrimont et Martin Saint-Ange, *Recherches anat. et physiol. sur le développement du fœtus,* dans *Mém. des Sav. étrangers (Acad. des sciences,* 1850).

entre eux, dans l'épaisseur de la bande stigmatique. Cette bande, ainsi privée de vaisseaux, est moins bien nourrie que le reste des parois du follicule; elle est moins dense, et l'on conçoit facilement que ce soit à son niveau que le follicule se rompe.

Le stigma apparaît de bonne heure dans le follicule; on le voit déjà autour de jeunes ovules ne mesurant que quelques millimètres de diamètre; il se montre sous forme d'une petite ligne déprimée dans les œufs durcis dans l'acide chromique. Quand l'ovaire a été conservé dans l'alcool, le stigma n'est plus visible.

L'étude de la structure histologique des parois du follicule de Graaf chez les autres Ovipares est encore à faire; on a supposé, par analogie, qu'il devait en être, chez ces animaux, comme chez les Oiseaux; mais aucune observation n'a été faite à ce sujet.

# QUATORZIÈME LEÇON.

Cicatrisation du follicule de Graaf après l'émission de l'œuf. — Formation et évolution des corps jaunes chez la Femme et les femelles des Mammifères. — Corps jaunes de la grossesse et corps jaunes de la menstruation. — Histologie du corps jaune. — Métamorphose régressive des follicules de Graaf non rompus.


A la description de l'ovisac se rattache celle de la production à laquelle prennent part les enveloppes du follicule et qui est connue sous le nom de *corps jaune*. Un corps jaune n'est autre chose qu'un follicule modifié après s'être rompu et avoir laissé échapper son ovule.

A chaque époque du rut, un nombre variable d'ovules abandonnent l'ovaire; dans l'espèce humaine, à chaque époque menstruelle. il y a rupture d'un follicule de Graaf; ces follicules se cicatrisent après leur rupture et donnent naissance à des corps jaunes. Cette transformation n'a lieu que chez les Mammifères. Dans l'ovaire des Oiseaux la capsule ovarique disparaît par simple résorption. La cicatrisation particulière qui s'observe chez les Mammifères peut tenir à la grande quantité d'éléments conjonctifs que contient l'ovaire de ces animaux.

Les corps jaunes, ainsi désignés à cause de leur coloration, sont connus depuis très-longtemps; ils furent d'abord signalés par Fallope, puis par Volcher Coiter et Sténon ; mais les anatomistes ignoraient leur signification. Régnier de Graaf (1), en 1672, en donna le premier une bonne description et les attribua à une cicatrisation des follicules rompus. De Graaf croyait, en effet, que le germe était une membrane remplie de liquide, qui s'échappait du follicule pour pénétrer dans la trompe; après sa sortie, le follicule se cicatrisait.

C'est Malpighi (2) qui a donné à ces corps le nom qu'ils portent; mais il les regarda comme des organes destinés à sécréter l'œuf et à présider à son expulsion hors de l'ovaire. Pour lui, les corps jaunes étaient une

(1) Régnier de Graaf, *De mulierum organis generationi inservientibus*, Lugduni Batav., 1672.

(2) Malpighi, *Opera omnia*, I, append., Londini. 1686.

réunion de glandes. Malpighi voyait des glandes dans toutes les parties
du corps animal.

Haller (1) se rapprocha beaucoup plus de la vérité que ses prédécesseurs ; il croyait que le corps jaune était produit par un épaississement
de la membrane interne du follicule, mais il se trompait en pensant qu'il
n'apparaissait qu'au moment de la fécondation.

Pour avoir une description exacte et la véritable signification des corps
jaunes, il faut arriver aux travaux de de Baer (1827), Valentin (1835),
R. Wagner (1841), Zwicky (1844), Bischoff (1845), Pouchet (1847),
Coste (1847), Dalton (1851), Ch. Robin (1861), His (1865), Waldeyer
(1870), Slaviansky (1874) et de Sinéty (1877).

M. Coste est celui de tous ces auteurs qui a donné la meilleure description macroscopique des corps jaunes ; il a pu suivre leur évolution et
en a donné une histoire complète que nous allons résumer brièvement.

Aussitôt après la rupture du follicule, le liquide qui s'est écoulé est
remplacé par une masse liquide exsudée de toutes les parties du follicule et que M. Coste regarde comme étant de la lymphe plastique. Cette
lymphe est souvent mêlée à un peu de sang ; mais cette hémorrhagie
est accidentelle. Chez quelques animaux cependant, comme chez la
Truie, il se produit un écoulement de sang abondant qui remplit
toute la cavité du follicule ; c'est sur ce fait, comme nous l'avons vu,
que Pouchet avait fondé sa théorie relative à l'expulsion de l'ovule.

Le liquide que contient le follicule rompu est
filant comme du verre fondu, puis il devient peu
à peu plus ferme et prend une certaine consistance. Ce n'est pas aux dépens de cette masse que
se forme le corps jaune, mais c'est la tunique
interne du follicule qui joue le rôle le plus important dans la production du phénomène de
cicatrisation qui se passe dans le follicule.

Dès que le liquide folliculaire et l'ovule se sont
échappés, les parois du follicule, jusque-là fortement distendues, reviennent sur elles-mêmes et
se rétractent. La tunique externe, formée d'éléments fibreux et beaucoup plus élastique, se
rétracte plus que la tunique interne. Celle-ci,

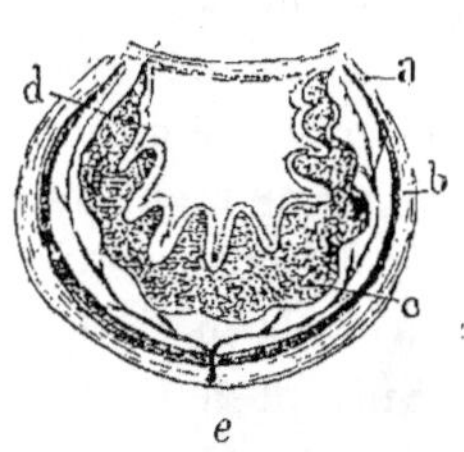

Fig. 59. — Coupe schématique
d'un corps jaune récent. *a*,
stroma de l'ovaire ; *b*, feuillet externe ou fibreux du follicule de Graaf ; *c*, feuillet
interne hypertrophié et plissé ; *d*, reste de la membrane
granuleuse ; *e*, vaisseau propre du follicule de Graaf.

épaisse, molle et non rétractile, ne peut suivre le mouvement de re-
trait de la tunique externe ; elle se plisse, se crispe et forme des

_______

(1) HALLER, *Elementa physiologiæ corporis humani*, VIII, Bernæ, 1766.

replis nombreux, que M. Coste compare à des circonvolutions céré-
brales. En même temps qu'elle se plisse, la tunique interne s'hypertrophie ; Pouchet a insisté sur cette hypertrophie et l'attribue avec juste
raison à une multiplication des cellules de la couche interne.

Les circonvolutions deviennent de plus en plus épaisses, se rapprochent
et se soudent entre elles ; la lymphe plastique, placée au milieu d'elles,
finit par disparaître par résorption.

Le corps jaune possède alors un très-grand volume, surtout chez les
animaux qui ne produisent qu'un petit à la fois ; chez la Truie cependant,
qui donne naissance à plusieurs petits, les corps jaunes sont assez
volumineux ; ils font saillie à la surface de l'ovaire, qui prend presque
l'aspect d'un ovaire d'Oiseau. Parmi tous les Mammifères, c'est la
Femme qui présente les corps jaunes relativement les plus gros ; ils
occupent souvent la moitié de l'ovaire, et même plus. M. Coste a rencontré certains corps jaunes si développés, que la portion restante de
l'ovaire n'égalait pas le sixième de leur volume.

Dans l'ovaire de la Femme enceinte, il faut un mois pour que la cavité
du follicule soit comblée par les circonvolutions de la tunique interne.
Cette membrane, d'abord rouge, devient ensuite jaune-citron. La couleur jaune n'existe pas chez tous les animaux. Ainsi, chez la Brebis, la
tunique hypertrophiée du follicule est rose ; chez la Vache, jaune orange ;
chez la Jument, brun sale ; chez la Lapine, gris jaunâtre.

La coloration jaune a pour siége les cellules de la tunique interne ;
elle se présente sous forme de petites granulations jaunes autour des
noyaux, et de globules disséminés. Pouchet et Raciborski ont attribué cette coloration aux éléments du sang qui est exsudé dans le follicule au moment de sa rupture. Il n'en est rien, car la plupart du temps
le sang épanché est en trop petite quantité pour pouvoir donner naissance à la matière colorante.

Suivant de Baer, la transformation de la tunique interne commencerait
avant la rupture du follicule ; elle aurait déjà à ce moment une teinte
jaunâtre bien qu'étant encore fort mince et sans replis. Spiegelberg (1)
a soutenu plus récemment la même opinion, et pense même que la
tunique interne s'épaissit et se plisse avant la rupture du follicule ;
le contenu de celui-ci serait ainsi comprimé et poussé vers le sommet, ce qui contribuerait à amener la déchirure de la paroi.

Chez la Femme enceinte, le développement du corps jaune arrive à
son apogée du trentième au quarantième jour de la grossesse d'après
M. Coste, et reste ensuite stationnaire jusqu'à la fin du troisième mois.

(1) Spiegelberg, *Monatsschrift für Geburtskunde*, XXVI, 1865.

A cette époque, commence la période de déclin ou de résorption, le corps jaune tend à disparaître en présentant les phénomènes suivants : les circonvolutions de la tunique externe se condensent et constituent une masse compacte ; les nombreux vaisseaux qui pénètrent dans le corps jaune se trouvent comprimés et s'atrophient ; il en résulte une nutrition moins active des éléments anatomiques et au bout d'un certain temps la masse totale est réduite à un noyau jaunâtre, puis à une petite masse fibreuse qui persiste pendant très-longtemps. Le corps jaune n'arrive ordinairement à cet état qu'après la parturition. M. Coste a mesuré le volume du corps jaune aux différentes époques de la grossesse : vers la fin du quatrième mois, il a déjà diminué d'un tiers ; au cinquième mois, de moitié ; du sixième au neuvième mois, le corps jaune n'a plus que le tiers de son volume primitif ; enfin quelques jours après l'accouchement, il est réduit à un tubercule de 7 à 8 millimètres de diamètre.

Le corps jaune qui se forme après chaque menstruation, et qu'on appelait autrefois faux corps jaune, par opposition au vrai corps jaune de la grossesse, se forme de la même manière que celui qui s'observe chez la Femme enceinte. Il n'y a donc pas lieu de faire de distinction entre le vrai et le faux corps jaune ; tous les deux sont identiques, la durée seule de leur évolution est différente : tandis que le corps jaune de la grossesse met plus de neuf mois à se résorber, celui de la menstruation disparaît au bout de vingt-cinq à trente jours. M. Coste, qui a eu souvent l'occasion d'examiner les corps jaunes de la menstruation sur les ovaires de femmes suicidées, attribue cette différence à l'activité plus grande de l'ovaire pendant la gestation, activité due à la congestion sanguine dont les organes génitaux internes de la Femme sont le siége à cette époque.

Bischoff (1) explique au contraire cette différence d'une façon tout à fait inverse. Suivant lui, pendant la gestation, l'utérus est seul le siége d'un surcroît d'activité nutritive et détourne à son profit les matériaux qui affluaient vers les ovaires. Ceux-ci étant moins bien nourris, sont petits, pâles, peu vasculaires. Leurs fonctions s'arrêtent, comme l'indique la cessation de l'ovulation pendant toute la durée de la gestation. Ces conditions physiologiques sont peu favorables à un travail de résorption, aussi le corps jaune prend-il un grand développement et la résolution ne commence que lorsque, après la parturition, l'ovaire retrouve ses conditions normales de circulation et de nutrition.

Dans l'état de vacuité, au contraire, l'action nutritive, un instant

(1) Bischoff, *Schmidt's Jahrbücher*, 1851.

ralentie dans l'ovaire par le fait de la menstruation, s'y manifeste bientôt de nouveau avec son intensité première, le sang y revient, les échanges de matières s'y accomplissent comme auparavant et constituent des conditions favorables à une résorption rapide du corps jaune.

Cette explication de Bischoff n'est pas en accord avec l'observation. Le corps jaune, loin d'être exsangue et mal nourri comme il le suppose, est au contraire très-vasculaire. His y a démontré l'existence de nombreuses lacunes lymphatiques et vasculaires, et les capillaires forment un riche réseau dans toute l'épaisseur de sa substance. Du reste, comment expliquer la prolifération des éléments de la membrane interne par un défaut de nutrition? A vrai dire, nous ignorons la cause véritable de la différence qui existe entre le mode d'évolution des corps jaunes de la grossesse et ceux de la menstruation. Chez les animaux, Bischoff avait constaté depuis longtemps que cette différence est très-peu marquée, et elle est à peu près nulle pour les petits Mammifères.

M. de Sinéty (1) a avancé récemment que l'examen histologique permettait de distinguer les corps jaunes de la grossesse de ceux de la menstruation. Nous parlerons de ses observations lorsque nous aurons étudié la structure histologique de ces corps. Le même auteur a observé que l'état de gestation amène, en même temps que la production d'un corps jaune dans le follicule rompu, l'atrésie d'autres follicules bien développés renfermant un ovule. M. de Sinéty pense que ces phénomènes sont dus à un état particulier dans lequel se trouvent, non-seulement l'ovaire, mais encore tous les organes de la Femme enceinte.

Nous avons admis jusqu'à présent avec M. Coste que le corps jaune est formé uniquement aux dépens de la tunique interne du follicule. C'est en effet l'opinion de la plupart des histologistes modernes depuis de Baer.

Suivant d'autres auteurs, comme H. Meckel, R. Wagner, Bischoff, Pflüger, le corps jaune serait produit par une prolifération des cellules de la membrane granuleuse ; on sait en effet que, au moment de la rupture du follicule, une partie de cette membrane est entraînée avec l'ovule et le liquide folliculaire, mais qu'il en reste des lambeaux dans le follicule.

D'autres observateurs, tels que Luschka, Schrön et Waldeyer, font provenir le corps jaune à la fois de la tunique interne et des restes de membrane granuleuse.

_______

(1) Sinéty, *Comptes rendus de l'Acad. des sciences*, 6 août 1877.

Je ne citerai que pour mémoire une quatrième hypothèse, émise par les anciens auteurs, Négrier, Warthon Jones, etc., mais complétement abandonnée aujourd'hui, d'après laquelle le corps jaune serait dû à l'organisation d'un caillot sanguin produit au moment de la rupture du follicule. Parmi les partisans de cette théorie, les uns admettaient que le sang s'épanchait entre les deux membranes de la vésicule ovarienne, les autres, que l'hémorrhagie se faisait dans son intérieur même. Ces auteurs ont été induits en erreur par la couleur du corps jaune ; ils croyaient que la matière colorante jaune provenait du pigment sanguin. Cette opinion, qui a eu pour principal défenseur Henle (1845), a été abandonnée depuis les travaux de Zwicky, qui montra que l'hémorrhagie intra-folliculaire ne jouait aucun rôle dans la formation du corps jaune, et que celui-ci était dû tout entier à un accroissement de la membrane interne.

Après avoir étudié la conformation macroscopique des corps jaunes, il nous reste à voir quelle est leur structure histologique.

Si l'on fait une coupe à travers un corps jaune volumineux et bien développé, de la Vache par exemple, on y remarque une disposition rayonnée. La masse jaune forme des cônes ou des pyramides, dont les bases sont confondues à la périphérie du follicule, et dont les sommets aboutissent au centre du corps jaune. Ces masses pyramidales ne sont autre chose que les circonvolutions de la tunique interne hypertrophiée ; elles sont séparées les unes des autres par des espèces de cloisons fibreuses, prolongements de la tunique externe et d'un noyau fibreux occupant le centre du follicule.

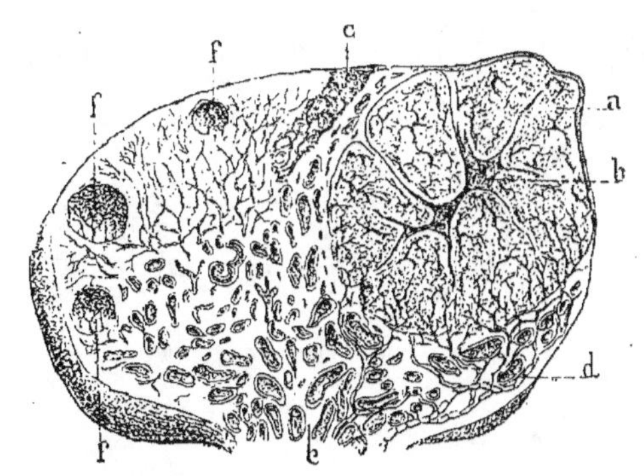

Fig. 60.—Section transversale de l'ovaire de la Vache. *a*, corps jaune récent ; *b*, son noyau fibreux ; *c*, vieux corps jaune ; *d*, vaisseaux lymphatiques injectés ; *e*, stroma du hile renfermant de nombreuses lacunes capillaires ; *f, f, f*, follicules de Graaf (d'après His).

Les prolongements fibreux contiennent, comme l'ont montré surtout les belles injections de His, un grand nombre de sinus lymphatiques et de vaisseaux sanguins, artères et veines, qui viennent s'aboucher avec ceux de la tunique externe du follicule, et dont les ramifications forment un réseau très-riche dans l'intérieur des masses jaunes. Le corps jaune est en effet une des parties les plus vasculaires de l'organisme.

Entre les mailles de cette charpente fibreuse très-développée, on trouve deux sortes d'éléments cellulaires : des cellules fusiformes et des

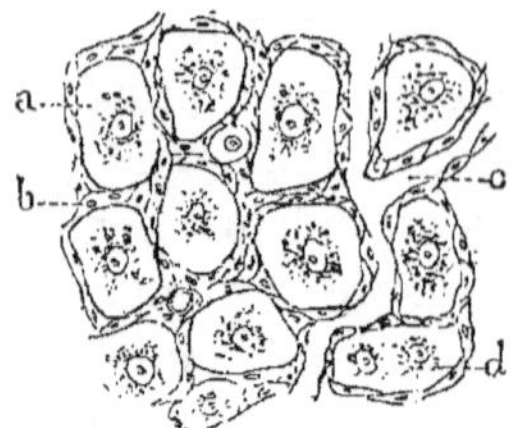

cellules plus grandes. Les cellules fusiformes ressemblent à celles du stroma de l'ovaire, mais elles sont plus gonflées, plus épaisses et plus molles ; elles renferment un noyau elliptique. Les grandes cellules, déjà connues de Schwann, ont été bien étudiées par Zwicky, par M. Robin (1) et plus récemment par His (2). M. Robin les a désignées sous le nom de *cellules de l'oariule* (3) ; elles sont allongées, polygonales, et s'étirent à leurs extrémités en filaments plus ou moins nombreux ; leurs contours entre les prolongements sont représentés par une ligne courbe.

Fig. 61. — Membrane interne d'un follicule bien développé de la Vache. *a*, grandes cellules du corps jaune ; *b*, cellules fusiformes ; *c*, capillaires ; *d*, cellule à deux noyaux.

His a supposé que les prolongements de ces cellules forment un réseau qui les réunit entre elles, et les relient aux vaisseaux sanguins. D'après

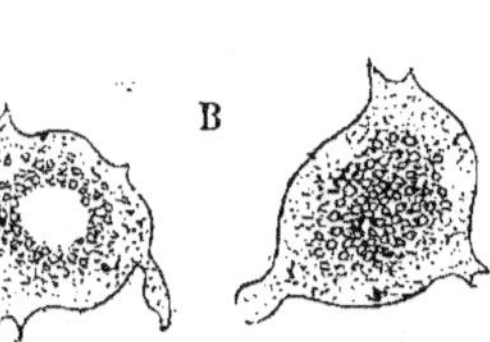

le même observateur, le grand axe des grandes cellules serait dirigé dans le sens des secteurs de substance jaune ; je n'ai pu vérifier l'existence de cette disposition. Les grandes cellules possèdent un noyau et un nucléole,

et on en rencontre qui ont deux noyaux, ce qui prouve qu'elles sont en voie de division.

Les cellules de l'oariule renferment la matière colorante jaune ; celle-ci se présente sous la forme de granulations moléculaires très-

Fig. 62. — Eléments du corps jaune de la Vache, obtenus par dilacération. *A*, vaisseau entouré de cellules fusiformes ; *B*, cellules avec granulations pigmentaires jaunes (d'après His).

fines, placées autour du noyau de la cellule. Au moment de la résorption du corps jaune, on trouve parmi ces granulations moléculaires, au milieu du protoplasma de la cellule, de petits globules, de volume variable, contenant une substance huileuse, de couleur également jaune. L'éther et le chloroforme dissolvent les globules huileux et enlèvent leur coloration aux granulations moléculaires, mais celles-ci persistent décolorées autour du noyau ; il semble donc qu'elles soient comme imprégnées par la matière colorante.

(1) Robin, *Mém. de l'Acad. de médecine*, 1861.
(2) His, *Archiv f. mikrosk. Anatomie*, I. 1865.
(3) De ὠάριον, ovule, οὐλή, cicatrice.

Les grandes cellules se multiplient par division ; M. Robin admet aussi qu'elles prennent naissance par formation libre. Au milieu de la substance granuleuse qui sépare les cellules, des noyaux apparaîtraient qui s'entoureraient d'une petite masse de protoplasma et constitueraient de nouvelles cellules. M. Robin est le seul observateur qui ait signalé ce fait.

His a très-bien étudié et décrit les rapports des cellules fusiformes et des grandes cellules. Il a vu que les cellules fusiformes accompagnent les vaisseaux et constituent comme une tunique adventive aux capillaires ; elles sont tantôt rangées en cordons irréguliers, tantôt elles forment une couche qui entoure complétement les vaisseaux ; les cellules sont séparées les unes des autres par une substance amorphe claire. Le réseau formé par les capillaires et les cellules fusiformes est très-serré ; une ou deux grandes cellules suffisent pour en remplir chaque maille.

On voit, d'après la description que nous venons de donner, que le tissu qui constitue la masse principale du corps jaune a la même structure que la membrane interne du follicule.

Quant au noyau central du corps jaune, qui envoie des cloisons fibreuses dans la tunique interne hypertrophiée, M. Coste le faisait provenir de la lymphe plastique épanchée dans le follicule. Suivant Pouchet, ce noyau serait le résidu du caillot sanguin qu'il supposait se former toujours au moment de la rupture du follicule. M. Robin attribue l'origine du même noyau à un produit de sécrétion épaissi.

Pour His, la masse centrale du follicule aurait une tout autre origine, et serait formée aux dépens de la tunique interne du follicule. Sur une coupe d'un follicule en voie de cicatrisation, dont la cavité existe encore, on voit en effet que ce sont les cellules les plus rapprochées de la surface interne qui sont le plus en voie de prolifération ; c'est dans cette région que se trouvent les éléments les plus jeunes, qui ressemblent beaucoup aux cellules du tissu adénoïde. D'après His, ce seraient ces cellules embryonnaires qui se transformeraient plus tard, après la disparition de la cavité folliculaire, en éléments fibreux et constitueraient le noyau central.

M. de Sinéty pense aussi que le noyau fibreux est le résultat d'une néo-formation conjonctive ; mais il ne dit pas de quelle manière ce tissu conjonctif prend naissance (1).

M. Coste avait bien remarqué qu'il reste dans le follicule, après sa rupture et l'émission de l'œuf, des fragments de la membrane granuleuse, mais il ne faisait jouer aucun rôle à ces fragments dans la forma-

---

(1) De Sinéty, *Comptes rendus de l'Acad. des sciences,* LXXXV, 1877.

tion du corps jaune. Waldeyer, au contraire, pense que la membrane
granuleuse et la tunique interne du follicule prennent une part égale à
la formation du corps jaune. Après la rupture du follicule, ces parties
présentent bientôt des phénomènes que Waldeyer compare à ceux qui
se passent à la surface des muqueuses enflammées : prolifération active
des cellules épithéliales, bientôt suivie de leur dégénérescence granuleuse ; émigration en masse de globules à travers la paroi des vaisseaux
du follicule ; bourgeonnement de ces vaisseaux au milieu de la masse
cellulo-granuleuse ; dans la dernière période du processus, résorption
graduelle de cette masse, et développement de tissu conjonctif fibreux
qui oblitère la cavité du follicule. Tels sont, d'après Waldeyer, les phénomènes qui caractérisent l'évolution du corps jaune et amènent la
cicatrisation du follicule rompu (1).

Dans un travail plus récent, Waldeyer (2) considère les cellules du
corps jaune comme appartenant au groupe de cellules de tissu conjonctif qu'il désigne sous le nom de *cellules plasmiques (Plasmazellen)*.
Ce sont des cellules rondes et volumineuses, riches en protoplasma.
Elles se caractérisent en outre par leur tendance à naître sur le trajet
des vaisseaux et à se remplir de granulations graisseuses. A ce groupe
de cellules appartiennent aussi, suivant Waldeyer, les cellules des capsules surrénales, celles de la glande carotidienne, de la caduque séro-
tine, les cellules interstitielles du testicule, etc.

Nous avons vu qu'à un certain moment le corps jaune devient le siége
d'une métamorphose régressive. Pour His (3), la cause de cette régression serait dans une modification graduelle qui se passe du côté des vaisseaux au moment où l'afflux sanguin diminue dans le corps jaune, c'est-
à-dire vers la fin de la gestation et surtout après la parturition. Les
artères, recevant moins de sang, reviennent sur elles-mêmes, se con-
tractent, leurs parois s'épaississent, leur calibre diminue et se réduit
quelquefois au dixième du diamètre primitif. L'ischémie artérielle entraîne la stase du sang dans le réseau capillaire et dans les veines.
Cette stagnation du sang détermine l'atrophie des cellules parenchyma-
teuses et la production d'une matière pigmentaire brune caractéristique
des vieux corps jaunes. Le pigment se dépose dans le sens des prolongements fibreux du noyau central, c'est-à-dire suivant le trajet des
troncs vasculaires, et principalement des veines. Il est renfermé dans
de petites cellules allongées, placées à la surface des veines et rangées

(1) WALDEYER, *Eierstock und Ei*, 1870.
(2) WALDEYER, *Archiv f. mikrosk. Anat.*, XI, 1874.
(3) HIS, *Archiv f. mikrosk. Anat.*, I, 1865.

sous forme d'un cordon ou d'une gaîne complète autour de la veine.
Cette matière colorante renferme quelquefois des cristaux d'hématoïdine. Quelques auteurs croyaient que c'était la matière colorante
même du corps jaune, mais le parenchyme est précisément la partie
qui renferme le moins de ce pigment brun dont nous parlons, tandis

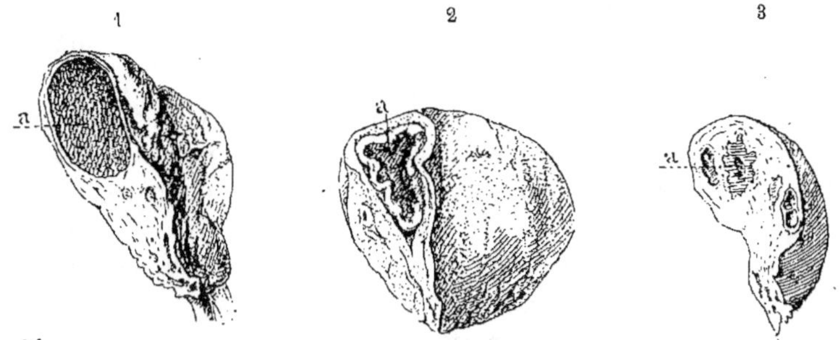

Fig. 63. — Ovaires de Femme renfermant des corps jaunes de la menstruation. 1, *a*, corps jaune de 8 à
9 jours. 2, *a*, corps jaune de 3 semaines. 3, *a*, corps jaune de 5 semaines (d'après Leopold).

qu'on le rencontre surtout dans les cloisons fibreuses traversées par
les gros troncs veineux qui séparent les circonvolutions les unes des
autres. Il est donc plus naturel de le considérer avec His comme de
la matière colorante du sang transsudé à travers la paroi des veines renfermant du sang en stagnation.

A une phase plus avancée de la métamorphose régressive, le pigment est résorbé, et le corps jaune se présente alors sous la forme
d'une petite masse fibreuse, blanchâtre ou jaunâtre, que les anciens
auteurs décrivaient sous le nom de *corpus albidum*. Le corps jaune persiste assez longtemps dans cet état ; on le retrouve encore plusieurs
semaines après la menstruation, lorsqu'il est d'origine menstruelle, et
plusieurs mois après l'accouchement, quand c'est un corps jaune
grossesse.

Les follicules de Graaf, rompus au moment de la menstruation,
chez la Femme, ou du rut, chez les animaux, ne sont pas les seuls qui
disparaissent dans l'ovaire ; il y a aussi des follicules développés qui
avortent. Ce fait a été signalé chez le nouveau-né ou chez l'enfant par
Henle (1), Slaviansky (2), M. de Sinéty (3); chez la Femme adulte par

(1) HENLE, *Handbuch der Eingeweidelehre*, 2ᵉ édit., 1873.
(2) SLAVIANSKY, *Virchow's Archiv*, LI, 1870.
(3) DE SINÉTY, *Archives de physiologie*, 2ᵉ série, II, 1875.

Reinhardt, Grohe, His (1) et Slaviansky (2). Pflüger (3) a observé le même phénomène chez la Chatte, et M. de Sinéty chez divers animaux (Chienne, Chatte, Cochon d'Inde). Dans l'ovaire de la Femme, Henle a constaté l'existence de vésicules formées par une membrane plissée, très-sinueuse et brillante, qui limite un espace rempli d'un tissu fibreux particulier. Henle considère ces vésicules comme des follicules atrophiés avant d'avoir acquis leur maturité, mais la membrane plissée est restée une énigme pour lui ; il ne la croit pas formée par le chorion (zone pellucide) de l'ovule.

His a observé de semblables productions chez la Vache, la Brebis et la Femme. Dans l'ovaire d'une Femme morte deux jours après l'accouchement, il a vu des follicules de 1 centimètre de diamètre, dont les membranes étaient dépourvues de vaisseaux et renfermaient une grande quantité de pigment noirâtre. Les vaisseaux étaient oblitérés, et His en conclut que la régression des follicules avant leur maturité est due à des troubles vasculaires.

Suivant Slaviansky, il se produirait toujours, aussi bien au moment des règles que pendant l'époque intermenstruelle, un développement et une maturation de follicules de Graaf. Le plus souvent, ces follicules disparaîtraient, avant leur rupture, par atrésie, c'est-à-dire par oblitération. Cet auteur, ayant observé des follicules atrésiés dans des ovaires de Femmes mortes à la suite de maladies aiguës, crut avoir affaire à un phénomène pathologique ; plus tard, il retrouva les mêmes productions dans des ovaires de Femmes mortes en bonne santé, et il en conclut que c'était là un fait constant et normal.

Les follicules atrésiés se montrent sur des coupes comme des taches grisâtres irrégulières. Slaviansky a suivi leur mode d'évolution ; il a vu les cellules épithéliales devenir le siége d'une dégénérescence granuleuse, qui envahit ensuite les parois du follicule. Les vaisseaux disparaissent, s'atrophient, et dans la masse granuleuse qui remplit le follicule apparaissent de nouvelles cellules, que Slaviansky croit provenir du stroma de l'ovaire. Dans la cavité du follicule, c'est un tissu muqueux qui s'organise ; dans la paroi, c'est un tissu réticulé : les éléments de ce tissu réticulé se condensent et prennent l'aspect des éléments du tissu conjonctif sclérosé.

Si nous comparons maintenant la manière dont se cicatrise normalement le follicule de Graaf à la manière dont disparaît le follicule atrésié,

---

(1) His, *Archiv f. mikrosk. Anat.*, I, 1865.
(2) Slaviansky, *Archives de physiologie*, 2ᵉ série, I, 1874.
(3) Pflüger, *Ueber die Eierstœcke der Sæugethiere und des Menschen*, 1863.

nous voyons que dans les deux cas il y a formation de tissu conjonctif dans la cavité du follicule. Dans le corps jaune, c'est la tunique interne hypertrophiée qui forme la masse principale qui oblitère le follicule ; dans le follicule atrésié, au contraire, c'est le tissu conjonctif développé dans sa cavité qui à lui seul produit l'oblitération.

Existe-t-il une différence dans l'atrésie des follicules chez la Femme enceinte et chez la Femme à l'état de vacuité ? M. de Sinéty (1) en admet une : d'après lui, les follicules atrésiés, chez la Femme enceinte, ont un aspect tout spécial. La cavité s'oblitère peu à peu par la formation de tissu muqueux, comme chez la Femme à l'état de vacuité ; mais la zone de tissu réticulé de la paroi subit une hypertrophie, d'autant plus considérable que la grossesse est plus avancée. C'est donc cette hypertrophie graduelle des tissus et des éléments constituant la membrane propre du follicule, qui caractériserait aussi bien le corps jaune que le follicule atrésié pendant la grossesse, et les différencierait de ces mêmes produits à l'état de vacuité.

La formation de corps jaunes ne s'observe que chez les Mammifères ; chez les Ovipares, la capsule ovarique s'atrophie après la chute de l'œuf ; mais on ne sait pas encore bien comment se fait cette disparition dans l'ovaire des Oiseaux.

Fig. 64. — Follicule de Graaf atrésié, de la Femme. *a*, couche périfolliculaire formée de tissu conjonctif sclérosé ; *b*, cavité oblitérée par du tissu conjonctif réticulé ; *c*, reste de la zone pellucide de l'ovule. (D'après Slaviansky.)

D'après la plupart des auteurs, la capsule ovarique, après sa rupture et l'émission de l'œuf, se rétracterait par suite de son élasticité ; ses parois se rapprocheraient et se souderaient comme par première intention, et la masse ainsi formée rentrerait peu à peu dans le tissu de l'ovaire.

Waldeyer (2) pense que le processus de cicatrisation n'est pas aussi simple ; il admet que les cellules épithéliales, restées dans le follicule, prolifèrent, puis subissent une dégénérescence granuleuse ; que la tunique interne bourgeonne, et qu'il se forme ainsi une sorte de

(1) De Sinéty, *Comptes rendus de l'Acad. des sciences*, LXXXV, 1877.
(2) Waldeyer, *Eierstock und Ei*, 1870.

corps jaune rudimentaire, lequel s'atrophie ensuite peu à peu, comme chez les Mammifères.

Nous ignorons complétement de quelle manière les capsules ovariques disparaissent chez les autres Ovipares; cette étude reste tout entière à faire.

Avec la description du corps jaune nous terminons l'étude de l'ovaire et de l'élément femelle de la génération ou l'œuf, chez les Vertébrés. Dans les leçons suivantes, nous nous occuperons de l'organe générateur mâle ou du testicule, de sa structure, de son mode de développement et de la manière dont naissent dans son intérieur les éléments essentiels de la reproduction chez le mâle, ou les spermatozoïdes.

## QUINZIÈME LEÇON.

Constitution du fluide séminal. — Spermatozoïdes des Vertébrés : leur forme et leur structure chez les Mammifères, Oiseaux, Reptiles, Amphibiens anoures et urodèles, Plagiostomes, Téléostéens, Cyclostomes et Amphioxus.

La liqueur séminale est le produit de la glande sexuelle du mâle, c'est-à-dire du testicule. Le testicule est au mâle ce que l'ovaire est à la femelle ; les produits de ces deux glandes exercent l'un sur l'autre une action réciproque, qui a pour résultat la formation d'un nouvel individu.

L'existence de mâles dans une espèce animale entraîne celle de femelles ; mais la réciproque n'est pas vraie. Il y a des espèces dont on ne connaît que les femelles et chez lesquelles on n'a jamais vu de mâles. Ainsi, parmi les Crustacés, la *Lymnadia Hermanni* ne possède que des femelles ; les mâles sont inconnus dans cette espèce. Chez les *Apus*, les mâles sont très-rares et n'apparaissent que de temps en temps. Dans la classe des Insectes, des faits semblables s'observent assez fréquemment. Parmi les Hyménoptères gallicoles, on connaît une trentaine d'espèces de *Cynips* dépourvues de mâles. Chez certains Hémiptères de la famille des Coccides, entre autres chez le *Lecanium hesperidum*, on ne connaît pas de mâles. Depuis trois ans que j'étudie le *Chermes abietis*, je n'ai pu rencontrer un seul individu mâle, quelle que soit l'époque de l'année.

Il existe donc des animaux qui peuvent se reproduire sans le concours du mâle ; on a donné à ce mode de reproduction le nom de *parthénogénèse*. Nous verrons si l'on ne peut pas expliquer ce phénomène par la présence, chez la femelle, de certains éléments qui joueraient le rôle d'éléments mâles.

Les animaux dont nous nous sommes occupés jusqu'à présent, les Vertébrés, se reproduisent toujours avec le concours des deux sexes. L'Anguille seule semblerait faire exception ; mais cette exception est probablement tout apparente ; les mâles de cet animal ont, sans doute, des caractères distinctifs très-peu marqués, qui n'ont pas permis jusqu'ici de les différencier des femelles.

Le produit sexuel du mâle, liqueur séminale, semence ou sperme, n'est jamais un liquide homogène. Pris en dehors du testicule, il se trouve mélangé avec les produits des glandes annexes de l'appareil génital, glandes de Cowper, glandes de la prostate, etc.

Le sperme éjaculé est un liquide blanchâtre, plus ou moins épais et visqueux. Son odeur, chez l'Homme, rappelle celle de l'os raclé, ou celle du pollen de l'Epine-vinette; sa réaction est toujours alcaline. La composition chimique du sperme a surtout été étudiée chez les Poissons, où elle constitue la laitance. Frerichs, Grohe, Miescher en ont donné des analyses. Ce dernier auteur (1) a séparé, par filtration, la partie solide de la partie liquide de la laitance du Saumon, et il a trouvé, pour 100 parties d'éléments solides, 48,68 de nucléine, substance phosphorée qui existe aussi en grande proportion dans les leucocytes, les globules du pus et les noyaux de cellules ; il en a retiré aussi de la protamine, de l'albumine, de la lécithine, de la cholestérine, de la graisse, etc. La partie liquide est presque entièrement formée d'une solution d'albumine et de sels alcalins.

Au point de vue de sa composition histologique, qui nous intéresse plus que sa composition chimique, le sperme peut être considéré comme une émulsion formée de petits corpuscules figurés et animés de mouvements plus ou moins vifs. Chez certains animaux, la plupart des Crustacés et quelques Nématoïdes, les corpuscules spermatiques sont immobiles ou présentent de simples mouvements amiboïdes. Ce sont les éléments figurés du sperme qui lui donnent son aspect blanchâtre ou même d'un blanc éclatant comme celui de la laitance des Poissons. Cette blancheur est le résultat d'un phénomène d'optique semblable à celui que présentent d'autres liquides de l'économie tenant en suspension des corpuscules solides très-fins, tels que le lait, le pus, le chyle et les émulsions de matières grasses.

Le sperme de tous les animaux, depuis les Zoophytes jusqu'à l'Homme, renferme donc des particules solides, qui en sont les éléments les plus essentiels. La découverte de ces particules date de deux siècles. C'est chez l'Homme qu'elles ont été constatées pour la première fois, en 1677, par Louis Hamm, étudiant de Leyde. L'année suivante, Leeuwenhoek, à qui Hamm avait fait part de sa découverte, annonçait avoir trouvé de semblables éléments dans le sperme d'un grand nombre d'espèces animales.

(1) MIESCHER, *Verhandlungen der naturforschenden Ges. zu Basel*, VI, 1874.

Il n'y a pas de découverte physiologique qui fît plus de sensation que celle des éléments figurés du sperme. Leeuwenhoek crut, en effet, avoir trouvé les germes préexistants chez le mâle. Dès lors, les physiologistes se divisèrent en deux camps, celui des *ovistes*, qui plaçaient dans l'œuf le véritable germe ou animal préformé ; celui des *spermatistes*, qui admettaient ce germe dans la semence. On regardait les corpuscules du sperme comme des animalcules ayant une existence indépendante et destinés à devenir plus tard des animaux semblables à ceux dont ils provenaient. Chez l'Homme, cet animalcule était l'*homunculus*.

On considéra pendant longtemps les corpuscules séminaux comme des animaux. Von Baer les appela des *spermatozoaires* (1827). Certains anatomistes les regardèrent comme des parasites vivant normalement dans la liqueur spermatique ; telle était l'opinion de Valentin, Henle, Gerber, Dugès, etc. On crut même y reconnaître des traces d'une organisation analogue à celle des animaux, et il faudrait des volumes pour exposer toutes les idées, plus bizarres et plus fausses les unes que les autres, qui ont été écrites à ce sujet. Ainsi, Pouchet avait vu un intestin dans les animalcules spermatiques ; Valentin y avait reconnu la présence d'une bouche et d'un anus ; Gerber y décrivait même un ovaire !

Ehrenberg avait d'abord placé les corpuscules spermatiques parmi les Infusoires polygastriques ; plus tard, il les rangea à côté des Trématodes, à cause de leur ressemblance avec les Cercaires. Bory de Saint-Vincent et de Blainville les classaient aussi parmi les Douves : tout le monde considérait alors les éléments figurés de la liqueur séminale comme des animaux.

Cependant, dès 1837, Dujardin (1) avait émis des doutes sur l'animalité de ces corpuscules, et les regardait comme un produit de la couche interne des tubes séminifères. Duvernoy leur donna, dans son cours du Collége de France, en 1841, le nom de *spermatozoïdes*, nom généralement adopté aujourd'hui et qui a l'avantage de ne rien préjuger de la nature de ces éléments. A la même époque, Lallemand et Kœlliker réagirent également contre la doctrine de l'animalité des spermatozoïdes et les considérèrent comme des particules élémentaires des tissus vivants. C'est surtout Kœlliker, en étudiant leur mode de développement, qui démontra que les spermatozoïdes sont des éléments histologiques, ayant la valeur morphologique d'une cellule ; il crut que ces éléments prennent naissance, par voie endogène, dans d'autres cellules, et il proposa de les appeler des *filaments spermatiques* (*Samenfæden*).

(1) Dujardin, *Annales des Sc. nat.*, 2e série, VIII, 1837.

Aujourd'hui, tous les traités d'histologie enseignent que les spermatozoïdes sont des éléments libres, analogues aux globules du sang. Nous verrons bientôt que cette opinion n'est pas absolument juste et qu'il y a quelque chose de vrai dans l'ancienne théorie qui faisait considérer les corpuscules spermatiques comme des animalcules. Je me fonderai, pour le prouver, sur le mode de développement des spermatozoïdes, et nous verrons que ces éléments proviennent de la conjugaison de deux cellules, qu'ils prennent naissance, comme les animaux, par une sorte de génération sexuelle. Avant d'aborder ce sujet, nous devons étudier leur constitution histologique.

Chez tous les Vertébrés, les spermatozoïdes ont l'aspect d'un filament plus ou moins long, muni d'une partie renflée, la tête, et d'une partie effilée, la queue ; mais ces éléments présentent une grande variété de formes, d'une classe, d'un genre, et même d'une espèce à l'autre ; on peut même reconnaître certaines espèces d'après la forme de leurs spermatozoïdes.

Ainsi, chez les Amphibiens, les spermatozoïdes des Urodèles diffèrent de ceux des Anoures, et, parmi ces derniers, presque chaque espèce a une forme spéciale de corpuscules séminaux. Le spermatozoïde de la Grenouille rousse (*Rana temporaria*) a une tête effilée, à peine plus épaisse que la queue ; celui de la Grenouille verte (*R. esculenta*) a, au contraire, une tête en forme de bâtonnet, nettement distincte de la queue ; celui de la *Rana agilis* a une forme intermédiaire entre celui des deux espèces précédentes. Enfin, une espèce de Grenouille, très-voisine de la *Rana temporaria* et de la *Rana agilis*, la *Rana arvalis*, qui n'existe que dans le nord de l'Europe, possède un spermatozoïde dont la tête cylindrique rappelle celle du spermatozoïde de la Grenouille verte.

Il en est de même chez les Mammifères. Tandis que les œufs de ces animaux se ressemblent tous et ne présentent que quelques légères différences dans leurs dimensions, les spermatozoïdes, au contraire, varient d'une espèce à l'autre. Le spermatozoïde de l'Homme a une tête cordiforme ; celui de la Souris et du Rat a une tête en forme de faux ; la tête du spermatozoïde du Hérisson est rectangulaire, arrondie au sommet, et la queue s'y insère sur l'un des bords. Cette variété de formes a même été invoquée par Leeuwenhoek comme une preuve de l'animalité des éléments spermatiques ; certains physiologistes pensent aussi que l'aptitude des spermatozoïdes à ne féconder que des œufs de l'espèce à laquelle ils appartiennent, tient à une spécificité due à leur forme variable.

Pendant longtemps on n'a décrit que deux parties dans les spermatozoïdes, la tête et la queue. En 1865, Schweigger-Seidel (1) publia un travail important, dans lequel il s'attacha à prouver que les spermatozoïdes ont une structure plus compliquée qu'on ne l'avait cru jusqu'alors, et qu'ils présentent, dans leurs diverses parties, des différences de composition chimique. Entre la tête et la queue il signala l'existence d'une partie moyenne qu'il appela le *segment médian* (*Mittelstück*).

Chez la *Rana esculenta*, ce segment se montre à l'union de la tête et de la queue. C'est une petite portion de la tête qui se distingue par son aspect plus clair et moins réfringent. Dans certains cas la tête du spermatozoïde se détache de la queue, le segment médian reste alors attaché à la queue.

Chez les Mammifères, le segment moyen paraît n'être qu'un léger

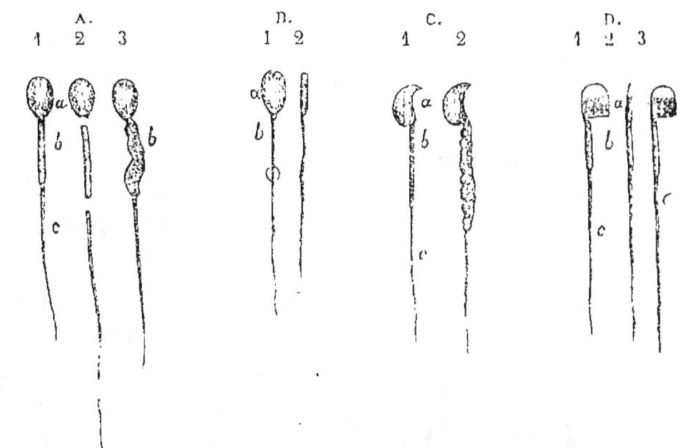


Fig. 65. — Spermatozoïdes des Mammifères. *a*, tête ; *b*, segment médian ; *c*, queue. — A, du Bélier : 1, filament intact ; 2, filament dont les trois parties se sont séparées ; 3, filament traité par l'acide acétique. — B, du Verrat : 1, filament vu de face ; 2, filament vu de profil. — C, de la Souris : 1, filament intact ; 2, filament traité par l'acide acétique. — D, du Hérisson : 1, filament vu de face ; 2, filament vu de profil ; 3, filament traité par la potasse ; aspect granuleux de la tête. (D'après Schweigger-Seidel.)

renflement de la queue ; il se présente sous la forme d'un petit bâtonnet au-dessous de la tête. Ce segment est nettement visible à l'état frais, dans certaines espèces ; dans d'autres, au contraire, il n'apparaît que sous l'influence de réactifs.

Les trois portions du spermatozoïde, tête, segment médian et queue, ne se comportent pas de la même façon en présence des réactifs. Dans l'eau, la tête seule se gonfle, tandis que le segment médian ne se modifie pas. L'acide acétique, au contraire, gonfle le segment médian,

(1) SCHWEIGGER-SEIDEL, *Archiv f. mikroskop. Anatomie*, 1, 1865.

dissout en partie la queue, et, dans quelques cas, fait apparaître peu à peu autour de la tête une sorte de membrane d'enveloppe commune au segment médian et à la tête. Le carmin ne colore que la tête.

Si l'on fait dessécher du sperme sur une plaque de verre, le segment médian apparaît alors nettement et se différencie de la tête et de la queue par son aspect brillant.

Chez l'Homme, la tête du spermatozoïde a la forme d'une amande ; elle mesure 0$^{mm}$,005 de longueur, le segment moyen 0$^{mm}$,006, et la queue 0$^{mm}$,040. Parmi les Mammifères, ce sont les Murides (Souris, Rat) qui ont les spermatozoïdes les plus longs : leur queue mesure 0$^{mm}$,085 chez la Souris.

Bütschli a vu aussi le segment moyen dans les spermatozoïdes des Insectes (1).

Les travaux de Schweigger-Seidel sont venus apporter un appui à la théorie de Kœlliker et ont fait comparer le spermatozoïde à une cellule ; la tête serait le noyau de la cellule, le segment moyen le protoplasma, et la queue un cil vibratile.

Les recherches récentes de Miescher et d'Eimer ont démontré dans le spermatozoïde des détails de structure qui avaient échappé à Schweigger-Seidel ; je les exposerai quand nous aurons étudié la genèse des spermatozoïdes, ces détails s'expliquant par le développement de ces éléments.

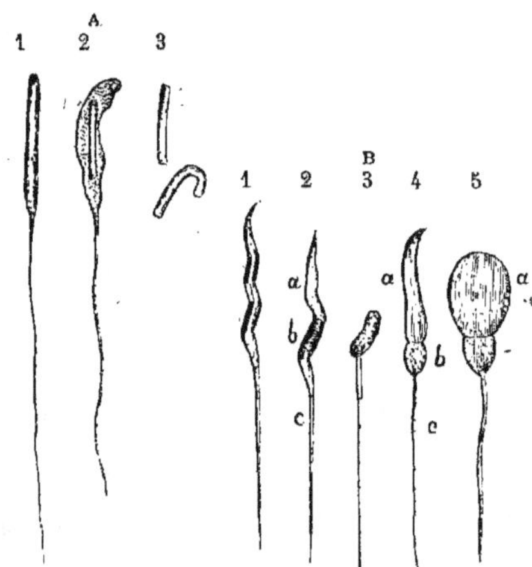

Fig. 66. — Spermatozoïdes des Oiseaux. a, tête ; b, segment médian ; c, queue. — A, du Coq : 1, filament intact ; 2 et 3, filaments traités par l'acide acétique. — B, du Pinson : 1, filament intact ; 2-5, filaments traités par la glycérine diluée. (D'après Schweigger-Seidel.)

Dans la classe des Oiseaux, on peut distinguer deux types différents de spermatozoïdes ; le premier type appartient à la majeure partie des Oiseaux ; ce sont des spermatozoïdes à tête cylindrique suivis d'une queue, ressemblant à ceux de la Grenouille verte. Le second type se rencontre chez les Passereaux conirostres et dentirostres, qui renferment la plupart des petits Oiseaux chanteurs ; la tête du spermatozoïde est hélicoïdale à tours

(1) Bütschli, *Zeitschr. f. wiss. Zool.*, XXI, 1871.

le spire plus ou moins nombreux; chez la Mésange et la Grive, qui ont de longs spermatozoïdes, la tête a environ dix tours de spire, et chez les Fringillides (Bruant, Pinson, Moineau, etc.), il n'y en a que trois ou quatre. Dans ses *Icones physio-logicæ* (1839), R. Wagner a figuré les spermatozoïdes d'un hybride de Serin et de Chardonneret; la tête diffère de celle des spermatozoïdes des deux espèces dont il provient. Ce fait est intéressant, car généralement il ne se produit pas de spermatozoïdes chez les hybrides des animaux supérieurs, ce qui explique leur infécondité, celle du Mulet mâle par exemple.

Schweigger-Seidel a étudié plus spécialement les spermatozoïdes duCoq et du Pinson. Chez le premier de ces animaux, à l'union de la tête cylindrique avec la queue, il a reconnu l'existence d'une partie plus pâle, plus granuleuse, qui est le segment moyen. L'acide acétique ne laisse intacte que la tête; celle-ci se colore aussi seule par le carmin.

Fig. 67. — A, spermatozoïde du Lézard; B, spermatozoïde de la Couleuvre.

Dans le spermatozoïde du Pinson, la tête est spiroïde et le segment moyen est difficilement visible à l'état frais; mais dans la glycérine, la tête se gonfle beaucoup, elle devient vésiculeuse, et le segment moyen apparaît alors comme une vésicule plus petite placée au-dessous d'elle.

Les spermatozoïdes des Reptiles ressemblent beaucoup à ceux du premier type des Oiseaux; ils ont une tête cylindrique en forme de bâtonnet, avec une queue plus ou moins longue.

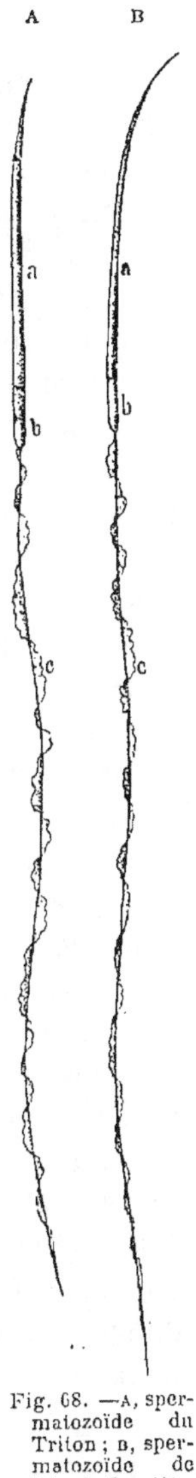

Les éléments spermatiques des Amphibiens sont plus intéressants que ceux des Reptiles, à cause de la variété de leurs formes. On peut distinguer, chez ces animaux, deux types de spermatozoïdes qui diffèrent par la forme de la queue. Ceux des Urodèles ont

Fig. 68. —A, spermatozoïde du Triton; B, spermatozoïde de l'Axolotl. *a*, tête; *b*, segment médian; *c*, queue.

une tête allongée en forme de poinçon et légèrement recourbée, comme une faux; leur queue est très-longue et munie d'une crête longitudinale insérée parallèlement à l'axe de la queue. On considère cette crête comme une membrane enveloppant la queue et faisant saillie sur l'un de ses bords. Dans l'eau pure, le spermatozoïde s'altère et il se produit sur la queue une série de petites vésicules; cette action nuisible de l'eau prouve bien que la fécondation doit être instantanée chez ces animaux, ce que l'observation a du reste déjà démontré.

La membrane n'a pas plus de 5 millièmes de millimètre de largeur dans sa partie la plus large, à son niveau d'insertion au-dessous de la tête; elle s'étend jusqu'à l'extrémité de la queue. Son bord libre est plus long que son bord adhérent, il en résulte qu'elle est froncée et présente des ondulations sur son bord libre.

Spallanzani (1), qui avait entrevu ces ondulations, croyait que c'étaient des cils, et il a représenté le spermatozoïde du Triton comme hérissé de poils. Mayer et R. Wagner avaient adopté la manière de voir de Spallanzani et admettaient des cils à la surface de la queue du spermatozoïde. Siebold, en 1837 (2), crut que la ligne spirale représentée par le bord libre et plissé de la membrane était la queue du spermatozoïde, et que celle-ci s'enroulait autour du corps de l'animalcule. Cette opiniou fut aussi acceptée par Leuckart et Wagner (3).

Amici, le premier, en 1844, dans un dessin envoyé à Mandl, représenta la membrane ondulante de la queue du spermatozoïde du Triton comme une véritable crête insérée sur la queue. Pouchet, en 1847 (4), en donna aussi une bonne figure. Czermak, en 1850 (5), vérifia l'existence de cette membrane, et enfin Leuckart, en 1853, dans son article *Génération*, du traité de physiologie de Wagner, se rangea à cette dernière opinion (6).

Schweigger-Seidel a démontré dans les spermatozoïdes des Urodèles l'existence d'un segment moyen ; c'est un petit bâtonnet très-court placé à l'union de la tête et de la queue, mesurant 6 millièmes de millimètre et se colorant seul par le carmin. Aussi Schweigger-Seidel se demande si le bâtonnet est bien le segment moyen et si ce ne serait pas plutôt la tête, dont la position serait intervertie. L'acide chlorhydrique dissout la tête du spermatozoïde; l'acide acétique ne laisse, au contraire, que la tête intacte.

(1) Spallanzani, *Opuscules de physique animale et végétale*, II, 1787.
(2) Wagner et Leuckart, article Semen in *Todd's Cyclopædia*, IV, 1847-1849.
(3) Siebold, *Froriep's neue Notizen*, II, 1837.
(4) Pouchet, *Théorie positive de l'ovulation spontanée*, 1847.
(5) Czermak, *Zeitschr. f. wiss. Zoologie*, II, 1850.
(6) Leuckart, article Zeugung in *Wagner's Handwœrterbuch der Physiologie*, IV, 1853.

Le spermatozoïde de l'Axolotl est très-semblable à celui du Triton ; la tête et le segment moyen sont seulement un peu plus longs.

La queue des spermatozoïdes des Batraciens anoures est en général simple et filiforme ; il y a cependant des exceptions.

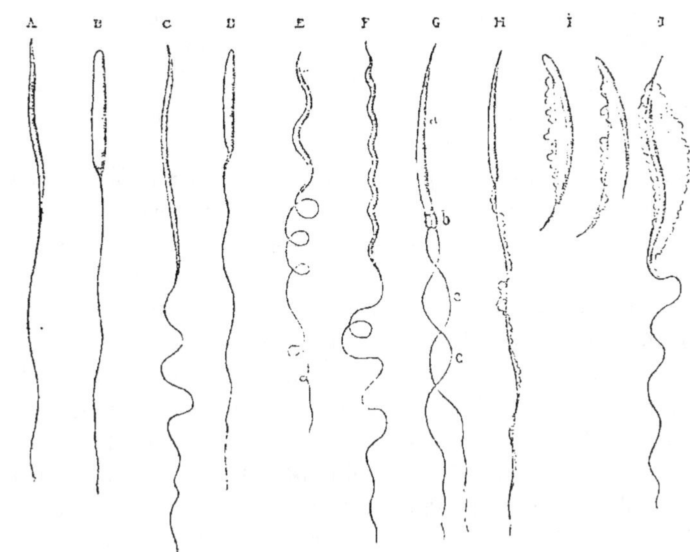

Fig. 69 — Spermatozoïdes des Amphibiens anoures. A, *Rana temporaria* ; B, *R. esculenta* ; C, *R. agilis* ; D, *R. arvalis* ; E, *Pelodytes punctatus* ; F, *Pelobates fuscus* ; G, *Bufo vulgaris* ; H, *Alytes obstetricans* ; I, *Bombinator igneus* ; J, *Hyla arborea*. (D'après Leydig, sauf fig. G.)

Chez le Sonneur (*Bombinator igneus*), Siebold (1), Eimer (2) et Leydig (3) ont vu que la queue est entourée d'une membrane ondulante, et qu'elle est insérée sur la tête à angle aigu, de sorte qu'elle se rapproche de l'extrémité supérieure de cette dernière et semble être tendue entre les deux extrémités de la tête, comme la corde d'un arc.

Chez le Crapaud accoucheur (*Alytes obstetricans*), Spengel (4) et Leydig ont décrit aussi une membrane ondulante autour de la queue du spermatozoïde.

Le spermatozoïde de la Rainette (*Hyla arborea*) a une tête légèrement recourbée et se continuant en une queue filiforme. Sur l'un des côtés de la tête, il y a une membrane plissée, qui est plus large à la partie

(1) SIEBOLD, *Zeitschr. f. wiss. Zoologie*, II, 1850.
(2) EIMER, *Zoolog. Untersuch.*, I Heft, 1874.
(3) LEYDIG, *Die anuren Batrachier der deutschen Fauna*, Bonn, 1877.
(4) SPENGEL, *Arbeiten aus dem zoolog.-zootom. Institut in Würzburg*, III, 1876.

antérieure de la tête qu'à la partie caudale. Leydig a constaté que cette membrane est parcourue par des ondulations si courtes et si pressées qu'elles font d'abord l'effet de mouvements ciliaires ou de courants protoplasmiques, et les sommets des ondes, lorsqu'on les examine à un fort grossissement, donnent à la membrane un aspect granuleux. Ces ondulations du voile membraneux déterminent mécaniquement des flexions de la tête et la rotation du spermatozoïde autour de son axe. Suivant Leydig, c'est un des plus beaux exemples de l'activité vitale du protoplasma, montrant comment des ondes contractiles peuvent produire l'illusion d'une formation granuleuse.

Le *Pelobates fuscus* a un spermatozoïde décrit par Leuckart et Wagner (1), par Spengel (2) et par Leydig (3), qui se rapproche beaucoup de celui des Passereaux; il a une tête spiroïde, suivie d'un assez long filament caudal.

Nous avons déjà vu quelle est la forme des spermatozoïdes des Grenouilles, forme qui est différente dans chaque espèce. Leydig croit avoir découvert aussi une membrane ondulante très-pâle et très-étroite autour de la queue des animalcules spermatiques des Grenouilles; mais personne n'a jusqu'ici confirmé cette observation. Le même observateur, en traitant les éléments du sperme de la Grenouille par une solution faible d'acide chromique, a vu apparaître au centre de la portion céphalique une série de petites vacuoles, ce qui prouverait qu'il existe à la périphérie une couche plus dense de protoplasma.

Les spermatozoïdes des Crapauds ont une tête allongée en forme de poinçon et légèrement recourbée. Pendant longtemps on ne leur a décrit qu'une seule queue, comme à tous les autres corpuscules séminaux; mais, en 1876, La Valette Saint-George (4) prétendit avoir vu deux filaments attachés à la tête. Cette observation me parut extraordinaire; mais j'ai vérifié son exactitude, et j'ai vu que, normalement, les spermatozoïdes du Crapaud commun (*Bufo vulgaris*) et du Crapaud calamite (*Bufo calamita*) possèdent deux queues; ces deux filaments s'insèrent même chacun séparément sur deux petits corps réfringents, placés à la partie postérieure de la tête, et qui paraissent être deux segments moyens accolés. (Voir ci-dessus fig. G.)

Tout récemment, Leydig (5) a décrit une membrane ondulante autour de la queue des spermatozoïdes du Crapaud. C'est là évidemment une

(1) Leuckart et Wagner, article Semen in *Todd's Cyclopædia*, IV, 1847-49.
(2) Spengel, *loc. cit.*
(3) Leydig, *loc. cit.*
(4) La Valette Saint-George, *Archiv f. mikrosk. Anatomie*, V, 1876.
(5) Leydig, *loc. cit.*

erreur d'observation, due à ce que souvent les deux filaments sont entortillés. On peut les voir écartés l'un de l'autre et s'assurer dans ce cas que l'on a bien affaire à deux filaments. Du reste, les spermatozoïdes du Crapaud ne sont pas les seuls qui présentent cette singulière conformation. En 1840, Doyère (1) avait déjà signalé chez un Tardigrade, le *Macrobiotus*, de semblables spermatozoïdes ; le corpuscule spermatique de cet animal a une tête piriforme, terminée par une queue filiforme ; un second filament s'insère sur cette tête, tantôt à côté du premier, tantôt sur un point quelconque de la surface de la portion céphalique. Bütschli (2) a vu aussi des spermatozoïdes à deux queues chez un Coléoptère chrysomélien, le *Clythra octomaculata*, et La Valette Saint-George (3) en a également trouvé chez un autre Chrysomélien, le *Phratora vitellinæ*. On connaît donc jusqu'à présent cinq espèces animales ayant des spermatozoïdes à deux queues.

Les spermatozoïdes du *Discoglossus pictus*, Batracien anoure des côtes méditerranéennes, sont les plus longs de tous ceux des Vertébrés ; ils mesurent 2 millimètres de longueur. La tête est en forme de tire-bouchon, et mesure à elle seule 1 millimètre. La queue possède une membrane ondulante. On connaît des spermatozoïdes encore plus longs chez les Invertébrés ; ainsi, d'après Zenker (4), ceux du *Cypris ovum* mesurent plus de 2 millimètres et ont une longueur trois fois plus grande que celle du corps de l'animal qui les produit. La tête seule du spermatozoïde peut entrer en ce cas dans l'œuf, et encore probablement en partie seulement. D'après quelques observations récentes, la tête paraît être en effet la seule partie fécondante du spermatozoïde.

Les éléments spermatiques des Plagiostomes ressemblent beaucoup à ceux des Passereaux ; ils ont une tête longue et contournée en hélice, Chez les *Scyllium* ou Roussettes, les tours de spire sont tellement fins et rapprochés les uns des autres que, lorsque les spermatozoïdes sont réunis en faisceaux dans les ampoules testiculaires, chaque faisceau rappelle l'aspect d'un faisceau musculaire strié. Chez d'autres espèces de Squales, telles que le *Scymnus lichia*, le *Squatina vulgaris*, chez les Raies et la Torpille, les tours de spire sont au contraire peu nombreux et allongés et rappellent davantage les filaments spermatiques des Oiseaux chanteurs.

Les spermatozoïdes des Poissons osseux ont une petite tête globu-

---


(1) Doyère, *Mémoire sur les Tardigrades*, in *Ann. des Scienc. nat.*, 2ᵉ série, XIV, 1840.
(2) Bütschli, *Zeitsch. f. wiss. Zoologie*, XXI, 1871.
(3) La Valette Saint-George, *Archiv für mikrosk. Anatomie*, X, 1874.
(4) Zenker, *Archiv f. Naturgeschichte*, XX, 1854.

leuse et une queue extrêmement fine, presque invisible sans le secours des réactifs. Chez la Loche d'étang (*Cobitis fossilis*), au point où la queue s'insère à la tête, il y a un petit renflement conique, qui est peut-être le segment moyen.

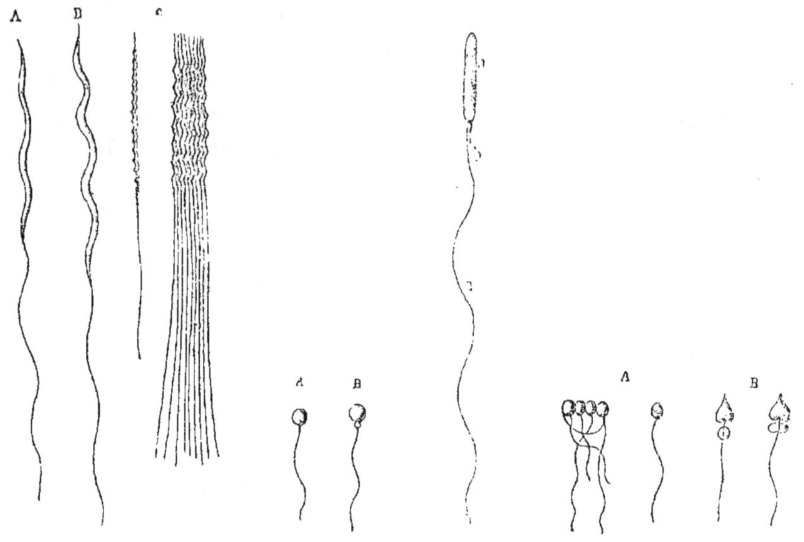

Fig. 70. — Spermatozoïdes des Plagiostomes. A, du *Scymnus lichia* ; B, du *Torpedo narce; c, du Scyllium canicula.*

Fig. 71.— A, spermatozoïde de la Perche, B, spermatozoïde du *Cobitis fossilis.*

Fig. 72.—Spermatozoïde du *Petromyzon Planeri.a,* tête ; *b,* segment moyen ; *c,* queue.

Fig. 73. — Spermatozoïdes de l'*Amphioxus* A, filaments non mûrs ; B, filaments complétement développés. (D'après Langerhans).

Le segment moyen existe d'une manière évidente chez les spermatozoïdes des Cyclostomes ou Lamproies, ou du moins chez une espèce de ce groupe, la Lamproie des ruisseaux (*Petromyzon Planeri*), où il a été signalé récemment par Calberla (1). Les filaments spermatiques du *P. Planeri* présentent une certaine ressemblance avec ceux de la Grenouille verte. Comme chez ceux-ci, la tête est allongée, cylindrique, et présente un segment moyen de forme conoïde, suivi d'une queue assez longue ; il en est de même chez le *Petromyzon fluviatilis* ; le *Petromyzon marinus* a, d'après J. Müller, un spermatozoïde dont la tête est ovoïde. On voit encore là un exemple d'espèces animales très-voisines ayant des éléments séminaux différents.

Les spermatozoïdes de l'*Amphioxus* ont été étudiés particulièrement par Kœlliker et, plus récemment, par Langerhans. Kœlliker (2),

(1) CALBERLA, *Zeitschr. f. wiss. Zoologie,* XXX, 1878.
(2) KÖLLIKER, *Müller's Archiv,* 1843.

qui les observa le premier, en avril 1843, les décrit et les figure comme formés d'une petite tête ovalaire et d'une queue. D'après Langerhans (1), Kœlliker n'aurait pas observé des formes mûres; celles-ci ne se rencontrent que vers le milieu de mai dans les testicules de l'*Amphioxus*. La tête est devenue alors cordiforme et la queue s'insère au milieu de la base du cœur. Souvent on trouve sur la queue, près de son point d'insertion, un petit globule protoplasmique, qui est un vestige de la cellule dans laquelle le spermatozoïde a pris naissance.

(1) LANGERHANS, *Archiv f. mikrosk. Anatomie*, XII, 1875.

# SEIZIÈME LEÇON.

Forme et nature des mouvements des spermatozoïdes. — Vitalité; influence des agents physiques et chimiques. — Fécondation artificielle chez les Poissons.

Tous les corpuscules séminaux dont nous venons d'étudier la forme dans les différentes classes des Vertébrés sont doués de mouvement. Cette motilité est une de leurs propriétés physiologiques les plus caractéristiques ; elle n'est cependant pas essentielle, puisqu'il y a des animaux dont les spermatozoïdes sont immobiles et fécondent néanmoins les œufs.

Le mouvement des éléments du sperme joue cependant un rôle important dans la fécondation; c'est grâce à lui que ces éléments vont au-devant de l'œuf chez les animaux à fécondation interne, remontent dans les trompes, souvent fort longues, et peuvent arriver jusque sur l'ovaire, où on les a rencontrés. Chez les animaux à fécondation externe, comme les Batraciens, ils percent la masse albumineuse épaisse qui entoure l'œuf; ils traversent aussi la membrane d'enveloppe des œufs des Mammifères dépourvus de micropyle.

Quand on veut étudier ces mouvements, il ne faut pas prendre les spermatozoïdes dans le testicule, où ils sont le plus souvent immobiles, mais dans le canal déférent, les vésicules séminales, ou dans le sperme éjaculé ; de plus, il faut ajouter à la liqueur séminale un liquide indifférent, tel que de l'eau albumineuse, de l'eau sucrée, de l'eau salée, de la salive, etc.

Dans ces conditions, on ne voit d'abord qu'un frémissement de toute la masse, puis bientôt des mouvements très-variés apparaissent : mouvements de flexion, de tournoiement, d'ondulation, de progression. Les mouvements semblent le plus souvent produits par l'agitation de l'extrémité de la queue, qui décrit un mouvement circulaire conique autour d'un point plus ou moins rapproché du segment moyen, comme une hélice, ce qui détermine la progression, avec rotation du spermatozoïde sur son axe. C'est ce qu'on observe aussi chez beaucoup de zoospores et d'anthérozoïdes d'Algues, chez certains Infusoires et Vibrioniens ciliés ou flagellés.

Chez les spermatozoïdes munis d'une membrane ondulante, comme ceux des Tritons, de l'Axolotl, du *Bombinator igneus*, c'est cette membrane qui constitue l'appareil locomoteur; elle fonctionne comme une véritable nageoire, ainsi que M. Pouchet l'avait déjà parfaitement observé dès 1847. Par ses ondulations incessantes, elle frappe l'eau et pousse en avant le spermatozoïde, dont le corps reste parfaitement immobile. Cette progression ne s'accompagne naturellement pas de rotation autour de l'axe, comme chez ceux où il n'y a qu'un simple filament caudal. Suivant les observations d'Eimer (1), qui a fait de nombreuses recherches sur les mouvements des spermatozoïdes, la membrane exécute des ondulations hélicoïdes sur un des côtés du filament caudal, tandis que chez les spermatozoïdes à queue simplement filamenteuse c'est la queue tout entière qui agit comme une hélice.

Le segment moyen prend-il part au mouvement des spermatozoïdes? Schweigger-Seidel (2) avait pensé que la queue seule intervenait dans la progression. La Valette Saint-George (3) affirme que le segment moyen est lui-même mobile. Grohe (4) va même jusqu'à admettre que la tête est dans un état continuel de contraction et que ces mouvements sont transmis à la queue. Aucun observateur n'a constaté cette contraction de la tête. Quant à moi, je n'ai jamais vu de mouvement dans la tête, et j'ai constaté que des spermatozoïdes sans tête continuent à se mouvoir, observation qui a été faite aussi par La Valette.

Lorsque le spermatozoïde commence à se ralentir, la queue, au lieu du mouvement circulaire, n'exécute plus que des mouvements de latéralité; il y a encore progression en ligne droite ou en arc de cercle, mais il n'y a plus de rotation.

Les mouvements que nous venons de décrire sont ceux qu'exécutent les éléments séminaux des Mammifères, dont la tête est toujours plus ou moins large et aplatie. Les spermatozoïdes, à tête contournée en tire-bouchon des Oiseaux, des Plagiostomes et de quelques Amphibiens se meuvent en tournant sur leur axe et pénètrent comme une vrille à travers la membrane de l'œuf. Il est à remarquer que la queue de ces spermatozoïdes est toujours filiforme, tandis que les éléments dont la queue est pourvue d'une membrane ondulante, et qui progressent en

(1) Eimer, *Verhandlung. d. phys.-med. Gesellschaft zu Würzburg,* N. F., VI, 1874.
(2) Schweigger-Seidel, *Archiv f. mikrosk. Anatomie,* 1865.
(3) La Valette Saint-George, *Stricker's Handbuch der Lehre von den Geweben,* I, 1871·
(4) Grohe, *Virchow's Archiv,* XXXII, 1865.

ligne droite, ont une tête effilée et pointue comme un poinçon.

Chez les Poissons osseux, les mouvements des spermatozoïdes sont peu étendus. C'est une sorte de sautillement, de trépidation sur place. Du reste, le spermatozoïde de ces animaux n'éprouve aucune difficulté pour pénétrer dans l'œuf, puisque celui-ci présente une ouverture préformée, béante, c'est-à-dire un micropyle. Si cette ouverture n'existait pas, la tête globuleuse du spermatozoïde serait incapable de traverser la coque épaisse de l'œuf; il existe donc un rapport entre la conformation de l'œuf et celle de l'élément mâle, rapport qui permet toujours à ces deux éléments de s'unir intimement l'un à l'autre. Les spermatozoïdes des Poissons sont doués d'une très-grande agilité, et leurs mouvements, pour être peu étendus, n'en sont pas moins très-rapides; mais ils sont de peu de durée.

Il ne faut pas confondre la motilité des spermatozoïdes avec leur vitalité. La motilité est la durée de leurs mouvements; la vitalité est la durée de leur aptitude à la fécondation; ces deux durées peuvent être très-inégales.

Ainsi, chez la Truite, les spermatozoïdes, pris dans le testicule, sont complétement immobiles; mis au contact de l'eau, ils exécutent des mouvements de trépidation très-vifs, qui cessent au bout d'une demi-minute. Chez la Carpe, le Gardon, la Perche, la motilité persiste pendant deux ou trois minutes; chez l'Epinoche, les spermatozoïdes se meuvent pendant cinq à six minutes.

La pisciculture a su tirer parti de ces connaissances. Pour pratiquer les fécondations artificielles, on emploie une méthode qui a pris naissance en Russie. Les œufs, que l'on fait sortir par pression de l'abdomen de la femelle, sont reçus à sec dans un vase. Sur ces œufs on fait tomber de la laitance, en comprimant également l'abdomen du mâle. Les œufs et la laitance peuvent rester ainsi assez longtemps en contact sans qu'il y ait fécondation, les spermatozoïdes étant immobiles. Dès qu'on verse un peu d'eau dans le vase, ces derniers entrent en mouvement, et presque tous les œufs sont fécondés en moins d'une demi-minute chez la Truite.

Les œufs eux-mêmes, mis dans l'eau avant la fécondation, perdent rapidement la faculté d'être fécondés. Les mâles des Poissons semblent connaître cette propriété, car ils se dépêchent de venir répandre leur laitance sur les œufs dès que la femelle les a pondus. On peut très-bien observer ce fait chez les Epinoches (*Gasterosteus aculeatus*) et les Epinochettes (*G. pungitius*). Les mâles de ces Poissons font des nids dans lesquels les femelles viennent pondre; le mâle chasse la femelle aussitôt qu'elle s'est débarrassée de ses œufs, et il vient les féconder.

La vitalité des spermatozoïdes des Poissons dure beaucoup plus long-temps que leur motilité. Le sperme, conservé sans addition d'aucun liquide, peut féconder des œufs au bout d'un temps plus ou moins long, qui dépend des circonstances extérieures. J'ai pu conserver de la lai-tance de Truite pendant quatre jours, à une température de 10 degrés, et féconder avec elle des œufs qui se sont bien développés. Le cin-quième jour, la température s'étant élevée, le sperme s'altéra : les sper-matozoïdes, mis en contact avec l'eau, ne présentaient plus aucun mou-vement ; leurs têtes étaient déformées et un grand nombre avaient perdu leur queue.

M. Coste (1) avait déjà fait des expériences de ce genre ; il féconda 900 œufs de Saumon avec du sperme conservé depuis vingt-quatre heures : 418 œufs se développèrent, c'est-à-dire presque autant que dans les fécondations ordinaires. Avec du sperme conservé depuis trente heures, il n'y eut que très-peu d'œufs de fécondés, la plupart des spermatozoïdes ayant perdu leurs mouvements ; il est probable que M. Coste avait conservé ce sperme à une température assez élevée.

M. de Quatrefages (2) a trouvé des spermatozoïdes mobiles dans de la laitance de Brochet extraite de l'animal depuis soixante-quatre heures et conservée pendant ce temps dans une glacière. R. Wagner (3) en a vu de vivants dans du sperme de Perche de quatre jours, conservé à 0 degré. Leuckart a rencontré aussi des spermatozoïdes mobiles dans une Perche morte depuis six jours (4).

Le froid, la congélation même, ne sont pas mortels aux éléments fécondateurs. Wagner a pu conserver les spermatozoïdes de la Perche à —2,5 degrés ; M. de Quatrefages, ceux du Brochet à —10 degrés et —12 degrés. Prévost (5) a fait congeler un testicule de Grenouille, sans tuer les spermatozoïdes ; enfin, Godard (6) a pu faire geler du sperme humain frais, et il a vu, en faisant fondre le petit glaçon, les spermatozoïdes reprendre leurs mouvements.

Cependant les mouvements des spermatozoïdes de l'Homme sont déjà considérablement ralentis vers 10 à 15 degrés centigrades. Kræmer les vit s'arrêter complétement après être restés couverts par de la neige pendant une minute seulement. L'eau froide à 10 ou 12 degrés agit plus rapidement encore que l'air à la même température. L'eau tiède,

(1) Coste, *Histoire du développement des corps organisés*, II, 1859.
(2) De Quatrefages, *Ann. des Sciences nat.*, 3e série, XIX, 1853.
(3) R. Wagner, *Lehrbuch der Physiologie*, 1, 1839.
(4) Leuckart, art. *Zeugung* in R. Wagner's *Handwörterbuch der Physiologie*, IV, 1, 85.
(5) Prévost, *l'Institut*, X, 1842.
(6) Godard, *Études sur la monorchidie et la cryptorchidie chez l'Homme*, 1857.

au contraire, quand son application n'est pas trop prolongée, peut favoriser les mouvements en délayant la semence. Il ne faut cependant pas que le calorique soit en excès. D'après Leuckart (1), les spermatozoïdes de l'Homme meurent vers 53 degrés centigrades, et Mantegazza place aussi au-dessus de 50 degrés l'extrême supérieur de température compatible avec la vie. Chez les animaux à sang froid, leur mort survient beaucoup plus tôt ; c'est ainsi que chez la Truite, par exemple, les spermatozoïdes perdent déjà à 40 degrés leur motilité et leur aptitude à la fécondation, ainsi que je l'ai constaté.

Il est intéressant de rapprocher le moment où disparaît le mouvement des spermatozoïdes et le moment où cesse celui des cils vibratiles quand on élève la température, car on a voulu comparer le spermatozoïde à une cellule vibratile. M. Claude Bernard (2) a montré que le mouvement ciliaire de l'œsophage de la Grenouille s'accélère jusqu'à 50 ou 60 degrés, puis diminue graduellement, pour cesser à 80 degrés et ne plus reparaître ensuite. On voit que les cils vibratiles ont une résistance bien plus grande que les spermatozoïdes, et ceci est une des raisons qui empêchent d'assimiler l'élément fécondateur à une simple cellule vibratile.

La vitalité du sperme est moins grande chez les animaux à sang chaud que chez les animaux à sang froid. Les spermatozoïdes sont trouvés très-communément mobiles dans les voies génitales de l'Homme vingt-quatre heures après la mort ; mais, pour faire cette observation, il faut prendre des sujets morts en pleine santé, car, à la suite de maladies, le sperme éprouve des altérations qui modifient sa vitalité. Godard a trouvé des spermatozoïdes mobiles dans le canal déférent d'un supplicié cinquante-quatre heures après la mort, et soixante-deux heures après dans l'épididyme d'un Taureau. Enfin Kræmer (3) a pu conserver, dans une chambre chaude, du sperme vivant pendant soixante heures, et Valentin pendant quatre-vingt-quatre heures.

On admet généralement que le sperme des Oiseaux perd ses propriétés assez rapidement ; cependant, Wagner a observé des spermatozoïdes vivants sur une Alouette morte depuis dix-huit heures. Je ne connais pas d'expériences faites à ce sujet sur du sperme de Reptile ou de Plagiostome.

M. Coste a constaté que des spermatozoïdes de Grenouilles, conservés dans de l'eau à 10 ou 12 degrés, étaient encore mobiles au bout de vingt-

(1) Leuckart, *loc. cit.*
(2) Cl. Bernard, *Leçons sur les propriétés des tissus vivants*, 1866.
(3) Kræmer, *De motu spermatozoorum* (Diss. inaug.), Gœttingue, 1842.

cinq à trente heures ; à 0 degré, dans une glacière, ils n'avaient pas encore perdu leurs mouvements après soixante heures.

Lorsque les éléments spermatiques sont placés dans leurs milieux physiologiques, c'est-à-dire les organes génitaux du mâle ou de la femelle, leur vitalité persiste beaucoup plus longtemps et peut se prolonger pendant plusieurs jours. Nous nous occuperons de cette intéressante question quand nous aborderons l'étude de la fécondation.

Un point de la physiologie des spermatozoïdes important à connaître, c'est la vitesse avec laquelle se meuvent ces éléments. Henle et Kræmer ont vu franchir à ceux de l'Homme un espace de $2^{mm},7$ en une minute. Hensen (1), en examinant du sperme de Cochon d'Inde dans du liquide utérin, a vu un spermatozoïde parcourir $0^{mm},45$ en vingt-trois secondes, et un autre, $0^{mm},35$ en vingt-deux secondes ; la moyenne de ces deux observations donne $1^{mm},2$ en une minute. D'un autre côté, Hensen a constaté que les spermatozoïdes du Cochon d'Inde mettent cinquante minutes à parcourir la trompe du même animal, laquelle mesure 6 centimètres de longueur ; ce qui fait $0^{mm},8$ par minute. M. Coste est arrivé au même résultat pour la Poule. Il a trouvé des spermatozoïdes dans les franges du pavillon et sur l'ovaire douze heures après le premier accouplement. L'oviducte de la Poule ayant de 60 à 72 centimètres, il en résulte que le spermatozoïde parcourt environ $0^{mm},8$ en une minute, résultat concordant avec celui obtenu par Hensen.

Quelles sont les forces qui produisent les mouvements des éléments fécondateurs ? Les anciens observateurs, qui regardaient les spermatozoïdes comme des animalcules, leur attribuaient naturellement des mouvements spontanés et volontaires. Depuis que l'on ne considère plus les spermatozoïdes que comme des éléments histologiques, on a voulu chercher dans des causes extérieures l'origine de leur motilité ; on a admis des actions endosmotiques, hygroscopiques, etc. Leuckart et Kœlliker placent dans le corpuscule lui-même la cause de son mouvement. Kœlliker pense que, sous l'influence d'actions chimiques intérieures, il se forme des courants électriques qui produisent le mouvement du spermatozoïde. Cette explication n'en est pas une ; car, en dernière analyse, toute espèce de mouvement peut se ramener à une action physique ou chimique, le mouvement sarcodique ou ciliaire aussi bien que le mouvement des muscles volontaires, etc. Il vaut donc mieux reconnaître que, dans l'état actuel de la science, il est impossible d'expliquer le mouvement des éléments du sperme.

Pour ma part, je pense que les spermatozoïdes ne se meuvent pas

(1) Hensen, *Zeitschr. f. Anatomie u. Entwicklungsgeschichte von His und Braun*, I, 1875.

aveuglément, mais qu'ils obéissent à une sorte d'impulsion intérieure, de volonté qui les dirige vers un but déterminé. J'ai observé, sur un Invertébré, le Papillon du Ver à soie, un fait des plus curieux et qui démontre ce que je viens d'avancer (1).

Au moment de l'accouplement, le mâle dépose sa liqueur séminale dans une poche spéciale, poche copulatrice. Le lendemain, cette poche, qui était distendue par le sperme, est complétement flasque, et tous les spermatozoïdes ont émigré dans une autre poche, qui débouche dans l'oviducte, en face de la première, et là ils attendent les œufs au passage pour les féconder. Or, les parois de la poche copulatrice ne possèdent aucun élément contractile, et l'on ne peut attribuer qu'à un mouvement spontané le passage des spermatozoïdes d'une poche dans l'autre. Du reste, ce qui semble bien le démontrer, c'est qu'il reste dans la poche copulatrice quelques éléments séminaux mal conformés et privés de mouvement. Cette poche semble donc être un organe d'épuration et de sélection; elle retient les éléments inutiles.

Cette sélection entre les spermatozoïdes s'opère aussi chez tous les autres animaux; il y a une sorte de lutte entre les spermatozoïdes; ce sont les plus agiles qui arrivent les premiers à l'œuf et en déterminent la fécondation. La sélection ne s'arrête pas aux individus, elle semble aussi se faire parmi les éléments sexuels.

L'étude de l'influence des réactifs chimiques sur la vitalité des spermatozoïdes a été entreprise depuis longtemps, et de nombreuses expériences ont été faites à ce sujet par Donné, Wagner, Kræmer, Kœlliker, etc. On peut considérer quatre modes d'action différents des substances expérimentées : les premières abolissent plus ou moins rapidement les mouvements des spermatozoïdes; les secondes n'ont pas d'action sur ces mouvements, on peut les appeler des substances indifférentes; les troisièmes accélèrent les mouvements; enfin, les quatrièmes réveillent les mouvements éteints.

Le degré de concentration des liquides dont l'action est essayée sur les spermatozoïdes a une importance considérable; suivant que le liquide est plus ou moins concentré, on obtient des effets tout à fait différents. Parmi les substances qui abolissent les mouvements des spermatozoïdes, il faut ranger toutes celles qui coagulent le liquide dans lequel ils se trouvent, ou qui les détruisent, comme elles détruisent toutes les matières animales. Dans ce cas on s'explique facilement leur action.

L'eau pure, et surtout l'eau distillée, sont des poisons violents pour les spermatozoïdes des Vertébrés supérieurs et de beaucoup d'autres

(1) BALBIANI. *Comptes rendus de l'Acad. des Sc.*, LXVIII, 1869.

animaux. Il y a abolition immédiate des mouvements des spermatozoïdes quand on ajoute de l'eau à la liqueur séminale. Siebold a remarqué que la queue prend une disposition en anse, qu'elle se recourbe et s'enroule autour d'elle-même. Le spermatozoïde n'a pas cependant perdu toute sa vitalité. Kœlliker a remarqué que si l'action de l'eau ne se prolonge pas trop, et qu'on ajoute au sperme une solution faiblement sucrée ou albumineuse, un peu d'urée, de glycérine, d'amygdaline, les mouvements des éléments reparaissent.

D'après le même observateur, les liquides animaux tels que le sérum, le mucus, la salive, la bile, l'urine, etc., lorsqu'ils ne sont pas acides, ni trop alcalins, ni trop concentrés, n'ont pas d'action sur les spermatozoïdes. Une solution de glucose à 15 pour 100 est indifférente, mais à 30 pour 100 elle abolit rapidement les mouvements des spermatozoïdes ; elle devient un poison si sa densité ne dépasse pas 1010 : elle agit alors comme de l'eau pure.

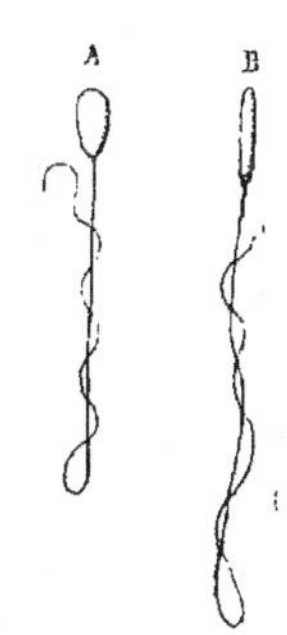

Fig. 74. — Spermatozoïdes du Chien, A, et de la Grenouille verte, B, traités par l'eau distillée.

Les solutions d'alcalis caustiques, d'ammoniaque, de potasse, de soude, à un centième et à un millième, accélèrent les mouvements des éléments du sperme ; elles ont du reste la même action sur les mouvements des cils vibratiles. Ces substances réveillent même les mouvements des spermatozoïdes quand ils sont ralentis ou même quand ils ont cessé. Le meilleur liquide pour produire cet effet est une solution légèrement sucrée additionnée d'un millième de potasse.

Les narcotiques n'ont aucune action sur les spermatozoïdes ; lorsque les solutions sont trop diluées, elles agissent comme l'eau pure. Certains sels métalliques tuent les spermatozoïdes plus rapidement que d'autres, et le plus actif de tous est le sublimé corrosif ; un dix-millième suffit pour arrêter les mouvements. Les spermatozoïdes des Invertébrés sont encore plus sensibles à l'action de ce sel que ceux des Vertébrés. Ainsi M. de Quatrefages a vu qu'une dose d'un deux-millionième tue immédiatement les éléments spermatiques du Taret et de l'Hermelle.

Les acides ont aussi une action très-délétère sur les spermatozoïdes ; l'acide chlorhydrique les tue à la dose de 1 pour 7 500 d'eau ; il en est de même de l'acide acétique. Les alcalis trop concentrés produisent le même effet. Quand le mucus vaginal ou utérin est acide ou trop alcalin, les spermatozoïdes ne peuvent y vivre et cette acidité ou cette alcalinité devient une source de stérilité.

Kœlliker a expérimenté l'action de l'éther, du chloroforme, de l'alcool et vu que ces liquides agissent comme poisons. Cependant, si l'on emploic des solutions faibles de ces anesthésiques, on peut ralentir et faire cesser les mouvements des spermatozoïdes assez lentement pour qu'ils puissent encore féconder des œufs ; c'est ce qu'ont démontré des expériences faites l'année dernière dans mon laboratoire.

Des œufs provenant d'une même ponte de Truite furent essuyés avec soin sur du papier à filtrer pour les débarrasser de l'eau qui aurait pu y adhérer et pour empêcher ainsi les mouvements des spermatozoïdes. On arrosa quelques-uns de ces œufs avec quelques gouttes de sperme frais, puis on versa sur le tout de l'eau alcoolisée à 5 pour 100. Au bout de quelques minutes les œufs furent placés dans l'eau courante. On traita de même les autres œufs en les arrosant avec du sperme frais, puis avec de l'eau alcoolisée à 10 pour 100, de l'eau éthérée, de l'eau chloroformée et de l'eau pure. Ces fécondations artificielles ont réussi dans la proportion ordinaire ; les éclosions ont eu lieu toutes à la même époque, et les petites Truites provenant de ces différents œufs ne présentèrent aucune particularité qui pût les faire distinguer des Truites obtenues par fécondation normale.

Les spermatozoïdes des Oiseaux et des Reptiles se comportent vis-à-vis des réactifs comme ceux des Mammifères. Ceux des Poissons osseux et surtout ceux des Batraciens résistent beaucoup mieux à l'action de l'eau pure. Nous avons vu en effet que les spermatozoïdes de la Grenouille conservaient leurs mouvements dans l'eau pendant trente heures.

# DIX-SEPTIÈME LEÇON.

Structure du testicule des Mammifères. — Corps d'Highmore, lobes testiculaires, canalicules séminifères, *rete testis*, vaisseaux efférents. — Appareil génital mâle des Oiseaux
et des Reptiles.


Avant d'aborder l'étude de la genèse des spermatozoïdes, il est nécessaire de connaître la structure et le développement de l'organe dans
lequel ils prennent naissance, c'est-à-dire du testicule. Nous prendrons
le testicule de l'Homme comme type, et nous verrons que ceux des
autres Vertébrés n'en diffèrent que par quelques détails peu importants; le testicule des Batraciens et des Poissons présente seul certaines particularités plus accentuées.

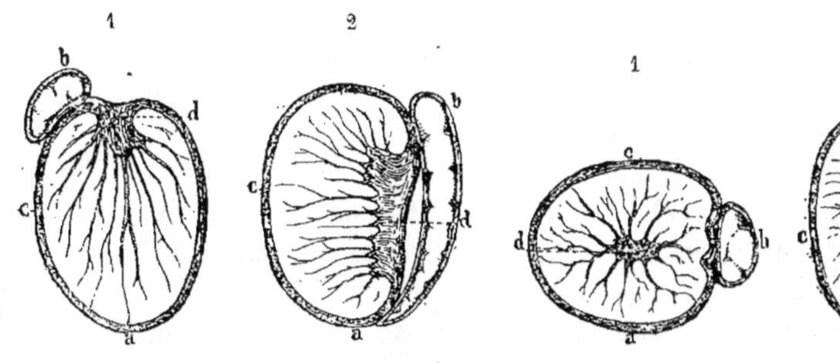

Fig. 75. — 1, Section transversale, et 2, Section
antéro-postérieure du testicule et de l'épidy-
dime de l'Homme. *a*, testicule; *b*, épididyme; *c*, albuginée; *d*, corps d'Highmore.

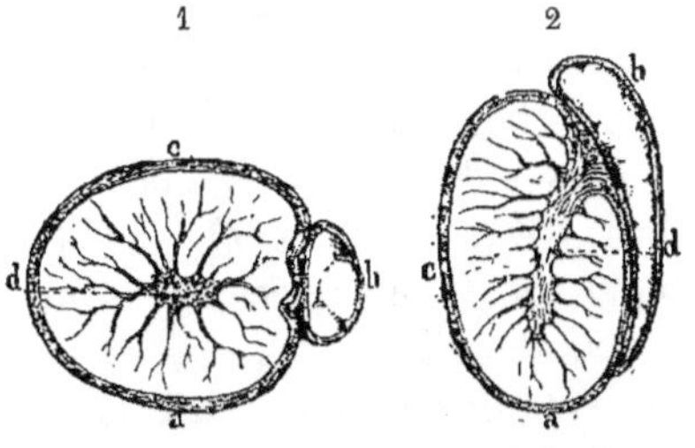

Fig. 76. — 1, Section transversale, et 2, section antéro-postérieure du testicule et de l'épididyme du
Chien. *a*, testicule; *b*, épididyme; *c*, albuginée;
*d*, corps d'Highmore.

Nous ne considérerons que la glande elle-même, en négligeant les enveloppes accessoires qui la revêtent dans le scrotum, et dont la disposition anatomique est bien connue.

On peut distinguer dans le testicule deux parties, une enveloppe et
un contenu.

L'enveloppe, ou albuginée, est une membrane fibreuse qui entoure
la glande de toutes parts. Son épaisseur varie, suivant les points, entre

1 demi-millimètre et 1 millimètre; elle atteint son maximum sur le bord supérieur et postérieur du testicule; là, l'albuginée acquiert un grand développement et s'enfonce dans l'intérieur de la glande sous forme d'une lame épaisse. De ce renflement partent des cloisons lamelleuses, qui s'irradient dans la glande en se dirigeant vers la périphérie et la divisent en autant de loges qu'il y a de cloisons. Ces loges renferment le parenchyme du testicule, sa partie sécrétante.

Cet épaississement de l'albuginée est désigné par la plupart des anatomistes sous le nom de *corps d'Highmore*, nom qui lui a été donné par Lauth (1), en 1830. Astley Cooper l'appelait le *médiastin* du testicule. Highmore n'est pas le premier qui ait découvert ce renflement fibreux de l'enveloppe du testicule. Avant lui, un anatomiste français, Jean Riolan (2), en 1649, avait signalé sa présence et lui avait donné le nom de *linea fibrosa*. Highmore (3) crut à l'existence, dans ce corps fibreux, d'un canal servant à conduire le sperme du testicule dans l'épididyme, et l'appela, en conséquence, *ductus novus*.

Le corps d'Highmore est situé chez l'Homme sur le bord supérieur et postérieur du testicule; chez d'autres Mammifères, le Chien, le Bouc, le Chevreuil, etc., il est placé au centre de la glande, et les cloisons fibreuses rayonnent de ce point dans tous les sens.

Les cloisons sont des lamelles continues et non des tractus, comme l'ont dit certains auteurs; elles limitent des loges complétement distinctes et qui délimitent les lobes du testicule. M. Sappey (4) évalue de 250 à 300 le nombre de ces lobes chez l'Homme; Krause (5) le porte à 400. Cette divergence de nombre tient probablement à des différences individuelles et à la difficulté qu'il y a à distinguer les divers lobes. Il arrive, en effet, souvent que ceux-ci sont subdivisés eux-mêmes en lobules secondaires incomplets, qui peuvent être pris pour de véritables lobes.

Le volume des lobes testiculaires est très-variable; il y en a qui sont cinq à dix fois plus gros que les plus petits. Dans chacun d'eux se trouvent des canalicules pelotonnés qui constituent le parenchyme de la glande. Chaque lobe renferme d'un à cinq ou six canalicules; M. Sappey en admet quatre en moyenne, ce qui ferait 1100 canalicules pour le testicule, en supposant une moyenne de 275 lobes.

---

(1) LAUTH, *Mém. sur le testicule de l'Homme*, in *Mém. de la Soc. d'hist. naturelle de Strasbourg*, I, 1830.
(2) RIOLAN, *Opera anatomica*, 1649.
(3) HIGHMORE, *History of Generation*, London, 1651.
(4) SAPPEY, *Traité d'anatomie descriptive*, IV, 1874.
(5) KRAUSE, *Müller's Archiv*, 1837.

Le diamètre des canalicules varie de 10 à 20 centièmes de millimètre. M. Sappey a mesuré leur longueur; à cet effet, il a placé le testicule dans une solution étendue d'acide azotique, qui détruit toute la partie conjonctive de la glande. Il a pu ainsi dérouler plusieurs canalicules, en ayant soin de les saisir avec une pince par leur extrémité centrale en connexion avec le corps d'Highmore : il a trouvé que les plus longs de ces canalicules mesuraient de 1 mètre à $1^m,75$, et les plus courts de 30 à 35 centimètres; ce qui donne une longueur moyenne de 75 à 80 centimètres. Si l'on suppose placés bout à bout les canalicules spermatiques, on obtiendra donc pour la longueur totale du tube ainsi formé 850 mètres ($1\,100 \times 0^m,80$). Lauth et Krause sont arrivés par le calcul, en comparant la masse totale du testicule au diamètre d'un canalicule, à une évaluation différente; le premier de ces anatomistes estime la longueur totale des conduits séminifères à 548 mètres; le second à 330 mètres seulement. On voit que les anatomistes sont loin d'être d'accord à ce sujet.

C'est aussi Riolan qui, le premier, a entrevu les canalicules séminifères; mais il s'est mépris sur leur signification. car il les prenait pour des fibres (*fibræ multiplices*). Régnier de Graaf(1) reconnut plus tard leur nature tubuleuse et leur donna le nom de *vascularia seminaria;* il recommanda le testicule du Rat pour les étudier. Le même anatomiste découvrit les vaisseaux efférents et déroula. pour la première fois. le canal déférent; ce fut également lui qui reconnut que le corps d'Highmore envoie des cloisons fibreuses dans le testicule.

D'après M. Sappey, les conduits séminifères naîtraient toujours par une extrémité libre en cul-de-sac, légèrement renflée. Un anatomiste hongrois, qui a publié récemment un travail important sur le testicule, Mihalcovics (2), pense. au contraire. que les canalicules commencent à la périphérie du lobule par des anses. Kœlliker (3) admet les deux sortes de terminaisons. par extrémités libres et en anse. Stieda (4) se range à l'avis de M. Sappey, et je crois qu'il en est en effet ainsi. Du reste, dès 1851, Lereboullet (5) avait vu des extrémités libres des canalicules spermatiques dans le testicule du Lapin; il avait reconnu qu'il y a dans chaque lobule deux canalicules. dont l'un commence vers la base du lobule et l'autre vers son sommet. Les deux conduits, après s'être en-

(1) Régnier de Graaf, *Tractatus de virorum organis generationi inservientibus*, Ludg. Batav., 1668.

(2) Mihalcovics, *Arbeiten aus dem physiol. Laborat. zu Leipzig*, 1873.

(3) Kœlliker, *Eléments d'histologie humaine*, trad. franç., 1868.

(4) Stieda, *Archiv für mikrosk. Anatomie*, XXV, 1877.

(5) Lereboullet, *Recherches sur l'anat. des org. génit. des animaux vertébrés*, 1851.

roulés un grand nombre de fois, se réunissent vers le milieu du lobule en un seul canal qui se dirige vers le corps d'Highmore.

Indépendamment de l'extrémité en cul-de-sac par laquelle ils pren-

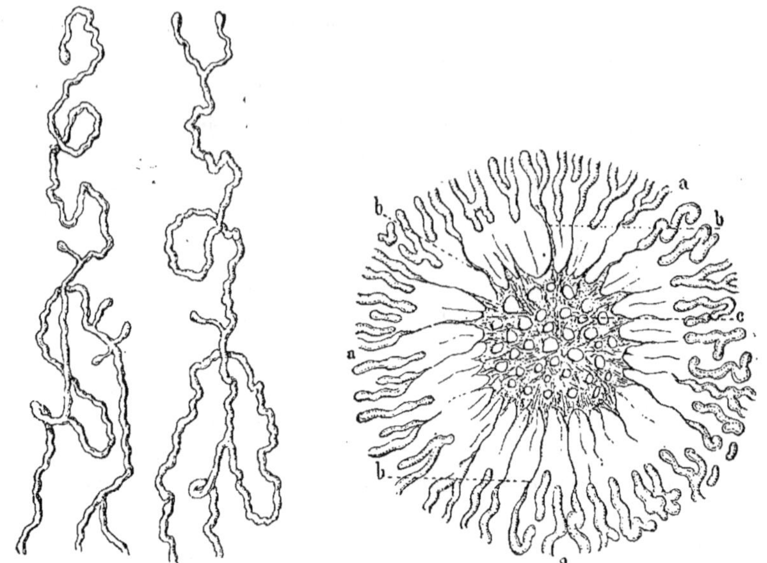



Fig. 77. — Origine des canalicules sémini-    Fig. 78. — Section transversale de la partie centrale du tes-
fères de l'Homme. (D'après M. Sappey.)    ticule du Chien. *a*, canalicules séminifères ; *b*, tubes droits ;
     *c*, corps d'Highmore.

nent naissance, les canalicules séminifères présentent des cœcums en nombre variable, échelonnés sur leur trajet. Ces petits diverticulums sont, le plus souvent, au nombre de trois ou quatre; M. Sappey en a compté jusqu'à treize sur un tronçon de 28 centimètres de longueur.

Les conduits séminiféres s'anastomosent aussi fréquemment entre eux. Lauth a signalé, le premier, des anastomoses d'un lobe à l'autre ou anastomoses interlobaires. M. Sappey a découvert deux autres sortes d'anastomoses : les unes se font d'un conduit à un autre conduit du même lobe; les autres, d'un conduit à un autre point du même con- duit; dans ce cas, l'anastomose est beaucoup plus longue que la partie correspondante du conduit.

A mesure qu'on se rapproche du sommet du lobe testiculaire, les cir- convolutions décrites par les canalicules deviennent de moins en moins nombreuses; le canalicule est alors seulement flexueux, puis il devient rectiligne. Les divers canalicules qui se trouvent dans un même lobe se réunissent en un seul tronc, qui se dirige en ligne droite vers le corps d'Highmore ; celui-ci reçoit donc autant de tubes droits qu'il y a de lobes dans le testicule. Arrivés dans le corps d'Highmore, les tubes droits s'anastomosent fréquemment entre eux et forment un réseau à mailles allongées, connu sous le nom de *rete testis* ou de *rete vasculosum Halleri*, du nom de l'anatomiste qui l'a découvert. Du *rete testis* partent les vaisseaux efférents qui se rendent au canal déférent.

Les tubes droits qui font suite aux canalicules contournés du testicule sont beaucoup plus étroits que ces derniers ; ils n'ont que la moitié ou même le quart du diamètre de ces canalicules. Lereboullet avait déjà signalé ce fait chez le Lapin, en 1851, et Mihalcovics, en 1873, a appelé de nouveau l'attention des anatomistes sur cette disposition chez l'Homme.

Stieda a montré que le tube droit ne succédait pas subitement au tube contourné. Celui-ci se termine par une extrémité en forme d'entonnoir, à laquelle succède une dilatation appartenant à l'origine du tube droit, lequel se rétrécit ensuite à son tour. J'ai vérifié la réalité de cette disposition, mais elle ne m'a pas paru toujours bien évidente sur tous les tubes droits d'un même testicule.

Les tubes droits ont une longueur variable ; dans les lobes latéraux du testicule ils sont très-courts ; dans les lobes médians, ils sont au contraire beaucoup plus longs. M. Sappey admet que les tubes contournés se continuent jusque dans le *rete testis ;* cette manière de voir tient probablement à ce qu'il n'a examiné que des lobes latéraux du testicule.

Les tubes droits sont creusés dans l'épaisseur du corps d'Highmore ; pas plus que les canaux du *rete testis* auxquels ils aboutissent dans le corps d'Highmore, ils n'ont de parois propres, isolables. Ce sont en quelque sorte des lacunes creusées dans la substance du corps d'Highmore et tapissées par un épithélium.

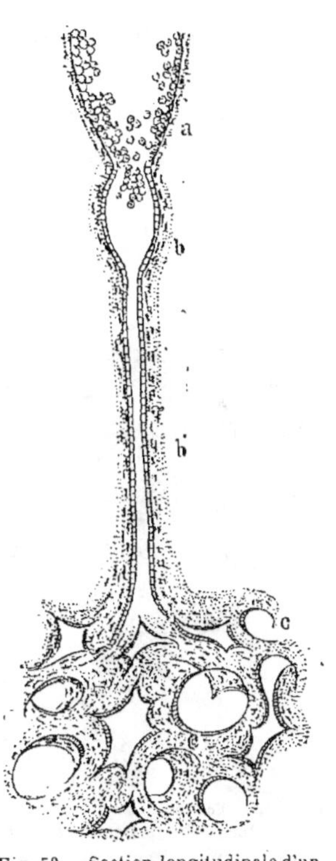

Fig. 79.—Section longitudinale d'un tube droit du testicule de l'Homme. *a,* terminaison du canalicule séminifère ; *b,* partie supérieure dilatée du tube droit ; *b',* sa partie étroite ; *c, rete testis.*

Du *rete testis* partent, comme nous l'avons dit, les vaisseaux efférents au nombre de dix à quinze, rarement plus ou moins. Chacun de ces vaisseaux efférents s'enroule un grand nombre de fois sur lui-même et présente, par suite de son pelotonnement, l'apparence d'un cône reposant par sa base sur le canal déférent, d'où le nom de *coni vasculosi* qui leur a été donné. Si on déroule un de ces cônes, on voit qu'il a un diamètre plus large du côté du *rete testis* que du côté du canal déférent, de sorte qu'il a la forme d'un cône très-allongé dirigé en sens inverse du précédent. Les vaisseaux efférents s'étagent les uns au-dessus des autres, et le premier est le commencement du canal déférent, qui par son pelotonnement forme l'épididyme.

On conçoit facilement cette disposition échelonnée des vaisseaux efférents lorsqu'on se rappelle qu'ils ont pour origine les canalicules du corps de Wolff. Ces canalicules sont dirigés, en effet, vers le canal de Wolff, devenu le canal déférent, comme les barbes d'une plume par rapport à l'axe. Cette disposition se voit très-bien chez les Vertébrés inférieurs, Batraciens et certains Plagiostomes, dans lesquels les vaisseaux efférents ne se pelotonnant pas, restent droits et se rendent dans le rein, qui, chez ces animaux, est un corps de Wolff permanent. Les canalicules du corps de Wolff et les vaisseaux efférents ne sont eux-mêmes que des organes segmentaires, comme nous l'avons déjà dit.

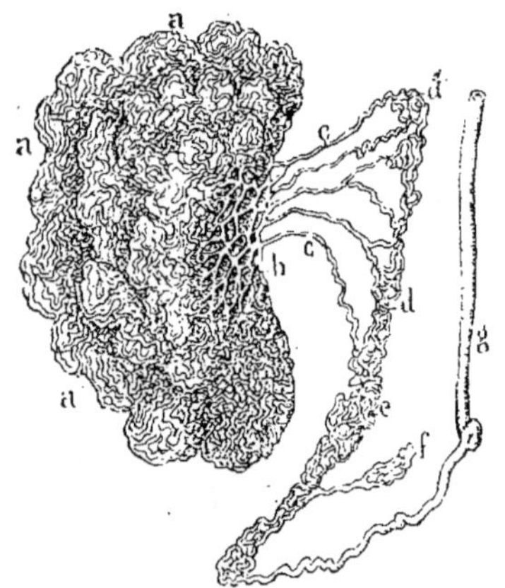

Fig. 80. — Testicule et épididyme de l'Homme. *a, a*, lobes du testicule ; *b, rete testis* ; *c, c*, vaisseaux efférents ; *d, d*, cônes vasculaires ; *e*, corps de l'épididyme ; *f, vas aberrans Halleri* ; *g*, canal déférent. (D'après Arnold.)

Le canal déférent, né du premier vaisseau efférent est un tube très-fin et très-flexueux à son origine, qui augmente plus tard de diamètre, et devient ensuite rectiligne. Il présente, sur un point de son trajet, un petit diverticulum en forme de tube pelotonné, connu sous le nom de *vas aberrans Halleri;* c'est un canalicule du corps de Wolff, qui a persisté en cet endroit et ne joue aucun rôle.

La sécrétion séminale ne se fait que dans les canalicules contournés ; ce sont ces canaux qui constituent toute la partie glandulaire du testicule. Nous verrons bientôt que cette partie se développe d'une manière tout à fait indépendante de la partie servant à conduire les produits sécrétés par la glande, c'est-à-dire les tubes droits, le *rete testis* et les vaisseaux efférents ; ce n'est qu'à un certain moment du développement que le système excréteur se met en rapport avec le système sécréteur.

D'ailleurs, la structure histologique de ces deux systèmes diffère complétement. Dans les tubes contournés, il faut distinguer une paroi

propre et un contenu. Kœlliker et la plupart des histologistes considèrent la paroi des canalicules séminifères comme formée de fibres conjonctives entremêlées de fibrilles élastiques. Henle a démontré qu'elle
n'est pas fibrillaire, mais lamellaire, c'est-à-dire composée de plusieurs couches de petites cellules aplaties, munies d'un noyau plat
et rond. A la partie interne,
les cellules sont intimement
soudées et ne semblent former
qu'une couche homogène. A la
partie externe, elles sont plus
lâchement unies, et quand on
fait macérer les canalicules
dans une solution faible d'acide
chromique, on voit les cellules
aplaties de la couche externe
s'exfolier. Merkel (1), Mihal-

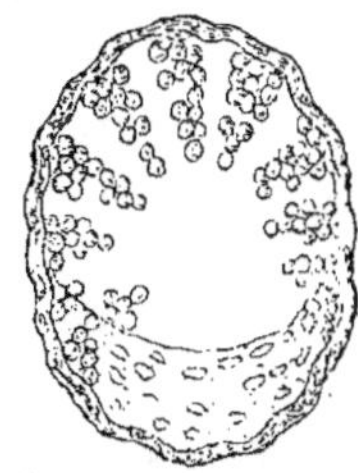

Fig. 81. — Coupe trans-
versale d'un canali-
cule séminifère de
l'Homme.

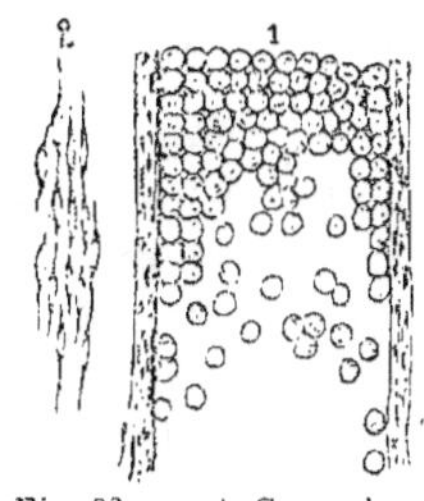

Fig. 82. — 1, Coupe longitudinale d'un canalicule
séminifère de l'Homme; 2,
Cellules composant la pa-
roi, dissociées.

kovics et Stieda ont confirmé l'observation de Henle, et j'ai pu la
vérifier moi-même sur le testicule de l'Homme et de plusieurs Mammifères.

Leydig, Kœlliker et Merkel admettent, en outre, à l'intérieur du canalicule, une cuticule plus ou moins épaisse, qui apparaîtrait nettement sous
l'influence de la potasse ; Merkel lui donne le nom de membrane basilaire. Mihalkovics nie l'existence de cette cuticule. Stieda ne l'a observée que dans certains testicules humains, et ne l'a jamais rencontrée
chez les animaux; il pense que cette cuticule est un produit pathologique et qu'elle n'existe pas à l'état sain.

Le contenu des canalicules séminifères est formé des éléments qui
servent au développement des spermatozoïdes ; nous nous en occuperons lorsque nous étudierons la genèse des éléments du sperme.

Les canalicules droits n'ont pas de paroi propre ; ce sont des lacunes
creusées dans le tissu fibreux du testicule et tapissées intérieurement
par un épithélium cylindrique. Dans le *rete testis*, l'épithélium prend
un caractère plutôt pavimenteux ; cette transformation tient probablement
à la pression exercée sur les éléments par la liqueur spermatique.

Les vaisseaux efférents sont tapissés intérieurement par un épithélium
à cils vibratiles. L'existence de cet épithélium avait été indiquée d'abord
par Becker, en 1839, puis confirmée par Kœlliker, qui l'a observée chez
un supplicié. Elle s'explique facilement par l'origine des vaisseaux efférents, qui ne sont que des tubes wolffiens persistants, dont l'intérieur
est tapissé de cellules vibratiles.

(1) MERKEL, *Müller's Archiv*, 1871.

Régnier de Graaf avait déjà décrit dans le corps d'Highmore des canaux qu'il croyait être longitudinaux. Haller découvrit le véritable *rete testis*, en injectant le testicule avec du mercure. C'est à ce grand anatomiste que nous devons la connaissance de la plupart des détails de structure du testicule ; les travaux de A. Monro, Lauth, Cloquet et leurs successeurs n'ont fait que confirmer les découvertes de Haller et y ajouter quelques faits nouveaux.

Connaissant la disposition anatomique des diverses parties du testicule des Mammifères, nous allons passer en revue la constitution de l'organe mâle dans les autres classes de Vertébrés; nous y retrouverons les mêmes éléments que dans celui de l'Homme.

Nous prendrons pour type de l'organe mâle des Oiseaux celui du Coq, parce qu'il a été étudié plus particulièrement. Les testicules du Coq sont deux masses ovoïdes, placées symétriquement dans l'abdomen, au-dessous des poumons, sous les lobes antérieurs du foie ; ils sont fixés contre les reins par un repli du péritoine ou *mesorchium*. Leur volume est très-variable suivant l'âge et l'époque de l'année. Cette différence de volume est surtout très-notable chez les petits Oiseaux chanteurs : en dehors de l'époque de la reproduction, les testicules sont réduits à deux petites masses presque imperceptibles, et, au moment de la reproduction, ils atteignent la grosseur d'une noisette.

Il est à remarquer que, chez les Oiseaux, tandis qu'un des ovaires, l'ovaire droit, avorte presque toujours, les deux testicules se développent au contraire également. Bernstein (1) a cependant signalé une exception à cette règle générale : dans deux espèces d'Oiseaux, appartenant au genre *Centropus*, de la famille des Cuculides, il n'a trouvé qu'un seul testicule.

Le testicule du Coq a une albuginée assez épaisse et peu adhérente au tissu propre de la glande, ce qui permet de l'enlever facilement ; les canalicules séminifères, au contraire, sont très-fragiles et ne peuvent pas être déroulés. On n'a pas encore reconnu la présence d'un corps d'Highmore dans le testicule des Oiseaux ; excepté chez le Casoar (*Casuarinus galeatus*), où Duvernoy (2) en a rencontré un. Le parenchyme de la glande est divisé en loges par des cloisons fibreuses qui partent de différents points de l'albuginée.

Par suite de la fragilité des canalicules séminifères, on ignore absolument de quelle manière ils prennent naissance, quel est leur trajet, ni comment ils se terminent. On n'a pas trouvé non plus, dans le testi-

(1) BERNSTEIN, *Müller's Archiv*, 1860.
(2) DUVERNOY, in *Leçons d'Anat. comp. de Cuvier*, VIII, 2e édit.

cule, l'analogue d'un *rete testis*. Du bord interne du testicule partent, chez le Coq, de six à huit vaisseaux efférents qui se jettent dans la tête de l'épididyme. Ces vaisseaux forment une masse pelotonnée et l'épididyme lui-même présente de nombreuses circonvolutions, dues à l'enroulement du canal déférent. Les replis très-serrés que forme le canal déférent sont réunis entre eux par du tissu fibreux, ce qui rend très-difficile le déroulement de ce canal.

Les canaux déférents restent très-flexueux jusque vers leur extrémité inférieure. Arrivés près du cloaque, ils contournent la bourse de Fabricius, organe en forme de poche, plus développé chez le jeune Coq que chez l'adulte, et dont la signification est encore inconnue. Certains anatomistes ont voulu y voir un réceptacle séminal, d'autres une vessie urinaire. Cette bourse présente, à son intérieur, de nombreuses lamelles saillantes, criblées d'ouvertures glandulaires ; il se peut que ce soit un organe de sécrétion, dont le produit viendrait s'ajouter au sperme. On rencontre assez souvent, dans son intérieur, un Distome (*D. ovatum*) qui y vit en parasite.

Avant de déboucher dans le cloaque, le canal déférent se renfle en une petite poche, qui est un véritable réceptacle séminal. Cette poche est terminée dans le cloaque par une petite saillie (papille génitale) percée à son sommet d'un orifice très-étroit, qui est la terminaison du canal déférent.

Le cloaque du Coq se compose de trois parties ou chambres superposées ; la première chambre, la plus inférieure, présente l'ouverture de la bourse de Fabricius ; dans la seconde font saillie les deux papilles génitales entre lesquelles se trouvent les orifices des deux uretères ; enfin le rectum débouche dans la troisième chambre. Les trois parties du cloaque sont séparées les unes des autres par des replis transversaux, entre lesquels s'étendent une série de plis longitudinaux. Le cloaque est donc une partie commune aux terminaisons de l'appareil digestif, de l'appareil urinaire et de l'appareil reproducteur. La papille génitale est entourée par un corps spongieux, érectile, formé par les terminaisons ramifiées d'une artère qui accompagne le canal déférent.

L'appareil génital mâle des Reptiles offre une grande analogie avec celui des Oiseaux. Chez le Lézard, par exemple, les testicules sont deux petites masses ovoïdes, symétriquement placées de chaque côté de la colonne vertébrale, à laquelle elles sont rattachées par un repli du péritoine. L'albuginée est très-mince et laisse voir des canalicules séminifères assez gros. Elle renferme, d'après Eberth (1), une couche bien

(1) Eberth, *Zeitschr. f. wiss. Zool.*, XII, 1863.

développée de fibres musculaires lisses. Les canalicules séminifères naissent par des extrémités borgnes, en cul-de-sac, et ils s'anastomosent entre eux, ainsi que Lereboullet l'a reconnu et figuré.

Le *rete testis* a été observé par Max Braun, qui a vu qu'il se formait chez l'embryon aux dépens des canalicules du corps de Wolff. Les vaisseaux efférents naissent vers le milieu du bord externe du testicule et se jettent dans l'épididyme. Ils se composent, suivant Leydig (1), de quatre ou cinq canaux tellement rapprochés, que, à l'œil nu, ils ne paraissent former qu'un seul cordon. Le canal déférent, d'abord très-pelotonné, devient ensuite flexueux jusqu'à son extrémité. Il se réunit postérieurement à l'uretère et les deux conduits s'ouvrent dans le cloaque par un petit orifice commun placé au sommet d'une papille.

Leydig (2) a découvert chez le Lézard mâle un vestige du conduit excréteur femelle ou canal de Müller. C'est un petit filament grisâtre qui s'insère par une de ses extrémités à la partie antérieure de l'épididyme et porte à l'autre un corpuscule formé par un canal pelotonné, revêtu intérieurement d'un épithélium.

(1) Leydig, *Die in Deutschland lebenden Arten der Saurier*, Tubingue, 1872.
(2) Leydig, *loc. cit.*

# DIX-HUITIÈME LEÇON.



On retrouve dans l'appareil mâle des Amphibiens les mêmes parties que dans celui des autres Vertébrés : un testicule, des vaisseaux efférents, un épididyme et un canal déférent; mais, chez eux, l'épididyme, formé chez les Vertébrés supérieurs par le corps de Wolff, se confond avec le rein, et le canal déférent avec l'uretère. De plus, le canal de Müller, qui chez la femelle constitue l'oviducte, persiste généralement dans toute sa longueur à côté du canal de Wolff. Dans les Mammifères, le canal de Müller disparaît presque entièrement chez le mâle; il n'en reste que des vestiges, représentés à sa partie supérieure par un petit corps situé à côté de la tête de l'épididyme et connu sous le nom d'*hydatide de Morgagni*, à sa partie inférieure, par l'utricule prostatique ou *uterus masculinus*.

Nous conserverons, dans la description de l'organe mâle des Amphibiens, la division que nous avons suivie dans l'étude de l'appareil femelle, et nous étudierons successivement les Apodes ou Céciliens, les Urodèles et les Batraciens proprement dits ou Anoures.

La structure de l'appareil urogénital de ces animaux nous a été révélée par les recherches de Swammerdam, Rathke, J. Müller, Leydig, Lereboullet, Bidder, de Wittich, et par les travaux récents de Spengel, élève de Semper, qui a cherché à étendre aux Amphibiens les découvertes que son maître avait faites chez les Plagiostomes (1).

La forme du testicule des Céciliens est très-variable. Chez l'*Epicrium glutinosum* le rein est très-allongé et présente des segments qui correspondent à ceux du corps; en rapport avec la portion moyenne du rein, se trouve une série de petits corps elliptiques, qui représentent

---

(1) Spengel, *Arbeiten aus dem zool.-zoot. Institut in Würzburg*, III, 1876.

le testicule; tous ces petits testicules isolés sont traversés par un cordon creux à son intérieur et forment une sorte de chapelet. Le testicule du *Siphonops mexicanus* est moins divisé que celui de l'*Epicrium*; il est constitué par une masse allongée et segmentée, prolongée postérieurement en un cordon sur le trajet duquel se trouvent quelques petits testicules rudimentaires.

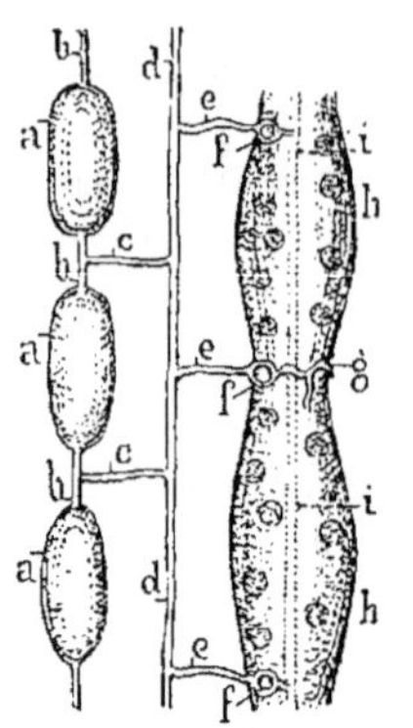

Fig. 83. — Portion de l'appareil urogénital mâle de l'*Epicrium glutinosum. a, a, a,* capsules testiculaires ; *b, b, b,* canal collecteur ; *c, c,* canaux transversaux du *rete testis ; d, d,* canal longitudinal ; *e, e, e,* vaisseaux efférents ; *f, f, f,* corpuscules de Malpighi ; *g,* néphrostome ; *h, h,* deux segments du rein épididymaire ; *i, i,* conduit urospermatique placé derrière le rein. (En partie d'après Spengel.)

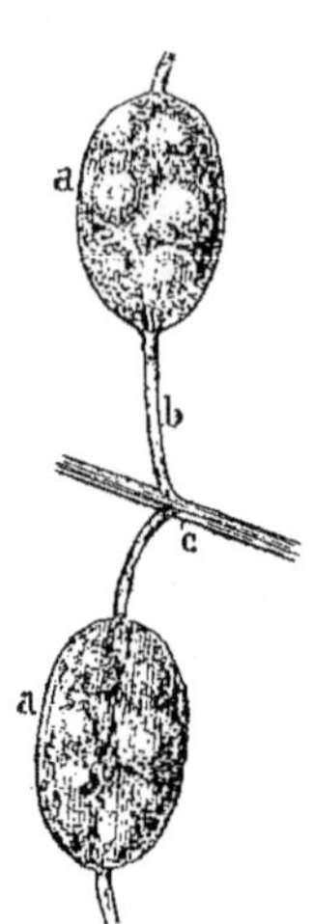

Fig. 84. — Portion du testicule de *Cœcilia rostrata. a, a,* capsules du testicule ; *b,* canal collecteur : *c,* canal transversal du *rete testis*. (D'après Spengel.)

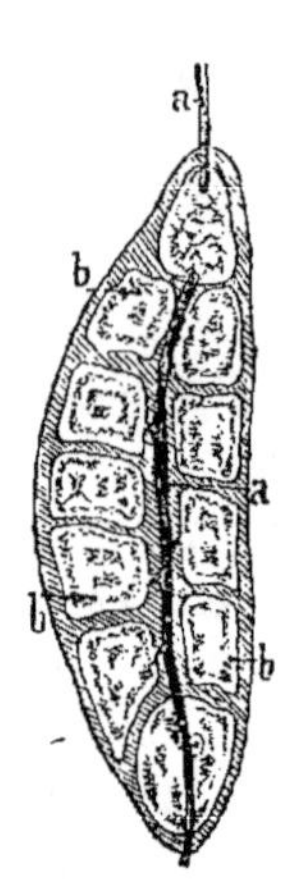

Fig. 85. — Section longitudinale d'une capsule testiculaire de *Cœcilia rostrata. a, a,* canal collecteur ; *b, b, b,* cavités séminifères. (D'après Spengel.)

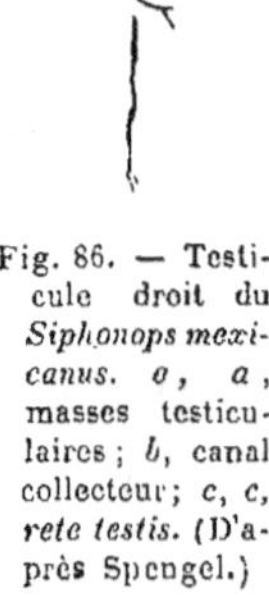

Fig. 86. — Testicule droit du *Siphonops mexicanus. a, a,* masses testiculaires ; *b,* canal collecteur; *c, c, rete testis.* (D'après Spengel.)

Chaque masse testiculaire de l'*Epicrium* est divisée en loges par des cloisons; dans chaque loge pénètre un petit tube envoyé par le canal commun qui traverse les testicules. De ce canal commun ou tube collecteur partent des branches dirigées transversalement, et qui naissent à intervalles réguliers entre deux capsules testiculaires consécutives. Ces branches viennent déboucher dans un second canal longitudinal parallèle au premier. De ce second canal se détachent de nouveaux tubes transversaux auxquels Spengel donne le nom de *vaisseaux efférents* et qui se rendent au rein, entre chaque segment de cet organe. Dans le rein, chaque vaisseau efférent se met en rapport avec un corpuscule de Malpighi. Le tube urinifère, qui fait suite à ce corpuscule, donne ensuite naissance à un petit canal qui sort du rein et va se jeter dans le canal déférent ou uretère.

Il résulte donc de cette disposition que le sperme passe par trois systèmes de canaux pour arriver au rein; dans cet organe il traverse un corpuscule de Malpighi et se rend ensuite dans l'uretère.

Il existe aussi, chez les Céciliens, un canal de Müller très-long, placé pendant la majeure partie de son trajet derrière le rein, qui le cache. Dans sa portion postérieure, ce canal se renfle brusquement et vient se placer sur le bord externe du rein. Cette partie renflée représente un *uterus masculinus ;* elle renferme de nombreuses glandes, dont le produit est versé dans le cloaque, où il se mêle probablement à la sécrétion spermatique.

Chez les Urodèles, les testicules sont placés symétriquement de chaque côté de la colonne vertébrale, en avant des reins. Leur forme est variable suivant les espèces, et ils se composent quelquefois de portions distinctes, mais cette disposition n'est jamais aussi prononcée que chez les Céciliens.

Il existe un canal collecteur, analogue à celui des Céciliens, qui occupe une position différente suivant les espèces. Dans le testicule du *Batrachoseps attenuatus*, ce canal occupe le centre du testicule, et il rappelle par sa position le corps d'Highmore central avec le *rete testis* de beaucoup de Mammifères, du Chien, par exemple. Dans un autre type, le *Menobranchus lateralis*, le canal collecteur est situé sur le bord du testicule et les canalicules séminifères rayonnent vers lui comme les branches d'un éventail. Chez le Triton et la Salamandre, le canal collecteur, placé également sur la partie latérale, envoie dans l'intérieur du testicule de nombreuses ramifications sur lesquelles viennent déboucher les ampoules séminifères. Les tubes séminifères sont, en effet, réduits à de simples ampoules, et le testicule présente l'aspect d'une glande en grappe.

De même que chez les Céciliens, il existe entre le testicule et le bord interne du rein un réseau plus ou moins compliqué, formé de canaux fins, qui communique d'une part avec le tube collecteur, et d'autre part avec les canalicules rénaux.

Chez les Tritons, la disposition de ces canaux présente beaucoup d'analogie avec celle que nous avons décrite chez l'*Epicrium glutinosum*.

Du canal collecteur du testicule se détachent un petit nombre de canaux transversaux, qui se rendent à un canal longitudinal parallèle au premier, et ce second canal donne naissance à une série de tubes parallèles (vaisseaux efférents) qui se rendent au rein. Ces tubes se mettent en rapport avec un corpuscule de Malpighi au niveau de chaque segment du rein.

Dans certains cas, comme chez le *Spelerpes*, le canal longitudinal manque, et les vaisseaux efférents aboutissent alors directement aux corpuscules de Malpighi du rein.

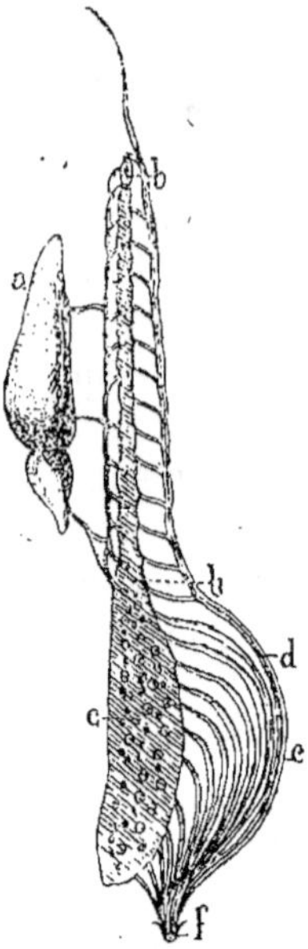

Le nombre des vaisseaux efférents est très-variable chez les Urodèles. Spengel en a compté douze à quinze chez le Triton ; de quinze à dix-huit chez la Salamandre ; de trente à trente-deux chez l'Axolotl.

Lorsqu'il n'existe pas de canal longitudinal, les vaisseaux efférents sont peu nombreux ; ainsi, ils sont au nombre de trois seulement chez le *Spelerpes*, où, comme nous l'avons vu plus haut, ce canal fait défaut. Il résulte de la disposition que nous venons de décrire des canaux évacuateurs de la semence chez les Urodèles, que ce liquide suit un trajet compliqué dans l'intérieur de l'appareil urogénital de ces animaux avant d'être versé au dehors. Après s'être rassemblé dans le canal collecteur du testicule, il passe par le système des canaux transversaux dans le canal longitudinal, et de celui-ci dans les vaisseaux efférents qui le conduisent dans les corpuscules de Malpighi de la portion antérieure du rein. Il parcourt ensuite les canalicules urinifères et parvient avec l'urine dans le canal déférent ou canal urospermatique.

Fig. 87. — Appareil urogénital mâle du *Triton tæniatus*. *a*, testicule ; *b*, *b*, portion antérieure ou sexuelle du rein ; *c*, sa portion postérieure exclusivement urinifère ; *d*, canal urospermatique ; *e*, canal de Müller ; *f*, papille urogénitale. (Figure schématique d'après Spengel).

Le canal déférent est ordinairement droit ; mais au moment de la reproduction il devient très-flexueux, principalement à sa partie inférieure ; il prend alors une disposition qui rappelle celle de l'oviducte chez la femelle. Sa partie inférieure s'élargit en même temps et devient un réceptacle séminal. Le canal déférent est alors très-visible chez le Triton par son aspect opaque et blanc résultant de l'accumulation du sperme dans son intérieur.

L'oviducte ou canal de Müller existe chez le mâle dans toute sa longueur, et il dépasse supérieurement le canal urospermatique auquel il est accolé. Lereboullet, Rathke et Bidder n'avaient vu que sa partie supérieure et la considéraient comme un diverticulum du canal déférent. Ces auteurs n'avaient pas aperçu la portion parallèle au canal déférent. Leydig (1), le premier, constata que le diverticulum observé par Le-

(1) Leydig, *Anatom.-histolog. Untersuchungen über Fische und Reptilien*, 1853.

reboullet et les autres anatomistes appartenait à un canal indépendant du canal urospermatique, auquel il est intimement accolé.

Chez le mâle du Triton et de la Salamandre, le canal de Müller est un tube grêle, blanchâtre, difficile à apercevoir à cause de sa finesse et de son union intime avec l'uretère. On l'observe plus facilement chez les jeunes individus, où ce dernier conduit est encore droit et non flexueux, comme chez l'adulte, surtout au temps de la reproduction. Par son extrémité antérieure il dépasse le rein et s'avance jusque sous la racine du poumon, où il se termine par une extrémité effilée. Quelquefois, comme chez le Protée, cette extrémité est dilatée et ouverte, et rappelle le pavillon de la trompe chez la femelle.

La terminaison postérieure de l'oviducte mâle a été indiquée d'une manière vague par Leydig, qui croyait qu'il s'ouvrait dans l'uretère. Spengel a montré qu'il ne se réunit jamais à ce canal, mais se termine par une extrémité borgne, immédiatement au-dessus du point où le canal urospermatique débouche dans le cloaque.

Chez les Batraciens anoures les deux testicules occupent la même position que chez les Urodèles.

Les anciens observateurs s'étaient fait une idée assez fausse de la structure du testicule chez ces animaux. Rathke (1), après avoir enlevé l'enveloppe du testicule, avait vu à sa surface des vésicules, et il croyait que la glande était formée par ces vésicules, qui, sans connexion entre elles et avec les conduits excréteurs, crevaient dans l'intérieur et mettaient ainsi les spermatozoïdes en liberté. Bidder (2) admettait aussi dans le testicule des vésicules closes.

Swammerdam s'était rapproché davantage de la vérité ; il pensait que, chez la Grenouille, le testicule est formé de tubes se dirigeant de la périphérie vers le centre ; telle était aussi l'opinion de J. Müller (3). Lereboullet croyait qu'il y avait au centre du testicule des tubes contournés, et à la périphérie, des tubes droits rangés radiairement et fermés aux deux bouts ; mais il n'avait pas vu de connexion entre ces deux sortes de tubes. La connaissance de la structure du testicule des autres Batraciens anoures nous permettra de mieux comprendre la disposition des canalicules séminifères de la Grenouille.

La plupart des Amphibiens des genres *Bufo*, *Alytes*, *Bombinator* ont un testicule qui se présente comme une glande acineuse et se compose d'ampoules appendues aux ramifications des vaisseaux efférents.

(1) Rathke, *Beitræge zur Geschichte der Thierwelt*, I. Halle, 1820.
(2) Bidder, *Vergleich. anat. u. histolog. Untersuch. über die männlichen Geschlechts und Harnwerkzeuge der nackten Amphibien;* Dorpat, 1846.
(3) J. Muller, *De glandularum secernentium structura penitiori*, 1830.

Le testicule du *Discoglossus pictus* est fusiforme et constitué, selon de Wittich (1), par des tubes rangés parallèlement suivant le grand axe de l'organe. A l'une des extrémités de la glande est un petit *rete testis*, d'où part un seul vaisseau efférent très-large qui se rend au canal déférent.

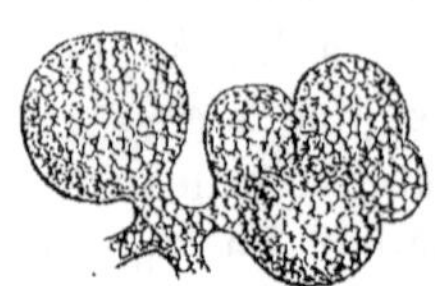

Fig. 88. — Ampoules testi-culaires du Crapaud avec leurs conduits excréteurs.

Chez la Grenouille, les tubes séminifères aboutissent tous à un sinus longitudinal collecteur, situé vers le bord interne du testicule. Ces tubes sont enroulés dans le centre de la glande et, arrivés à la périphérie, se ramifient, se pressent les uns contre les autres et prennent une disposition radiaire (Spengel).

Dans toutes les espèces de Crapauds indigènes on trouve à la partie antérieure du testicule une petite masse jaune rougeâtre, découverte, en 1828, par Jacobson, qui reconnut dans son intérieur la présence d'ovules identiques à ceux de l'ovaire de la femelle, et qui lui donna pour cette raison le nom d'*ovaire rudimentaire*. Bidder, qui fit une étude plus approfondie de cet organe, ne le considéra pas comme un ovaire et l'appela simplement *organe accessoire mâle*. Il fut décrit ensuite avec plus de détails par M. de Wittich (1853), et par Spengel (1876), qui lui donna le nom d'*organe de Bidder*. Il existe une différence entre cet organe et l'ovaire de la femelle : tandis que ce dernier est formé de poches renfermant une cavité dans leur intérieur, l'ovaire rudimentaire du mâle est une masse pleine ; de plus, les ovules y restent toujours clairs, n'arrivent jamais à maturité et ne se détachent jamais de l'organe.

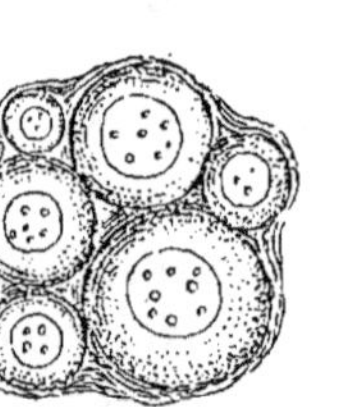

Fig. 89. — Groupe d'ovules de l'organe de Bidder du Crapaud.

La présence d'un ovaire chez le mâle ne doit pas nous étonner, car nous verrons bientôt que dans le testicule, à côté des cellules dans lesquelles se forment les spermatozoïdes, il y a de véritables ovules femelles chez le Crapaud ; ces ovules se rassemblent en grand nombre à la partie antérieure de la glande et constituent l'organe de Bidder.

D'après de Wittich et Spengel, l'ovaire rudimentaire mâle existe aussi chez quelques Crapauds exotiques : *Bufo agua, intermedia, americana*.

La connexion du testicule des Anoures avec l'appareil urinaire a été signalée pour la première fois par Swammerdam ; cet habile observateur avait reconnu que, chez ces animaux, l'urine et la semence se mêlent

(1) Wittich, *Zeitschr. f. wiss. Zool.*, IV, 1853.

dans le canal déférent. Les rapports entre l'appareil génital et l'appareil urinaire ont été depuis étudiés par Rathke, J. Müller, Leydig, Lereboullet, Wittich, et tout récemment par Spengel

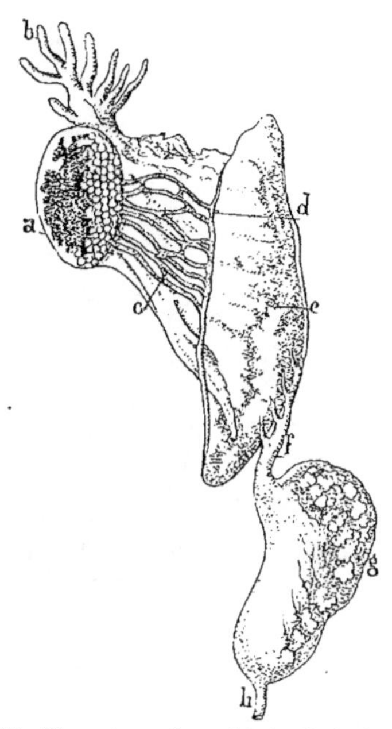

Fig. 90. — Appareil urogénital mâle de *Rana temporaria*. *a*, testicule; *b*, corps adipeux; *c*, vaisseaux efférents; *d*, canal longitudinal du réseau testiculaire; *e*, rein; *f*, conduit urospermatique; *g*, vésicule séminale; *h*, terminaison du conduit urospermatique.
Le canal de Müller n'est pas représenté sur cette figure, reproduite d'après Bidder. Ce canal peut être suivi jusqu'à l'extrémité antérieure de la dilatation du conduit urospermatique qui sert de vésicule séminale.

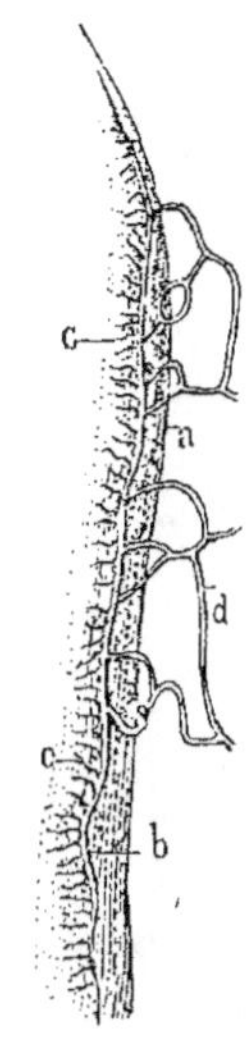

Fig. 91. — Figure montrant les rapports des conduits excréteurs du testicule avec le rein, chez la *Rana temporaria*. *a*, bord interne du rein; *b*, canal longitudinal du *retetestis*; *c, c*, canalicules établissant sa communication avec le rein; *d*, vaisseaux efférents se rendant du testicule au canal longitudinal. (D'après Spengel.)

Chez la Grenouille, les canaux efférents qui partent du testicule s'anasomosent entre eux, de manière à former un petit réseau, qui est le *rete testis;* puis ils débouchent dans un canal longitudinal, découvert par Bidder, placé sur le bord interne et postérieur du rein. De ce canal longitudinal, ou canal rénal, se détachent de petites branches transversales qui vont s'ouvrir dans un canalicule séminifère. Chaque canal transversal, en quittant le canal rénal, présente une petite dilatation, qui, probablement, est un corpuscule de Malpighi atrophié.

Dans l'appareil urogénital du Crapaud, les canaux transversaux ne pénètrent pas dans la substance du rein, comme chez la Grenouille; ils s'appliquent seulement à sa surface, et émettent eux-mêmes de petites branches latérales, au nombre de quatre ou cinq, qui entrent dans le parenchyme rénal et vont se mettre en connexion avec un corpuscule

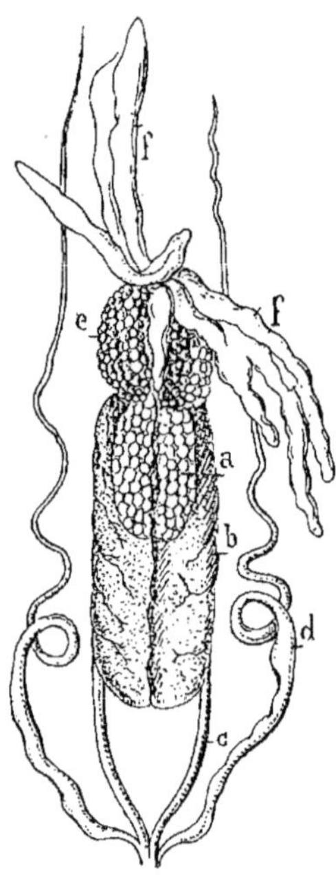

Fig. 92. — Appareil urogénital mâle du *Bufo cinereus*. *a*, testicule ; *b*, rein ; *c*, canal urospermatique ; *d*, canal de Müller ; *e*, ovaire rudimentaire (organe de Bidder) ; *f*, corps adipeux. (D'après von Wittich.)

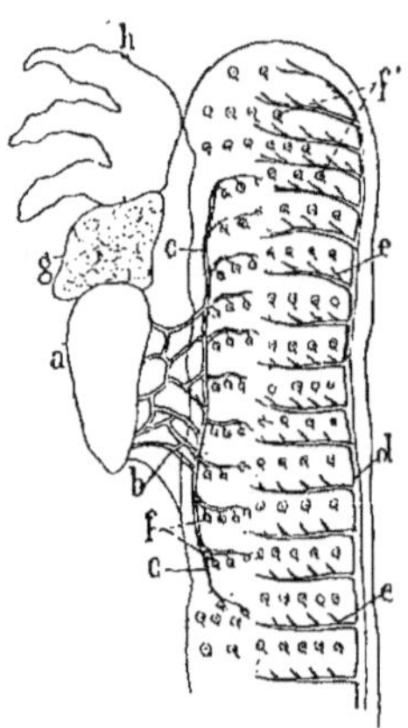

Fig. 93. — Testicule et partie antérieure du rein de *Bufo cinereus*. *a*, testicule ; *b*, *rete testis* ; *c, c*, canal longitudinal du *rete testis* ; *d*, canal urospermatique ; *e, e*, canalicules collecteurs du rein se dirigeant transversalement vers le canal urospermatique dans lequel ils débouchent ; *f, f*, corpuscules de Malpighi communiquant avec les canaux du *rete testis* ; *f', f'* corpuscules de Malpighi sans communication avec ces canaux ; *g*, ovaire rudimentaire (organe de Bidder) ; *h*, corps adipeux. (Figure schématique d'après Spengel.)

de Malpighi. Il résulte de cette disposition que, dans le rein du Crapaud, il y a des corpuscules bipolaires, se continuant d'un côté avec un vaisseau efférent, de l'autre avec un canalicule urospermatique, et des corpuscules unipolaires en connexion seulement avec un tube urinifère.

Nous avons déjà vu une semblable disposition dans les Urodèles et les Cécilies ; mais le Crapaud est le seul Anoure chez lequel on la rencontre, et c'est à Spengel que nous en devons la connaissance.

Chez le *Discoglossus*, la semence ne traverse pas le rein ; le canal efférent unique passe à la partie supérieure du rein, qu'il contourne, sans entrer en relation directe avec cet organe.

Chez le Crapaud accoucheur (*Alytes obstetricans*), la séparation de l'appareil génital mâle et de l'appareil urinaire est encore plus marquée. Non-seulement le *rete testis*, formé de quelques vaisseaux efférents, est complétement indépendant du rein, mais encore le canal déférent est distinct du canal excréteur du rein. Spengel fait remarquer avec raison que ce dernier étant le canal de Wolff, il s'ensuit que le canal dé-

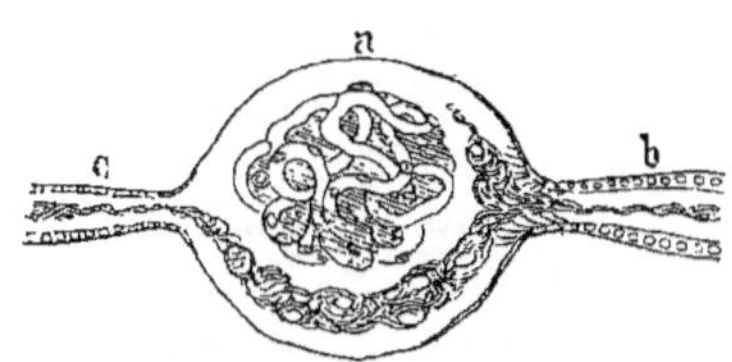

Fig. 94. — Trajet du sperme dans l'intérieur d'un corpuscule de Malpighi du rein du *Bufo cinereus*. a, corpuscule de Malpighi contenant un glomérule et de nombreux spermatozoïdes; b, canalicule efférent ; c, canalicule afférent. (D'après Spengel.)

férent doit être le conduit de Müller, ou qu'il résulte d'un dédoublement du canal de Wolff. Dans le premier cas, le conduit de Müller servirait, chez le Crapaud accoucheur mâle, d'appareil excréteur pour la liqueur séminale. Cette disposition serait une exception à ce qui a lieu chez tous les autres Vertébrés, dans lesquels le canal de Müller du mâle n'a aucune fonction ; cependant, nous avons déjà vu que, dans le groupe des

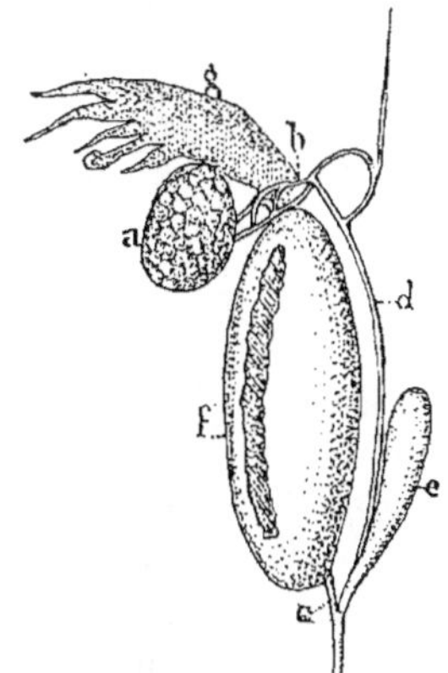

Fig. 95. — Appareil urogénital mâle de l'*Alytes obstetricans*. a, testicule ; b, *rete testis* ; c, uretère ; d, canal de Müller fonctionnant comme canal déférent ; e, vésicule séminale ; f, rein ; g, corps adipeux. (D'après Spengel.)

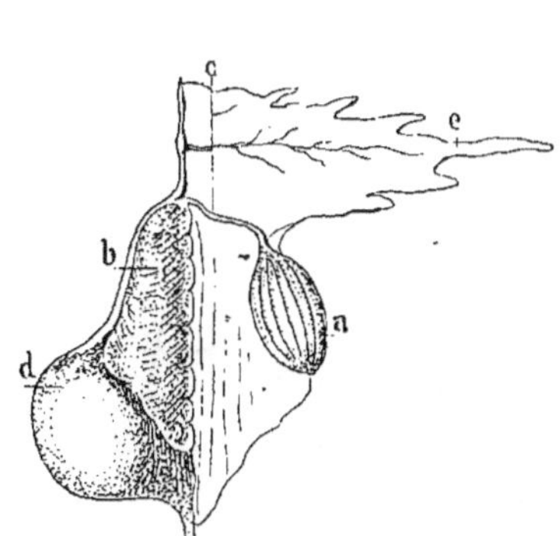

Fig. 96. — Appareil urogénital mâle du *Discoglossus pictus*. a, testicule ; b, rein ; c, vaisseau efférent ; d, canal urospermatique ; e, corps adipeux. (D'après von Wittich.)

Sturioniens, il semble en être de même que chez le Crapaud accoucheur, car, jusqu'à présent, on n'a pas constaté nettement chez ces Poissons l'existence de canaux efférents pour le testicule, et il est probable que la semence tombe directement dans la cavité abdominale, et passe ensuite dans le canal de Müller.

Le canal de Müller a été vu chez les Anoures par Rathke, Bidder, Lereboullet, Leydig, de Wittich. Lereboullet lui avait donné le nom de *canal déférent accessoire ;* mais c'est Leydig qui a reconnu sa véritable nature, comme chez les Urodèles.

Chez la Grenouille, ce conduit est assez court, et se présente comme un appendice de la vésicule séminale ; il est terminé supérieurement par une petite ouverture, et est garni intérieurement de cils vibratiles. (Leydig).

Chez le Crapaud, le canal de Müller est très-développé ; il s'étend dans toute la cavité du corps et s'ouvre à la base du poumon par une petite onverture en forme de pavillon comme l'oviducte de la femelle. La plupart des anatomistes pensent qu'il débouche inférieurement dans le canal spermatique ; mais Spengel a reconnu qu'il se réunit à celui du côté opposé sur la ligne médiane, et se termine dans le cloaque. Le même observateur a trouvé le canal de Müller chez le *Bombinator* et le *Discoglossus ;* mais il ne l'a pas rencontré chez la Rainette, le Pélobate et le Pipa.

En résumé, nous voyons que le caractère fondamental et essentiel qui caractérise l'appareil génital mâle des Amphibiens, c'est la connexion du testicule avec le rein. Dans les Vertébrés supérieurs, il ne reste du rein primitif ou corps de Wolff que quelques canalicules qui forment les vaisseaux efférents et l'épididyme ; dans les Batraciens, le corps de Wolff persiste et devient le rein permanent, de sorte que le testicule reste en rapport avec le rein.

Chez les Amphibiens, le testicule est généralement simple, excepté chez les Céciliens et quelques Urodèles, où il se compose de plusieurs parties reliées entre elles par un canal excréteur. Sous le rapport de la structure, il présente trois formes différentes : une forme capsulaire (Céciliens) ; une forme acineuse (*Triton, Salamandra, Bufo, Alytes, Bombinator*), et une forme tubuleuse (*Rana, Discoglossus*).

Le système excréteur de la glande sexuelle est formé le plus souvent d'un tube collecteur, duquel se détache une série de canaux transversaux, qui se rendent à un tube longitudinal ; ce tube donne lui-même naissance à une autre série de canaux transversaux (vaisseaux efférents) qui vont déboucher dans les canalicules urinifères du rein. Le canal excréteur du rein fonctionne comme canal déférent, sauf chez le Crapaud accoucheur, et ce canal urospermatique se renfle à sa partie inférieure en une vésicule séminale.

# DIX-NEUVIÈME LEÇON.

Appareil génital mâle des Plagiostomes, des Téléostéens,
des Leptocardiens, des Cyclostomes, des Ganoïdes et des Dipnoïques.
Testicule et conduits excréteurs.

L'appareil génital mâle des Plagiostomes offre une grande analogie
avec celui des Amphibiens ; il est aussi caractérisé par la persistance
du corps de Wolff chez l'adulte. Avant les recherches de Semper (1),
et de Balfour (2), on ne connaissait que très-incomplétement la constitution de cet appareil ; les travaux de ces habiles anatomistes ont jeté
un grand jour sur le développement et la morphologie des organes génitaux des Plagiostomes et de tous les autres Vertébrés.

Les testicules des Plagiostomes sont placés à la partie antérieure du
corps épigonal, dont nous avons étudié le développement à propos des
organes femelles de ces animaux, et souvent la glande sexuelle est en-
globée dans le corps épigonal, qui, dans certaines espèces, acquiert
un grand développement.

Dans les Squales, le testicule a une forme allongée, cylindrique et
plus ou moins aplatie ; chez les Raies, il est réduit à l'état de lamelle,
et augmente beaucoup de volume au moment de la reproduction. La
structure de cette glande a été étudiée par un grand nombre d'auteurs,
entre autres par Hallmann, J. Müller, Lallemand, Vogt et Pappenheim,
Bruch, et récemment par Semper. C'est une glande acineuse formée,
comme chez les Urodèles, de vésicules ou ampoules. Sur sa surface on
voit une bande blanchâtre, saillante, qui, dans l'embryon, occupe la
partie exactement opposée au bord d'insertion du mésorchium, mais qui,
dans l'animal adulte, est déviée de sa position première par le développement inégal de la glande. Cette bande est constituée par les plus jeunes
ampoules testiculaires. Chez les Plagiostomes, en effet, dès que les ampoules ont produit les spermatozoïdes, elles disparaissent par résorp-

(1) SEMPER, *Das Urogenitalsystem der Plagiostomen.* Leipzig, 1875.
(2) BALFOUR, *The Development of Elasmobranch Fishes,* in *Journal of Anatomy and Physiology*, 1876, 1877.

tion, et elles sont remplacées par de nouvelles ampoules. La bande testiculaire a donc une grande importance physiologique. Semper, qui a mis son rôle en évidence, lui a donné le nom de *pli progerminatif* (*Vorkeimfalte*).

Le testicule est mis en rapport avec le rein par un réseau de canaux efférents qui ne sont que des organes segmentaires s'anastomosant entre eux. Le nombre de ces vaisseaux efférents varie suivant les espèces. Il y a, en effet, beaucoup d'organes segmentaires qui s'atrophient et les tubes supérieurs

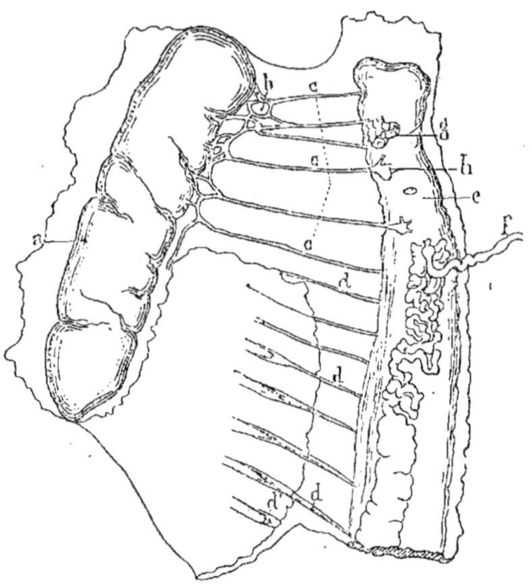

Fig. 97. — Appareil urogénital mâle du *Mustelus vulgaris*. *a*, testicule ; *b*, vaisseaux efférents ; *c*, épididyme (glande de Leydig); *d*, canal déférent (canal de Leydig); *e*, uretère ; *f*, rein ; *g*, *uterus masculinus* ; *h*, papille du canal déférent ; *i*, papille urinaire ; *j*, papille urogénitale ou pénienne; *k*, entonnoir commun des deux canaux de Müller mâles ; *l*, coupe de l'œsophage. (D'après Semper.)

Fig. 98. — Portion antérieure de l'appareil urogénital mâle du *Squatina vulgaris*. *a*, testicule ; *b*, *rete testis* ; *c, c, c*, vaisseaux efférents formés par les six premiers canaux segmentaires ; *d, d, d*, canaux segmentaires dont les cinq ou six derniers se terminent dans le mésorchium par des extrémités ouvertes, *d'* ; *e*, rein sexuel (épididyme) ; *f*, canal déférent coupé à son origine, *g*, sur la tête de l'épididyme ; *h*, corpuscules de Malpighi auxquels aboutissent les vaisseaux efférents dans le rein sexuel. (D'après Semper.)

persistent seuls. Chez le *Squatina vulgaris*, on voit dans le mésorchium une série de canaux segmentaires partant de la partie supérieure du rein et s'ouvrant dans la cavité abdominale par une ouverture en entonnoir, garnie de cils vibratiles. Les six organes segmen-

taires supérieurs arrivent jusqu'au testicule et constituent les vaisseaux efférents et le *rete testis*. Chez le *Scymnus lichia* il y a huit à
dix vaisseaux efférents; il n'y en a que trois chez le
*Mustelus vulgaris*. D'après Semper, le testicule du
*Scyllium canicula* n'aurait qu'un vaisseau efférent;
selon Balfour, il en posséderait six ou sept.

Sur une coupe transversale du testicule, on voit la
section d'un tube longitudinal, qui est le canal collecteur, et qui occupe une position variable. De ce
canal partent des canaux secondaires dont les uns se
mettent en rapport avec les ampoules testiculaires,
et les autres avec les vaisseaux efférents. Il existe
aussi chez quelques Plagiostomes un canal longitudinal dans lequel se jettent les canaux transversaux
et duquel se détachent des branches très-courtes
qui se rendent aux canalicules rénaux. Ce canal a été
observé d'abord par Semper chez l'*Acanthias vulgaris*, le *Centrina Salviani* et le *Mustelus vulgaris ;*
Balfour a confirmé son existence chez le *Scyllium
canicula* et le *Squatina vulgaris*. Semper lui donne
le nom de *canal marginal du rein (Randnierencanal)*,
à cause de sa position le long du bord interne de cet
organe. Ce canal est formé par des branches de communication longitudinales que les vaisseaux efférents

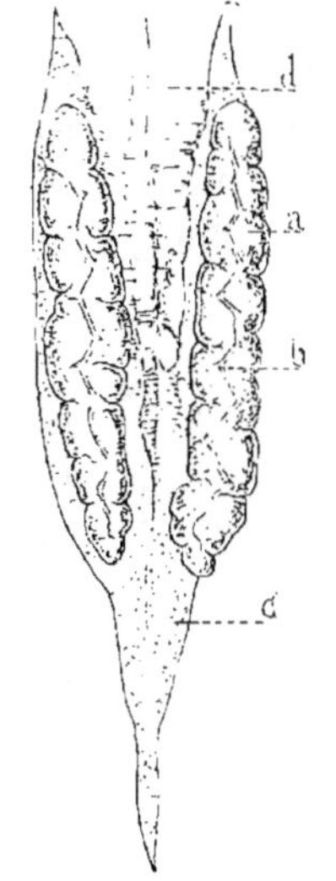

Fig. 99. — Testicules du
*Mustelus vulgaris*. *a*,
substance glandulaire;
*b*, pli progerminatif;
*c*, substance stroma-
tique formant le corps
épigonal ; *d*, mésor-
chium.

s'envoient réciproquement avant de pénétrer dans le rein. De son bord
externe partent à intervalles réguliers, c'est-à-dire de chacune des ar-
cades formées par les anastomoses des vaisseaux effé-
rents, de courtes branches qui s'ouvrent chacune
dans un corpuscule de Malpighi. Le canal marginal
du rein des Plagiostomes est homologue du canal
longitudinal du *rete testis* décrit par Bidder et par
Spengel chez quelques Batraciens (Triton, Grenouille,
Crapaud, Bombinator). De même aussi que chez les
Batraciens, il manque chez un certain nombre de
Plagiostomes.

Pour Semper, tout le système excréteur du testicule, c'est-à-dire les vaisseaux efférents avec le
canal marginal du rein, le *rete testis*, le canal central du testicule et le réseau des conduits intra-tes-

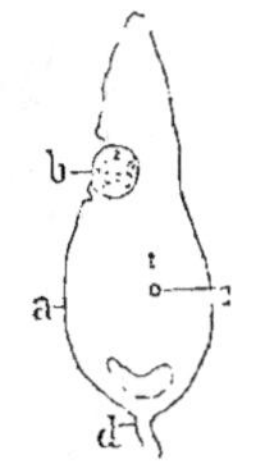

Fig. 100. — Section transversale du testicule du
*Prionodon glaucus*. *a*,
testicule; *b*, pli progerminatif; *c*, canal col-
lecteur; *d*, base du testicule. (D'après Sem-
per.)

ticulaires, serait formé par un bourgeonnement des canaux segmentaires antérieurs placés dans le mésorchium. Les ouvertures péritonéales

ou entonnoirs segmentaires de ces canaux commenceraient par s'oblitérer, suivant Semper, puis pousseraient des prolongements vers la glande mâle. Ces prolongements, après s'être anastomosés entre eux pour former le canal marginal du rein et le *rete testis*, pénètrent dans la substance du testicule pour donner naissance au canal central et aux conduits intra-testiculaires, qui reçoivent le produit de sécrétion des ampoules séminifères.

Balfour, se fondant sur l'analogie qui existe entre l'appareil génital des Plagiostomes et celui des Amphibiens, n'admet pas que ce soit l'entonnoir segmentaire qui se mette en rapport avec le testicule. D'après lui, ce serait un bourgeon latéral du tube segmentaire qui se dirigerait vers la glande sexuelle, et l'ouverture du tube resterait libre à la surface du rein, comme les néphrostomes des Amphibiens. Toutefois c'est là une simple hypothèse, car Balfour n'a pas constaté de néphrostomes sur le rein des Plagiostomes.

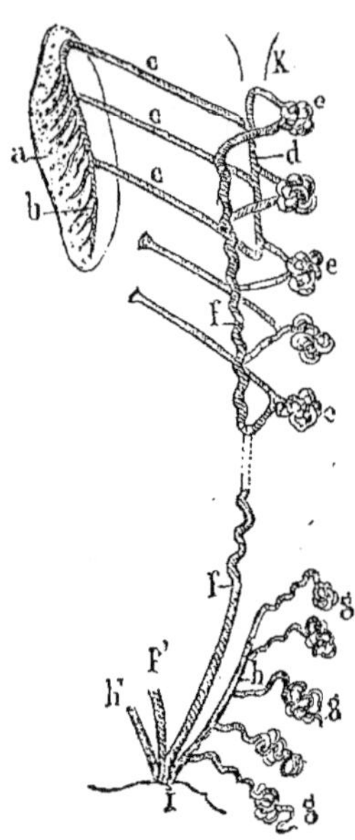

Fig. 101. — Appareil urogénital mâle des Plagiostomes. *a*, testicule ; *b*, canal central du testicule ; *c, c, c*, vaisseaux efférents ; *d*, canal longitudinal ; *e, e, e*, tubes glandulaires du rein sexuel dont deux sont représentés avec des extrémités ouvertes dans la cavité du corps ; *f, f*, canal déférent (canal de Wolff) ; *f'* canal déférent du côté opposé ; *g, g, g*, tubes glandulaires de la portion non sexuelle du rein ; *h*, uretère ; *h'*, uretère du côté opposé ; *i*, cloaque ; *k*, canal de Müller. (Figure schématique d'après Balfour.)

Chez les Plagiostomes, la partie supérieure du rein, désignée par Semper sous le nom de *glande de Leydig*, qui reçoit les vaisseaux efférents, a pour canal excréteur un conduit par lequel passent l'urine et la semence. Ce canal est appelé par Semper *canal de Leydig*, et par Balfour, *canal de Wolff*. La portion inférieure du rein, ou rein proprement dit, a un conduit excréteur propre, l'uretère, parallèle au canal de Leydig. Cette disposition différencie l'appareil urinaire des Plagiostomes de celui des Batraciens et elle existe chez la femelle comme chez le mâle.

Le canal de Müller n'existe, dans les Plagiostomes mâles, qu'à sa partie supérieure et à sa partie inférieure.

Supérieurement, il est réduit au pavillon et à une portion plus ou moins courte du canal qui se termine en cul-de-sac. Inférieurement, on trouve une sorte de poche qui a été considérée par les uns comme une vessie, par les autres comme un réceptacle séminal. C'est dans cette poche, à laquelle Semper a donné le nom d'*utérus mâle*, que viennent déboucher les canaux déférents et les uretères. Tantôt l'urétère et le canal déférent se réunissent avant leur terminaison, tantôt ces quatre canaux s'ouvrent librement dans la cavité résultant de la réunion des deux utérus mâles. Cette cavité, ou cloaque urogénital, fait saillie dans le cloaque général sous forme d'un petit mamelon allongé, percé à son sommet d'un orifice (papille urogénitale), et qui constitue le pénis des Plagiostomes.

Chez la femelle, le canal de Leydig, provenant de la partie supérieure du rein, et l'uretère se réunissent toujours inférieurement en un canal uréthral commun, avant de déboucher dans le cloaque.

Dans aucune des autres sous-classes des Poissons, c'est-à-dire les Leptocardiens, Cyclostomes, Ganoïdes, Dipnoïques et Téléostéens, l'appareil mâle ne présente la disposition que nous avons trouvée chez les Plagiostomes. Cette différence tient à l'absence de rapport entre la glande sexuelle et le rein. Ce trait d'organisation est commun à ces divers groupes de Poissons, mais chacun d'eux présente des particularités qui lui sont propres.

Voyons quelle est la structure de l'appareil mâle dans la sous-classe la plus importante des Poissons, celle des Téléostéens ; nous prendrons comme type le Brochet, que nous avons déjà choisi pour l'étude de l'organe femelle.

Les testicules du Brochet consistent en deux longues bandelettes, placées symétriquement de chaque côté de la vessie natatoire. De forme prismatique, effilé à ses deux extrémités, chaque testicule commence très-haut et est relié à l'œsophage par un ligament ; sa couleur est d'un blanc nacré. Une semblable disposition se retrouve chez presque tous les autres Téléostéens.

L'étude histologique du testicule n'est pas facile à faire à cause de l'extrême mollesse des tissus. Cependant on trouve dans cette glande de petits tubes séminifères constatés d'abord par Treviranus (1). La tunique externe ou albuginée envoie dans l'intérieur des cloisons membraneuses, qui s'insinuent entre les canalicules séminifères et forment une trame conjonctive au milieu de la substance de la glande. A vrai dire, les canalicules n'ont pas d'autre paroi que les cloisons émanées de l'enveloppe fibreuse du testicule, ainsi qu'il est facile de s'en convaincre sur des coupes du testicule durci, de la Truite par exemple. La paroi de chaque tube séminifère est une mince membrane formée de petites cellules aplaties, semblables à celles qui composent l'enveloppe de ces conduits chez les Mammifères, mais au lieu de se

_____
(1) TREVIRANUS, *Zeitschr. f. Physiol.*, I, 1826.

superposer en cinq ou six rangées comme chez ceux-ci, elles ne constituent qu'une seule couche chez les Poissons osseux. Les canalicules se touchent immédiatement par leurs parois ; aucun tissu interstitiel ne

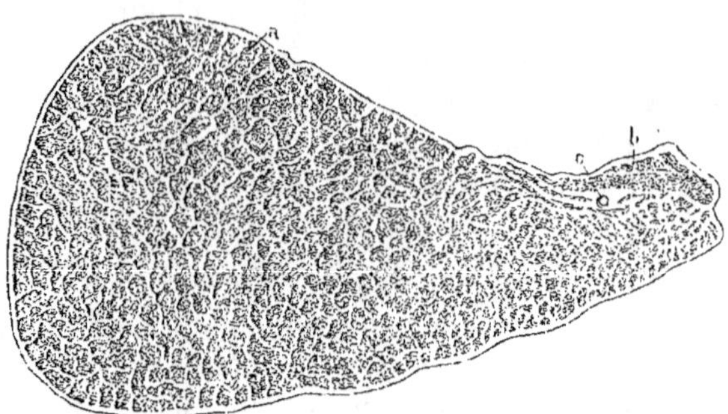

Fig. 102. — Section transversale du testicule du Brochet. *a*, cavités séminifères ; *b*, canal déférent ; *c*, artère.

les sépare, sauf dans les points où plusieurs canalicules se rencontrent, et où se remarquent, sur les coupes, un petit nombre de cellules entre-croisées, semblables à celles qui forment la paroi des tubes séminifères. Les canalicules séminifères, dont la disposition a été étudiée par Rathke (1), J. Müller (2), Lereboullet (3), Vogt et Pappenheim (4), Leydig (5), présentent des anses et des extrémités libres au-dessous de l'albuginée. Les nombreuses anastomoses qu'ils forment entre eux masquent presque complétement la structure tubulaire du tissu de la glande, dont la coupe rappelle plutôt celle d'une substance spongieuse renfermant une multitude de cavités irrégulières et d'inégale grandeur. Sur les coupes longitudinales du testicule dirigées à travers le canal déférent, ces cavités présentent une forme allongée transversalement, tandis qu'elles sont plus arrondies sur celles faites perpendiculairement à l'axe de la glande. Sur les coupes transversales, comme sur les coupes longitudinales, les ca-

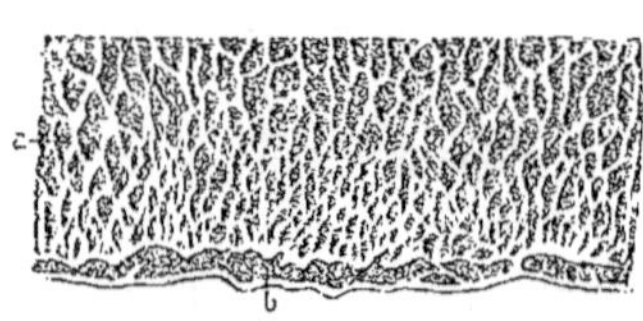

Fig. 103. — Section longitudinale du testicule du Brochet. *a*, cavités séminifères ; *b*, canal déférent.

(1) Rathke, *Beiträge zur Geschichte d. Thierwelt*, II, 1824.
(2) J. Müller, *De glandularum secernentium structura penitiori*, 1830.
(3) Lereboullet, *Rech. sur l'anat. des organes génitaux des animaux vertébrés*, 1851.
(4) Vogt et Pappenheim, *Ann. des Sciences natur.*, 4ᵉ série, XII, 1859.
(5) Leydig, *Lehrbuch der Histologie*, 1857.

vités testiculaires apparaissent plus nombreuses et plus petites au voisinage du conduit excréteur.

La structure tubulaire du testicule est beaucoup plus apparente chez la Truite que chez le Brochet. Elle est surtout bien évidente sur les coupes parallèles à l'axe de l'organe. On y voit très-nettement les replis formés par les canalicules pressés les uns contre les autres et dirigés transversalement vers le spermiducte dans lequel ils débouchent. Les coupes perpendiculaires à l'axe présentent plus de ressem-

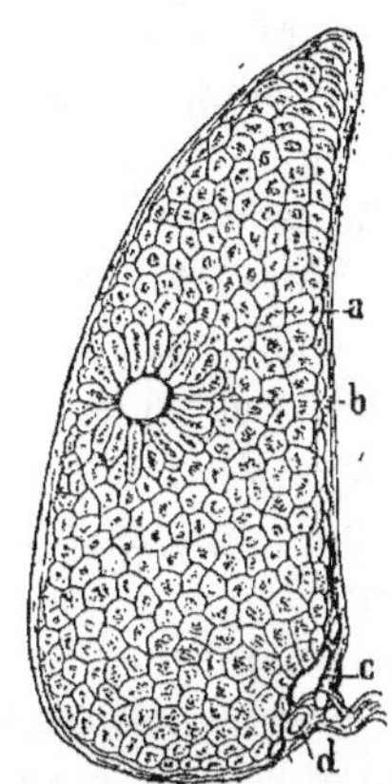

Fig. 104. — Coupe transversale du testicule de la Truite (en juillet). *a*, section des canalicules séminifères; *b*, veine centrale entourée de canalicules disposés radiairement; *c*, spermiducte ou canal déférent ; *d*, artère.

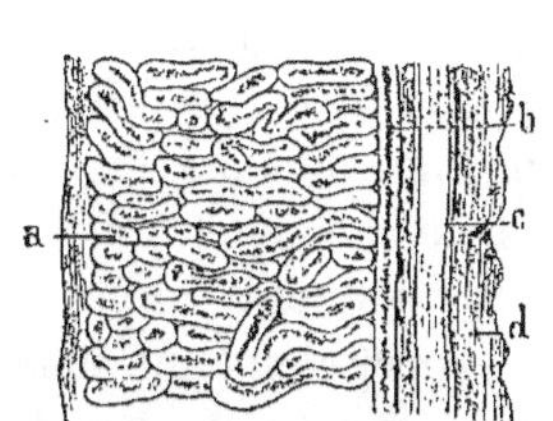

Fig. 105. — Section longitudinale du testicule de la Truite (en juillet). *a*, tubes séminifères ; *b*, canal déférent ; *c*, artère; *d*, mésorchium.

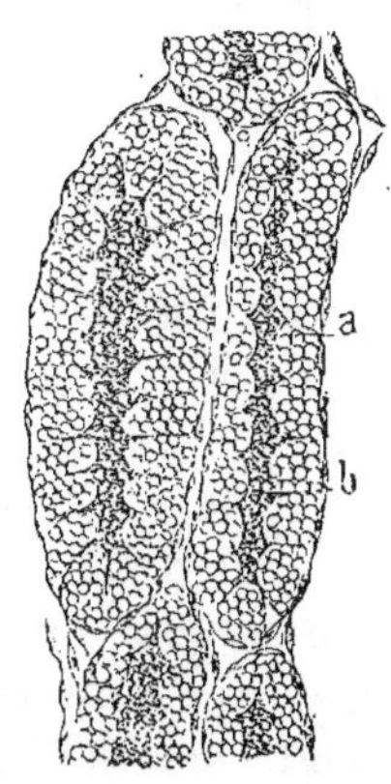

Fig. 106. — Section des canalicules séminifères de la Truite (en juillet). *a*, spermatoblastes formés de petites cellules séminales ; *b*, sperme renfermé dans la lumière des canalicules.

blance avec celles faites dans la même direction sur le testicule du Brochet, et montrent, comme ces dernières, sur toute leur surface, d'innombrables petites cavités irrégulières formées par les sections des canalicules séminifères. Lorsque la coupe a été faite sur la partie la plus épaisse de la glande, chez des individus complétement adultes, on y aperçoit un grand trou arrondi ou ovalaire, qui occupe une position plus ou moins centrale, et autour duquel les canalicules séminifères présentent une disposition radiée. Ce trou représente la section d'une grosse veine qui émerge plus bas de la substance glandulaire pour se placer dans l'épaisseur du mésorchium, le long de son insertion au bord supérieur du testicule.

Dans le testicule de la Carpe, les canalicules séminifères viendraient aboutir, d'après Vogt et Pappenheim, dans une cavité centrale irrégulière, de laquelle partent des canaux plus gros qui se rendent au spermiducte, tandis que les canalicules placés dans le bord interne de la glande déboucheraient directement dans le spermiducte, sans se mettre en rapport avec la cavité centrale. Je n'ai pas pu m'assurer de la réalité de cette disposition du testicule de la Carpe. Je n'ai trouvé aucune différence de structure entre celui-ci et le testicule du Brochet, et je croirais volontiers que la cavité centrale, vue par Vogt et Pappenheim sur leurs coupes du testicule chez la première de ces deux espèces de Poissons, n'est autre chose que la section d'une grosse veine analogue à celle qui est placée au centre du testicule de la Truite.

Le spermiducte du Brochet s'étend sur toute la longueur du testicule ; il est formé, comme l'oviducte chez la femelle, par l'enveloppe même prolongée vers la partie postérieure du corps. Ce canal ne manque chez aucun Poisson osseux ; on le trouve même chez les mâles des espèces dont la femelle n'a pas d'oviducte, comme les Salmonides. Le spermiducte présente à sa surface interne un aspect réticulé, dû à des travées formées par des épaississements de la paroi. Cet épaississement de l'albuginée rappelle le corps d'Highmore des Mammifères. L'albuginée, en se continuant au-delà du testicule, forme aussi la partie libre du spermiducte, qui s'étend jusqu'à l'orifice génital. Cette portion du conduit est aréolée intérieurement, comme la portion intratesticulaire, et elle conserve cet aspect cloisonné jusqu'au point où les deux spermiductes viennent se réunir en un canal commun, après avoir contracté une adhérence intime avec la vessie urinaire.

En arrière de l'anus on voit une petite dépression séparée de l'orifice anal par une petite cloison présentant des plis longitudinaux : c'est la fossette urogénitale. Au fond de cette dépression il y a deux petites ouvertures ; l'une, antérieure, placée au sommet d'une papille conique (papille génitale), est l'orifice du conduit excréteur du testicule ; l'autre, postérieure, est le méat urinaire. La fossette urogénitale des Poissons osseux peut être considérée comme représentant la deuxième chambre du cloaque des Oiseaux, où, ainsi que nous l'avons vu précédemment, se trouvent les orifices des uretères et des canaux déférents.

En résumé, nous voyons que, chez les Poissons osseux, il y a indépendance complète de l'appareil urinaire et de l'appareil génital. Dans le testicule, il existe un *rete testis*, des canaux efférents et un canal excréteur, le spermiducte, lequel est constitué par un prolongement de la tunique propre de la glande. Il n'existe pas de canal de Müller. Cette absence du conduit excréteur femelle peut tenir, comme le fait remarquer Semper, à ce que le canal primaire des reins primitifs reste simple au lieu de se diviser, comme chez les autres Vertébrés, en deux canaux secondaires, c'est-à-dire en canal de Wolf et en canal de Müller.

Chez l'*Amphioxus*, on n'a pas encore constaté jusqu'à présent d'une manière certaine l'existence d'un rein. Depuis J. Müller, quelques anatomistes avaient décrit comme organe urinaire des corps d'apparence glandulaire formés par des épaississements sous forme de bandes longitudinales de l'épithélium qui tapisse la face ventrale de la cavité abdominale. Ces organes, qui récemment encore ont été signalés par Hasse, Langerhans, W. Müller et Rolph, et interprétés par eux comme le rein de l'*Amphioxus*, n'ont, en tout cas, aucune connexion avec les organes génitaux mâles.

Il y a longtemps qu'on a reconnu l'existence d'organês mâles chez l'*Amphioxus*; ils ont été découverts par Rathke (1), en 1841; puis étudiés par Costa (2), J. Müller (3), de Quatrefages (4), Stieda (4), W. Müller (6), Langerhans (7) et Rolph (8). Les testicules présentent une grande analogie avec les ovaires, et il est impossible de reconnaître le sexe de l'*Amphioxus* avant qu'il ait atteint une longueur de 17 à 20 milimètres. (Langerhans.)

Les testicules se présentent sous forme de petites masses ellipsoïdes disposées en série, et au nombre de vingt à trente de chaque côté du corps. Chaque masse est appliquée contre la paroi du corps et recouverte du côte de la cavité viscérale par le péritoine, fortement pigmenté en cet endroit. D'après W. Müller, il faut distinguer dans chacun de ces petits testicules deux parties : une couche corticale formée de canalicules séminifères trèsfins, disposés parallèlement les uns aux autres et perpendiculairement à la surface de l'organe; et une partie centrale constituée par un réseau de tubes représentant un *rete testis*. De ce réseau se détache un canal déférent très-court placé dans une encoche du testicule et s'ouvrant librement dans la cavité abdominale. Stieda a donné une description semblable du

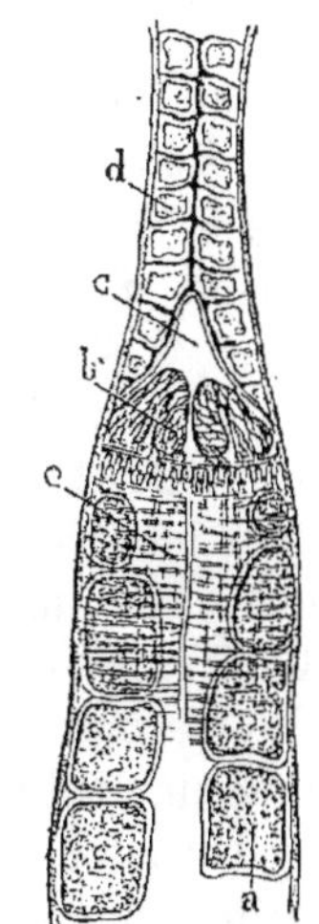


Fig. 107. — Section horizontale de la région abdominale de l'*Amphioxus*. *a*, segments du testicule ; *b*, sphincter du pore abdominal ; *c*, pore abdominal; *d*, pièces de soutien de la nageoire ventrale ; *e*, muscle de l'abdomen. (D'après W. Müller.)


(1) Rathke, *Bemerk. u. d. Bau des Amphioxus lanceolatus*, 1841.
(2) Costa, *Storia del Branchiostoma lubricum*. Naples, 1843.
(3) J. Müller, *Abhandl. der Berliner Acad.*, 1842.
(4) De Quatrefages, *Ann. des Sc. nat.*, 3e série, 11, 1845.
(5) Stieda, *Mém. de l'Acad. de Saint-Pétersbourg*, 7e série, XIX, 1873.
(6) W. Müller, *Jenaische Zeitsch.*, IX, 1875.
(7) Langerhans, *Archiv f. mikrosk. Anat.*, XII, 1875.
(8) Rolph, *Morphologisches Jahrbuch*, II, 1876.

testicule ; mais, suivant lui, au moment de la maturité sexuelle, les canalicules séminifères disparaîtraient et il n'y aurait plus dans l'intérieur

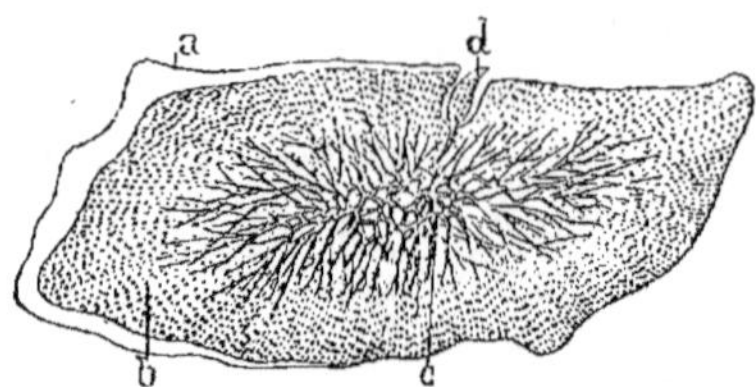

Fig. 108. — Coupe longitudinale d'une des masses testiculaires de l'*Amphioxus*. *a*, capsule conjonctive ; *b*, substance corticale ; *c*, substance médullaire ; *d*, canal déférent. (D'après W. Müller.)

de la glande que des cellules renfermant des spermatozoïdes en voie de développement. Langerhans ne croit pas à l'existence des canalicules radiés décrits par Stieda et par W. Müller. Il pense que ces observateurs ont pris pour des canalicules séminifères les spermatozoïdes eux-mêmes disposés parallèlement les uns aux autres et fixés par leurs têtes à la face interne de la paroi des capsules testiculaires. Enfin, Rolph, le dernier qui s'est occupé de la structure du testicule de l'*Amphioxus*, confirme la description qu'en ont donnée W. Müller et Stieda, mais il n'a pu s'assurer de l'existence du canal déférent décrit par W. Müller. Quoi qu'il en soit à cet égard, le sperme est versé dans la cavité branchiale et rejeté au dehors par le pore abdominal, ainsi que M. P. Bert l'a constaté le premier (1).

Chez les Cyclostomes, l'appareil mâle n'a pas non plus de connexion avec l'organe urinaire. Le rein est formé par un tube, le canal primordial, qui reçoit de courts canalicules transverses, terminés par une capsule renfermant un glomérule de Malpighi. Il n'y a qu'un seul testicule, comme un seul ovaire chez la femelle, et il est fort difficile de différencier les deux sexes avant le moment de la reproduction.

Le testicule a la forme d'une bande longue et mince, fixée par un repli du péritoine à la paroi dorsale du corps, et présentant un grand nombre de replis transversaux irréguliers. Chez les Myxines, c'est le testicule droit seul qui se développe, comme l'indique sa position au côté droit du mésentère, tandis que chez les Petromyzons ou Lamproies la glande mâle s'insère sur la ligne médiane de la paroi dorsale de l'abdomen et envoie à droite et à gauche de la ligne d'attache de nombreux replis, ce qui semble indiquer qu'elle est formée par la coalescence des testicules des deux côtés du corps. L'appareil mâle est dépourvu de conduit excréteur ; lorsque la semence est mûre dans son intérieur, les petites vésicules closes qui la renferment se rompent et versent leur produit dans la cavité abdominale, d'où il s'échappe au dehors par le pore génital. D'après Stannius (2), les spermatozoïdes

(1) Bert, *Comptes rendus de l'Acad. des sciences*, LXV, 1867.
(2) Stannius, *Zootomie der Fische*, 2ᵉ édition, 1854.

et les mouvements de ces cils servent à diriger les œufs et la semence vers l'orifice de sortie placé en arrière de l'anus.

La constitution de l'appareil mâle des Ganoïdes n'est pas encore exactement connue, malgré les travaux de Rathke (1), J. Müller (2), de Baer (3), Stannius (4), Leydig (5) et Hyrtl (6).

Les testicules de l'Esturgeon sont deux longues bandes jaunâtres renfermées dans un repli du péritoine et s'étendant de chaque côté du corps, depuis l'œsophage jusqu'au rectum. On n'y a constaté ni conduit évacuateur en continuité avec la glande, comme chez les Poissons osseux, ni canaux excréteurs ou vaisseaux efférents, comme chez les Plagiostomes. Mais il existe dans les deux sexes un canal de Müller, qui s'ouvre par un large entonnoir dans la cavité abdominale, et qui débouche postérieurement dans l'uretère. Ce canal, découvert par de Baer en 1819, est généralement considéré comme servant à l'évacuation de la semence, de même que, chez la femelle, il remplit les fonctions d'un oviducte. J. Müller et Leydig ont remarqué que, hors des époques de reproduction, il était souvent fermé à son extrémité postérieure, qui se terminait alors en cul-de-sac au lieu de s'ouvrir librement dans l'uretère, et le dernier des deux observateurs cités a constaté qu'il était revêtu intérieurement de cils vibratiles.

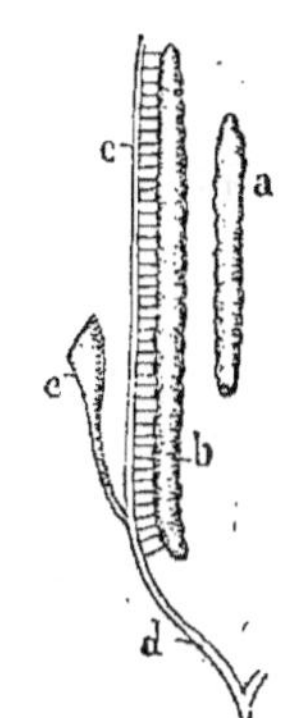

Fig. 109. — Figure schématique de l'appareil urogénital mâle des Ganoïdes ; *o*. testicule ; *b*, rein ; *c*, uretère ; *d*, sa portion postérieure servant aussi à l'évacuation de la semence ; *e*, canal de Müller, fonctionnant comme canal déférent.

En 1824, Rathke avait cru découvrir chez l'Esturgeon de petits canaux situés dans le mésorchium et mettant en communication le testicule avec le rein. Ces canaux n'ont pas été retrouvés par Stannius, Leydig et Hyrtl. Semper a prétendu récemment avoir aperçu un canal se portant de l'extrémité antérieure du testicule au rein (7). Si cette observation se confirmait, il y aurait une grande analogie entre l'appareil urogénital des Ganoïdes et celui des Plagiostomes.

L'appareil mâle des Dipnoïques est encore moins parfaitement connu que celui des Ganoïdes. De même que chez les Leptocardiens (*Am-*

(1) Rathke, *Ueber den Darmkanal und die Zeugungsorgane der Fische*, 1824.
(2) J. Müller, *Bau und Grenzen der Ganoiden*, 1846.
(3) Baer, *Bericht über die anatom. Anstalt zu Kœnigsberg*, 1819.
(4) Stannius, *Zootomie der Fische*, 2ᵉ édit., 1854.
(5) Leydig, *Anat.-histol. Untersuch. über Fische und Reptilien*, 1853.
(6) Hyrtl, *Denkschriften d. K. Acad. d. Wissenschaften zu Wien*, VIII, 1854.
(7) Semper, *Das Urogenitalsystem der Plagiostomen*, 1875.

*phioxus*), les Cyclostomes et les Ganoïdes, il ne paraît pas y avoir chez eux de connexion entre l'organe mâle et l'appareil excréteur de l'urine. Celui-ci est représenté par un corps de Wolff ou rein et un canal qui fonctionne uniquement comme uretère. Les deux uretères s'ouvrent tantôt l'un à côté de l'autre dans le cloaque (*Lepidosiren*) (1), tantôt ils se réunissent d'abord en un canal commun, avant de déboucher dans cette dernière cavité (*Ceratodus*) (2).

De même que chez les Ganoïdes, il existe chez les Dipnoïques un canal de Müller qui s'ouvre par son extrémité antérieure dans la cavité abdominale, et se réunit postérieurement à celui du côté opposé avant de se terminer dans le cloaque. Ce canal sert aussi dans les deux sexes à l'évacuation des produits des organes génitaux, du moins on n'a réussi jusqu'ici à constater aucune communication entre le testicule et le rein, ce qui est d'autant plus singulier que les Dipnoïques présentent beaucoup d'affinité avec les Amphibiens.

Toutefois nous avons observé que chez les Amphibiens eux-mêmes cette communication pouvait faire défaut chez quelques espèces (*Alytes* et *Discoglossus*). Mais il existe chez ces dernières une connexion entre le testicule et l'uretère, connexion établie soit par un petit réseau de canaux, comme chez l'Alyte, soit par un canal unique, comme chez le Discoglosse. Rien de pareil n'existe chez les Dipnoïques, et la semence, de même que les œufs, tombe d'abord dans la cavité abdominale avant d'être recueillie par le canal de Müller et évacuée au dehors. Si, sous ce dernier rapport, les Dipnoïques se rapprochent des Ganoïdes, d'autre part, la séparation complète qui existe chez eux entre le canal de Müller et l'uretère (canal de Wolff) est un trait de ressemblance qu'ils présentent avec les Amphibiens, où cette séparation est toujours complète. Il en résulte qu'au point de vue de la constitution de l'appareil urogénital, comme au point de vue du reste de leur organisation, les Dipnoïques forment le passage des Poissons aux Amphibiens.

(1) Hyrtl, *Lepidosiren paradoxa*, in *Abhandl. d. k. boehmischen Gesellschaft d. Wissenschaften*, 5ᵉ série, III, 18.
(2) Günther, *Philos. Transact.*, CLXI, 1872.

# VINGTIÈME LEÇON.

Développement de l'appareil mâle. — Recherches de Waldeyer sur le Poulet. — Hermaphrodisme primitif du testicule. — Opinions de J. Müller, Valentin, Remak, Kölliker, etc. — Travaux de Bornhaupt, Egli, Semper, von Wittich, Max Braun. — Indépendance originelle des canalicules contournés et des tubes droits du testicule des Mammifères.

Etant connue la constitution de l'appareil mâle des Vertébrés, il nous reste à examiner son développement et ses fonctions, comme nous l'avons fait pour l'appareil femelle. Si les corpuscules fécondateurs du mâle ne se forment qu'un certain temps après la naissance, les éléments qui les produisent existent déjà depuis longtemps dans le testicule et apparaissent pendant la période embryonnaire. Nous avons vu qu'il en est de même pour l'ovaire, et que les jeunes ovules existent même avant la formation de la glande sexuelle.

Les données que nous avons sur le développement du testicule sont encore moins nombreuses que celles que nous possédons sur la formation de l'ovaire, et encore existe-t-il de grandes contradictions parmi les embryogénistes. Kœlliker, dans la première édition de son *Histoire du développement*[1], disait, en 1861, que la première apparition des glandes sexuelles est entourée d'obscurité. On savait seulement à cette époque que le testicule et l'ovaire apparaissent, chez l'embryon, sous forme de deux bandes blanchâtres situées de chaque côté du corps, à la partie interne des corps de Wolff. Dans l'espèce humaine, c'est vers le deuxième mois de la vie intra-utérine que s'accuse la différence sexuelle dans la glande génitale. L'ovaire tend alors à prendre une direction oblique par rapport à l'axe longitudinal du corps, et ce caractère suffit à lui seul pour faire reconnaître le sexe femelle, à partir de la neuvième ou dixième semaine.

Aussi longtemps que ces glandes n'ont pas encore revêtu leur type particulier, elles sont tout entières formées de petites cellules embryonnaires indifférentes. Mais lorsque les sexes commencent à se différencier, des modifications intérieures apparaissent et l'on reconnaît dès la neuvième ou dixième semaine les canalicules séminifères dans l'embryon humain (Kœlliker.)

[1] Kœlliker, *Entwicklungsgeschichte des Menschen und der hœheren Thiere;* Leipzig, 1861.

La manière dont se forment ces canalicules chez les Vertébrés supérieurs est très-mal connue, et les auteurs ont émis sur ce point des opinions très-divergentes. C'est cependant par les Vertébrés supérieurs et par le Poulet que nous commencerons l'étude du développement des canalicules du testicule, parce que ces animaux ont été l'objet des premières recherches faites à ce sujet.

Waldeyer (1) a constaté que, chez le Poulet, au quatrième jour de l'incubation, l'éminence sexuelle a la même apparence dans tous les embryons. Cette éminence est recouverte par l'épithélium germinatif, renfermant les ovules primordiaux. Bientôt, chez le mâle, on observe une tendance à l'atrophie de l'épithélium et un arrêt dans le développement et la multiplication des ovules ; les éminences sexuelles sont également développées de chaque côté du corps, tandis que chez la femelle l'éminence du côté droit s'atrophie, l'ovaire gauche seul étant développé chez l'adulte.

Au sixième jour, le testicule a déjà pris une forme elliptique, cylindrique, et reste adhérent au corps de Wolff, tandis que l'ovaire s'en est déjà séparé.

Nous savons que les follicules ovariens sont produits par des invaginations des ovules primordiaux et des cellules épithéliales dans le stroma de la glande. En est-il de même des canalicules séminifères ? Il semble logique de l'admettre, quand on considère la ressemblance primitive de la glande mâle et de la glande femelle. Aussi, telle fut la première opinion de Waldeyer ; mais n'ayant pu démontrer l'invagination des ovules chez le mâle, il changea d'avis et fit provenir les canaux du testicule des tubes du corps de Wolff. Au septième jour de l'incubation, il y a, en effet, dans le testicule de petits groupes allongés de cellules, formant des tubes

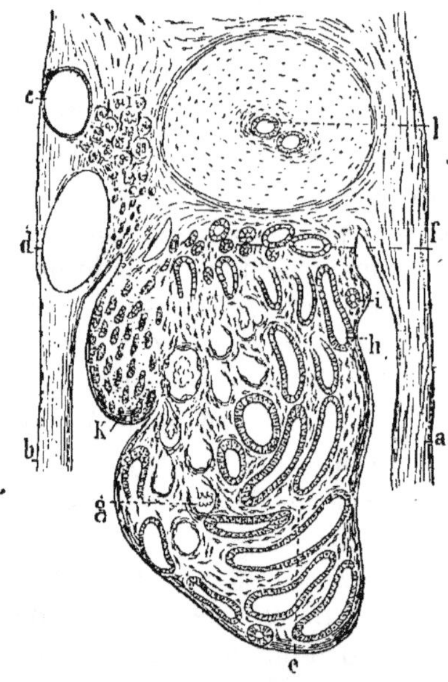

Fig. 110. — Section transversale du testicule et du corps de Wolff d'un embryon de Poulet de sept jours. *a*, mésentère ; *b*, paroi latérale de l'abdomen ; *c*, aorte ; *d*, veine cave inférieure : *e*, portion du corps de Wolff à canalicules larges ; *f*, portion du même organe à canalicules étroits ; *g*, corpuscule de Malpighi ; *h*, canal de Wolff ; *i*, canal de Müller ; *k*, testicule ; *l*, rudiment du rein. (D'après Waldeyer.)

pleins, qui se creusent plus tard d'une cavité. Ces petits groupes

_______________

(1) WALDEYER, *Eierstock und Ei*; Leipzig, 1870.

apparaissent d'abord près du corps de Wolff, et l'on observe, dans la partie du corps de Wolff avoisinante, des tubes plus petits que ceux qui constituent la plus grande partie de cet organe.

Il y a un fait vrai dans l'hypothèse de Waldeyer, c'est l'existence dans le corps de Wolff de deux sortes de canaux ; les uns larges, à cellules granuleuses ; les autres plus étroits et à cellules plus claires. J. Müller (1), qui avait déjà constaté cette différence, admettait que les canaux plus étroits provenaient du testicule et se perdaient entre les gros tubes du corps de Wolff. Ces canaux représentent, suivant Müller, les conduits évacuateurs de la semence, ou vaisseaux efférents, et se mettent plus tard en communication avec le canal déférent. Quant au corps de Wolff, il disparaîtrait entièrement, son conduit excréteur seul se conservant pour devenir le canal déférent, comme Müller l'a établi le premier par ses recherches embryogéniques sur les Oiseaux.

Waldeyer admet deux portions distinctes dans le corps de Wolff : une portion inférieure, à tubes larges, ou portion urinaire, qui disparaît chez le mâle et se trouve réduite à l'organe de Giraldès ou *paradidyme ;* une portion supérieure, à tubes étroits, ou portion sexuelle qui persiste et constitue l'épididyme. Chez la femelle, les deux portions du corps de Wolff s'atrophient : la première reste à l'état de vestige dans le ligament large et constitue l'organe de Rosenmüller ou *epoophoron ;* la seconde est représentée par quelques tubes que Waldeyer a trouvés dans le voisinage de l'ovaire et désigne sous le nom de *paroophoron.*

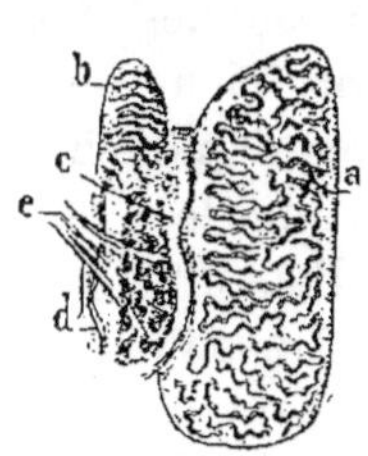

Fig. 111. — Organes sexuels internes d'un embryon humain mâle de 9 centimètres (section longitudinale. *a,* testicule : *b.* épididyme formé par la portion supérieure du corps de Wolff ; *c,* paradidyme ou organe de Giraldès, formé par sa portion inférieure ; *d,* canal de Wolff (canal déférent) ; *e,* ligament conjonctif renfermant des vaisseaux. (D'après Waldeyer.)

Telles sont les idées développées par Waldeyer dans son livre *Eierstock und Ei* (1870), sur la formation du testicule. Guidé par ces vues et celles qu'il s'étaient formées sur l'origine de l'organe femelle, Waldeyer admet l'existence d'un véritable état hermaphrodite pendant une certaine période du développement chez l'embryon de tous les Vertébrés supérieurs. Chaque individu posséderait, à l'état rudimentaire, les attributs des deux sexes. Ces rudiments sont, d'une part, l'épithélium germinatif avec les ovules primordiaux qu'il renferme chez la femelle aussi bien que chez le mâle ; et, d'autre part, l'épithélium du canal de Wolff. L'épithélium germinatif sert à la formation de l'appareil femelle : ovaire et oviducte ou canal de Müller ; l'épithélium du canal de

(1) Müller, *Bildungsgeschichte der Genitalien ;* Düsseldorf, 1830.

Wolff donne naissance à l'appareil mâle : canalicules séminifères et canaux excréteurs du testicule. Il résulte de cette manière de voir que chaque individu est originellement constitué sur un type hermaphrodite. A un certain moment, l'une ou l'autre espèce d'éléments disparaît, et il en résulte le sexe définitif de l'individu. Nous verrons bientôt que l'hermaphrodisme de l'embryon existe réellement, mais qu'il faut l'interpréter d'une manière différente de celle de Waldeyer : le testicule et l'ovaire renferment des éléments mâles et femelles qui jouent un rôle différent suivant le sexe.

Les prédécesseurs de Waldeyer, entre autres Valentin (1) et Remak (2), faisaient provenir la glande mâle de la bandelette blanchâtre placée au côté interne du corps de Wolff. Les tubes séminifères se formaient, d'après eux, dans le blastème constituant cette bandelette, à la manière dont se développent les glandes tubuleuses, c'est-à-dire que les cellules embryonnaires se disposent en cordons semblables aux tubes de Pflüger de l'ovaire, et qui deviennent ensuite les canalicules séminifères. Telle est aussi l'opinion de Kœlliker (3), qui fait dériver les tubes séminifères du tissu embryonnaire par simple différenciation des cellules. Sernoff (4) a soutenu dernièrement la même théorie. Tous deux nient que les canalicules du testicule se développent en rapport avec l'épithélium germinatif, ou avec les tubes du corps de Wolff, comme le veut Waldeyer.

Bien différente est la théorie de Bornhaupt (5), qui, en 1867, a publié un travail remarquable sur le développement du système urogénital du Poulet, et qui a découvert un grand nombre de faits importants et nouveaux. Bornhaupt est, en effet, le premier qui ait reconnu l'existence de l'épithélium germinatif, mais il ne le considérait que comme une partie épaissie de la séreuse péritonéale; il avait vu aussi dans cet épithélium des cellules rondes, claires, plus grandes que les autres. A une époque plus avancée du développement, il constata que les grandes cellules rondes se trouvaient dans le blastème sous-jacent à la séreuse et s'y disposaient en groupes allongés ou en cordons, qui devenaient les canalicules séminifères. Bornhaupt a reconnu également que l'ovaire se constitue de la même façon que le testicule, par invagination de tubes provenant de la séreuse péritonéale.

(1) Valentin, *Handbuch der Entwicklungsgeschichte;* Berlin, 1835.

(2) Remak, *Untersuch. über die Entwickl. d. Wirbelthiere*, Berlin, 1855.

(3) Kœlliker, *Ueber die Entwicklung der Graafschen Follikel der Säugethiere*, in *Verhandl. d. physik.-medic. Ges. zu Würzburg*, VIII, 1875.

(4) Sernoff, *Centralblatt für die medic. Wissensch.*, 1874.

(5) Bornhaupt, *Untersuch. über die Entwicklung des Urogenitalsystems beim Hühnchen*, Riga, 1867.

Les observations de Bornhaupt ont été confirmées récemment par Egli (1), dont les recherches ont porté sur les embryons du Lapin. Cet auteur n'a jamais vu de bourgeonnement des canaux du corps de Wolff vers le testicule. D'après lui, l'épithélium germinatif est l'origine de la glande génitale dans les deux sexes. Jusqu'au quinzième jour, chez le Lapin, le rudiment de la glande sexuelle est dans un état indifférent; puis la glande devient un testicule, par la formation de petits groupes de cellules qui apparaissent au-dessous de l'épithélium germinatif et se disposent en cordons. Ceux-ci s'allongent, se creusent d'une cavité et deviennent les canalicules séminifères. Une couche de tissu fibreux, constituant l'albuginée, s'étend entre le stroma et l'épithélium germinatif qui s'atrophie peu à peu.

Chez la femelle, le développement de l'ovaire est le même que dans l'embryon de Poulet. Cependant Egli n'a pas vu de grandes cellules dans l'épithélium germinatif, dont tous les éléments sont semblables. Les ovules primordiaux semblent manquer à la surface de la glande, et les cellules épithéliales ne se transformeraient en ovules qu'après leur invagination dans le stroma. C'est vers le douzième jour que se montre, chez le Lapin, l'épithélium germinatif, comme un épaississement de la séreuse péritonéale; il mesure $0^{mm},027$ dans sa partie la plus large.

Egli est donc arrivé, pour les Mammifères, à la même conclusion que Bornhaupt pour le Poulet, et il admet aussi l'identité originelle de la glande sexuelle dans les deux sexes.

Nous nous trouvons donc en présence de trois manières de voir relatives à la formation des tubes séminifères dans le testicule : 1° l'opinion ancienne faisant naître ces tubes dans le blastème de la glande, par simple différenciation de cellules; 2° l'opinion de Waldeyer, qui consiste à faire venir les canalicules spermatiques des tubes du corps de Wolff; 3° l'opinion de Bornhaupt et d'Egli, d'après laquelle les canalicules seraient produits par invagination des éléments de l'épithélium germinatif dans le stroma. Cette dernière théorie est celle qui satisfait le mieux l'esprit et qui est la plus conforme aux faits d'observation. Du reste, les recherches de Semper ont montré que, chez les Plagiostomes, il se passe des phénomènes identiques à ceux qui ont été signalés par Bornhaupt et par Egli chez le Poulet et les Mammifères ; on peut donc dire que, dans tout le groupe des Vertébrés, les glandes sexuelles ont pour origine l'épithélium germinatif.

Lorsque nous avons étudié le développement de l'ovaire des Plagiostomes, nous avons vu la glande génitale femelle prendre naissance à

(1) Egli, *Beiträge zur Anatomie und Entwicklungsgeschichte der Geschlechtsorgane.*, Diss. inaug; Zurich, 1876.

la partie antérieure du pli génital qui s'étend de chaque côté du mésentère, dans la cavité pleuropéritonéale. Le testicule apparaît dans la même région et de la même façon. On trouve dans l'épithélium germinatif qui revêt la partie antérieure du pli génital des ovules primordiaux identiques à ceux qui existent chez la femelle. Bientôt

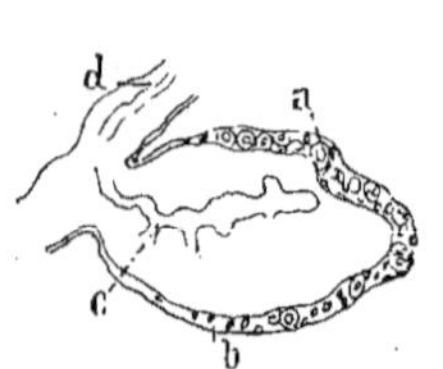

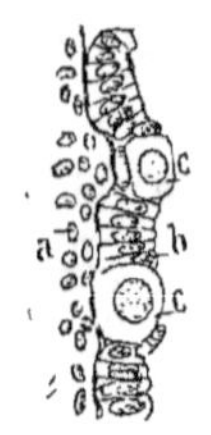

Fig. 112. — Section transversale du testicule d'un embryon d'*Acanthias* de 6 centimètres. *a*, face externe du testicule ; *b*, face interne ; *c*, réseau basilaire du testicule ; *d*, vaisseau efférent formé par un organe segmentaire. (D'après Semper.)

Fig. 113. — Epithélium du testicule d'un embryon d'*Acanthias* de 6 centimètres. *a*, stroma ; *b*, cellules épithéliales ; *c,c*, ovules primitifs. (D'après Semper.)

ces ovules émigrent dans le stroma sous-jacent par groupes ou isolément, suivant les espèces.

L'invagination des ovules se fait d'abord sur toute la surface de la glande ; mais, par suite du développement du stroma du testicule, l'épithélium germinatif et ses ovules se trouvent confinés en un seul point, le *pli progerminatif (Vorkeimfalte)*, et constitue à la surface du testicule une bande saillante, blanchâtre, que nous avons déjà décrite à propos de la structure de la glande mâle. C'est au niveau de cette bande que se font les nouvelles invaginations d'ovules, lorsque l'épithélium s'est atrophié à la surface du testicule.

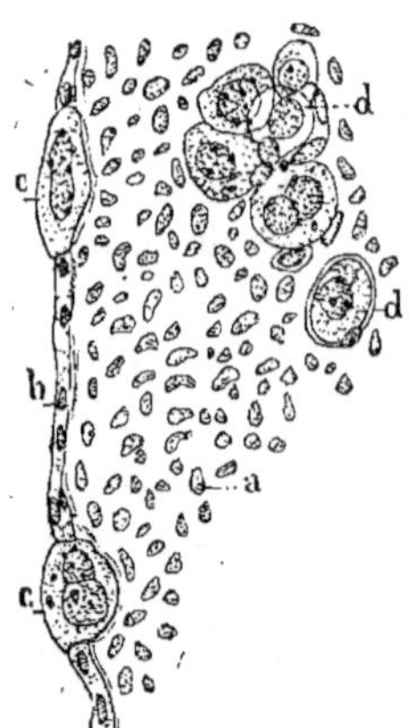

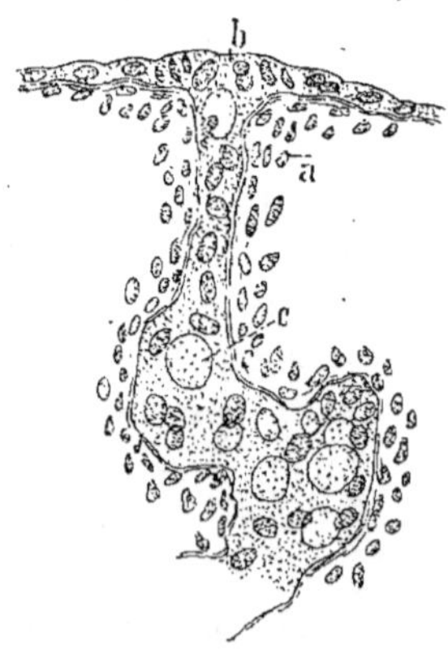

Fig. 114. — Coupe du testicule d'un embryon d'*Acanthias* de 25 centimètres. *a*, stroma, *b*, épithélium ; *c, c*, ovules primitifs placés dans l'épithélium ; *d, d*, ovules primitifs invaginés dans le stroma et en voie de multiplication. (D'après Semper.)

Fig. 115. — Coupe du testicule d'un jeune mâle de *Squatina vulgaris*, montrant l'invagination de l'épithélium dans le stroma. *a*, stroma ; *b*, épithélium du testicule; *c*, tube de Pflüger contenant des cellules épithéliales et plusieurs ovules primitifs. (D'après Semper.)

La migration des ovules dans le stroma sous-jacent commence plus tôt chez le mâle que chez la femelle : on l'observe déjà sur des embryons d'*Acanthias* de 6 centimètres de longueur. D'autres espèces, comme les *Squatina*, ne possèdent pas d'ovules dans l'épithélium germinatif; celui-ci s'invagine dans le stroma du testicule sous forme de cordons, dans l'intérieur desquels apparaissent des ovules par différenciation des cellules épithéliales.

Les cordons ou les tubes de Pflüger mâles invaginés se segmentent, et donnent naissance aux ampoules testiculaires. formées, comme les follicules ovariens, par un ovule central entouré de cellules épithéliales.

Chez les Vertébrés supérieurs, les canalicules séminifères sont des formations permanentes, qui persistent pendant toute la durée de la vie et produisent continuellement des spermatozoïdes. Les ampoules testiculaires des Plagiostomes n'ont, au contraire, qu'une existence temporaire; dès qu'elles ont donné naissance à une génération de spermatozoïdes elles s'atrophient et disparaissent, et il faut que de nouvelles ampoules viennent les remplacer. C'est pour cette raison que l'épithélium germinatif persiste au niveau de la bande blanchâtre pendant toute la vie, et constitue une source de nouvelles ampoules.

Les ampoules testitulaires des Plagiostomes ont la plus grande analogie avec les follicules de l'ovaire, non-seulement par leur structure, mais encore par leur mode d'évolution; comme ces derniers. en effet, l'ampoule s'atrophie après avoir émis son contenu.

Les vaisseaux excréteurs du testicule des Plagiostomes proviennent, comme nous l'avons déjà dit, du rein, qui est le corps de Wolff permanent, et ne sont que des organes segmentaires transformés. Cependant Semper admet que le canalicule qui met en rapport l'ampoule spermatique avec le système excréteur, n'est qu'un prolongement de cette ampoule. Je crois qu'il y a là une erreur, et que le canalicule appartient également au système excréteur, comme me l'ont démontré mes recherches sur les Mammifères.

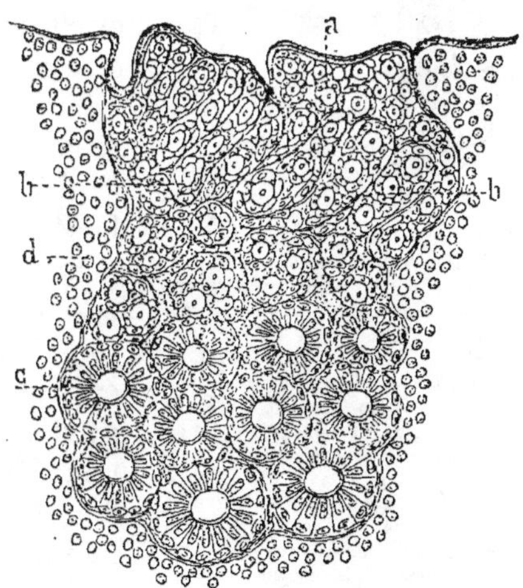

Fig. 116. — Coupe à travers la région des jeunes ampoules du testicule d'une Raie adulte. *a*, ovules primordiaux entourés de cellules épithéliales : *b, b*, tubes de Pflüger mâles ; *c*. jeunes ampoules séminifères montrant les bourgeons ovulaires radiés conjugués avec les cellules épithéliales ; *d*, stroma.

Le développement de l'organe mâle des Amphibiens est peu connu, et les travaux de Rathke et de J. Müller sur ce sujet ne sont plus à la hauteur de la science moderne. Les recherches de Wittich (1), malgré leur importance, sont antérieures aux investigations qui ont si profondément modifié nos idées sur la constitution et le développement de l'appareil urogénital des Vertébrés.

Nous savons, par les travaux de Gœtte (2) et de Fürbringer (3), que chez les Amphibiens la glande sexuelle apparaît, comme chez tous les Vertébrés, sous forme d'une bande située de chaque côté du corps et renfermant de jeunes ovules primordiaux. Pour l'ovaire, Waldeyer a montré qu'il y avait ultérieurement invagination des ovules dans le stroma sous-jacent.

Selon Wittich, le testicule se présenterait d'abord à l'état de glande femelle et ne renfermerait que de jeunes ovules. Bientôt apparaît dans la partie dorsale de la glande, en rapport avec le rein, un organe tubulaire qui émet une série de prolongements dans la substance de la glande génitale. Ces prolongements, qui ont d'abord la forme de sacs, s'allongent et constituent les canalicules séminifères et les vaisseaux efférents. Pendant le développement de ces derniers, les grandes cellules qui composaient primitivement la glande se trouvent de plus en plus refoulées vers la périphérie, où elles constituent d'abord une couche plus ou moins épaisse, mais qui finit par s'atrophier complétement. Quant à l'organe tubulaire, origine des canalicules séminifères, il sert à relier les uns aux autres les vaisseaux efférents et représente le canal longitudinal du *rete testis*, qui est placé le long du bord interne du rein chez les individus adultes.

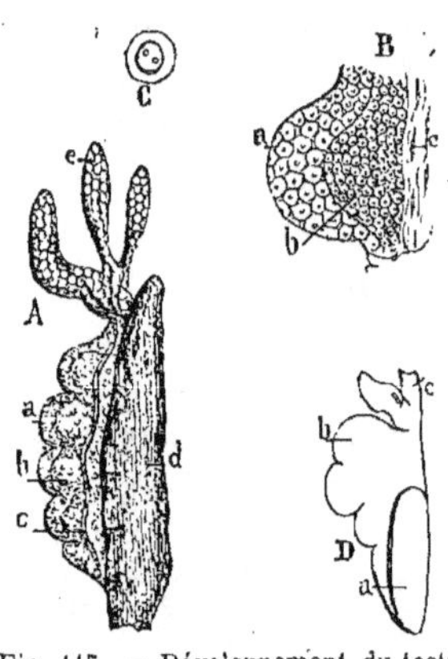

Fig. 117. — Développement du testicule chez le *Bombinator*. A, glande génitale et rein d'une larve encore dépourvue d'extrémités antérieures. *a*, couche cellulaire périphérique de la glande sexuelle (ovaire rudimentaire); *b*, masse centrale formée par le rudiment du testicule et ayant pour origine l'organe tubulaire *c*; *d*, rein; *e*, corps graisseux. B, portion plus grossie de la glande sexuelle. *a*, couche périphérique de jeunes ovules; *b*, petites cellules testiculaires; *c*, mésorchium. C, un des ovules de la couche périphérique. D, glande génitale à la fin de la période larvaire *a*, testicule; *b*, ovaire rudimentaire; *c*, corps graisseux. (D'après von Wittich.)

Chez le Crapaud, les petites cellules n'apparaissent que dans la partie inférieure de la masse de jeunes ovules; la partie supérieure conserve la structure qu'elle avait au début et constitue l'ovaire rudimentaire ou organe de Bidder. Cet organe est très-déve-

(1) WITTICH, *Zeitschr. f. wiss. Zoologie*, IV, 1853.
(2) GŒTTE. *Entwicklungsgeschichte der Unke*, 1875.
(3) FÜRBRINGER, *Morphologisches Jahrbuch*, IV, 1878.

loppé chez le jeune Crapaud et possède un volume beaucoup plus grand que le testicule ; plus tard, il lui devient égal ou inférieur. Chez le *Bufo vulgaris*, l'ovaire rudimentaire persiste pendant toute la vie, tandis que chez les *B. variabilis* et *calamita* il s'atrophie à l'âge adulte et se réduit à une mince couche pigmentée coiffant l'extrémité antérieure du testicule (Wittich).

Nous ne possédons, en réalité, que peu de données sur l'origine première des canaux excréteurs du testicule des Amphibiens. Ces canaux sont probablement produits, comme ceux des Plagiostomes, par un bourgeonnement des canalicules urinaires ou organes segmentaires du rein sexuel, qui se mettent ensuite secondairement en communication avec les tubes ou les vésicules séminifères du testicule.

Le développement du testicule des Reptiles ne nous est connu que depuis les recherches de Max Braun (1). L'étude de ce développement est d'autant plus importante qu'elle jette un jour nouveau sur la formation de la glande mâle des Vertébrés supérieurs, qui, comme les Reptiles, possèdent une allantoïde et un amnios, et dont l'appareil urogénital a la même constitution.

Nous avons déjà vu la première apparition de la glande sexuelle lorsque nous nous sommes occupés de l'évolution de l'ovaire. La migration des ovules primordiaux dans le stroma sous-jacent à l'épithélium germinatif marque le terme de l'indifférence sexuelle. En même temps que se produit cette invagination, les cordons segmentaires, dont nous avons déjà étudié l'origine, s'avancent dans l'intérieur du pli germinatif et les ovules pénètrent dans leur intérieur. Chez le mâle, les cordons segmentaires, d'abord pleins dans le groupe des Sauriens, se creusent d'une cavité et deviennent des canalicules séminifères qui se ramifient.

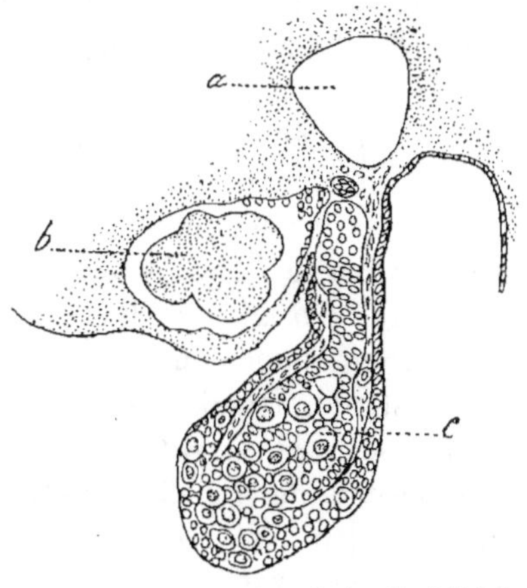


Fig. 118. — Coupe transversale du pli génital d'un embryon d'Orvet de 19 millimètres ; *a*, veine cardinale ; *b*, glomérule de Malpighi ; *c*, cordon segmentaire placé dans le pli génital et dans lequel les jeunes ovules ont émigré. (D'après Max Braun.)

Dans le testicule des Ophidiens, les cordons apparaissent d'emblée comme des canaux. L'épithélium germinatif s'atrophie à la surface du testicule.

(1) BRAUN, *Das Urogenitalsystem der einheimischen Reptilien*, in *Arbeiten aus dem zool. zool. Institut in Würzburg*, IV, 1877.

La description de Braun n'est pas très-nette ; il semble, d'après lui,
que le canalicule séminifère entier soit une émanation du corps de
Wolff. Il y a là très-probablement une erreur d'observation. Dans chaque
tube séminifère, il faut distinguer deux portions : l'une, périphérique,
qui vient de l'épithélium germinatif, et qui est la portion glandulaire,

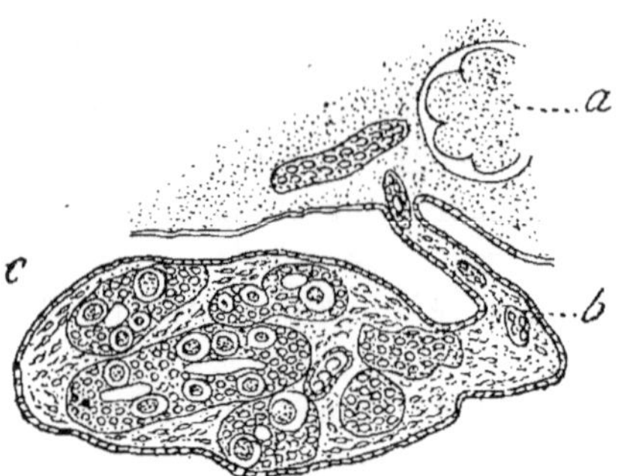

Fig. 119. — Coupe transversale du testicule d'un embryon d'Orvet complétement développé ; *a*, glomérule de Malpighi ; *b*, mésorchium ; *c*, testicule montrant la coupe de plusieurs canalicules séminifères contenant des ovules primitifs. (D'après Max Braun.)

celle qui produit les éléments
spermatiques ; l'autre, centrale,
qui vient du corps de Wolff, et
qui est la portion conductrice. Du
reste, Braun admet lui-même que
les éléments émigrés de l'épithélium germinatif, c'est-à-dire les
ovules primordiaux et les cellules
péritonéales, ne se mêlent aux
cellules propres des cordons segmentaires que dans la portion de
ceux-ci destinée à devenir la partie
glandulaire des tubes séminifères, tandis que la partie conduc-
trice n'en renferme pas. Pour être tout à fait dans le vrai, Braun
aurait dû considérer ces deux portions comme nettement séparées au
point de vue de leur origine, et ne faire provenir les éléments glandulaires que de l'épithélium germinatif seul.

Mes recherches personnelles sur le développement du testicule et de
l'ovaire chez les Mammifères m'ont en effet démontré qu'il existe toujours deux parties très-distinctes dans la glande sexuelle : une portion
glandulaire, d'origine épithéliale, et une portion évacuatrice formée
par un bourgeonnement des tubes du corps de Wolff. Cette dernière
portion est rudimentaire et s'atrophie chez la femelle, tandis que chez
le mâle elle forme le *rete testis* et les canalicules droits. Ceux-ci sont
bien différents des canalicules séminifères proprement dits, car ils s'en
distinguent par leur calibre et leur structure, ainsi que par la manière
dont ils se comportent en présence des réactifs colorants.

Lorsqu'on traite des coupes de testicules de jeunes animaux, de Chat
nouveau-né par exemple, d'abord par le carmin, puis par le vert de
méthyle, on voit les tubes séminifères et les canaux excréteurs se colorer d'une manière différente (voy. pl. VI, fig. 1 et 2). Le vert de méthyle possède, en effet, la propriété d'agir plus spécialement sur les
éléments de tissu conjonctif et les éléments qui se rapprochent le plus
du type embryonnaire. Sous l'influence successive du carmin et du vert
de méthyle, la portion glandulaire des canaux séminifères se colore en

rose, la portion conductrice se colore en bleu ou en vert. On voit les tubes bleus venant du corps de Wolff former, au centre de la glande, un réseau qui envoie des prolongements vers chaque tube rose. Chacun de ces prolongements est terminé en cul-de-sac, de sorte qu'au point de rencontre des deux tubes il existe d'abord une cloison formée de deux membranes, l'une appartenant au tube excréteur, l'autre au tube séminifère. La communication entre les deux conduits ne se fait que plus tard par résorption de leur paroi commune, et le tube droit paraît former alors la continuation directe du canalicule contourné (voy. fig. 79, p. 167). Tous les anatomistes, en effet, jusqu'à Mihalcovics (1873), l'ont considéré comme la portion par laquelle le canalicule séminifère se termine dans le corps d'Highmore et lui ont attribué les mêmes propriétés sécrétoires qu'à la portion contournée. Mihalcovics, le premier, a montré que le tube droit avait une structure complétement différente du tube contourné et ne remplissait par rapport à celui-ci que les fonctions d'un canal excréteur. Cette opinion est pleinement confirmée, comme nous venons de le voir, par l'origine différente des deux conduits, le tube contourné provenant de l'épithélium de la glande mâle, tandis que le tube droit est une émanation du *rete testis*, c'est-à-dire des canalicules du corps de Wolff.

# VINGT ET UNIÈME LEÇON.

Spermatogénèse chez les Vertébrés. — Historique : R. Wagner, Kœlliker, Henle, etc. — Spermatogénèse chez les Plagiostomes : Hallmann, Lallemand, Vogt et Pappenheim, Bruch. — Recherches de Semper. — Spermatogénèse chez les Amphibiens : Kœlliker, Ankermann. — Recherches de la Valette Saint-George et de Neumann. — Spermatogénèse chez les Poissons osseux, les Reptiles et les Oiseaux.

Après avoir étudié la structure et le développement du testicule, nous avons à examiner quelle est l'origine du liquide séminal et des corpuscules solides qu'il renferme. Les corpuscules solides proviennent du testicule lui-même ; quant au liquide, s'il en est produit dans les tubes séminifères, la plus grande partie vient des glandes annexes de l'appareil génital : glandes de Cowper, prostate, utricule prostatique, vésicules séminales, etc. L'épididyme est-il un simple canal excréteur ou bien sert-il en même temps à sécréter une partie du liquide séminal ?

Le canal épididymaire possède une tunique externe fibreuse et une tunique formée de fibres musculaires lisses. Il est tapissé intérieurement de longues cellules à cils vibratiles. Kœlliker et Henle ont signalé au-dessous de cet épithélium une couche de petites cellules arrondies, qui sont peut-être de nature glandulaire. On croyait autrefois que l'épididyme était peu vasculaire, mais Mihalcovics, en 1873, a vu, au contraire, que ce canal était très-riche en vaisseaux ; il a trouvé un réseau artériel et veineux dans la tunique fibreuse du canal, et un autre réseau capillaire à mailles très-serrées à la base de l'épithélium (1). Cette disposition des vaisseaux rappelle celle qui existe dans le follicule de Graaf ; nous avons vu, en effet, qu'il y avait un réseau dans la tunique fibreuse et un autre très-riche dans la tunique interne. Cette abondance de vaisseaux dans l'épaisseur de l'épididyme tendrait à prouver que ce canal est un organe de sécrétion.

Avant de commencer l'étude de la spermatogenèse, il est utile, je crois, de faire un court historique de cette importante question.

C'est à Rodolphe Wagner (2) que l'on doit les premières notions sur

---

(1) Mihalcovics, *Berichte d. math.-phys. Classe der Kœnigl. Sæchs. Gesell. d. Wissenschaften*, 1873.

(2) R. Wagner, *Müller's Archiv*, 1836.

le développement des spermatozoïdes. Il a observé, dans le testicule de Passereaux, des globules granuleux et des vésicules plus ou moins volumineuses renfermant des granulations. A un certain moment, les globules contenus dans les vésicules se désagrégent et forment une masse granuleuse commune, dans laquelle on voit apparaître de petites lignes parallèles, qui sont les spermatozoïdes ; ceux-ci se disposent en un faisceau, la vésicule s'allonge, se rompt à l'une de ses extrémités, et les spermatozoïdes sont mis en liberté.

Dix ans plus tard, en 1846, Kœlliker(1) publia de nouvelles recherches sur le développement des corpuscules séminaux. Il admit trois sortes d'éléments dans les canalicules séminifères : des cellules simples à un seul noyau, des cellules plus grandes, *cellules mères*, renfermant de petites cellules filles, et des vésicules, *kystes spermatiques*, contenant des noyaux libres. Les spermatozoïdes naissent par génération endogène dans chaque noyau des cellules ou des kystes, par suite de la transformation du contenu de ces noyaux. Les noyaux se rompent, les spermatozoïdes sont mis en liberté dans l'intérieur de la cellule et s'y disposent en faisceaux.

Déjà antérieurement, en 1841, Kœlliker avait étudié la genèse des spermatozoïdes chez les Invertébrés et s'était élevé contre l'animalité de ces corpuscules, admise généralement à cette époque.

Kœlliker reprit la question en 1856 (2) et apporta une modification importante à ses premières conclusions. Il fit provenir le spermatozoïde de la transformation du noyau tout entier, tandis que dans son travail de 1846 il le faisait apparaître dans l'intérieur du noyau. Primitivement le noyau est rond ; il s'allonge bientôt, s'aplatit et se montre composé de deux parties, une partie antérieure plus dense et sombre, une partie postérieure plus petite et plus pâle. Cette dernière s'allonge et donne naissance à un filament, qui s'accroît au fur et à mesure que la partie claire diminue ; elle finit par disparaître, la partie sombre devient la tête du spermatozoïde, le filament en est la queue. Cette transformation se produit dans l'intérieur des kystes spermatiques ou dans les cellules isolées. Au commencement, le spermatozoïde est enroulé dans la cellule, puis il tend à se dérouler par un effet de ressort produit par le filament. La cellule se rompt et le spermatozoïde est mis en liberté. Souvent il reste coiffé des débris de la membrane cellulaire pendant un certain temps. Quelquefois des parcelles du protoplasma de la cellule demeurent adhérentes au filament caudal. Dujardin avait déjà reconnu ce fait et

(1) Kœlliker, *Denkschrift. der schweiz. naturf. Gesellsch.*, VIII, 1846.
(2) Kœlliker, *Zeitschr. f. wiss. Zoologie*, VII, 1856.

avait vu que ces gouttelettes de protoplasma venaient de la cellule dans laquelle le spermatozoïde s'était formé.

Kœlliker décrit de la même façon la genèse des spermatozoïdes chez les Mammifères, les Oiseaux et les Batraciens. Mais, chez la Grenouille, il a vu que dans les kystes spermatiques il y avait toujours un des noyaux qui ne se transformait pas en spermatozoïde ; il a retrouvé ce noyau à l'extrémité de chaque faisceau spermatique déroulé. Kœlliker n'a pu interpréter ce fait, ni découvrir l'origine de ce noyau. Nous verrons bientôt quelle est la signification de ce corps dont l'existence est constante.

La théorie de Kœlliker a été presque unanimement acceptée, et c'est encore la seule que l'on rencontre dans la plupart des ouvrages classiques d'histologie. Cependant Henle (1) a nié l'existence des kystes spermatiques et a montré qu'ils étaient produits artificiellement. Suivant lui, ils résultent de l'agrégation de plusieurs cellules dont la masse s'entoure d'une matière albumineuse exsudée, produite par l'action des liquides dans lesquels on dissocie les éléments des tubes séminifères.

D'un autre côté, Reichert (2), Leuckart (3), Ankermann (4), Funke (5), ont soutenu que les corpuscules spermatiques ne sont pas des noyaux, mais des cellules transformées ; que leur formation n'est pas intranucléaire, mais intracellulaire. Cette objection fut corroborée par les recherches de Schweigger-Seidel (6), qui trouva dans le spermatozoïde les différentes parties d'une cellule vibratile.

On a nié aussi l'enroulement en spirale de la queue dans les cellules de développement et l'on montra que cet effet était dû à l'action des liquides. Kœlliker employait dans ses recherches une solution saline à 0,5 pour 100, qui était beaucoup trop faible et agissait comme l'eau pure. Ankermann a vu qu'avec des solutions salines suffisamment concentrées ou avec de la salive on n'observe pas d'enroulement des spermatozoïdes, et que les faisceaux spermatiques sont droits et étendus.

Depuis que les histologistes ont étudié la structure du testicule au moyen de coupes faites à travers l'organe durci, on a reconnu que les spermatozoïdes se développent d'une façon très-différente de celle que l'on admettait il y a quelques années : la théorie de Kœlliker n'est plus soutenable aujourd'hui.

(1) Henle, *Handbuch der Eingeweidelehre*, 1866.
(2) Reichert, *Müllers Archiv*, 1847.
(3) Leuckart, Art. *Zeugung*, in *R. Wagner's Handwœrterbuch der Physiologie*, IV, 1853.
(4) Ankermann, *Zeitschr. f. wiss. Zool.*
(5) Funke, *Lehrbuch der Physiologie*, II, 1866.
(6) Schweigger-Seidel, *Arch. f. mikrosk. Anat.*, I, 1865.

Pour avoir une idée exacte de la spermatogenèse, il convient de l'étudier successivement dans les différents groupes de Vertébrés, en commençant par ceux dont l'organisation du testicule est la moins compliquée, c'est-à-dire par les Plagiostomes.

Nous connaissons déjà la structure du testicule des Plagiostomes, et nous savons que chaque ampoule ne produit qu'une seule génération de spermatozoïdes ; ce fait est très-favorable pour l'étude du développement des corpuscules séminaux. Dès 1840, Hallmann (1) avait étudié la spermatogenèse chez les Poissons cartilagineux ; puis vinrent les travaux de Lallemand (2), de Vogt et Pappenheim (3), de Bruch (4) et enfin de Semper (5).

Hallmann, qui le premier a reconnu les cellules épithéliales des ampoules chez la Raie, faisait naître les spermatozoïdes par faisceaux dans l'intérieur de grandes vésicules ou cellules formant le contenu des ampoules. La description de Lallemand n'est ni plus complète ni plus exacte.. Il croyait que chaque spermatozoïde se développait isolément dans une vésicule, qu'il était mis en liberté par la rupture de la paroi de la vésicule formatrice et se réunissait aux spermatozoïdes voisins pour former avec eux des faisceaux qui ensuite s'engageaient dans les conduits excréteurs.

Vogt et Pappenheim ont émis une singulière opinion ; ils ont cru que les granulations de la *substance crayeuse* (stroma) du corps épigonal formaient, en certains points, des amas qui se transformaient en petits groupes de cellules. Chacun de ces groupes s'entourerait d'une membrane, se creuserait à son centre et deviendrait une vésicule mère de spermatozoïdes.

Bruch regarde l'épithélium comme l'élément essentiel de l'ampoule. Au moment de la reproduction, les cellules épithéliales deviennent le siège d'une végétation active par suite de laquelle l'ampoule se remplit de cellules pressées les unes contre les autres. Alors les noyaux se multiplient dans ces cellules et chaque noyau donne naissance à un spermatozoïde. Celui-ci, d'abord enroulé dans le noyau, finit par se dérouler pendant que le noyau se détruit et se résout en une masse granuleuse qui entoure longtemps la tête du spermatozoïde. Ceux-ci, devenus libres, se réunissent en faisceaux parallèles. Enfin la cellule

(1) HALLMANN, *Müller's Archiv*, 1840.
(2) LALLEMAND, *Ann. des sc. nat.*, 2ᵉ série, XV, 1841.
(3) VOGT et PAPPENHEIM, *Ann. des sc. nat.*, 4ᵉ série, XII, 1859.
(4) BRUCH, *Etudes sur l'appareil de la génération chez les Sélaciens;* thèse de Strasbourg, 1860.
(5) SEMPER, *Das Urogenitalsystem der Plagiostomen;* Würzburg, 1875.

mère se flétrit elle-même et les écheveaux de spermatozoïdes deviennent libres dans l'intérieur de l'ampoule.

Viennent enfin les observations de Semper, beaucoup plus exactes et plus circonstanciées que celles de ses devanciers, mais contenant aussi, à mon avis, un certain nombre d'erreurs de fait et d'interprétation.

Dans le testicule d'un Plagiostome adulte, Semper admet trois zones assez nettement délimitées les unes des autres : 1° une zone des jeunes ampoules ou ampoules primitives, placée immédiatement autour du pli progerminatif; 2° une zone centrale, formée par des ampoules renfermant des spermatozoïdes en voie de développement; 3° une zone externe, placée à la base du testicule, composée d'ampoules vides et en voie de régression. Les jeunes ampoules de la première zone se forment aux dépens des cellules du pli progerminatif; elles ressemblent presque complètement à de jeunes follicules de Graaf, c'est-à-dire se composent de cellules périphériques entourant une cellule centrale plus grande (formée par un ovule primitif). Dans le cours du développement, l'ovule primitif est résorbé et l'ampoule acquiert par suite une cavité à son centre. C'est là tout le rôle que Semper fait jouer à la cellule centrale des jeunes ampoules. Sa véritable signification dans les phénomènes de la spermatogenèse des Plagiostomes lui a tellement échappé, qu'il dit que, dans certaines espèces (par exemple *Oxyrhina glauca*), le centre de l'ampoule est occupé dès le commencement par un bouchon gélatineux. Dans d'autres endroits de son travail, Semper appelle *ovules primitifs* de grandes cellules périphériques qui se trouvent au milieu de l'épithélium de l'ampoule. Quoi qu'il en soit de ces contradictions et de ces obscurités, voici comment Semper décrit les transformations du contenu des ampoules et la production des spermatozoïdes.

Après la disparition de la cellule centrale par résorption, les cellules périphériques s'allongent et leur noyau prend une forme étroite; puis, continuant à s'accroître, elles se transforment en grandes cellules claires, à noyau arrondi et granuleux. Les noyaux s'avancent vers l'extrémité centrale des cellules pendant que celles-ci prennent une forme cylindrique allongée. Bientôt, par un bourgeonnement répété du noyau, chaque cellule se trouve remplie d'une génération de noyaux nouveaux, dont le nombre peut s'élever jusqu'à soixante, et qui se disposent par rangées à peu près régulières dans l'intérieur de la cellule mère. Pendant la multiplication des noyaux apparaît à l'extrémité de la cellule qui touche à la paroi de l'ampoule un noyau particulier, que Semper appelle *noyau recouvrant* (*Deckzellenkern*), et dont il n'a pu découvrir le mode de formation. Chacun des noyaux contenus dans la cellule mère s'entoure d'une petite couche de protoplasma et il en résulte ainsi de nombreuses cellules filles qui sont, suivant Semper, les éléments aux dépens desquels se développent les spermatozoïdes et qu'il désigne sous le nom de *spermatoblastes*. Bientôt, en effet, le noyau du spermatoblaste se condense et forme un petit globule réfringent, qui s'allonge ensuite en un bâtonnet, d'abord flexueux, puis rectiligne, destiné à devenir la tête du spermatozoïde, tandis que le filament caudal est probablement formé par le protoplasma. Les filaments nés de la sorte dans une même cellule mère s'alignent parallèlement les uns aux autres et forment un faisceau composé de cinquante à soixante filaments. Ce faisceau est d'abord fixé par son extrémité céphalique sur le noyau périphérique ou *Deckzellenkern*, puis se place à côté de celui-ci, en contact avec la paroi de l'ampoule. Au moment de sa maturité, le faisceau spermatique se dissocie, les filaments tombent d'abord dans la cavité de l'ampoule, puis s'engagent dans les conduits excréteurs du testicule. Peu de temps avant la maturité des faisceaux spermatiques, chacun de ceux-ci porte sur son côté un corps particulier, semblable à un noyau ovale et réfringent, dont Semper ignore la nature et l'origine, et qu'il désigne sous le nom de *corps problématique*. Pendant que les ampoules se vident de leur contenu, elles se rétractent et sont, en même temps, de plus en plus comprimées par les ampoules circonvoisines en voie de développement. Les ampoules vides se remplissent peu à peu d'une substance réfringente et homogène, qui se dépose d'abord à leur périphérie, puis s'avance graduellement vers leur centre qu'elle finit par oblitérer complètement. Les vieilles ampoules, continuellement repoussées vers la base du testicule par de nouvelles ampoules en voie de développement, forment une couche qui s'épaissit progressivement avec l'âge. Cette couche finit même, chez quelques très vieux individus, par déborder le pli germinatif et la zone des jeunes ampoules, qui se trouvent ainsi plongés dans l'intérieur de la glande et entourés de tous côtés par une zone d'ampoules atrophiées.

Telle est la description que donne Semper de la formation des spermatozoïdes chez les Plagiostomes. Mes recherches personnelles, commencées en 1870, antérieures, par conséquent, à celles de Semper, m'ont permis de compléter et de rectifier, sur un grand nombre de points, les observations du savant professeur de Wurzbourg. Dans un mémoire présenté à l'Académie des sciences de Paris, en 1873, j'ai signalé la présence d'ovules comme éléments normaux du testicule des Plagiostomes adultes et des Vertébrés des autres classes, et j'ai fait connaître le rôle important joué par ces éléments dans la genèse des spermatozoïdes (1). Je vais présenter ici une description succincte des phénomènes de la spermatogenèse, tels que je les ai observés chez les Plagiostomes, en les étudiant sur des coupes des testicules durcis de ces Poissons.

Les plus jeunes ampoules testiculaires d'une Raie ou d'un Squale sont constituées comme de jeunes follicules ovariens. Elles se composent d'un ovule entouré de cellules épithéliales (pl. I, fig. 1 et 2). L'ampoule contient donc toujours un élément femelle (*o*) et des éléments mâles représentés par l'épithélium périphérique (*e*).

A un certain moment, l'ovule central commence à émettre, par différents points de sa surface, des bourgeons ou cellules filles. Celles-ci apparaissent d'abord comme de petites cellules rondes, mais en grandissant elles s'allongent vers la périphérie de l'ampoule et deviennent claviformes, l'extrémité la plus étroite restant en rapport avec la cellule mère

---

(1) L'extrait suivant du rapport sur mon travail fait par M. Milne Edwards à l'Académie des sciences, en 1874, démontre que j'avais déjà, à cette époque, reconnu l'existence d'ovules comme éléments constitutifs essentiels du testicule, de même que j'avais signalé antérieurement la présence d'éléments mâles dans l'ovaire :

« Dans le testicule, ainsi que dans l'ovaire, il existe, indépendamment du *stroma*, ou trame générale constituant la charpente de l'organe, deux sortes de cellules : les unes, libres et reconnaissables à leur volume, sont des ovules renfermant une vésicule de Purkinje ou son homotype ; les autres, plus petites, groupées autour de la précédente, forment par leur réunion une espèce de capsule (ou loge), dont les parois offrent les caractères propres aux tissus épithéliques.

« Les choses restent dans cet état pendant le jeune âge ; mais, à l'époque où l'activité fonctionnelle de l'appareil génital se manifeste, il n'en est plus de même. M. Balbiani a vu qu'alors des rapprochements, des soudures, des *conjugaisons* s'opèrent entre les ovules ou cellules centrales et les cellules périphériques ou pariétales, mais que le mode de groupement de ces parties élémentaires varie suivant la nature du produit à obtenir, et que ce produit est un ovule proprement dit, un ovule femelle renfermant un germe apte à devenir embryon, ou bien une vésicule spermagène, un œuf mâle destiné à fournir des spermatozoïdes, suivant que le travail physiologique a principalement son siège dans les cellules pariétales ou immédiatement autour de la cellule centrale.

« Dans le testicule ou dans la glande hermaphrodite, là où les spermatozoïdes doivent naître, les cellules pariétales, qui entourent la cellule ovulaire en voie de développement, se multiplient très rapidement, et constituent, autour de chacune de ces cellules centrales, une couche capsulaire qui s'accroît en même temps que la partie incluse. Celle-ci, c'est-à-dire l'ovule primordial, bourgeonne en grandissant, et émet par ce moyen une nouvelle génération de cellules secondaires qui sont disposées radiairement et s'avancent vers la couche périphérique ; puis chacune de ces cellules secondaires se soude à la cellule pariétale qui lui fait face, et il se forme ainsi un grand nombre de couples de cellules conjuguées, composés chacun de deux éléments génésiques distincts par leur origine. Or, chacun de ces couples devient alors le foyer d'un travail plus actif ; la cellule pariétale ou épithélique, en bourgeonnant, donne naissance à un nombre variable de cellules pédonculées, qui se multiplient à leur tour par scissiparité (ou division spontanée) et donnent ainsi naissance à une seconde génération de cellules dont chacune, en se développant, devient un animalcule spermatique. » (*Comptes rendus de l'Académie des Sciences*, séance du 28 décembre 1874.)

(pl. I, fig. 1 ; pl. III, fig. 1 et 2). Elles renferment un noyau de même
forme que la cellule et qui remplit presque complètement l'intérieur
de celle-ci. Chacun de ces bourgeons ovulaires se met en contact,
par son sommet, avec la cellule épithéliale placée vis-à-vis de lui
et paraît s'y souder intimement. D'autres bourgeons se forment successivement à la surface de la cellule centrale, qui finit ainsi par être
entourée d'une génération nouvelle de cellules filles disposées en
rayonnant autour d'elle. Pen-
dant ce temps, les cellules épithéliales se sont multipliées
elles-mêmes par division et, à
mesure que de nouvelles cellules ovulaires se produisent,
chacune de celles-ci s'allonge
et vient se fixer sur la cellule
épithéliale qui lui fait face. Il en
résulte que la cavité de l'ampoule se trouve bientôt remplie par un système rayonnant
de cellules filles qui s'étendent
du centre, occupé par la cellule
mère, vers la périphérie, où
sont placées les cellules épithéliales, auxquelles elles sont
intimement unies. Toutes ces
cellules, y compris l'ovule central, grandissent simultanément

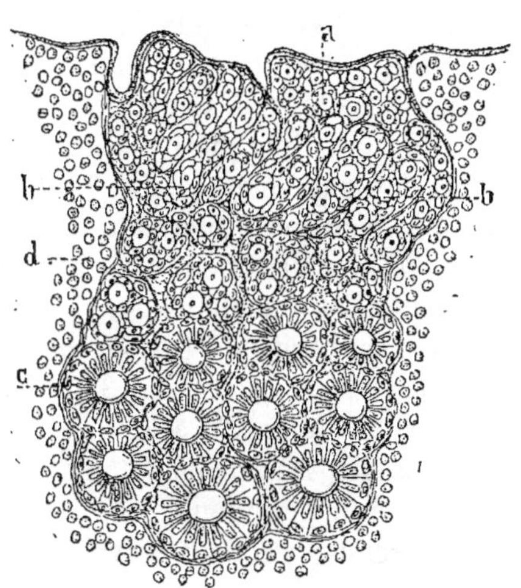

Fig. 120. — Coupe à travers la région des jeunes
ampoules du testicule d'une Raie adulte. *a*, ovules
primordiaux entourés de cellules épithéliales ; *b, b,*
tubes de Pflüger mâles ; *c*, jeunes ampoules séminifères montrant les bourgeons ovulaires radiés conjugués avec les cellules épithéliales ; *d*, stroma.

et déterminent ainsi l'accroissement de volume de l'ampoule qui les renferme. Chaque cellule ovulaire, avec la cellule épithéliale à laquelle elle
s'est unie, représente un couple formé de deux éléments conjugués, et
l'on peut comparer à une influence fécondatrice le contact exercé par
l'élément central sur l'élément périphérique, car, dès ce moment, ce
dernier devient le siège d'une abondante prolifération. Les cellules épithéliales bourgeonnent en effet à leur tour et émettent vers le centre de
l'ampoule un prolongement protoplasmatique, sorte de stolon qui produit sur toute sa surface de petites cellules filles, rattachées au stolon par
un pédoncule (pl. I, fig. 3, *sb* ; pl. III, fig. 3-6, *sb*). Ces amas de jeunes
cellules représentent les spermatoblastes de Semper, mais, ainsi qu'on
vient de le voir, ils se forment d'une manière entièrement différente de
celle décrite par cet auteur. On peut cependant leur conserver le nom
de *spermatoblastes* que Semper leur a donné.

L'origine du spermatozoïde ne réside pas dans le noyau, comme le croit Semper ; dans chaque petite cellule, à côté du noyau, on voit apparaître un petit corps réfringent, *globule céphalique*, résultant d'une condensation d'une partie du protoplasma, et qui est la première ébauche de la tête (pl. III, fig. 7). Le globule céphalique s'allonge en un bâtonnet qui pousse un filament vers le centre de l'ampoule. Le spermatozoïde est ainsi constitué dans la cellule pédonculée, dont son filament caudal traverse la paroi.

Pendant que les cellules filles donnent naissance aux spermatozoïdes (pl. III, fig. 7-16), le stolon qui les porte se rétracte peu à peu, et bientôt toutes les têtes des spermatozoïdes se trouvent ramenées dans l'intérieur de la cellule mère épithéliale, d'où émerge un faisceau de spermatozoïdes parallèles (pl. II, fig. 3 et 4 ; pl. III, fig. 14-16). Après la mise en liberté des spermatozoïdes, il reste un trou rond dans la cellule mère, à côté du noyau ; c'est par ce trou que sortait le faisceau spermatique. On peut donner à ces cellules le nom de *cellules cratériformes*, par suite de l'aspect que leur donne cet orifice fait comme à l'emporte-pièce (pl. II, fig. 3 et 4, *t*).

Pendant ce temps, la cellule centrale de l'ampoule, l'ovule femelle, a peu à peu disparu ; d'abord le noyau et le nucléole, c'est-à-dire la vésicule et la tache germinatives de l'ovule, puis les bourgeons cellulaires qui de cette cellule s'étaient avancés vers les cellules épithéliales pour entrer en conjugaison avec elles. Mais les noyaux de ces bourgeons persistent ; ils subissent un phénomène de régression graisseuse et prennent un aspect réfringent qui permet de les reconnaître très-facilement et de les retrouver en rapport avec les faisceaux spermatiques. Ce sont les *corps problématiques* de Semper (pl. II, fig. 1-4, *no* ; pl. III, fig. 5, 6, 10, 14-17, *no*).

On voit, d'après ce qui précède, que le spermatozoïde provient de la conjugaison de deux éléments, un élément mâle et un élément femelle ; ce fait est probablement général, ainsi que nous le démontrera l'étude de la spermatogenèse chez les autres Vertébrés.


Les Amphibiens ont été l'objet d'un assez grand nombre de travaux au point de vue du développement des éléments spermatiques. La dimension de ces éléments et la disposition de la glande composée soit de tubes, soit d'ampoules assez larges, facilitent les recherches de ce genre.

En 1856, Kœlliker (1) avait établi pour les Amphibiens le même pro-

(1) Kœlliker, *Zeitsch. f. wiss. Zoologie*, VII, 1856.

cessus de développement des spermatozoïdes que pour les Mammifères
et les Oiseaux. Il avait vu dans le testicule des cellules à un seul noyau,
d'autres plus grandes à plusieurs noyaux, et des kystes spermatiques.
Il faisait provenir le spermatozoïde de la transformation du noyau tout
entier, et il avait remarqué, comme nous l'avons déjà dit, que l'un
des noyaux du kyste ne donnait pas naissance à des spermatozoïdes,
et persistait à l'extrémité de chaque faisceau spermatique. Ce noyau
avait été déjà signalé par Remak (1), qui, de même que Kœlliker, n'en
connaissait pas la signification.

Cette théorie de Kœlliker fut attaquée par Ankermann (2) qui faisait
provenir le spermatozoïde d'une cellule tout entière. Le noyau s'applique, d'après lui, contre la membrane, s'allonge en forme de bâtonnet,
et devient la tête ; la membrane cellulaire s'applique à la surface de la
tête et s'effile au-dessous d'elle pour former le filament caudal. Les cellules qui se transforment en spermatozoïdes sont isolées et proviennent
de masses granuleuses qui se segmentent comme des œufs. Le faisceau spermatique reste attaché par son extrémité à la masse granuleuse. Le fait important démontré par Ankermann, c'est que le spermatozoïde provient d'une cellule et non d'un noyau. Il prouva aussi que
l'enroulement de la queue des spermatozoïdes est dû à l'action de
l'eau ; avec d'autres réactifs, tels que la salive, l'eau salée suffisamment
concentrée, on ne voit jamais cet enroulement.

Les travaux les plus récents qui aient été faits sur la spermatogenèse
chez les Batraciens sont ceux de Neumann (3) et de La Valette Saint-
George (4).

La Valette Saint-George a examiné des préparations fraîches, et a
dissocié les éléments du testicule dans l'humeur aqueuse; il a fait aussi
des coupes sur des testicules durcis par l'acide osmique et la liqueur de
Müller, ou par l'alcool absolu. Contre la paroi interne des canalicules,
La Valette Saint-George a vu des cellules arrondies et des masses
proéminentes s'avançant vers l'intérieur du tube. Ces masses sont formées de cellules sphériques et sont recouvertes, dans leur partie sail-
ante, par deux membranes cellulaires. Les cellules de la membrane
externe ont un noyau avec un seul nucléole; celles de la couche externe
ont un noyau granuleux. Cette masse cellulaire est un *spermatocyste.*

Le point de départ du spermatocyste est un épithélium formé de cellules toutes semblables entre elles, qui revêt la surface interne du tube

(1) Remak, *Müller's Archiv*, 1854.
(2) Ankermann, *Zeitschr. f. wiss. Zoologie*, VIII, 1857.
(3) Neumann, *Archiv f. mikrosk. Anatomie*, XI, 1875.
(4) La Valette Saint-George, *Archiv f. mikrosk. Anatomie*, XII, 1876.

séminifère. Çà et là, quelques-unes de ces cellules prolifèrent et se multiplient par division ; les petites cellules qui en résultent s'étendent au-dessus d'une cellule voisine et forment la membrane externe du spermatocyste ou *membrane folliculaire*. La cellule centrale ainsi entourée est une *spermatogonie*.

Bientôt le noyau de la spermatogonie prolifère et donne naissance à plusieurs petits noyaux qui, s'entourant chacun d'une couche de protoplasma, constituent le *spermatocyste*.

Les cellules les plus externes du spermatocyste se disposent en une couche régulière au-dessous de la membrane folliculaire et forment la seconde enveloppe ou *membrane kystique*.

Chaque cellule du spermatocyste produit un spermatozoïde. Son noyau devient trouble et granuleux, son protoplasma présente des mouvements amiboïdes. Puis le noyau se condense et se transforme en un corpuscule réfringent qui devient la tête du spermatozoïde; en même temps, sur un point de la périphérie de la cellule naît un prolongement filiforme du protoplasma qui s'allonge peu à peu et produit le filament caudal.

Au moment de la maturité, les spermatozoïdes forment un faisceau contenu dans le spermatocyste, dont la membrane externe a disparu. La membrane interne finit par se rompre et le faisceau est mis en liberté. Dans quelques-unes de ses figures, La Valette Saint-George a représenté un noyau à l'extrémité du faisceau spermatique; il pense que c'est un noyau de la membrane interne qui a persisté en cet endroit.

Le travail de Neumann, antérieur à celui de La Valette Saint-George, renferme des résultats bien différents de ceux de ce dernier observateur.

Neumann a employé la dilacération du testicule dans un liquide réputé indifférent, le sérum iodé, et il a pratiqué des coupes sur des organes durcis par l'acide osmique. Il a vu deux sortes d'éléments : de petites cellules rondes, tantôt isolées, tantôt réunies en groupes, et des cellules plus grandes, fusiformes, à noyau ovalaire. Les petites cellules ont un noyau large et rond, et elles renferment peu de protoplasma; elles paraissent être le siége d'une division très-active.

Les cellules fusiformes sont divisées par leur noyau en deux parties très-inégales ; une plus courte et plus étroite, en forme de pédicule, une plus longue et plus large, ayant la forme d'un cylindre arrondi à son extrémité. Cette longue portion est tantôt composée de protoplasma homogène et transparent, tantôt présente une striation longitudinale plus ou moins marquée. Sur d'autres cellules enfin, elle est remplacée par un faisceau de filaments tantôt libres seulement à leurs extrémités, tantôt séparés les uns des autres dans toute leur étendue, c'est-à-dire jusqu'au noyau de la cellule. Ces cellules fusiformes pédonculées sont les *spermatoblastes* de Neumann.

A l'aide des coupes, Neumann a reconnu les rapports respectifs de ces éléments. Les cellules rondes forment plusieurs rangées à la paroi interne du canalicule ; les cellules fusiformes s'insinuent entre elles et se fixent à la paroi par l'extrémité un peu élargie de leur pédicule, tandis qu'elles dépassent la couche des cellules rondes de toute la longueur de leur prolongement central. Les cellules rondes constituent le véritable épithélium du tube séminifère ; elles donnent probablement naissance aux cellules fusiformes ou spermatoblastes par une simple modification de forme, et ces derniers, à leur tour, produisent les spermatozoïdes par une division ou fendillement longitudinal du protoplasma de leur portion élargie.

Ces spermatoblastes ont une grande ressemblance avec des éléments décrits par Kœlliker et Ankermann comme des faisceaux spermatiques en voie de régression. Neumann avait prévu cette objection, mais il prétend que ce qu'il a observé est bien une disposition normale ; cependant il a signalé lui-même dans le pédicule de ses spermatoblastes la présence de nombreux granules graisseux, ce qui indique bien un travail de régression. Mes recherches personnelles confirment celles de Kœlliker et d'Ankermann, et je regarde les prétendus spermatoblastes de Neumann comme des faisceaux de spermatozoïdes non expulsés du testicule et en voie de disparition.

Je n'hésite pas à considérer les observations de La Valette Saint-George comme se rapprochant beaucoup plus de la vérité que celles de Neumann. Mes observations personnelles confirment, en effet, presque complétement celles de cet auteur, mais je suis obligé de leur donner une interprétation toute différente. J'ai constaté, en effet, dans les

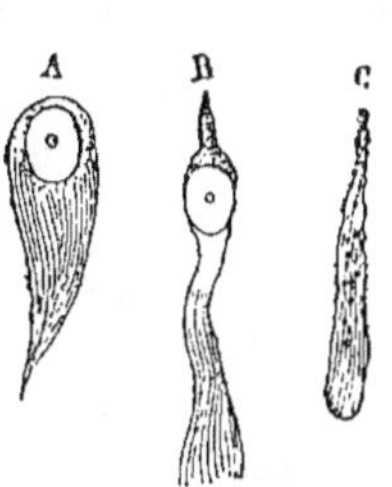

Fig. 121. — Faisceaux spermatiques de *Rana temporaria*, en voie de régression après l'accouplement.

les phénomènes de la spermatogenèse des Amphibiens la plus grande ressemblance avec ce que j'ai observé chez les Plagiostomes. Chez de très-jeunes Grenouilles, au moment où le têtard a pris ses quatre pattes (pl. IV, fig. 1), chez de jeunes Axolotls âgés de moins d'un an (fig. 4), on trouve tous les canaux du testicule remplis de petits groupes cellulaires fixés à leur paroi interne. Ces groupes sont constitués comme les plus jeunes ampoules du testicule des Plagiostomes. Ils se composent d'une grande cellule centrale, ronde et claire (*o*), et de petites cellules périphériques aplaties (*e*), appliquées à la surface de celle-ci. Les cellules centrales des différents groupes présentent tous les signes d'une multiplication active par division, tels que l'existence de deux nucléoles dans un même noyau, de deux noyaux dans une même cellule, l'étranglement plus ou moins marqué du corps de la cellule par son milieu (fig. 5, *a*, *b*). La cellule centrale correspond évidemment à la spermatogonie ou cellule séminale primitive de La Valette Saint-George, et les cellules périphériques à sa membrane folliculaire (*Follikelhaut*). Pour moi, ces groupes représentent des ovules primordiaux entourés de cellules épithéliales, par conséquent de jeunes follicules de Graaf mâles, analogues à ceux que nous avons constatés dans le testicule des Plagiostomes, où ils forment les plus jeunes ampoules. Chez les Amphibiens mâles adultes, on trouve encore çà et là, dans les canalicules séminifères, de ces jeunes follicules primitifs (pl. IV, fig. 3, x, *o*, *o*, *o*), mais à côté de ceux-ci on trouve, en rapport avec la paroi, d'autres groupes cellulaires arrondis, plus volumineux, et formant une saillie plus ou moins prononcée dans la cavité du canalicule. Ces groupes sont encore revêtus extérieurement par l'épithélium, comme les ovules primitifs, mais à la place de ceux-ci le centre du groupe est occupé par un amas de cellules rondes et claires, d'autant plus petites qu'elles sont plus nombreuses (fig. 3, *sb*). Ces amas cellulaires correspondent aux spermatocystes de La Valette, mais tandis que cet auteur les fait provenir de la multiplication de la spermatogonie primitive, je leur assigne une origine toute différente. Je les regarde comme produits par le bourgeonnement de l'une des cellules du follicule. Tandis que, en effet, chez les Plagiostomes, toutes les cellules épithéliales de l'ampoule testiculaire, fécondées par la cellule centrale, émettent un stolon qui se recouvre de cellules filles, chez les Amphibiens une seule cellule du follicule, celle qui est en rapport avec la paroi vasculaire du tube séminifère, et qui est par conséquent la mieux nourrie, est influencée par l'ovule primitif. Cette cellule épithéliale produit par bourgeonnement un groupe de cellules filles, qui sont portées par un pédoncule commun. Ce pédoncule est formé par un prolongement que le protoplasma de la cellule épithéliale envoie vers le centre du follicule naguère occupé par l'ovule disparu. Ce prolongement protoplasmique est extrêmement pâle et fragile ; il se détruit facilement dans les liquides employés pour durcir le testicule (alcool absolu, bichromate de potasse ou d'ammoniaque, etc. Il est, par conséquent, fort difficile à apercevoir, mais l'aspect piriforme des cellules filles, avec leurs pointes quelquefois visiblement dirigées vers le centre du follicule, indique suffisamment qu'elles sont nées par bourgeonnement d'un rachis ou stolon placé dans l'axe du follicule (fig. 3, x, z). Quant aux autres cellules épithéliales du follicule, elles se détruisent pendant la transformation des cellules séminales en filaments spermatiques, de sorte que ceux-ci deviennent de bonne heure libres dans la cavité du canalicule (fig. 3, y, z).

Dans chacune des cellules filles pédonculées ou spermatoblastes, la formation du spermatozoïde débute par l'apparition, à côté du noyau, d'un globule réfringent qui s'allonge en bâtonnet et devient la tête du spermatozoïde. En même temps, l'axe commun qui porte ces cellules subit une rétraction dans l'intérieur de la cellule-mère et les spermatozoïdes se placent parallèlement en un seul faisceau, comme chez les Plagiostomes. Quand on isole alors les éléments des tubes testiculaires par dissociation, on sépare des faisceaux de spermatozoïdes présentant à leur extrémité céphalique une cellule, qui n'est autre que la cellule mère épithéliale détachée de la paroi, et dont Remak et Kœlliker ont aperçu le noyau.

Il résulte de la description qui précède que je n'admets pas l'existence de la membrane interne du follicule ou *membrane kystique (Cystenhaut)* de La Valette Saint-George, membrane que cet auteur fait provenir de la fusion des cellules périphériques de l'amas cellulaire résultant, suivant lui, de la multiplication de sa

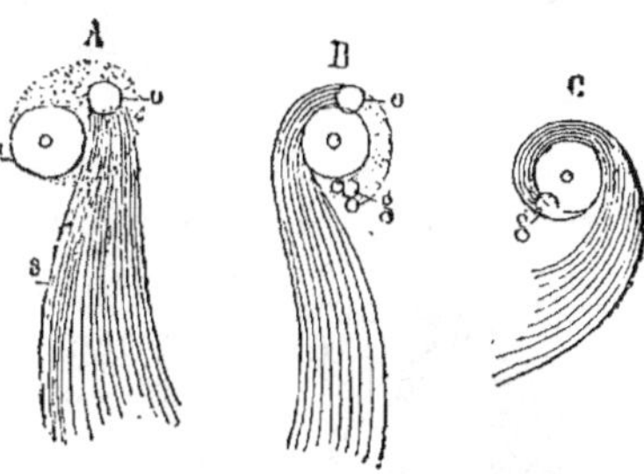

Fig. 122. — Eléments isolés du testicule de *Rana temporaria*. A, B, cellules épithéliales portant un faisceau de spermatozoïdes. s ; n, noyau de la cellule ; o, espace rond et clair (orifice ?) au point d'insertion du faisceau spermatique à la cellule épithéliale ; c, faisceau de filaments spermatiques enroulé à sa base autour du noyau de la cellule épithéliale ; g, globules graisseux.

cellule séminale primitive ou spermatogonie. Pendant toute son évolution, le follicule testiculaire n'a d'autre paroi que celle formée primitivement par les cellules épithéliales autour de l'ovule central, et qui, après la disparition de ce dernier, continue à entourer les cellules séminales ou spermatoblastes jusqu'au moment de leur transformation en spermatozoïdes. Cette paroi cellulaire unique répond à la membrane externe ou *membrane folliculaire (Follikelhaut)* de La Valette.

La présence, dans le testicule des Amphibiens jeunes et adultes, d'éléments femelles ou ovules représentés par les grandes cellules rondes des follicules primitifs, est encore démontrée par un fait qui s'observe quelquefois dans la glande mâle, chez des individus de tout âge. Il arrive assez souvent, lorsqu'on pratique des coupes de testicules de Grenouille ou de Crapaud, même parvenus à l'âge de reproduction, de trouver dans les tubes ou les ampoules séminifères des ovules anormalement développés, constitués identiquement comme les jeunes ovules transparents de l'ovaire de la femelle (pl. IV, fig. 1, *o'*). Ces ovules mesurent quelquefois jusqu'à 6 centièmes de millimètre de diamètre. Ils sont souvent mêlés à des faisceaux de spermatozoïdes mûrs ou en voie de développement (fig. 2, *o'*, *o'*, *o'*), absolument comme dans la glande hermaphrodite d'un *Helix* ou d'un Limnée on trouve les éléments mâles et femelles pêle-mêle dans un même cæcum glandulaire.

Chez les Oiseaux, les Reptiles et les Poissons osseux, les phénomènes qui accompagnent la spermatogenèse n'ont pas encore été étudiés d'après les données nouvelles qui résultent des observations sur le développement embryogénique des glandes sexuelles des Vertébrés. On en est encore, pour ces animaux, à la théorie de Kœlliker, qui n'est sans doute pas plus exacte pour eux que pour les Plagiostomes et les Amphibiens. Ainsi Owsjannikow, dans un travail publié en 1868 (1), admet que, chez le Saumon, les cellules épithéliales des canalicules séminifères sont disposées en deux ou trois rangées, dont les plus internes se remplissent à un certain moment de cellules filles et deviennent des kystes spermatiques. Chacune de ces cellules .filles se transforme en un spermatozoïde, le noyau devenant la tête et le protoplasma formant la queue.

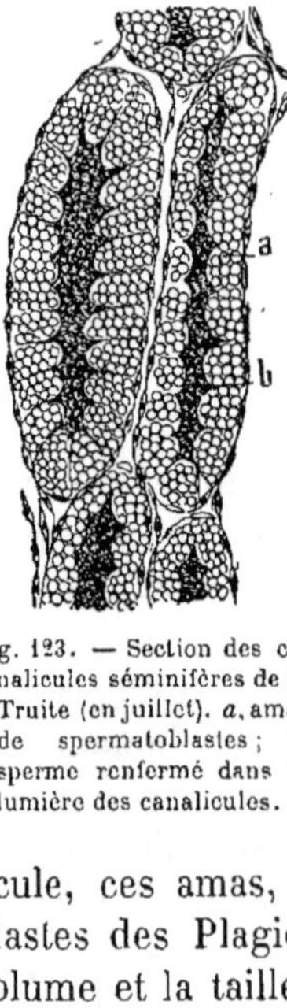

Sur des coupes du testicule durci de la Truite et d'autres Poissons osseux, j'ai observé, au contraire, une disposition des éléments intérieurs des canalicules qui offre une grande analogie avec celle que nous avons constatée chez les Plagiostomes et les Amphibiens. Lorsqu'on examine le testicule hors des époques de reproduction, on trouve toute la surface interne des tubes séminifères couverte d'amas cellulaires hémisphériques ou coniques, pressés les uns contre les autres et formant une saillie plus ou moins prononcée dans la cavité du tube. Dans chaque canalicule ou portion de canalicule, ces amas, qui sont évidemment les analogues des spermatoblastes des Plagiostomes et des Amphibiens, se ressemblent par leur volume et la taille des cellules qui les composent.

Celles-ci sont toujours fort petites (de $0^{mm}{,}003$ à $0^{mm}{,}006$ chez la Truite), et très nombreuses dans chacun des amas cellulaires. De plus,

Fig. 123. — Section des canalicules séminifères de la Truite (en juillet). *a*, amas de spermatoblastes ; *b*, sperme renfermé dans la lumière des canalicules.

(1) Owsjannikow, *Bull. de l'Acad. des sciences de Saint-Pétersbourg*, XII, 1868.

ceux-ci se désagrègent avec une extrême facilité par les manipulations qu'on fait subir aux préparations, et les petites cellules devenues libres se répandent dans toutes les parties du canalicule. Ces circonstances rendent fort difficile, chez les Poissons osseux, l'étude de l'évolution du testicule en rapport avec la sécrétion spermatique. Au moment du frai, les amas cellulaires des canalicules ont entièrement disparu et sont remplacés par des masses de spermatozoïdes très-petits, comme chez tous les animaux de cette classe, et qui obstruent tous les conduits de la glande. Il en résulte que, pour observer la disposition des spermatoblastes, il faut choisir le moment le plus éloigné possible des époques de reproduction pour chaque espèce de Poisson, par exemple, les mois du printemps et de l'été pour la Truite, qui fraye à la fin de l'automne et en hiver.

La Truite étant déjà apte à se reproduire dès l'âge de deux ans, on trouve, dans le cours du deuxième été, les canalicules séminifères entièrement remplis par des amas de spermatoblastes, mais il n'y a encore aucune trace de corpuscules séminaux mûrs ou en voie de formation.

Si nous remontons à une période moins avancée encore du développement de la glande mâle, vers l'âge de trois à quatre mois, l'animal n'ayant pas dépassé 4 à 5 centimètres, nous trouvons que les testicules sont constitués par deux filaments grêles, larges de $0^{mm},12$ au plus, qui commencent au niveau de l'extrémité supérieure de la vessie natatoire, et s'étendent le long du bord externe de celle-ci jusqu'à l'extrémité postérieure de la cavité abdominale. Dans toute la longueur de la glande jusqu'au point où le canal déférent s'en sépare pour continuer seul son trajet vers la partie postérieure, on remarque immédiatement au-dessous de la tunique péritonéale, de nombreux groupes cellulaires qui, au point de vue de leur composition, ont la plus grande analogie

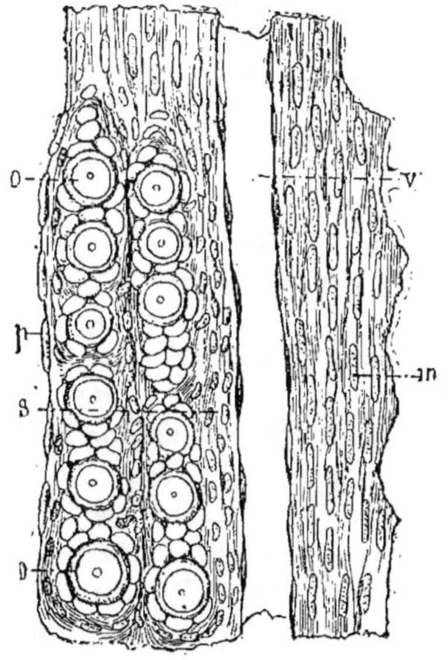

Fig. 124. — Portion antérieure du testicule d'une jeune Truite de quatre mois, montrant les cordons glandulaires composés d'ovules primordiaux, o, o, et de cellules épithéliales; s, stroma ; p, péritoine ; v, vaisseau ; m. mésorchium.

avec les cordons glandulaires, formés d'ovules primordiaux et de cellules épithéliales, de l'ovaire des jeunes Mammifères. La seule différence qu'ils présentent avec ces derniers, c'est qu'ils sont disposés parallèlement à l'axe du testicule, au lieu d'être dirigés, comme dans l'ovaire, perpendiculairement à la surface de la glande. Les cordons glandulaires sont surtout nombreux et pressés au bord libre du testicule ; ils deviennent de plus en plus rares sur les parties latérales, en remontant vers l'insertion du mésorchium. Les ovules primordiaux qu'ils renferment sont fort nombreux et paraissent être le siége d'une multiplication active par division. Ils sont beaucoup plus petits que les ovules les plus développés renfermés dans les ovaires des petites Truites femelles du même âge, car tandis que ceux-ci mesurent jusqu'à $0^{mm},07$ et au-delà, les ovules contenus dans la glande mâle n'ont qu'un diamètre de $0^{mm},015$ à $0^{mm},018$. D'une manière générale, l'ovaire est plus avancé dans son évolution que le testicule, chez les individus de même âge. Non-seulement il est plus gros que celui-ci, mais on y distingue déjà parfaitement la division du tissu ovigène en feuillets transversaux, telle qu'elle existe chez les Salmonides adultes, bien que les capsules ovigères ne fassent pas encore relief à la surface de ces replis lamelleux. Le testicule, au contraire, ne présente encore aucune trace de la structure tubulaire qu'il aura plus tard, à moins que l'on ne considère comme les origines des canalicules séminifères les tubes ou cordons glandulaires dont il vient d'être question, et encore ne témoigneraient-ils que d'un état extrêmement imparfait de la glande mâle (1).

Les recherches de Max Braun nous ont fait connaître la présence d'ovules primordiaux dans le testicule chez les embryons des Reptiles. Braun a retrouvé ces ovules dans les canalicules séminifères après la naissance et chez les jeunes de ces animaux ; mais jusqu'ici on n'a pas fait d'observations suivies pour reconnaître ce que deviennent les éléments femelles du testicule avec les progrès de l'âge et s'ils jouent un un rôle quelconque dans l'évolution des corpuscules spermatiques. Braun a supposé, d'après quelques faits incomplètement observés par lui chez le Lézard, que les petites cellules séminales que renferme le testicule de cet animal pendant l'été, au moment de la formation des spermatozoïdes, sont des produits de division des ovules primordiaux, lesquels ne

---

(1) Chez les jeunes du *Salmo Quinat*, de même âge à peu près que les petites Truites dont il est parlé ci-dessus, mais d'une taille double de celle de ces derniers, les groupes d'ovules mâles sont tellement nombreux et serrés, qu'ils forment comme une couche continue à la surface du testicule.

L'élevage de cette belle espèce de Salmonide de la Californie a été commencé avec un plein succès dans nos piscines du Collège de France, grâce à un envoi d'œufs fait à la Société d'acclimatation, par M. Spencer Baird, commissaire général des pêcheries des Etats-Unis.

forment plus alors qu'une seule rangée à la paroi des canalicules. Chez un Lézard vert adulte dont j'ai examiné les testicules en juin, les tubes séminifères ne renfermaient plus un seul ovule et leur contenu était exclusivement composé de petites cellules rondes, larges de $0^{mm},009$, disposées le long des parois sous forme d'amas arrondis, comme je viens de le décrire chez les Poissons osseux. Ces petits éléments, qui sont les spermatoblastes ou cellules de développement des corpuscules séminaux, proviennent-ils, comme le suppose Braun (1), de la prolifé-ration des ovules primitivement contenus dans les canalicules séminifères? Cela me paraît plus que douteux, si j'en juge par analogie avec les Plagiostomes et les Amphibiens, où, ainsi que nous l'avons vu, les spermato-blastes sont produits par la pro-lifération des cellules épithé-liales des canalicules et non des ovules, lesquels ne jouent dans le processus de la spermato-genèse qu'un rôle purement physiologique par l'excitation

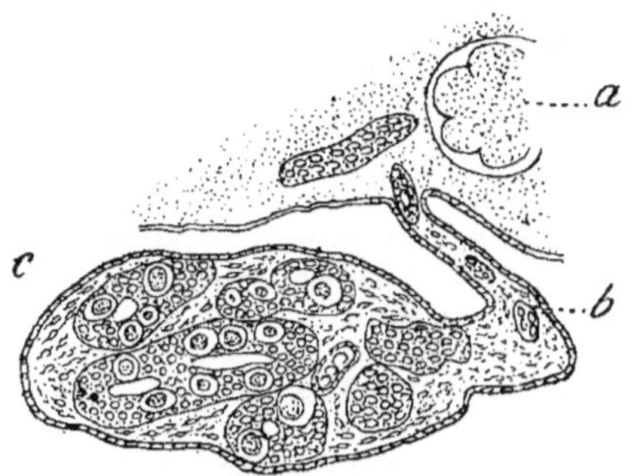

Fig. 125. — Coupe transversale du testicule d'un em-bryon d'Orvet complétement développé : *a*, glomé-rule de Malpighi ; *b*, mésorchium ; *c*, testicule mon-trant la coupe de plusieurs canalicules séminifères contenant des ovules primitifs. (D'après Max Braun.)

fécondatrice qu'ils exercent sur les éléments épithéliaux, dont ils pro-voquent la multiplication, sans prendre part eux-mêmes morpholo-giquement à la formation des corpuscules séminaux. L'étude des mêmes phénomènes chez les Mammifères, où j'ai pu observer directement la disparition des éléments femelles du testicule avant la formation des cellules de développement des spermatozoïdes, conduit à la même conclusion que les faits observés dans les classes inférieures des Ver-tébrés.

Nous connaissons moins parfaitement encore que chez les Reptiles la nature des éléments renfermés dans les tubes séminifères des Oiseaux complètement développés et leurs modifications au moment de l'activité sexuelle. Cependant c'est chez les Oiseaux que Waldeyer a signalé pour la première fois l'existence d'ovules dans le premier rudiment de la glande mâle des Vertébrés. Mais ces éléments n'ont pas été suivis dans les phases successives de l'évolution de l'organe et leur présence chez l'adulte est restée par conséquent problématique. Waldeyer lui-même

---

(1) Braun, *Das Urogenitalsystem der einheimischen Reptilien*, 1877.

supposait d'ailleurs, comme nous l'avons vu, d'après ses observations sur le Poulet, que les ovules primordiaux aperçus par lui dans l'épithélium germinatif chez l'embryon au quatrième jour, que ces ovules, disons-nous, disparaissaient ultérieurement avec l'épithélium qui les renfermait, et que les éléments glandulaires du testicule tiraient leur origine du corps de Wolff. Nous avons combattu cette manière de voir lorsque nous nous sommes occupés du développement de la glande mâle et avons montré la commune origine de celle-ci avec l'ovaire, savoir : l'épithélium germinatif de la glande encore à l'état d'indifférence sexuelle (1).

(1) Depuis la rédaction de ces lignes, j'ai réussi à voir d'une manière très nette les ovules primordiaux dans les canalicules séminifères chez un jeune Pigeon approchant de l'âge adulte. Le testicule, peu développé, ne renfermait pas de spermatozoïdes mûrs ou en voie de formation. Le contenu des tubes spermatiques se composait de deux sortes d'éléments, savoir : de cellules épithéliales longues et coniques, dont la pointe s'avançait jusque vers le milieu du conduit, et de cellules rondes placées çà et là entre les bases des précédentes et ayant tous les caractères de jeunes ovules. La préparation ayant été traitée par la méthode de la double coloration au moyen du picrocarminate et du vert de méthyle, les cellules épithéliales et les ovules tranchaient encore davantage par la coloration différente que les uns et les autres avaient prise. Les premières se présentaient avec la teinte bleue-verdâtre qu'elles prennent d'ordinaire dans les préparations des glandes génitales par le traitement indiqué, tandis que les ovules s'étaient colorés en rose, comme ils le font aussi généralement dans les mêmes circonstances. Je reviendrai sur ces éléments cellulaires du testicule et leurs transformations en m'occupant dans la prochaine leçon de la spermatogenèse chez les Mammifères, avec lesquels les Oiseaux présentent beaucoup d'analogie sous ce rapport.

## VINGT-DEUXIÈME LEÇON.

Spermatogenèse chez les Mammifères. — Historique : travaux de Kœlliker, de Henle, de
Merkel, de von Ebner, de Neumann et de Sertoli. — Éléments des canalicules séminifères du testicule chez l'embryon et les jeunes animaux. — Cellules épithéliales et ovules
primordiaux.

Il ne nous reste plus, pour terminer l'histoire de la sécrétion spermatique chez les Vertébrés, qu'à passer en revue les principaux travaux
qui ont été faits sur cette question chez les Mammifères, et à exposer
les résultats de quelques recherches personnelles que j'ai entreprises à
ce sujet.

Les premières observations dont nous ayons à nous occuper sont
dues à Kœlliker. Dans son mémoire de 1846, Kœlliker admettait
tout d'abord, comme nous l'avons déjà dit en étudiant la spermatogenèse en général, que le spermatozoïde prenait naissance dans
l'intérieur d'un noyau de cellule, par formation endogène. Plus tard,
en 1856, Kœlliker modifia sa manière de voir et fit provenir le spermatozoïde de la transformation du noyau tout entier. Cette théorie
est encore soutenue dans ses *Eléments d'histologie humaine*, dont la
seconde traduction française a paru en 1868. Il décrit, dans les canalicules spermatiques de l'Homme, une rangée de cellules polygonales d'apparence épithéliale placée contre la paroi. Ces cellules sont
le siége d'une prolifération active, par suite de laquelle elles donnent
naissance à de nombreuses générations de cellules filles qui sont de
plus en plus repoussées par les nouvelles générations naissantes vers
l'axe du canalicule. Les éléments les plus intérieurs sont les uns de
petites cellules à un seul noyau, d'autres des cellules plus volumineuses
à deux ou cinq noyaux, et enfin de grandes vésicules, ou vésicules
séminifères, contenant jusqu'à dix et vingt noyaux. Tous ces éléments
sont les véritables lieux de formation des corpuscules de la semence ;
à l'époque de la puberté, on les trouve à toutes les périodes de leur
transformation en filaments spermatiques. Il résulte de cette distri-
bution des éléments formateurs de la semence dans un même canalicule, que les phases de développement se suivent, d'après Kœlliker,
de la périphérie vers le centre ou l'axe du canalicule.

Henle avait remarqué, dès 1866 (1), un autre mode d'agencement des éléments intérieurs des canalicules séminifères chez l'Homme. Il constata que les cellules du canalicule ne sont pas disposées irrégulièrement, mais qu'elles forment des séries régulières dirigées suivant les rayons du conduit. Il a vu, de plus, que les spermatozoïdes ne se rencontrent pas seulement au centre du canalicule, mais qu'il y en a aussi dans les couches périphériques, en contact avec la paroi, et qu'ils forment des faisceaux dirigés transversalement ; la formation des spermatozoïdes se ferait donc sur place et non en s'avançant par un processus centripète vers l'axe du canalicule. De plus, Henle, admettant que la tête du spermatozoïde provient du noyau, attribue la production de la queue au protoplasma de la cellule.

Kœlliker a fait, depuis son mémoire de 1856, de nouvelles observations sur la manière dont le spermatozoïde se développe par transformation du noyau. On les trouve consignées dans la dernière édition de son *Handbuch der Gewebelehre*, 1867. Il a vu, chez le Taureau, que le noyau, en se développant, s'allonge d'abord à un de ses pôles en un tube délicat, qui se perfore ensuite d'une ouverture à son extrémité. Le filament caudal est une excroissance du contenu nucléaire, laquelle se montre dans l'intérieur du tube en question sous la forme d'un corpuscule conique, d'où naît ensuite le filament. La tête du spermatozoïde est alors coiffée par la membrane du noyau ; plus tard, celle-ci et son appendice en forme de tube se détruisent et le spermatozoïde se présente sous sa forme ordinaire.

En 1864, Sertoli (2), en pratiquant des coupes sur des testicules durcis par le sublimé corrosif, et en dissociant les éléments dans l'eau, découvrit des éléments qui n'avaient pas encore été décrits avant lui. Outre les grandes cellules arrondies que nous connaissons, il vit des cellules allongées qui se terminent, vers la paroi des canalicules, par une base élargie, épatée, et dont l'extrémité interne, dirigée vers l'axe du canalicule, est irrégulièrement divisée en ramifications ou lacérations plus ou moins nombreuses. Ces cellules peuvent s'anastomoser avec des cellules semblables par leurs ramifications et former un réseau dont les mailles renferment de grandes cellules. Sertoli a vu aussi ces éléments ramifiés flotter dans le liquide de ses préparations, mais il ne s'est pas rendu compte de ce qu'elles peuvent représenter ; il pensa qu'elles ne prennent aucune part à la formation des spermatozoïdes, et les appela simplement, d'après leur forme, *cellule ramificate*.

(1) Henle, *Handbuch der Eingeweidelehre*, 1866.
(2) Sertoli, *Il Morgagni*, 1864.

Merkel (1), en 1871, retrouva les cellules ramifiées de Sertoli sur des coupes du testicule durci de l'Homme. Il les représente comme formant, dans les canalicules, une sorte de charpente qui donne à ces dernières une structure d'apparence réticulée. Entre elles, ces cellules laissent des espaces dans lesquels on trouve les grandes cellules rondes. Merkel compare ces cellules ramifiées au tissu conjonctif des glandes lymphatiques et leur donne nom de *cellules de soutien (Stützzellen)*.

Pour Mihalkovics (2), les cellules ramifiées de Sertoli et les cellules de soutien de Merkel ne proviendraient que de la coagulation du liquide albumineux interposé entre les cellules rondes, coagulation résultant de l'action des réactifs durcissants. Mihalcovics commet une erreur en niant l'existence de ces éléments, car ils répondent à une disposition réelle. Les réactifs durcissants produisent bien une coagulation granuleuse du liquide des canalicules, mais il est impossible de confondre cette production artificielle avec les cellules ramifiées.

Tel était l'état de nos connaissances sur la structure intérieure des canalicules séminifères, lorsque, en 1871, V. von Ebner (3) fit paraître un important travail qui jeta un jour tout nouveau sur le mode d'origine des spermatozoïdes. Von Ebner choisit pour objet de ses recherches le Rat, qui avait déjà été recommandé par R. de Graaf pour l'étude de la structure du testicule. Les canalicules séminifères du Rat sont, en effet, très gros, car ils mesurent jusqu'à $0^{mm},40$ de diamètre. En outre, par leur grande taille et la forme caractéristique de leur tête (recourbée en crochet ou en hameçon), les spermatozoïdes sont bien visibles et ne peuvent être confondus avec d'autres éléments, tels que des noyaux de cellule par exemple.

Ebner a fait durcir les testicules dans la liqueur de Müller pendant plusieurs semaines et même plusieurs mois; puis dans l'alcool absolu, pendant vingt-quatre heures. Pour empêcher les éléments des canalicules, sans connexion entre eux, de tomber hors de la coupe, il a imprégné les pièces d'un mélange de cire fondue et d'huile. Puis, après avoir pratiqué des coupes, il les colora par l'hématoxyline et les observa dans la glycérine.

Suivant Ebner, la couche en rapport avec la paroi du canalicule n'est pas un épithélium véritable et régulier; elle est constituée par une substance protoplasmique réticulée, dans laquelle sont plongés deux sortes d'éléments, des noyaux et des globules granuleux. Ebner donne à

(1) MERKEL, *Archiv f. Anat. und Physiologie,* 1871.
(2) MIHALCOVICS, *Berichte d. math. — phys. Classe d. K. Sœchs. Ges. d. Wiss.,* 1873.
(3) V. VON EBNER, *Rollet's Untersuchungen aus dem physiol. Institute in Graz,* 2. Heft, 1871.

cette couche le nom de *réseau germinatif* (*Keimnetz*). Le bord interne du réseau germinatif est irrégulier, comme dentelé ; il s'en détache des prolongements qui s'avancent vers le centre du canalicule et se divisent à leur extrémité interne en digitations ou lobes, ordinairement au nombre de huit à douze. Ebner appelle *spermatoblastes* ces prolongements lobés ; ils représentent les *cellules ramifiées* de Sertoli, les *cellules de soutien* de Merkel. Dans chaque lobe du spermatoblaste se forme un spermatozoïde. On voit que le nom de *spermatoblaste* a été appliqué à des productions très-différentes. Pour Neumann, en effet, le spermatoblaste est une cellule, dont le protoplasma se divise en un faisceau de spermatozoïdes (Grenouille) ; pour Semper, c'est une cellule renfermant un grand nombre de noyaux (Plagiostomes) ; enfin Ebner désigne ainsi de simples prolongements protoplasmiques de la couche périphérique des canalicules (Rat).

Ebner décrit ainsi qu'il suit, le développement du spermatoblaste en spermatozoïde. On voit d'abord apparaître dans chaque digitation un globule brillant et arrondi, provenant d'une condensation du protoplasma, c'est l'ébauche de la tête. Puis le globule prend la forme d'un petit clou, et bientôt celle d'un petit crochet ; on reconnaît alors la tête en hameçon du spermatozoïde du Rat. A l'extrémité libre du lobe on voit ensuite pousser un filament qui sera la queue. Quant au segment moyen, il se forme dans l'intérieur du spermatoblaste, qui disparaît peu à peu en laissant ses débris autour de la partie moyenne du spermatozoïde. Bientôt le pédicule qui portait les spermatoblastes s'atrophie et les spermatozoïdes deviennent libres. Pendant ce temps, d'autres spermatoblastes se forment aux dépens du réseau germinatif, et repoussent les spermatozoïdes mûrs vers le centre du canalicule.

Quant aux globules granuleux contenus, outre les noyaux, dans la couche germinative, Ebner explique de la manière suivante leur origine et leurs transformations. Ces globules sont des éléments blancs du sang qui du dehors ont pénétré à travers les parois des canalicules jusque dans la couche germinative. Bientôt ils apparaissent dans l'intérieur des tubes séminifères ; là ils grossissent, perdent leur aspect granuleux et deviennent le siége d'une prolifération active. Les cellules filles de plus en plus petites qui en proviennent se transforment en globules albumineux et ceux-ci se dissolvent pour former la partie liquide du sperme, à laquelle Ebner attribue pour fonction de nourrir les spermatozoïdes. La prolifération de ces cellules se produit en même temps que la maturation des spermatozoïdes.

En résumé, d'après Ebner, il se passe dans le canalicule spermatique deux séries de phénomènes : 1° une végétation de la couche germinative vers l'intérieur du canalicule et une production de spermatozoïdes aux dépens de cette couche ; 2° une immigration de globules blancs du sang dans la couche germinative, leur multiplication dans le canalicule et leur transformation ultime en liquide albumineux.

Nous pouvons le dire dès à présent, autant la première partie des observations d'Ebner est exacte et a réalisé un grand progrès dans l'étude de la spermatogenèse, autant ses conclusions, quant aux cellules de la couche germinative, sont erronées. Ces cellules ne sont pas des globules blancs; elles ont une tout autre signification et une tout autre origine, comme nous le verrons bientôt.

Neumann (1), en 1875, a étudié aussi le testicule du Rat et est arrivé à des résultats dont les uns concordent avec ceux d'Ebner, tandis que d'autres en diffèrent totalement. Pour Neumann, la couche périphérique du canalicule n'est pas formée par une substance réticulée, mais bien par une couche de cellules très-régulières, un épithélium véritable et continu. Les cellules ont cependant une structure particulière qui a induit Ebner en erreur : leur protoplasma est amassé au centre autour du noyau et présente une apparence étoilée. Entre les prolongements rayonnants du protoplasma s'étend une mince couche de substance cellulaire; la forme des cellules elles-mêmes est très régulière, hexagonale, et leurs parties amincies sont produites par la pression exercée par les cellules rondes placées au-dessus.

Du milieu épaissi de chaque cellule épithéliale s'élève un prolongement protoplasmique qui s'avance vers le centre du canalicule. Ces prolongements correspondent aux spermatoblastes de von Ebner, et Neumann leur conserve ce nom. Ils ressemblent à des colonnes élancées reposant, par une base élargie, sur les cellules épithéliales. La partie qui représente le fût de la colonne n'est pas régulièrement cylindrique; mais présente des dépressions concaves séparées les unes des autres par des saillies en forme de pointes ou d'épines. Ces dépressions sont formées par les empreintes des cellules rondes placées dans les intervalles des spermatoblastes. Enfin à leur extrémité centrale, tournée vers l'axe du canal, ceux-ci sont divisés en lobes claviformes plus ou moins nombreux.

C'est dans l'intérieur de ces lobes que, suivant Neumann, se forment les spermatozoïdes. Il se produit d'abord, à la base de chaque lobe, une condensation nucléiforme du protoplasma, qui prend successivement la forme d'un globule réfringent, puis celle d'un clou et enfin d'un crochet, qui est celle de la tête du spermatozoïde mûr du Rat. De l'ex-

(1) NEUMANN, *Archiv f. mikroskop. Anatomie,* XI, 1875.

trémité du lobe naît le filament caudal, tandis que le segment moyen se produit dans son intérieur.

Quant aux cellules rondes placées dans les intervalles des spermatoblastes, Neumann repousse l'hypothèse de von Ebner, qui en fait des leucocytes immigrés de l'extérieur. Il pense que ce sont des lobes détachés des spermatoblastes et qui continuent à évoluer en spermatozoïdes, à peu près comme des fruits tombés de l'arbre achèvent de mûrir au pied de celui-ci. Par cette explication, Neumann croit pouvoir concilier l'ancienne opinion qui plaçait dans les grandes cellules rondes des canalicules le siège de la formation des spermatozoïdes et la manière de voir nouvelle qui fait des spermatoblastes le lieu de leur production.

Le travail le plus recent sur la spermatogenèse des Mammifères est un nouveau mémoire de Sertoli, publié en 1877-1878 (1). C'est encore le Rat qui a servi aux observations de Sertoli.

Les canalicules séminifères renferment, d'après cet auteur, deux sortes de cellules distinctes au point de vue de leurs fonctions et de leurs formes. Les unes sont des *cellules fixes*, qui persistent pendant toute la vie, soumises seulement, comme tous les autres éléments des tissus, à la rénovation organique générale; les autres sont en voie de transformation continuelle : ce sont les *cellules mobiles*. Les cellules fixes ne sont autre chose que les cellules ramifiées (*cellule ramificate*), que Sertoli a découvertes en 1864. Il regarde aujourd'hui ces cellules comme constituant l'épithélium du canalicule. Ces cellules fixes, cylindriques ou cylindro-coniques, envoient un prolongement vers le centre du canalicule et forment les spermatoblastes d'Ebner.

Les cellules fixes s'appuient par une base élargie sur la paroi du canalicule, tandis que leur extrémité libre, centrale, limite la lumière de ce même canalicule. Leur disposition est celle des cellules d'un épithélium cylindrique; cependant elles ne se touchent que par leur extrémité périphérique ou basilaire, plus large, et laissent entre leurs corps des espaces libres que remplissent les cellules mobiles. Chacune de ces cellules épithéliales renferme à sa base un noyau assez gros, entouré de granulations graisseuses dont la présence n'est pas constante, car elles disparaissent lorsque les spermatozoïdes sont en voie de développement.

Les cellules fixes n'ont pas d'enveloppe, ni sous forme de membrane, ni sous forme de protoplasma condensé. Leur protoplasma est très-mou et très-visqueux, ce qui fait qu'elles retiennent facilement à leur surface les éléments (cellules et spermatozoïdes) qui les entourent dans

(1) SERTOLI, *Archivio per le scienze mediche*, II, 1877-1878.

les canalicules. Cette adhérence est surtout très-forte sur les coupes de testicules durcis. Sertoli pense qu'elle est tout artificielle et due au durcissement du protoplasma, tandis que normalement les spermatozoïdes sont simplement accolés aux cellules fixes.

Le corps ou prolongement des cellules épithéliales présente des dépressions concaves qui ne sont pas préformées et destinées à loger les cellules rondes, comme le suppose Merkel, mais que Sertoli considère comme des empreintes produites, sur les pièces durcies, par la pression des cellules rondes sur la substance molle des cellules épithéliales. C'est un artifice de préparation analogue qui produit l'aspect ramifié de l'extrémité centrale des cellules fixes. Le durcissement du testicule par les réactifs a pour effet de presser contre cette extrémité les éléments cellulaires, c'est-à-dire les cellules séminales à leurs divers degrés de développement qui se trouvent en contact avec elle, et de les faire pénétrer plus ou moins dans le protoplasma mou qui la compose. Lorsque ces cellules sont tombées par l'action de l'instrument tranchant, il reste les cavités ou niches qui les logeaient, et que séparent les unes des autres des cloisons simulant des ramifications de l'extrémité centrale de la cellule épithéliale. Comme preuve de la production artificielle de ces ramifications, Sertoli cite ce fait que, lorsqu'on isole les cellules par dilacération du tissu testiculaire frais, par conséquent dans des conditions où elles n'ont à subir aucune pression de la part des éléments ambiants, elles se présentent avec une forme cylindrique parfaitement régulière et une extrémité centrale lisse et arrondie.

La seconde espèce de cellules que Sertoli décrit dans les canalicules séminifères, les *cellules mobiles*, ne sont que les cellules rondes ou séminales des autres auteurs. On peut distinguer, d'après cet observateur, trois formes provenant de la transformation de ces cellules : des cellules *germinatives*, des cellules *séminifères* et des *nématoblastes* (1).

Les cellules germinatives sont toujours placées à la périphérie du canalicule, entre la tunique propre et les cellules épithéliales. Elles présentent un noyau clair contenant des granulations. Leur forme est aplatie et étoilée; elles s'anastomosent par leurs prolongements et constituent un réseau. Les cellules fixes sont enchâssées dans les mailles de ce réseau, de sorte qu'elles ne se touchent pas par leur base. Mais ces cellules fixes étant plus grandes que les cellules germinatives, elles envoient un prolongement latéral au-dessus de ces dernières; ces prolongements

---

(1) Sertoli a donné le nom de *nématoblastes* à ces éléments, parce qu'il admet que c'est dans leur intérieur que prennent naissance les corpuscules séminaux, désignés par les anatomistes italiens sous le nom de *nemaspermi*.

s'unissent à ceux des cellules voisines de manière à former une sorte de voûte au-dessus de chaque cellule germinative. Les cellules fixes ne sont donc en contact avec la paroi du canalicule que par leur centre, et ne se touchent que par leurs bords au-dessus des cellules germinatives. Les prolongements de ces dernières cellules suivent le contour des cellules épithéliales.

Les cellules germinatives se multiplient par voie de division et deviennent de plus en plus petites. Elles passent alors au deuxième stade de leur développement et se présentent comme de petites cellules rondes, à grand noyau et peu de protoplasma, disposées par rangées en chapelets de trois ou quatre autour des bases des cellules épithéliales, qu'elles entourent comme d'une sorte de réseau incomplet, à mailles communiquant les unes avec les autres. Elles sont toujours placées au contact de la tunique propre, en dehors des cellules épithéliales, mais de leurs bords seulement, lesquels se rejoignent au-dessous d'elles, c'est-à-dire vers le centre du canalicule. Après avoir subi toutes ces transformations, les cellules germinatives abandonnent la membrane propre, traversent les cellules épithéliales et apparaissent à l'intérieur du canalicule, entre les bases ou extrémités périphériques de ces cellules. Elles sont alors devenues des cellules séminifères, qui, à la suite de nouvelles transformations, vont produire les spermatozoïdes. Pendant ce temps, d'autres cellules germinatives apparaissent à la face interne de la membrane du tube séminifère, et s'y disposent en une nouvelle couche de cellules anastomosées en réseau destinée à remplacer celle qui a disparu.

Sertoli n'a rien pu découvrir de certain touchant l'origine des cellules germinatives. Entre les cellules lamelleuses qui composent la paroi des canalicules, il a aperçu seulement des éléments formés de petites masses protoplasmiques, à contours indistincts, comme effacés. Ces masses renferment un noyau granuleux et envoient des prolongements délicats entre les lamelles de la paroi. Sont-elles destinées à la régénération des cellules germinatives ou bien à la formation de la membrane propre? C'est ce que Sertoli n'a pu élucider.

Les cellules séminifères sont formées par les cellules germinatives après que celles-ci ont traversé l'épithélium. Sertoli y distingue trois stades de développement. Dans un premier stade, ce sont des cellules rondes, formées d'une mince couche de protoplasma entourant un noyau volumineux, mais peu distinct. Elles sont alors placées à la périphérie du canalicule entre les cellules épithéliales, dont les bases les séparent de la membrane propre. Dans leur deuxième stade, ces cellules ont grossi sans se multiplier, leur noyau a encore augmenté de volume et leur protoplasma est devenu plus abondant. Elles ont pris une forme plus allongée et se sont rapprochées davantage du centre du canalicule. Enfin, dans leur troisième stade, les cellules séminifères se présentent comme de gros globules de $0^{mm},020$, formés d'un protoplasma finement granuleux, dépourvus de membrane d'enveloppe et munis d'un ou deux noyaux, à contour délicat, renfermant un très-petit nucléole. A cette phase de leur développement, les cellules séminifères sont disposées en deux couches entre les cellules épithéliales, tandis qu'aux deux stades précédents elles ne formaient qu'une rangée simple. Cette disposition tient non pas à ce que leur nombre a augmenté, mais uniquement à l'accroissement de volume qu'ont subi ces cellules.

Les cellules du troisième stade deviennent alors le siège d'une multiplication active par un processus de segmentation intérieure. Des noyaux, au nombre de deux à dix, apparaissent d'abord dans l'intérieur de la cellule mère ; puis le protoplasma se sépare en deux portions : l'une granuleuse, qui entoure les noyaux de nouvelle formation ; l'autre hyaline et transparente, qui forme une enveloppe commune autour des cellules filles. Celles-ci s'échappent de la cellule mère et la masse protoplasmique hyaline se dissout pour former la partie liquide de la semence. Les petites cellules filles, nées des cellules séminifères, restent en place et représentent les cellules formatrices des spermatozoïdes, ou les *nématoblastes* de Sertoli.

Les nématoblastes forment dans le canalicule séminifère trois ou quatre rangées, placées entre les prolongements des cellules épithéliales. Sertoli les distingue en simples et composés. Ces derniers ne sont autre chose que des nématoblastes simples demeurés dans leur cellule de développement ou cellule mère. Ils sont peu nombreux et finissent par se séparer en leurs cellules composantes, quelquefois seulement après que les spermatozoïdes ont déjà commencé à se développer dans leur intérieur. Les nématoblastes simples sont de petites cellules sphériques formées d'un protoplasma granuleux et d'un noyau rond et clair, pourvu d'un petit nucléole bien distinct.

Voyons maintenant comment, d'après Sertoli, le spermatozoïde se forme dans le nématoblaste.

Dans le voisinage du noyau de la petite cellule apparaît un corpuscule opaque et lisse, ovale, qui ressemble à un nucléole. En même temps, sur un point de la périphérie du nématoblaste se montre un filament.

Ce corpuscule avait déjà été signalé par La Valette Saint-George (1)

(1) La Valette Saint-George, *Archiv f. microsk. Anat.*, III, 1867, et *Stricker's Handbuch der Lehre von den Geweben*, I, 1871.

et par Merkel (1). Je l'avais vu également, en 1868, chez les Articulés (2). Ces auteurs et moi l'avions mis en rapport avec la formation de la tête du spermatozoïde. La Valette Saint-George suppose que ce petit corps se transforme en une petite capsule qui coiffe une partie du noyau, mais qui disparaît plus tard ; il lui donne, pour cette raison, le nom de *capuchon céphalique* (*Kopfkappe*). Pour Merkel, ce corpuscule est un épaississement local du protoplasma au contact de la membrane du noyau et constitue l'extrémité de la tête (*Spitzenknopf*) du spermatozoïde. Quant à moi, je pense que c'est le corpuscule lui-même qui devient la tête, à la formation de laquelle le noyau ne prend aucune part. Sertoli admet que ce globule ne joue aucun rôle et qu'il disparaît avant que le spermatozoïde ait atteint son entier développement.

La première portion du spermatozoïde qui apparaît, d'après Sertoli, est donc le filament caudal. Le noyau, jusque-là indifférent, se porte vers la partie de la cellule opposée à l'insertion du filament ; sa membrane acquiert une épaisseur plus grande sur une partie de sa périphérie. Le noyau devient ovalaire et fait en partie saillie hors de la cellule. Cette portion saillante s'allonge, se recourbe à son extrémité et prend la forme caractéristique en crochet de la tête du spermatozoïde du Rat. En même temps, le protoplasma de la cellule se condense et se dispose au-dessous du noyau en un filament qui devient le segment moyen.

Pendant que les spermatozoïdes se développent dans les némato-blastes, ceux-ci sont refoulés vers le centre du canalicule par la production de nouveaux éléments à la périphérie ; ils finissent par arriver au sommet des cellules épithéliales, où ils restent attachés à leur protoplasma visqueux.

Sertoli admet donc, avec Ebner, que les cellules rondes des canalicules évoluent dans une direction centripète ; mais il ne partage pas l'opinion de cet auteur, qu'elles sont exclusivement destinées à former la partie liquide du sperme. D'un autre côté, Sertoli s'accorde avec Neumann pour considérer les spermatoblastes d'Ebner comme les prolongements centraux des cellules épithéliales des canalicules ; mais il diffère de lui relativement à l'origine des cellules rondes. Pour Neumann, ce sont des lobes détachés des spermatoblastes continuant à se transformer en corpuscules séminaux dans les espaces situés entre ces derniers. Pour Sertoli, elles ont, au contraire, une origine périphérique et s'avancent graduellement, pendant leur évolution, vers le centre des canalicules, où elles peuvent même se mettre accidentelle-

---

(1) Merkel, *Untersuch. aus dem anat. Institut zu Rostock*, 1874.
(2) Balbiani, *Ann. des sciences nat.*, 5ᵉ série, 1869, et *Journal d'anat. et de physiol. de Ch. Robin*, V, 1868.

ment en rapport avec les extrémités internes des cellules épithéliales. La différence est donc aussi tranchée que possible dans la manière de voir des auteurs au sujet de la provenance et de la signification des éléments aux dépens desquels se développent les spermatozoïdes des Mammifères. Entre des opinions aussi diamétralement opposées, le seul parti à prendre était de recourir à des investigations personnelles. Guidé par mes recherches antérieures sur la spermatogenèse des Plagiostomes et des Amphibiens, j'ai résolu de contrôler, à l'aide des résultats acquis chez ces animaux, les phénomènes du même genre offerts par les Mammifères.

La première question dont nous ayons à nous occuper, avant d'aborder l'étude de la formation des corpuscules séminaux chez les Mammifères, est celle de savoir si l'on retrouve parmi les éléments constitutifs de leur organe sexuel mâle ces ovules primordiaux que nous avons vus jouer un rôle si important dans la spermatogenèse chez les Vertébrés inférieurs. La première apparition de ces ovules remonte, comme nous le savons, à une phase très-précoce du développement de la glande sexuelle, puisqu'ils sont déjà visibles dans l'épithélium germinatif qui constitue le premier rudiment des organes génitaux. Chez les Mammifères, ce rudiment est représenté, comme chez les autres Vertébrés,

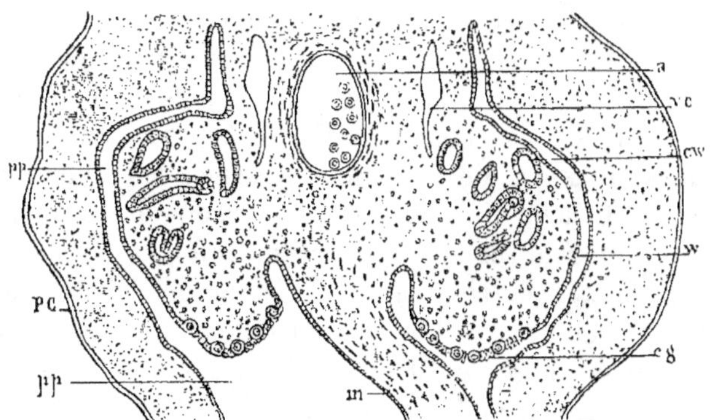

Fig. 126. — Section transversale de la région dorsale d'un embryon de Cochon d'Inde d'un centimètre. *Pc*, paroi latérale du corps ; *pp*, cavité pleuro-péritonéale ; *m*, mésentère ; *a*, aorte ; *vc*, veine cardinale ; *cw*, canal de Wolff ; *w*, corps de Wolff recouvert inférieurement par l'épithélium germinatif *eg*, renfermant les ovules primordiaux.

par un épaississement local de la couche épithéliale qui revêt la surface du corps de Wolff ; mais personne jusqu'ici n'a encore signalé dans cette partie épaisse la présence de ces cellules rondes et claires, relativement volumineuses, qui sont généralement interprétées comme de jeunes

ovules. Dans ses recherches sur le Lapin, Egli [1] dit expressément que
ces cellules manquent dans l'épithélium germinatif chez les embryons des
deux sexes, et que, chez la femelle, les ovules se forment pour la première fois dans l'intérieur même du stroma de l'ovaire, par différenciation des cellules épithéliales émigrées de la surface dans la couche
conjonctive sous-épithéliale. Je n'ai pas vérifié les assertions d'Egli
relativement au Lapin ; mais sur des coupes de jeunes embryons de

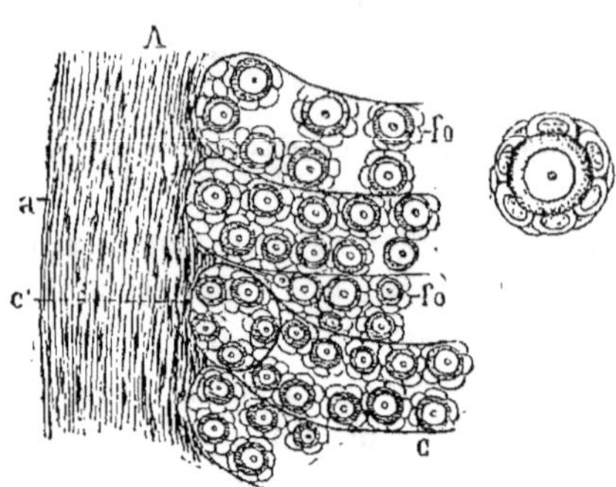

Fig. 127. — A, coupe transversale faite près de la
surface du testicule d'un embryon de Mouton de
9 centimètres. a, albuginée ; c, c, canalicules séminifères ; c', canalicule coupé à son extrémité périphérique ; fo, follicules composés d'un ovule central entouré de cellules épithéliales. B, figure plus grossie
d'un des follicules renfermés dans les canalicules
séminifères.

Cochon d'Inde, longs de 1 centimètre, j'ai reconnu, dans la
couche cellulaire qui tapisse la
surface inférieure du corps de
Wolff, quelques cellules rondes,
plus volumineuses, larges de
$0^{mm},018$, ayant tous les caractères de jeunes ovules primordiaux. Chez les embryons plus
avancés dans leur développement, chez les nouveau-nés ou
les jeunes animaux appartenant
à différentes espèces de Mammifères (Chien, Chat, Mouton,
Lapin, etc.), chez le fœtus humain à terme, j'ai retrouvé les

ovules primordiaux dans l'intérieur des canalicules séminifères du testicule ; mais ils entrent alors dans la constitution de petits groupes cellulaires ayant la plus grande analogie avec les jeunes follicules de Graaf
de l'ovaire [2]. Chacun de ces groupes se compose, en effet, d'une
grande cellule centrale ronde et de petites cellules périphériques, qui
l'environnent exactement comme l'ovule est entouré dans l'intérieur de
l'ovaire par les cellules de l'épithélium folliculaire. Nous avons déjà
constaté cette disposition des éléments intérieurs des canalicules dans
le testicule des jeunes Amphibiens (voyez pl. IV, fig. 1). Chez un embryon de Mouton de 9 centimètres, dont la figure ci-dessus montre
une coupe transversale mince de la partie périphérique du testicule, les

(1) Egli, *Beiträge zur Anatomie und Entwicklungsgeschichte der Geschlechtsorgane.*
Zurich, 1876.

(2) Je signalerai encore d'une manière spéciale la présence d'ovules mâles dans les
canalicules séminifères d'un embryon de Mulet de neuf mois. Cette observation a de l'intérêt en raison de la stérilité bien connue de l'hybride de l'Ane et du Cheval, stérilité
due à l'absence de spermatozoïdes bien conformés dans le testicule de ces animaux (voir
*Comptes rendus de la Société de Biologie*, 6e série, II, 1875, p. 25).

canalicules séminifères avaient, en moyenne, une largeur de $0^{mm},04$. Ils étaient presque rectilignes, plus ou moins flexueux seulement à leur extrémité externe, et convergeaient vers le centre du testicule, où ils aboutissaient à un réseau de canaux étroits formés par le *rete testis*. Chaque tube séminifère était rempli de jeunes follicules de Graaf mâles, qui en oblitéraient presque complétement la lumière et ne laissaient libre qu'un étroit espace dans l'axe du tube. Les ovules placés au centre des follicules avaient un diamètre de $0^{mm},015$ à $0^{mm},018$, et renfermaient un noyau vésiculeux, large de $0^{mm},009$, muni d'un nucléole brillant. Les cellules épithéliales s'étendaient à la face interne du tube en une couche continue, qui se réfléchissait autour de chaque ovule pour lui constituer un revêtement cellulaire complet. Cette disposition des éléments dans les canalicules séminifères des embryons des Mammifères présente une grande analogie avec celle des éléments de la glande femelle lors de la formation des tubes ovariques ou de Pflüger chez les jeunes de ces animaux; mais tandis qu'elle ne constitue qu'un état transitoire de l'ovaire, les tubes testiculaires sont au contraire des formations permanentes et définitives de l'organe mâle complétement développé.

La structure des canalicules séminifères ne subit pas de modifications sensibles jusqu'aux approches de l'âge adulte. Non-seulement les ovules mâles persistent dans leur intérieur avec leur entourage de petites cellules épithéliales, mais tous ces éléments ont dû se multiplier d'une manière très-active en raison de l'accroissement en longueur des canalicules séminifères avec les progrès de l'âge. Chez de jeunes Chiens, de jeunes Chats âgés de plusieurs mois, leur structure rappelle encore complétement ce qu'elle était au moment de la naissance ; on constate seulement que les ovules ont pour la plupart augmenté de volume et atteignent souvent alors un diamètre de $0^{mm},030$. J'ai même observé parfois certains de ces éléments que leur taille et leur aspect

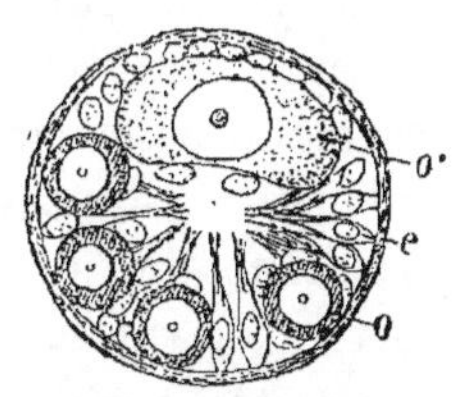

Fig. 128. — Coupe d'un canalicule séminifère du testicule d'un Chat non adulte. *o*, ovules primordiaux normaux ; *o'* ovule anormalement développé ; *e*, cellules épithéliales.

eussent facilement fait prendre pour de jeunes œufs développés dans la glande femelle, si on les avait rencontrés à l'état isolé. C'est ainsi que, sur une coupe mince du testicule d'un jeune Chat, un des canalicules laissait voir à la surface de section plusieurs ovules, dont l'un remplissait presque à lui seul la moitié de la lumière du conduit. Il ne mesurait pas moins de $0^{mm},062$ en diamètre, taille que n'atteignent pas toujours les ovules contenus dans les follicules primitifs de l'ovaire de la

Chatte adulte. Il se composait d'un véritable vitellus, abondant et granuleux, et d'un noyau ou vésicule germinative de $0^{mm},025$. Nous avons déjà observé ce développement extraordinaire de quelques-uns des ovules mâles dans les tubes ou les ampoules des Batraciens. J'en ai rapporté des exemples chez la Grenouille et le Crapaud (voyez pl. IV, fig. 1 et 2).

Dans l'espèce humaine elle-même, les ovules primordiaux du testicule persistent longtemps après la naissance et ne disparaissent probablement qu'à l'époque de la puberté, sous l'influence des modifications que la sécrétion spermatique détermine dans les éléments des canalicules séminifères, car on n'en trouve plus aucun vestige chez l'adulte. Chez un enfant de dix ans, mort dans la plénitude de la santé, et dont les testicules ont été recueillis à la Morgue, de nombreux ovules, larges de $0^{mm},015$ à $0^{mm},024$, existaient encore

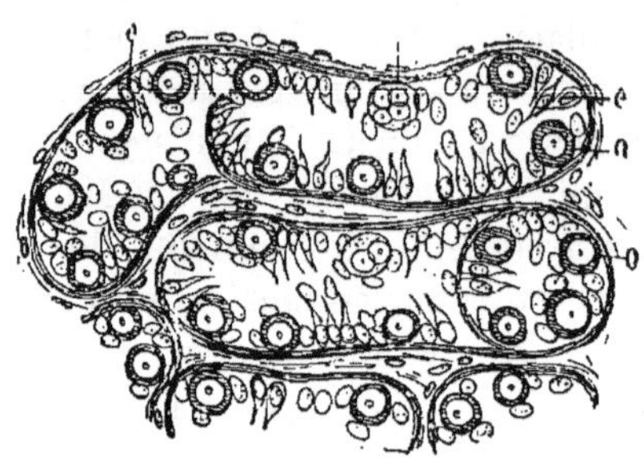

Fig. 129. — Coupe de quelques canalicules séminifères du testicule d'un enfant de dix ans. o, o, ovules primordiaux ; o', ovule en voie de prolifération ; e, e, cellules épithéliales.

dans tous les conduits spermatiques. Beaucoup de ces ovules présentaient encore leur couche de petites cellules périphériques ; et si, sur plusieurs, cette couche paraissait interrompue ou manquait même entièrement, cette circonstance n'avait probablement d'autre cause que le défaut de fraîcheur de la pièce, qui avait déterminé la chute d'un certain nombre de ces cellules (1).

Avant de suivre les ovules mâles dans leur évolution ultérieure, il nous reste à parler des petits éléments cellulaires qui les accompagnent dans les conduits spermatiques. Nous décrirons d'abord ces éléments pendant la période d'inactivité de la glande, et nous étudierons ensuite les modifications qu'ils éprouvent lorsque le testicule entre en action.

(1) M. le professeur Ch. Rouget, de Montpellier, a communiqué récemment à l'Académie des sciences les résultats de recherches étendues qu'il a entreprises sur les éléments femelles de la glande mâle des Mammifères. M. Rouget a observé les ovules primordiaux dans le testicule des embryons de l'Homme et d'un grand nombre d'espèces animales. Il les a retrouvés chez l'enfant et chez les jeunes animaux, et admet même leur existence dans le testicule complétement développé. Tout en différant d'opinion sur ce dernier point avec l'habile histologiste précité, je ne puis que me réjouir de la confirmation qu'il apporte aux vues que j'ai émises depuis plusieurs années sur la constitution intime de la glande mâle des Vertébrés.

Chez les jeunes embryons, ce sont de petites cellules plates, à noyau rond ou ovalaire, tout à fait semblables aux cellules qui entourent les ovules primordiaux dans les tubes de Pflüger de l'ovaire. Cette identité initiale s'explique par la communauté d'origine de ces cellules dans les deux sexes. Nous savons, en effet, qu'elles proviennent de l'épithélium germinatif qui revêt l'organe génital à l'état d'indifférence sexuelle. Avec les progrès du développement, des différences s'accusent dans ces cellules suivant que l'organe devient un ovaire ou un testicule. Dans l'ovaire, elles forment la couche de cellules plates, puis cylindriques, qui constitue l'épithélium des follicules primitifs. Dans le testicule, elles s'accroissent vers l'intérieur des canalicules et prennent une forme plus ou moins allongée. Ce changement de forme des cellules épithéliales est déjà complétement opéré dans tous les canalicules vers la fin de la vie embryonnaire. Je l'ai observé chez des embryons presque à terme de Chien, de Lapin et de Cochon d'Inde. Il est toujours très-visible au moment de la naissance, comme on peut s'en assurer par la figure 10 de la planche V, représentant la terminaison d'un tube contourné (*Tc*) en connexion avec l'origine d'un tube droit (*Tr*) du testicule d'un jeune Chat de trois jours. Chez l'enfant nouveau-né, les cellules épithéliales présentent la même forme que chez les embryons et les jeunes des Mammifères ; elles m'ont paru seulement relativement moins allongées que chez ces derniers, ce qui est probablement en rapport avec l'époque plus tardive à laquelle la glande mâle acquiert son développement complet dans l'espèce humaine.

Si nous examinons de plus près la forme de ces cellules, qu'on ne peut bien apprécier qu'en les isolant par dissociation, nous remarquons qu'un certain nombre ont un aspect fusiforme bien marqué. Le noyau ovalaire est logé dans la portion renflée, qui tantôt est placée vers la partie médiane, tantôt est plus ou moins rapprochée de la périphérie (pl. V, fig. 13, *a*). L'extrémité externe représente une sorte de pédoncule terminé par un épatement qui s'applique contre la membrane propre du tube ; l'extrémité centrale s'allonge en une pointe qu'on observe rarement dans son intégrité, mais qui le plus souvent paraît irrégulière, comme déchiquetée, ce qui tient à ce qu'elle est formée par un protoplasma mou, se détruisant facilement par les manœuvres de la préparation ou l'action des liquides mis en contact avec ces cellules.

D'autres fois leur forme est celle d'un cône allongé, qui s'applique par la base contre la membrane propre, et dont le sommet proémine plus ou moins dans la cavité du conduit. Le noyau, généralement sphérique, est contenu dans la partie basilaire ; l'extrémité centrale présente les mêmes variations d'aspect que dans les cellules fusiformes, et paraît presque toujours brisée ou lacérée dans les préparations par dissociation (p. V, fig. 13, *b*, *c*). Ces deux formes de cellules épithéliales sont reliées par de nombreuses formes intermédiaires qu'on trouve mêlées les unes aux autres dans un même canalicule. On pourrait les prendre pour des états de développement différents d'un même élément, si on ne les observait pas chez des embryons de tout âge, et chez les jeunes animaux appartenant aux espèces les plus diverses.

Les phases ultérieures de l'évolution de la glande mâle ne sont caractérisées que par l'allongement de plus en plus prononcé des cellules épithéliales vers l'axe du canalicule. Elles finissent ainsi par se rencontrer au centre des conduits et même par entre-croiser leurs extrémités déliées. Il en résulte que, sur les coupes minces du testicule, les canalicules paraissent comme striés en travers. Cette apparence est très-marquée aux approches de l'âge adulte chez l'Homme et les divers Mammifères, et pourrait facilement en imposer pour un développement de filaments spermatiques, si un examen attentif ne démontrait pas qu'il n'en existe encore aucune trace et que la striation dont il s'agit reconnaît bien pour cause la forme allongée, comme filamenteuse, des prolongements internes des cellules épithéliales. Dans le testicule de l'enfant de dix ans, dont il a été précédemment question, cet aspect s'observait avec une grande netteté sur la plupart des conduits spermatiques (1).

Un autre caractère du testicule impubère est la persistance des ovules primordiaux placés entre les cellules de l'épithélium. Il est facile, comme nous l'avons vu, de constater leur présence chez tous les Mammifères, avant que la sécrétion spermatique ait commencé, mais il n'en est plus de même dans le testicule adulte, et tout indique que les ovules ont disparu à ce moment. Cette disparition est toujours précédée

Fig. 130. — Portion de la paroi d'un canalicule séminifère d'un Chat de six mois. *e, e,* cellules épithéliales à extrémité interne lobée ; *o, o,* groupes ovulaires résultant de la prolifération des ovules primordiaux.

d'une multiplication active des éléments femelles, comme nous l'avons observé chez les Plagiostomes. A la place occupée par ces éléments, on aperçoit des groupes formés d'un nombre variable de cellules rondes, de même aspect que les ovules primitifs, mais plus petits que ceux-ci (pl. V, fig. 12, *o'* ; fig. 14, *b*, *c*, *d*). Par quel mode ces groupes cel-

(1) J'ai observé le même aspect strié des tubes du testicule chez les jeunes Oiseaux, et me suis assuré qu'il tient également, chez ces animaux, à la forme allongée des cellules épithéliales.

lulaires ont-ils pris naissance? L'observation directe laisse la question indécise, mais j'incline, par analogie avec ce que nous avons observé chez les Plagiostomes, à les attribuer à un bourgeonnement de l'ovule. Le processus est beaucoup moins évident chez les Mammifères et pourrait être aussi bien interprété comme une multiplication par division ou une formation endogène de cellules filles.

Je n'insiste pas sur ce point, d'autant plus que ces ovules de nouvelle formation sont destinés à disparaître bientôt pour laisser la place libre aux cellules épithéliales, qui sont les véritables éléments de développement des corpuscules spermatiques.

J'ai observé d'une manière très-évidente le processus de disparition des ovules dans le testicule d'un jeune Chat âgé de cinq à six mois. Ce processus est celui de la dégénérescence par métamorphose graisseuse. Sur un grand nombre de canalicules on voyait de petites masses réfringentes, ovalaires ou irrégulièrement arrondies, appliquées à la surface interne de la membrane propre. Ces masses n'étaient autres que les amas ovulaires aux différentes phases de leur métamorphose régressive. Dans quelques-unes, le protoplasma des cellules composantes ne formait plus qu'une seule masse homogène ou finement granuleuse, dans laquelle les noyaux encore distincts apparaissaient comme des taches rondes et claires présentant à leur centre un nucléole brillant. Dans d'autres, les

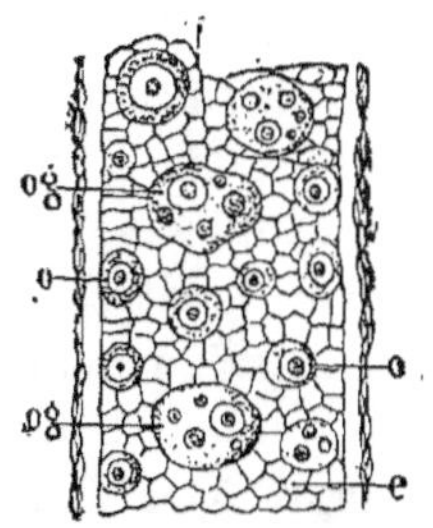

Fig. 131. — Fragment de canalicule séminifère d'un Chat de six mois, vu par la surface. *e*, épithelium *o*, *o*, ovules primordiaux ; *og*, *og*, masses ovulaires en voie de régression graisseuse.

noyaux eux-mêmes avaient disparu en partie ou en totalité, et les nucléoles élargis subsistaient seuls encore sous forme de globules réfringents directement plongés dans la masse plasmique ambiante. Enfin de petits amas de substance claire et homogène, semblables à des gouttelettes huileuses appliquées contre la paroi des canalicules, indiquaient que le travail de résorption touchait à son terme. En même temps que les groupes d'ovules subissaient ces transformations, les cellules épithéliales qui les entouraient devenaient de moins en moins visibles et finissaient par disparaître entièrement. A côté de ces éléments en état de régression, on observait quelquefois dans un même canalicule des groupes ovulaires encore bien conservés, voire même des ovules primordiaux simples ou en voie de prolifération, de sorte que de nouveaux ovules se produisaient encore, alors que ceux déjà formés étaient arrivés aux diverses phases du travail rétroactif destiné à les faire disparaître. Mais le plus ordinairement tous ou presque tous les éléments femelles renfermés dans une même étendue d'un canalicule étaient frappés à la fois de dégénérescence ou présentaient encore leur aspect normal (1). Il est intéressant de rapprocher ces phénomènes régressifs des ovules mâles du testicule, de la disparition d'un certain nombre d'ovules aux diverses périodes de leur maturation dans l'ovaire de la Femme et des femelles de Mammifères, ainsi que cela résulte des observations de Coste, de Waldeyer et de celles plus récentes de Slavianski (2).

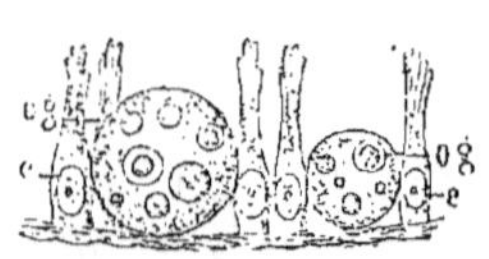

Fig. 132. — Éléments des canalicules séminifères d'un Chat de six mois. *c, c,* cellules épithéliales ; *og, og,* masses ovulaires en voie de régression graisseuse.

Dans ce même testicule de jeune Chat, qui nous a permis d'étudier le mode de disparition des ovules primordiaux, les cellules épithéliales présentaient une modification qui se rattachait probablement au développement des premiers spermatozoïdes. Dans un certain nombre de tubes ces cellules se terminaient par une extrémité effilée, simple, comme je l'ai décrit chez les jeunes animaux, mais dans un grand nombre d'autres canalicules cette extrémité paraissait multifide ou digitée, par suite de la division du protoplasma en lobes étroits plus ou moins nombreux.

Ces lobes ou digitations, très rapprochés les uns des autres, presque confondus même et formés d'un protoplasma pâle, extrêmement fragile sur les préparations durcies, étaient très-difficiles à constater, mais je crois m'être assuré d'une façon certaine de leur existence.

Ces divisions internes multiples des cellules épithéliales sont probablement les premiers spermatoblastes, mais le testicule était encore trop jeune pour permettre d'observer leur transformation en filaments spermatiques, aucun des canalicules ne renfermant encore de corpuscules séminaux en voie de développement. Je dois faire remarquer, au surplus, que les tubes testiculaires ne contenaient pas d'autres éléments que des cellules épithéliales et des ovules mâles. Les corps appelés par les auteurs *cellules rondes du testicule*, et que la plupart, depuis Kœlliker, considèrent comme les cellules de développement des spermatozoïdes, y faisaient absolument défaut. Peut-être

(1) Une portion de ce testicule avait été conservée dans le bichromate d'ammoniaque, une autre dans l'alcool absolu. On voyait également bien sur l'une et l'autre les diverses modifications des ovules que nous avons décrites ci-dessus. On ne peut, par conséquent, pas attribuer au liquide conservateur les changements que ces éléments présentaient dans le testicule examiné.

(2) Slavianski, *Archives de physiologie normale et pathologique*, 2e série, I, 1874.

les a-t-on quelquefois confondus avec les ovules primordiaux, assez abondants parfois pour former une couche presque continue à la paroi des canalicules, mais c'est certainement par erreur, car les *cellules rondes* ont, comme nous le verrons, une origine, des caractères histologiques et une destination qui en font des éléments tout différents des ovules précédents.

# VINGT-TROISIÈME LEÇON.

Phénomènes de la spermatogenèse chez le Rat. — Méthode d'investigation. — Les cellules de développement des spermatozoïdes se forment par bourgeonnement des cellules épithéliales des canalicules séminifères et constituent les spermatoblastes d'Ebner. — Comparaison avec les Plagiostomes, les Amphibiens et les Invertébrés. — Analogie du processus dans toute la série animale.

Après avoir étudié la nature des éléments qui forment le contenu du testicule avant l'âge de reproduction, nous devons examiner maintenant les phénomènes qui accompagnent la formation des filaments spermatiques dans la glande complétement développée. Pour ces recherches, le testicule du Chat n'est plus un objet aussi favorable que lorsqu'il s'agit de l'étude de l'organe à l'état jeune. C'est avec raison que dans ces derniers temps les histologistes ont choisi le Rat comme sujet de leurs investigations, car c'est de tous les animaux celui qui possède les plus gros tubes séminifères ($0^{mm}$,40 en moyenne). C'est le Rat qui a servi aux recherches de von Ebner, Merkel, Neumann, Sertoli. Il a fourni aussi les matériaux des observations dont je me propose actuellement d'exposer les principaux résultats.

Le testicule étant préalablement durci dans l'alcool absolu ou une solution de bichromate de potasse ou d'ammoniaque à 2-4 pour 100, on y pratique des coupes minces, qui sont ensuite traitées par la méthode de la double coloration par le picrocarminate et le vert de méthyle, dit vert lumière. Avec un peu d'habitude on parvient à obtenir une action élective remarquable de ces deux matières colorantes sur les éléments du testicule. Les figures de la planche V, faites d'après nos préparations, peuvent donner une idée des résultats obtenus par cette méthode.

Il ne faut pas chercher longtemps sur les coupes avant de découvrir quelques tubes spermatiques que le rasoir a sectionnés perpendiculairement à l'axe et dont les éléments intérieurs présentent la disposition représentée dans la figure 1, que nous prendrons comme point de départ. Ces éléments forment quatre zones concentriques au contour extérieur du canalicule, et qui sont de dehors en dedans :

1° Une couche régulière de larges cellules aplaties, appliquées immédiatement à la face interne de la membrane propre du canalicule, et dont les noyaux sont colorés en rose par le picrocarminate. Cette couche n'est autre que l'épithélium du tube séminifère (pl. V, fig. 1 et 3, *e*).

2° Une zone irrégulière de petites cellules rondes et granuleuses, isolées les unes des autres, en contact avec les cellules de l'épithélium. Ces petites cellules sont colorées en bleu intense par le vert de méthyle (pl. V, fig. 1 et 3, *sb¹*) (1).

3° Une rangée de grandes cellules d'apparence ovalaire, ronde ou piriforme, placée en dedans de la couche des petites cellules granuleuses. Ces cellules sont munies d'un large noyau coloré fortement en rouge par le picrocarminate (pl. V, fig. 1 et 3, *sb²*).

4° Enfin, une zone intérieure formée par des faisceaux rayonnants de spermatozoïdes en voie de développement. Au stade représenté par notre figure 1, chacun de ces faisceaux se compose d'un bouquet de petites cellules piriformes, allongées, qui émettent par leur extrémité interne obtuse un filament vers le centre du tube, et s'insèrent, par leur extrémité externe amincie, sur un pédoncule commun. Ce pédoncule s'insinue entre les cellules des deux couches internes du canalicule et va s'insérer sur la cellule épithéliale qui lui fait face à la paroi du tube (fig. 1 et 3, *sb⁴*). Cette disposition indique une relation génétique entre les faisceaux de la zone interne et les cellules épithéliales de la périphérie. Celles-ci représentent, en effet, des cellules mères portant une génération de cellules filles sur une sorte de tige ou d'axe formé par un prolongement de leur substance vers le centre du tube.

Les cellules épithéliales avec leur prolongement central correspondent aux cellules fixes de Sertoli, tandis que les cellules filles placées à l'extrémité du prolongement ne sont autre chose que les spermatoblastes de von Ebner et de Neumann. Avec ces deux derniers auteurs, je les considère comme les véritables lieux de formation des filaments spermatiques, mais ni Ebner ni Neumann ne se sont fait, à mon avis, une idée exacte de la signification histologique de ces éléments. Ebner décrit les spermatoblastes comme de simples prolongements lobés du

---

(1) Ce réactif colorant a été introduit dans la technique histologique par Calberla, en 1877. Sa solution aqueuse, d'un bleu verdâtre, colore les tissus de toutes les nuances depuis le vert franc jusqu'au bleu le plus pur. En se fixant sur des éléments préalablement colorés par le picrocarminate, il leur donne, par sa combinaison avec celui-ci, une teinte qui varie du lilas au bleu violacé ; mais le plus ordinairement, lorsque son contact n'est pas trop prolongé, le vert de méthyle n'est pas attiré par les mêmes éléments qui fixent le picrocarminate : tels sont notamment les ovules sur les coupes des glandes génitales mâles et femelles, tandis que les éléments épithéliaux à l'état jeune prennent très-souvent une coloration verte ou bleue plus ou moins intense sous l'action de ce réactif. (Voir pl. VI, fig. 1 et 2.)

réseau germinatif qu'il suppose exister à la périphérie du canalicule.
Quant à Neumann, qui comprend, sous le nom de spermatoblaste, à la
fois la cellule épithéliale et les lobes terminaux, ceux-ci ne constituent
pas non plus de véritables cellules, bien qu'il admette qu'il s'y produit,
au moment de la formation du spermatozoïde, un corps nucléiforme qui
en devient la tête. Enfin Sertoli nie, comme nous l'avons vu, toute relation génétique entre les cellules épithéliales et les corpuscules séminaux, dont il place le lieu de formation dans les éléments ronds du testicule ou *cellules mobiles* de l'observateur italien.

Ces derniers éléments de Sertoli correspondent, dans notre figure 1,
aux deux couches internes formées par les petites cellules colorées en
bleu et les grandes cellules à noyaux volumineux teint en rouge par
le picrocarminate.

Si nous fixons d'abord notre attention sur ces dernières, comme
étant d'une observation plus facile en raison de leur grande taille, nous
constatons que chacune d'elles est munie dans sa partie tournée vers la
périphérie du canalicule, d'un prolongement en forme de pédoncule,
qui la fixe sur l'épithélium. Ce pédoncule, presque toujours très-court
et grêle, formé d'une substance pâle et homogène, n'est pas facile à
apercevoir, aussi la véritable forme de ces cellules a-t-elle échappé jusqu'ici à tous les observateurs. Nous avons réellement affaire à des
cellules piriformes et sessiles, qui ne méritent nullement, par conséquent, les noms de *cellules mobiles* ou de *cellules rondes* qui leur ont été
donnés par les auteurs (pl. V, fig. 1 et 3, *sb²*). Leur aspect piriforme et
le pédoncule dont elles sont munies indiquent qu'elles sont produites
par un bourgeonnement des cellules épithéliales, mais il n'est pas aisé
de reconnaître leurs rapports précis avec l'épithélium. Quelques-unes
semblent naître isolément de cette couche, d'autres fois on croit apercevoir des groupes de deux ou trois de ces cellules convergeant par
leur extrémité périphérique amincie vers un point de l'épithélium, peut-
être vers une même cellule épithéliale. Elles forment sur les coupes
une seule rangée assez régulière ; rarement elles se superposent par
places en deux couches, et sont situées entre les prolongements des
cellules épithéliales, qui comprennent entre eux une à trois et plus ordinairement deux grandes cellules. Leur diamètre est assez uniforme et
varie de 0$^{mm}$,018 à 0$^{mm}$,020.

Les petites cellules colorées en bleu ne sont qu'un stade moins
avancé des grandes cellules que nous venons de décrire. L'action élective qu'exerce sur elles le vert de méthyle suffirait déjà à les caractériser comme de jeunes éléments épithéliaux, si on ne parvenait pas à
reconnaître, bien qu'avec difficulté, le petit pédicelle très court qui les

rattache à l'épithélium (pl. V, fig. 3, $sb^1$). On observe d'ailleurs, sur les tubes séminifères toutes les variations de grandeur par lesquelles elles passent insensiblement aux cellules précédentes. On constate aussi que leur pouvoir d'absorption pour le vert de méthyle diminue, et que leur affinité pour le picrocarminate augmente en proportion de leur accroissement de volume. Il en résulte que, sous l'influence du traitement par la double coloration, ces cellules passent, pendant leur évolution, graduellement du bleu au violet et du violet au rouge pur (pl. V, fig. 1, 3, 4, 5, $sb^1$; fig. 6, $sb^2$; fig. 1, $sb^2$).

Pour remonter jusqu'à la période du travail spermatogénique où ces bourgeons épithéliaux commencent à devenir perceptibles, il faut examiner des tubes séminifères contenant déjà des filaments spermatiques bien formés (pl. V, fig. 2). Nous les rencontrons alors sous forme de petits globules de $0^{mm},006$ à $0^{mm},009$, colorés en bleu intense dans nos préparations et disposés irrégulièrement à la périphérie du canalicule, au niveau même de l'épithélium, au sein duquel ils paraissent plongés (pl. V, fig. 2, $sb^1$; fig. 6). C'est à cette dernière idée que je m'étais d'abord arrêté, prenant ces petites cellules pour des noyaux placés dans le protoplasma des cellules épithéliales. En effet, leur aspect granuleux, la mince couche de substance protoplasmique qui entoure leur noyau relativement volumineux, la facilité avec laquelle ils s'imbibent des matières colorantes, leur donnent de grandes ressemblances avec de jeunes noyaux de cellule. Ebner, qui, le premier, les a aperçus à la périphérie des canalicules, les décrivait comme de petits globules granuleux placés dans les mailles de son réseau germinatif, et avait signalé leur analogie avec des noyaux libres. Pour Sertoli, ce sont de petites cellules rondes, à protoplasma peu abondant, dont il fait ses cellules germinatives du deuxième stade. En réalité, ces petits éléments ne sont situés ni dans la couche pariétale des tubes séminifères, comme le suppose le premier de ces deux observateurs, ni entre la tunique propre et les cellules épithéliales, comme le veut le second.

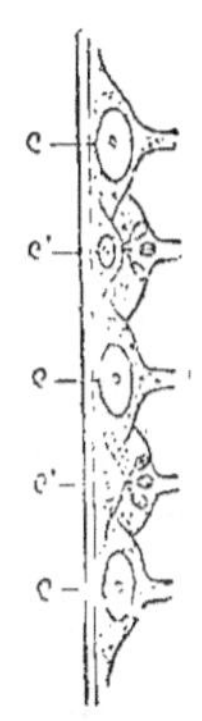

Fig. 133. — Figure schématique de la disposition des cellules épithéliales des canalicules séminifères du Rat. $c$, $c$, $c$, cellules âgées portant des spermatoblastes bien développés: $c'$ $c'$, jeunes cellules avec des spermatoblastes en voie de bourgeonnement.

Cette situation n'est qu'une apparence, un effet de perspective que j'explique de la manière suivante. Les petites cellules granuleuses sont de jeunes bourgeons qui naissent sur des cellules épithéliales également jeunes, moins larges et moins hautes que les autres, entre les bases desquelles elles sont cachées. Il en résulte que sur les coupes

optiques de l'épithélium, soit perpendiculaires, soit parallèles à l'axe
des canalicules, les petits corps granuleux sont vus à travers les cellules épithéliales placées au-dessus d'eux, et, par une illusion visuelle
facile à comprendre, paraissent dans l'intérieur de ces dernières, tandis
que, en réalité, ils sont en dehors d'elles et sur un plan plus profond.
La figure p. 247 permet de se faire une idée de cette disposition.

Les petits éléments en question représentent l'état jeune non-seulement des grandes cellules à noyau coloré en rouge, dont nous avons
parlé en décrivant la figure 1, mais encore des cellules fasciculées, aux
dépens desquelles se forment les filaments spermatiques. Nous pouvons par conséquent les désigner sous le nom de *cellules séminales* ou
*spermatoblastes* au premier stade de leur développement. Ces éléments
naissent-ils tous directement par gemmation des cellules épithéliales,
ou les premiers bourgeons produits continuent-ils ensuite à se multiplier par scissiparité ? Sertoli admet ce dernier mode de multiplication
pour ses cellules germinatives rondes, qui sont évidemment les mêmes
éléments que les nôtres, bien qu'il leur attribue une origine toute différente. Quoi qu'il en soit, ceux-ci ne tardent pas à apparaître au-dessus
de l'épithélium, grandissent et se transforment en cellules séminales
du deuxième stade, c'est-à-dire nos cellules à noyau rouge. Celles-ci
correspondent à la seconde forme de cellules mobiles ou *cellules séminifères* de Sertoli, provenant de même de la transformation de ses cellules germinatives.

Arrivées au deuxième stade de leur développement, les cellules séminales se multiplient activement par des divisions répétées, tout en restant attachées par leur pédoncule à la cellule mère épithéliale. En
même temps, celle-ci s'allonge de plus en plus vers l'intérieur du canalicule, de manière à fournir un axe ou support aux cellules filles de plus
en plus nombreuses qui naissent à sa surface. Il se produit de la sorte
des masses cellulaires volumineuses, conoïdes ou pyramidales, qui
s'avancent de tous les points de la périphérie vers le centre du canalicule. On peut les considérer comme représentant le troisième stade de
développement des cellules séminales (pl. V, fig. 5, 6, 2, *sb*³). Chacun de
ces amas cellulaires se compose d'un grand nombre de petites cellules
sphériques, empilées les unes sur les autres, mais non libres entre
elles, car elles convergent toutes vers le centre de l'amas pour se fixer
par un court pédoncule sur l'espèce de stolon épithélial qui leur sert
d'axe commun.

Lorsque, après une série de divisions successives, les cellules séminales sont arrivées à n'avoir plus qu'un diamètre fort minime (de
0$^{mm}$,009 à 0$^{mm}$,012), commence leur transformation en filaments sper-

matiques. La première modification qu'elles éprouvent est un allongement qui les fait paraître comme des lobes de l'extrémité interne des
prolongements des cellules épithéliales (pl. V, fig. 1, 3, 4, 7, $sb^1$). C'est
sous cette forme qu'elles ont été aperçues pour la première fois par von
Ebner, qui les prenait pour des éléments particuliers du testicule auxquels il donna le nom de *spermatoblastes*. Cette dénomination convient bien mieux aux petites cellules elles-mêmes, d'où dérivent ces
formations lobaires, lesquelles ne représentent que le premier stade de
leur développement en corpuscules séminaux. Ebner n'ayant pas constaté l'existence de noyaux dans ses spermatoblastes, les prenait pour
de simples prolongements protoplasmiques de son réseau germinatif
pariétal, tandis que Neumann, qui s'est un peu plus rapproché de la
vérité, les décrivait comme des prolongements digités envoyés par les
cellules épithéliales vers le centre du canalicule, et méconnaissait aussi
leur structure cellulaire. Ces lobes renferment cependant un noyau,
pâle et peu visible, il est vrai, mais qu'on peut mettre en évidence par
le picrocarminate, qui le colore légèrement en rose. Ce noyau, d'abord
sphérique, prend une forme allongée, ovalaire, avec la cellule qui le
renferme (fig. 7). Pas plus que chez les autres Vertébrés, je pourrais
dire les animaux en général, il ne m'a paru jouer un rôle dans la
genèse du corpuscule spermatique, et je l'ai toujours vu disparaître à
un certain moment de la formation de celui-ci. La queue apparaît de
bonne heure sous forme d'un filament que la cellule émet à son extrémité interne et qui s'allonge rapidement jusqu'au centre du tube séminifère. Presque en même temps, un globule réfringent se montre dans
le protoplasma de la cellule de développement et donne naissance, par
ses transformations, à la tête unciforme du spermatozoïde du Rat.

Lorsque toutes les cellules séminales se sont transformées en filaments, ceux-ci restent fixés par leurs extrémités céphaliques sur l'axe
protoplasmique de la cellule mère, où ils occupent des hauteurs iné-
gales correspondant à celles des cellules qui leur ont donné naissance
(pl. V, fig. 5, 6, *sp;* fig. 8). Cet axe chargé de spermatozoïdes se rétracte
alors peu à peu vers la partie basilaire de la cellule épithéliale, et par là
toutes les têtes se trouvent ramenées à un même niveau, à la périphérie
du canalicule, tandis que les queues se disposent parallèlement les unes
aux autres en un seul faisceau (fig. 9). Tel est le véritable mécanisme
de la fasciculation des filaments spermatiques. Par la destruction du
prolongement axile de protoplasma, les têtes deviennent libres, les
filaments se séparent les uns des autres, tombent dans la lumière du
canalicule et s'engagent ensuite dans les conduits excréteurs du testicule.

En résumé, tout le processus de la formation des spermatozoïdes chez les Mammifères se réduit à un phénomène de bourgeonnement des cellules épithéliales des canalicules séminifères du testicule, phénomène dont les différentes phases se succèdent dans l'ordre suivant : formation de petits bourgeons cellulaires à la surface de jeunes cellules épithéliales ; grossissement et multiplication par division de ces bourgeons ou cellules séminales primaires, qui donnent ainsi naissance à un amas de cellules filles se rattachant par un axe commun à la cellule mère épithéliale ; les dernières cellules filles ainsi produites sont·les cellules de développement des spermatozoïdes.

J'ai à peine besoin de faire ressortir l'analogie de ces faits avec ceux que nous avons étudiés chez les Vertébrés inférieurs, les Plagiostomes et les Amphibiens. Là aussi nous avons vu les éléments destinés à se transformer en corpuscules spermatiques, naître au contact de la couche épithéliale des capsules du testicule, et former des générations de cellules filles qui conservent leurs rapports avec l'épithélium jusqu'à l'entière maturation de ces corpuscules. Pour être moins complètes que dans les précédentes classes de Vertébrés, nos observations sur les Poissons osseux, les Reptiles et les Oiseaux, ne nous ont pas moins présenté des faits qui démontrent que chez ces animaux les choses se passent comme chez ceux où le phénomène a pu être suivi dans tous ses détails. Il en résulte que l'on peut dès à présent considérer comme parfaitement établie la concordance des lois génésiques qui, dans l'embranchement entier des Vertébrés, président à la formation du produit mâle de la génération. Enfin certaines observations tendent à démontrer que les Invertébrés eux-mêmes ne font pas exception à ces lois. Il y a longtemps que Keferstein (1) a montré que chez les Gastéropodes pulmonés les cellules de développement des zoospermes sont produites par un bourgeonnement des cellules épithéliales de la glande sexuelle. J'ai signalé moi-même un mode de développement analogue de ces éléments chez les Insectes (2). D'après les recherches de Keferstein et les miennes, les premiers bourgeons formés continuent à produire de nouvelles cellules séminales en se multipliant par scission, comme je l'ai décrit chez les Mammifères, et donnent ainsi naissance à des amas de cellules filles entièrement comparables aux spermatoblastes de ces derniers animaux.

(1) Keferstein, Malacozoa in *H. G. Bronn's Klassen und Ordnungen des Thierreichs*, III, 1862.
(2) Balbiani, *Annales des sciences nat.*, 5e série, XI, 1869.

On trouve généralement dans un même canalicule du Rat les cellules séminales à trois ou même quatre stades de leur transformation. Ces stades représentent autant de générations de spermatozoïdes à un degré plus ou moins avancé de développement. Ces générations, qui prennent toutes naissance à la périphérie du tube séminifère, s'avancent de plus en plus vers le centre à mesure qu'elles approchent de leur maturation. On remarque que c'est au moment où la plus âgée touche au terme de son évolution, c'est-à-dire se compose de filaments déjà bien formés, qu'une génération nouvelle apparaît à la périphérie du canalicule sous forme de petits bourgeons granuleux de l'épithélium (pl. V, fig. 2).

Cette continuité dans la succession des générations de spermatozoïdes conduit à se demander si les mêmes cellules épithéliales peuvent, pendant toute la durée de l'activité génésique de la glande, servir sans cesse à l'émission de nouvelles cellules séminales et de nouveaux spermatozoïdes, ou bien si, après avoir fonctionné lors d'une première période de rut, elles se détruisent et sont remplacées par des cellules nouvelles à la période suivante. Nous avons vu que c'est bien de cette dernière façon que les choses se passent chez les Plagiostomes, où non-seulement les cellules épithéliales, mais les ampoules testiculaires elles-mêmes se renouvellent à chaque époque de reproduction, et sont remplacées par des cellules et des ampoules nouvelles provenant du pli progerminatif de Semper.

Chez les Mammifères, nous ne trouvons que dans la glande femelle des conditions qui rappellent le testicule des Plagiostomes : les nombreux follicules de Graaf qui se détruisent pendant toute la durée de la période de fécondité sont remplacés par les petites vésicules ovariennes qui forment, même chez l'adulte, une zone spéciale dans la couche corticale de l'ovaire, et quelquefois même par des follicules ovariques et des œufs de nouvelle formation. Dans la glande mâle, au contraire, les tubes séminifères sont des formations permanentes, qui fonctionnent pendant toute la durée de la vie sexuelle, et l'on ignore jusqu'ici si leurs éléments spermatogènes se renouvellent comme ceux qui, dans l'ovaire, donnent naissance aux œufs. La régénération des cellules épithéliales des canalicules, source et origine des spermatozoïdes, me paraît cependant un fait indubitable. Au milieu des grandes cellules portant des spermatoblastes à leurs divers degrés de développement, on observe de nombreuses cellules beaucoup plus petites, que je regarde comme étant de formation nouvelle et destinées à remplacer les vieilles cellules qui ont émis des spermatozoïdes mûrs. Comme je l'ai déjà dit, ces jeunes cellules épithéliales m'ont paru être celles qui produisent les petits éléments granuleux de la périphérie du canalicule, éléments que j'ai décrits comme des cellules séminales à l'état naissant. Quant à l'origine de ces cellules épithéliales nouvelles, l'opinion qui me paraît la plus probable est qu'elles sont les produits de division des cellules anciennes : tel est le mode de multiplication des cellules épithéliales dans les follicules de l'ovaire. Il me paraît douteux qu'elles soient en relation génétique avec le réseau des cellules étoilées que Sertoli a découvert entre la tunique propre des tubes séminifères et l'épithélium, réseau qu'il a décrit sous le nom de *strato germinativo*, et dont il fait la source des éléments spermatogènes du testicule (1).

Pour terminer l'histoire de la spermatogenèse chez les Mammifères, il nous reste à examiner le rôle des éléments femelles ou ovules primordiaux, que l'on rencontre en si grand nombre dans la glande mâle chez les embryons et les jeunes de ces animaux. Nous avons vu que ces éléments ne se retrouvaient plus chez l'adulte, et nous avons décrit le processus de leur disparition. Il existe donc sous ce rapport une différence entre les Mammifères et les Vertébrés des classes inférieures, les Plagiostomes et les Amphibiens, chez lesquels les ovules primordiaux persistent dans le testicule complétement développé, et semblent même jouer un rôle dans la formation des corpuscules séminaux. Il est difficile, en effet, de ne pas leur attribuer une part importante dans ce phénomène, lorsqu'on assiste aux changements remarquables qui se passent dans ces ovules au temps du rut des Plagiostomes, changements que nous avons décrits en nous occupant de la spermatogenèse chez ces animaux. Nous avons vu que l'ovule commence alors à proliférer et s'unit par les nombreuses cellules filles qu'il engendre à sa surface avec les cellules épithéliales de la paroi de l'ampoule. L'influence exercée par l'élément femelle sur la cellule pariétale est probablement une stimulation nutritive résultant d'une absorption du premier par la cellule avec laquelle il s'est conjugué, le noyau seul se retrouvant sous forme d'une petite masse graisseuse appliquée à la surface des faisceaux spermatiques mûrs (pl. II, fig. 2, 3, 4, *no*).

Chez les Amphibiens, l'ovule placé au centre des petits follicules adhérents à la paroi des tubes testiculaires, ne donne pas des signes aussi manifestes de son activité physiologique. Il ne prolifère point sur toute sa surface, comme cela a lieu chez les Plagiostomes, et n'exerce

(1) D'après les recherches récentes d'Afanassiew (*Archiv f. mikrosk. Anat.*, XV, 1878, ce réseau cellulaire sous-épithélial n'est pas propre au testicule, mais s'observe aussi dans d'autres organes glandulaires, tels que les glandes mammaires, salivaires, gastriques, etc.

son influence que sur une seule des cellules épithéliales qui l'entourent, celle qui lui fait face à la paroi du tube, et qui émet plus tard un faisceau de spermatozoïdes (pl. IV, fig. 3, *e*). L'ovule disparaît sans laisser de traces à une phase encore peu avancée du développement des filaments spermatiques, probablement lorsque la cellule épithéliale prolifique commence à bourgeonner pour produire les spermatoblastes (fig. 3, Z, *e*).

Chez les Mammifères, le rôle des éléments femelles du testicule n'apparaît pas avec la même évidence que chez les animaux des deux classes précédentes. Nous avons vu que ces éléments disparaissent par métamorphose graisseuse avant l'époque où les spermatozoïdes commencent à se développer. Cette disparition précoce des ovules mâles a probablement lieu aussi dans les autres classes supérieures des Vertébrés, les Oiseaux et les Reptiles. Ils ne semblent donc pas jouer un rôle bien essentiel dans la formation des spermatozoïdes chez ces animaux, quoique par quelques-uns de leurs phénomènes ils rappellent la façon dont se comportent les ovules mâles des Plagiostomes. Telle est leur prolifération, qui donne naissance à des groupes de cellules filles quelque temps avant que ces éléments disparaissent du testicule. Ils se rapprochent encore des ovules des Plagiostomes par les phénomènes de régression adipeuse qui se manifestent dans ces éléments. Il est vrai que chez ces derniers le noyau seul se transforme en une petite masse graisseuse, tandis que chez les Mammifères ce sont les ovules tout entiers qui disparaissent de la sorte. Peut-être pourrait-on voir dans cette disparition un phénomène d'absorption des éléments femelles par les cellules épithéliales, phénomène analogue à ce qui a lieu chez les Plagiostomes, mais survenant seulement à une époque plus prématurée de l'évolution de la glande mâle. Dans cette hypothèse, on pourrait comparer la production des spermatozoïdes chez les Mammifères à une sorte de génération alternante ou de parthénogenèse des éléments histologiques du testicule. L'impulsion nutritive ou évolutive communiquée par l'ovule aux cellules épithéliales ne manifesterait ses effets qu'au moment de la puberté, et s'étendrait à toute la série des générations de cellules filles dérivées des cellules épihéliales primitives, dont elle provoquerait l'aptitude procréatrice de filaments spermatiques pendant toute la durée de l'activité fonctionnelle du testicule. On pourrait encore, en se plaçant au point de vue des théories de l'évolution, regarder la production des spermatozoïdes par l'action réciproque de deux éléments de sexualité différente, telle qu'on l'observe chez les Vertébrés inférieurs, comme le mode primaire de développement de ces corpuscules, et leur formation par l'épithélium seul, sans l'intervention des ovules primordiaux, comme un mode secondaire acquis par adaptation et fixé par hérédité dans les classes élevées des Vertébrés.

Quoi qu'il en soit de ces hypothèses, sur lesquelles je ne veux pas insister, les faits que nous avons exposés tendent à faire admettre un véritable hermaphrodisme de la glande mâle des Vertébrés. Nous entendons par là la réunion des deux sortes d'éléments sexuels dans un même organe, voire même dans une seule capsule testiculaire, ce qui constitue un état de la glande que l'on peut caractériser par le nom d'*hermaphrodisme histologique*, pour le distinguer de l'hermaphrodisme ordinaire ou *morphologique*, résultant de la réunion des organes génitaux des deux sexes sur un seul individu. Il nous reste à démontrer maintenant l'existence de conditions analogues dans la glande génitale femelle, c'est-à-dire l'adjonction à l'œuf contenu dans les follicules ovariens d'un corps particulier qui joue le rôle d'élément mâle non-seulement au point de vue anatomique, mais aussi au point de vue physiologique. Nous verrons, en effet, que ce corps provoque dans l'œuf un développement qui conduit le plus souvent à la formation d'un simple germe, mais d'où résulte aussi dans certains cas un véritable embryon. Les Vertébrés nous fournissent de nombreux exemples du premier mode d'action de cet élément mâle de l'œuf, tandis que nous ne trouvons que chez les Invertébrés des faits se rapportant au second mode.

# VINGT-QUATRIÈME LEÇON.

Noyau vitellin de l'œuf ovarien (Dotterkern des auteurs allemands). — Historique : observations de von Wittich, von Siebold, V. Carus, Cramer, Gegenbaur, Leydig, Lubbock, etc. — Cellule ou vésicule embryogène. — Démonstration de son existence chez un grand nombre de Vertébrés et d'Invertébrés. — Sa signification morphologique et physiologique. — La vésicule embryogène est l'homologue d'une cellule séminale du testicule du mâle. — Phénomènes de parthénogenèse chez les Vertébrés et les Invertébrés. — Rôle de la vésicule embryogène dans la reproduction des Pucerons vivipares.

En 1845, von Wittich (1) signala, le premier, dans l'œuf de certaines Araignées, un corps particulier, distinct de la vésicule germinative, ayant la forme d'une capsule à parois épaisses, composées de couches concentriques, et à cavité centrale. Il n'a pas rencontré ce corps dans toutes les espèces, mais il l'a vu persister dans l'œuf pondu.

Siebold (2), en 1848, vit aussi, dans l'œuf de quelques Aranéides, un noyau particulier, arrondi, finement granuleux et solide. Il lui sembla qu'il se détachait successivement de sa surface plusieurs couches de granules qui se mêlaient au vitellus, sans que le noyau diminuât à la suite de cette perte de substance. Siebold pense que ce noyau joue un rôle important dans le développement de l'œuf, car il se montre de très-bonne heure et ne disparaît que fort tard.

Telle est aussi l'opinion de V. Carus (3), qui, en 1850, fit des observations plus complètes sur cet élément de l'œuf, qu'il retrouva chez un certain nombre d'Araignées. D'après lui, ce sont les parties plastiques du vitellus qui paraissent avoir ce corps pour centre de formation, tandis que les parties nutritives semblent se déposer plutôt autour de la vésicule germinative. Carus appelle ce corpuscule *noyau vitellin* (*Dotterkern*).

Leydig (4), dans son *Traité d'histologie*, en donne une figure dans


(1) Wittich, *Dissert. sistens observ. quæd. de Aranearum ex ovo evolut.* Halis, 1845.
(2) Siebold, *Lehrbuch der vergl. Anat. der wirbellosen Thiere*, Berlin, 1848.
(3) Carus, *Zeitschrift für wiss. Zool.*, II, 1850.
(4) Leydig, *Lehrbuch der Histologie*, 1857 ; fig. 271.

l'œuf de l'Araignée domestique, et reconnaît que la signification de cet élément lui est complétement inconnue.

Vers la même époque où M. de Wittich découvrit cet élément nouveau dans l'œuf des Araignées, Cramer (1), puis V. Carus observèrent dans le vitellus transparent des jeunes œufs ovariens de la Grenouille rousse, un corps analogue, d'aspect granuleux, placé à côté de la vésicule germinative. Carus le compara au noyau vitellin des Araignées et lui attribua aussi la fonction de former à sa surface les granulations vitellines. De son côté, Leuckart (2) put constater que, chez la Grenouille, il présente une forme assez variable ; mais il ne donna aucun renseignement sur sa signification.

Burmeister (3), en 1856, dit avoir trouvé le noyau vitellin dans les œufs d'un Crustacé phyllopode, le *Branchipus paludosus*. Gegenbaur (4) en constata aussi la présence dans l'œuf d'un Oiseau, le Torcol (*Yunx torquilla*).

C'est à ce petit nombre d'exemples que se bornaient les connaissances des histologistes au sujet du noyau vitellin, lorsque, en 1864, j'entrepris des recherches sur la constitution de l'œuf dans les diverses classes animales. Je fus assez heureux pour retrouver ce corps chez un grand nombre de représentants de presque toutes les classes de Vertébrés et d'Invertébrés (5).

Je constatai ensuite des faits qui me mirent sur la voie de sa signification morphologique et des fonctions qu'il remplit dans les phénomènes ovogéniques et embryogéniques. Mais auparavant nous devons examiner sous quel aspect se présente ce nouvel élément de l'œuf dans les principales espèces animales où sa présence a été constatée jusqu'ici. Nous commencerons par les Arachnides, où il est le plus anciennement connu.

L'Araignée domestique (*Tegenaria domestica*) est une des espèces où l'on peut le plus facilement reconnaître le noyau vitellin. Cela tient à une particularité de structure qu'y présente ce corps et qu'on observe aussi chez quelques autres Araignées, mais qu'on ne retrouve chez aucun animal des autres classes. Elle consiste dans la présence d'un grand nombre de lamelles concentriques, imbriquées les unes sur les autres, et formant autour du noyau une sorte de capsule solide, dont l'aspect

(1) CRAMER, *Müller's Arch.*, 1848.
(2) LEUCKART, art. *Zeugung* in *R. Wagner's Handwœrterbuch der Physiologie*, IV, 1853.
(3) BURMEISTER, *Zoonomische Briefe*, II, 1856.
(4) GEGENBAUR, *Müller's Arch.*, 1861.
(5) BALBIANI, *Sur la constitution du germe dans l'œuf animal avant la fécondation* (*Comptes rendus de l'Académie des sciences*, LXVIII, 1864).

réfringent tranche immédiatement sur le fond pâle du vitellus encore transparent des jeunes ovules. Mais au moment où ce corps commence à être visible dans les plus jeunes œufs, de $0^{mm},025$ à $0^{mm},030$, son aspect est celui d'une petite vésicule homogène et transparente, large de $0^{mm},005$ à $0^{mm},007$, placée entre la vésicule germinative et le point d'insertion du pédoncule de la capsule de l'œuf. Il est

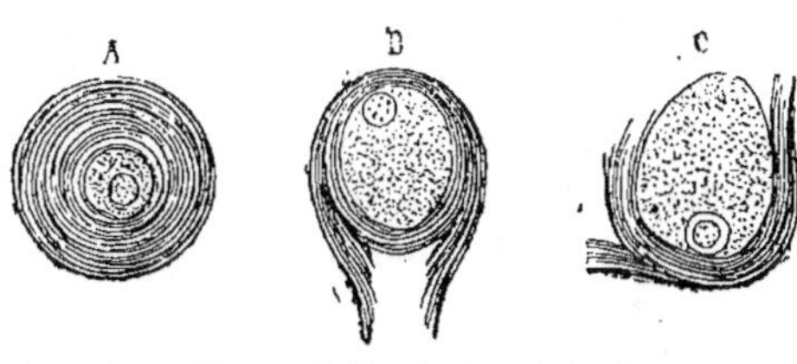

Fig. 134. — Noyau vitellin de la Tégénaire domestique, extrait de l'œuf par compression. A, noyau intact ; B, noyau dont les lamelles concentriques extérieures ont été rompues par compression ; C, compression plus forte ayant amené la rupture de toute l'enveloppe lamelleuse.

d'abord très-inférieur en diamètre à la vésicule germinative, mais comme il s'accroît relativement plus vite que celle-ci, il finit par acquérir un volume presque égal à celui de la vésicule.

Pour étudier de plus près la structure du noyau vitellin de la Tégénaire domestique, il faut l'isoler au moyen d'une pression ménagée sur l'œuf. Si l'on rompt alors par compression l'enveloppe à couches concentriques, on retrouve dans son intérieur la vésicule primitive, qui s'est plus ou moins accrue. Cette vésicule renferme elle-même une substance pâle et granuleuse, dans laquelle on aperçoit un corpuscule rond, faiblement réfringent, situé à son centre ou près de sa surface.

Il serait trop long de décrire toutes les variations que ce corps présente chez les autres Aranéides. Chez plusieurs (*Lycosa*, *Salticus*, *Clubiona*, *Thomisus*), il présente une capsule striée, plus ou moins développée, comme chez la Tégénaire ; chez d'autres, cette capsule est remplacée par une zone de substance homogène ou granuleuse, plus ou moins épaisse, entourant la vésicule centrale (*Agelena*, *Argus*, etc.). Enfin chez un certain nombre d'espèces, je n'ai constaté aucune trace du corps qui nous occupe, par exemple dans les genres *Pholcus*, *Tetragnatha*, *Lyniphia* et *Epeira* (1).

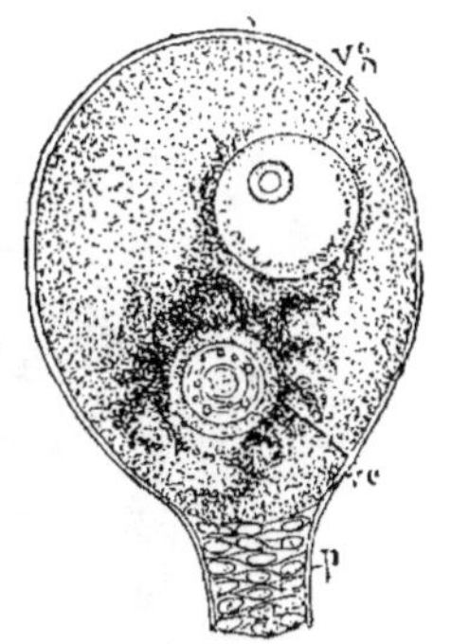

Fig. 135. — Follicule ovarien du *Clubiona atrox*. ve, vésicule embryogène (noyau vitellin) entourée de granulations vitellines formant le germe de l'œuf ; vg, vésicule germinative ; p, pédoncule du follicule.

<hr>

(1) Pour plus de détails sur le noyau vitellin des Araignées, on pourra consulter, outre les auteurs déjà mentionnés : BERTKAU, *Ueber den Generationsapparat der Aranéiden*

Je reviendrai plus loin sur la signification des différentes parties du noyau vitellin des Araignées. Il me suffira de dire pour le moment que c'est autour de cet élément de l'œuf que se produisent, dans toutes les espèces qui le présentent, les granulations vitellines qui constituent la partie plastique de l'œuf ou le germe. Nous avons vu que cette opinion avait déjà été émise, comme une hypothèse, par MM. de Siebold et V. Carus. J'espère pouvoir en donner la démonstration généralisée, en me fondant sur le rôle physiologique et le mode d'origine du noyau vitellin.

Chez les autres Arachnides, je n'ai constaté la présence de cet élément que dans les œufs d'une espèce indéterminée de *Phalangium*, et quelquefois aussi dans ceux du Faucheur commun (*Ph. opilio*). Lubbock l'a figuré, sans le décrire, dans l'œuf du *Chelifer* (1).

Le même observateur a reconnu ce corps dans les œufs d'un cer-

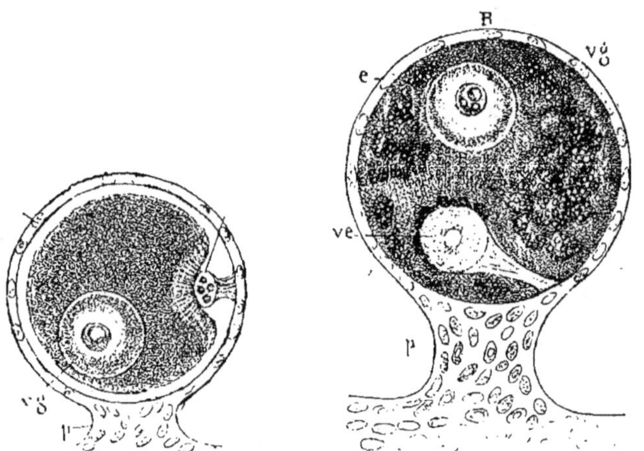


Fig. 136-137. — Follicules ovariens du *Geophilus electricus*. Dans le follicule A, on voit la vésicule embryogène *ve* (noyau vitellin) s'élever de la surface de l'épithélium *e*, et refouler le vitellus, qui présente des stries rayonnantes au point de contact. Dans le follicule B, la vésicule embryogène *ve*, a pénétré dans le vitellus et son trajet reste visible sous forme d'un canal étendu jusqu'à la surface de l'œuf ; *vg*, vésicule germinative ; *p*, pédoncule du follicule.

tain nombre de Myriapodes (*Lithobius, Arthronomalus, Glomeris, Iulus*), sous forme d'une tache granuleuse irrégulière, ou *patch*, à laquelle il n'a pas attribué une grande importance, tout en reconnaissant que sa présence est si constante, qu'il doit avoir une signification. Il le

(*Archiv für Naturgeschichte*, 1875) et mon *Mémoire sur le développement des Aranéides* (*Ann. des sciences nat.*, 5e série, XVIII, 1875).

(1) Lubbock, *Philos. Transact.*, 1861, pl. XVI, fig. 27.

considéra comme une partie épaissie du vitellus, et le compara au corps observé d'abord par Wittich dans l'œuf de l'Araignée.

Chez les Iules et les Géophiles, le noyau vitellin se montre sous la forme d'une vésicule claire, renfermant un noyau assez large, pâle et granuleux, souvent entouré d'un cercle de petits granules brillants. Ces mêmes granules sont parfois répandus en grand nombre dans toute la cavité de la vésicule. Le protoplasma de l'œuf entourant le noyau vitellin se condense, et dans son intérieur se forment des granulations qui se répandent bientôt dans le reste du vitellus et forment à la périphérie de l'œuf une couche continue qui constitue le germe.

Parmi les Crustacés, le noyau vitellin n'a encore été observé que dans quelques rares espèces. Outre le *Branchipus paludosus*, où nous avons dit qu'il a été vu par Burmeister, Lereboullet (1), et plus récemment Reichenbach (2), ont décrit et figuré, dans l'œuf en voie de développement de l'Ecrevisse, un corps central autour duquel rayonnent les pyramides vitellines, et qui représente probablement un noyau vitellin.

Mais c'est surtout dans la classe des Insectes que ce corps paraît répandu et acquiert, dans certains groupes, sa plus haute signification physiologique. Tels sont notamment les Aphidiens ou Pucerons, où il tient sous sa dépendance les phénomènes, dits de *parthénogenèse*, que présentent ces animaux. Le noyau vitellin ne manque pas non plus dans les familles voisines des Psyllides, Cicadides, Aleurodes, Coccides, bien qu'il n'ait pas la même importance physiologique que chez les premiers. Enfin je l'ai constaté dans quelques genres d'Hyménoptères Ichneumoniens (*Pimpla, Tryphon, Ophion*, etc.), où il joue un rôle beaucoup plus subordonné que chez les précédents.

Pour épuiser la liste des Invertébrés chez lesquels cet élément de l'œuf a pu être reconnu jusqu'ici, je citerai quelques espèces du genre *Helix* (*H. pomatia, aspersa, hortensis*), où je l'ai signalé en 1864 (3). Récemment von Ihering (4) a décrit un corps analogue dans les œufs du *Scrobicularia biperata*. Enfin il n'est pas impossible que le corps à signification inconnue de l'œuf des Najades, dit *corps de Keber*, soit un élément du même genre que ceux dont nous avons signalé la présence chez les animaux précédents.

Si nous passons maintenant aux Vertébrés, nous trouvons le noyau

<hr>

(1) LEREBOULLET, *Recherches d'embryologie comparée sur le développement du Brochet, de la Perche et de l'Ecrevisse*, 1862 ; pl. IV, fig. 16.

(2) REICHENBACH, *Zeitschrift für wiss. Zool.*, XXIX, 1877 ; pl. X, fig. 2.

(3) BALBIANI, *Comptes rendus de l'Académie des sciences*, LVIII, 1864.

(4) H. VON IHERING, *Zeitschr. f. wiss. Zool.*, XXIX, 1877.

vitellin répandu aussi chez un grand nombre d'espèces appartenant à toutes les classes. Presque toujours il apparaît comme une simple tache claire, arrondie, plus ou moins large, entourée de granulations vitellines, ou comme une petite masse granuleuse, réfringente, située près de la

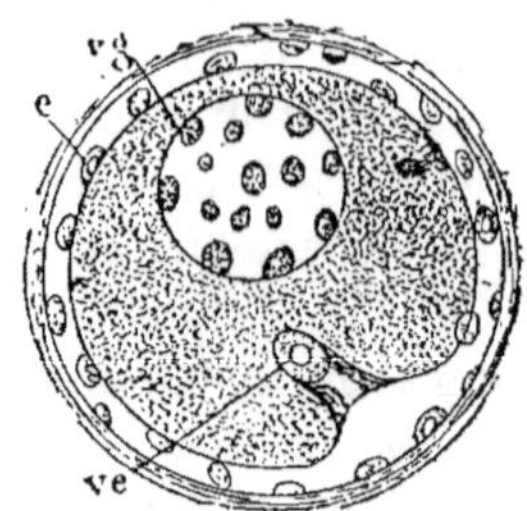

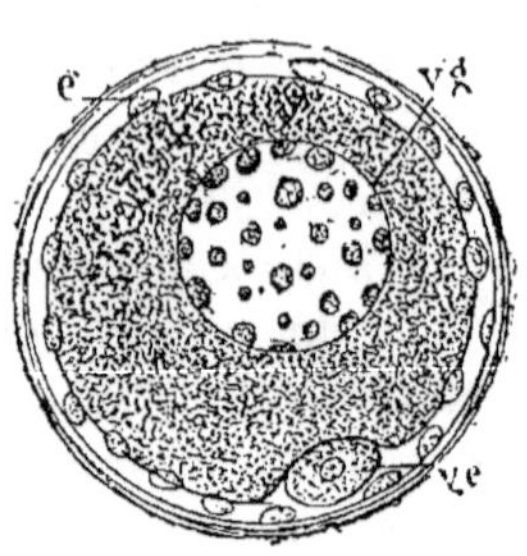

Fig. 138. — Ovule de *Pleuronectes limanda. ve,* vésicule embryogène pénétrant dans le vitellus ; *vg,* vésicule germinative ; *e,* épithélium.

Fig. 139. — Ovule du *Cottus lævigatus. ve,* vésicule embryogène logée dans une dépression de la surface du vitellus ; *vg,* vésicule germinative : *e,* épithélium.

périphéric de l'œuf. C'est avec ce dernier caractère qu'il se présente chez les Poissons osseux, où il ne devient généralement visible que sous l'influence des réactifs, notamment de l'acide acétique. C'est ainsi que j'ai réussi à l'apercevoir chez la Carpe, le Brochet, la Perche, le *Cottus lævigatus,* les différentes espèces de *Pleuronectes,* etc. M. van Bambeke (1) a reconnu aussi dans l'œuf des Poissons osseux un noyau distinct de la vésicule germinative, et c'est probablement le même corps que His (2) a figuré dans un œuf de Barbeau, bien qu'il n'en parle pas dans son texte.

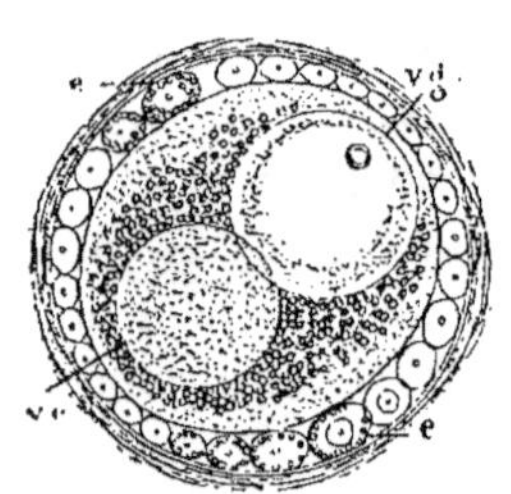

Fig. 140. — Ovule de la Raie. *vg.* vésicule germinative ; *ve,* noyau vitellin ; *e,* cellules épithéliales du follicule.

Les Poissons cartilagineux possèdent aussi un noyau vitellin ; mais il faut examiner de très jeunes ovules avant que le vitellus soit envahi par les granulations vitellines dont la présence est très-gênante et qui masquent souvent d'une manière complète cet élément délicat dans les œufs plus âgés. Je l'ai observé nettement chez la Raie et le Squatine ange.

Chez les Batraciens, nous avons dit qu'on le connaissait déjà dans

(1) Van Bambeke, *Sur la présence du noyau de Balbiani dans l'œuf des Poissons osseux* (*Bulletin de la Société de médecine de Gand,* 1873) ; voir aussi ma *Note sur la cellule embryogène des Poissons osseux* (*Comptes rendus de l'Acad. des sciences,* LXXVII, 1873).

(2) His, *Untersuchungen über das Ei and die Eientwickelung bei Knochenfischen,* 1873 ; pl. II, fig. 1, *d.*

l'œuf de la Grenouille rousse, mais seulement sous forme d'un amas granuleux. Cet amas contient une petite vésicule claire nucléée, qui est le noyau. Ce corps n'existe pas dans l'œuf de la Grenouille verte. Chez le Crapaud, il est très difficile à apercevoir, et c'est surtout par les granu-

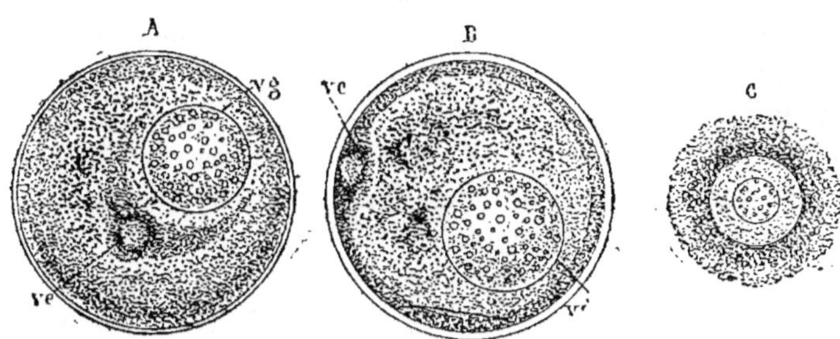

Fig. 141. — Ovules ovariens de la Grenouille rousse (*Rana temporaria*). A, *ve*, vésicule embryogène (noyau vitellin) vu de face dans un amas de granulations vitellines. B, *ve*, même vésicule vue de profil. Elle occupe la partie épaissie d'une couche de granulations vitellines brunes placée à la périphérie du vitellus ; C, vésicule embryogène isolée avec la couche granuleuse qui l'entoure.

lations qui l'entourent qu'on peut le reconnaître, car sa réfringence ne diffère pas sensiblement de celle du milieu dans lequel il est plongé. Je l'ai rencontré quelquefois dans les ovules de l'organe de Bidder ou ovaire rudimentaire qui surmonte le testicule du Crapaud mâle.

Les œufs du Lézard vert présentent aussi le noyau vitellin, ainsi que l'a vu Eimer (1).

Parmi les Oiseaux, M. Coste (2) avait entrevu autrefois et figuré le noyau vitellin dans l'œuf de la Poule ; mais il s'était mépris sur sa signification et l'avait pris pour le commencement de la latébra. Cramer (3) l'a vu aussi chez cet animal ; quant à moi, je l'ai également observé chez la Poule, et, de plus, chez le Moineau, la Cresserelle, le Vanneau et d'autres espèces.

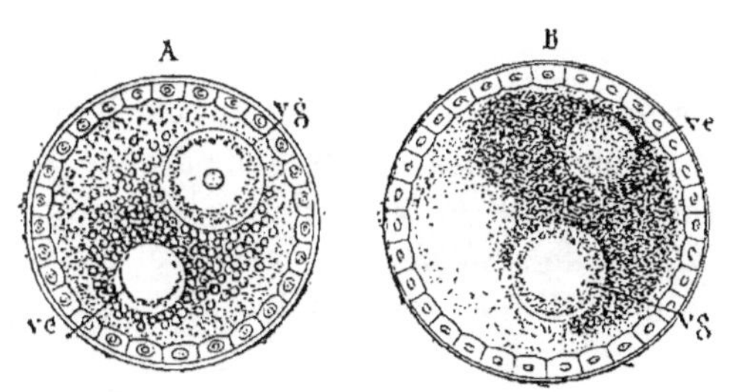

Fig. 142. — A, ovule ovarien de la Cresserelle *(Falco tinnunculus)*. B, ovule ovarien de la Poule ; *ve*, noyau vitellin autour duquel se produisent les granulations du germe ; *vg*, vésicule germinative.

Enfin, j'ai découvert le noyau vitellin dans les ovules des Mammifères ;

(1) Eimer, *Archiv f. mikrosk. Anatomie*, VIII, 1872.

(2) Coste, *Histoire générale et particulière du développement des corps organisés*, 1853 ; pl. II (Poule), fig. 2, *d*.

(3) Cramer, *Verhandl. d. physiol.-med. Ges. in Würzburg*, 1868.

mais sa recherche est très-difficile, parce que sa réfringence est égale à celle du vitellus de l'œuf. Je l'ai vu cependant dans les ovules de la Chienne, de la Chatte, de l'Ecureuil, de la Vache et de la Femme. Il faut examiner de jeunes follicules de Graaf, de 0$^{mm}$,040 à 0$^{mm}$,060, renfermant un ovule de 0$^{mm}$,020 à 0$^{mm}$,030, dont le vitellus est généralement encore homogène et transparent. Le noyau vitellin se présente comme une très-petite tache ronde et claire, large de 0$^{mm}$,005 à 0$^{mm}$,008, entourée de granulations qui la font reconnaître. D'ailleurs, il ne faut employer aucun réactif capable de troubler la transparence du vitellus. On doit se borner à faire des coupes minces dans la couche corticale de l'ovaire et examiner ces coupes à l'état frais.

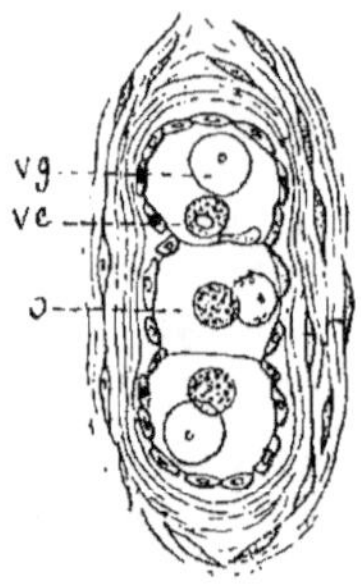


Fig. 143. — Trois jeunes ovules de l'ovaire du Veau, formant un court cordon glandulaire. o, ovule ; vg, vésicule germinative ; ve, vésicule embryogène.

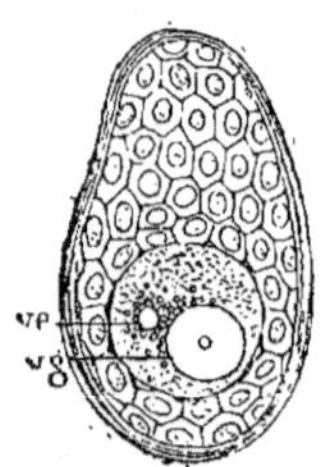


Fig. 144. — Jeune follicule de Graaf de l'ovaire de la Femme. On voit dans son intérieur l'ovule présentant en vg la vésicule germinative, et en ve la vésicule embryogène entourée de granulations vitellines.

De tout ce que nous venons de voir, il résulte que le noyau vitellin est très-commun dans les œufs d'une grande quantité d'espèces prises dans la série animale. M. Milne Edwards (1) a proposé de lui donner le nom de *cellule* ou de *vésicule embryogène*, et c'est ainsi que nous l'appellerons désormais. Il nous reste à étudier sa signification, son origine et son rôle.

La vésicule embryogène est une cellule, comme nous l'avons déjà dit, puisqu'elle est formée d'une masse de protoplasma, avec un noyau et un nucléole. Ces deux derniers éléments ne sont généralement pas difficiles à apercevoir, mais le protoplasma se confond souvent avec celui de l'œuf, parce qu'il possède la même réfringence. Il devient très-visible lorsque sa structure est modifiée, comme chez l'Araignée. Le

(1) Milne Edwards, *Rapport sur les progrès récents des sciences biologiques en France*, 1867.

noyau se colore en rouge par le carmin, mais très-lentement dans l'œuf de l'Araignée, à cause des couches condensées qui l'entourent.

La vésicule embryogène naît par bourgeonnement de l'une des cellules épithéliales qui entourent l'œuf dans le follicule de Graaf. En pénétrant dans l'œuf, cette cellule conserve son individualité ; son protoplasma ne se fusionne pas avec le vitellus ; celui-ci est refoulé par la cellule, qui s'y creuse une cavité et y est comme enchâssée. Quelquefois le canal par lequel a pénétré la vésicule embryogène reste visible pendant quelque temps, comme je l'ai observé chez le *Geophilus electricus* et chez le *Pleuronectes limanda* (voir fig. 137 et 138,); le plus souvent ce canal s'oblitère par le rapprochement de ses parois, et sa lumière devient virtuelle.

Krause (1) semble avoir vu le canal dont nous parlons, car il dit avoir remarqué chez la Grenouille rousse que le noyau vitellin est d'abord relié par un pédoncule à la membrane vitelline et qu'il s'en sépare ensuite.

Chez les Araignées, les œufs font saillie en dehors des tubes ovariques et sont portés par un pédoncule, comme les grains d'une grappe de raisin. La capsule ovarique est formée par une membrane anhiste, et il n'existe de cellules épithéliales que dans le pédoncule qui rattache l'œuf à l'ovaire. Dans les plus jeunes ovules, c'est toujours dans le voisinage du pédoncule qu'apparaît la vésicule embryogène, ainsi que M. de Wittich l'avait déjà remarqué. Plus tard, par suite du développement de l'œuf, il s'opère des déplacements dans le vitellus, qui ont pour effet de transporter la vésicule embryogène dans des points très-différents. Mais l'apparition constante de la vésicule auprès du pédoncule démontre bien l'origine épithéliale de cet élément.

Cette origine est encore prouvée par des faits anormaux que j'ai déjà eu occasion de citer. Nous avons parlé, en effet, des observations de Pflüger et de Lindgren sur les ovules de la Chatte et de la Truie ; ces auteurs ont vu des cellules du follicule traverser la zone pellucide et venir se placer entre celle-ci et le vitellus. J'ai constaté aussi la présence de plusieurs cellules épithéliales dans des ovules de Chatte ; cette pénétration de cellules est l'exagération d'un fait normal.

L'origine épithéliale de la vésicule embryogène en fait un élément analogue à une cellule séminale, qui doit exercer sur l'œuf une action semblable à celle d'un spermatozoïde. On m'objectera que cette cellule n'a ni la forme, ni la structure, ni la motilité des spermatozoïdes ordinaires. Mais nous connaissons un grand nombre d'animaux où ces

(1) Krause, *Allgemeine Anatomie*, 1876.

éléments n'ont pas la forme de filaments et sont dépourvus de mouvements. Ainsi chez presque tous les Crustacés, chez les Myriapodes chilognathes, ce sont des cellules rayonnées et rigides, ou des corpuscules en bâtonnet, également sans mouvements. Chez les Vers nématoïdes, les zoospermes sont de petites cellules arrondies, quelquefois nucléées, pourvues ou dépourvues de mouvements amiboïdes. La structure filamenteuse et la motilité ne sont donc pas toujours caractéristiques des corpuscules séminaux.

C'est sous l'influence d'une sorte de fécondation exercée par la cellule embryogène représentant l'élément mâle, que se forme le germe dans l'ovule femelle. On constate, en effet, que c'est toujours autour de cet élément que se déposent les granulations plastiques.

Ainsi, chez la Grenouille rousse, on voit très bien que la vésicule embryogène est toujours excentrique et placée au milieu du germe à la périphérie de l'ovule, tandis que la vésicule germinative est primitivement au centre. (Fig. 141 B, p. 261.)

La cellule embryogène étant un élément mâle primordial, on comprend que, chez certains êtres, et dans certains cas, son action ne se bornera pas à déterminer la formation du germe. Elle pourra suffire à déterminer d'une manière plus ou moins complète, soit seulement les premières phases du développement de l'œuf, soit même ce développement tout entier, et produire un animal parfait, ce qui constitue la *parthénogenèse*.

Il y a, en effet, dans la science, des faits qui prouvent que chez plusieurs espèces animales, et même chez les Vertébrés, des œufs non fécondés sont aptes à se développer plus ou moins complétement.

Bischoff (1), le premier, a observé la segmentation de l'œuf non fécondé chez la Grenouille, la Chienne et la Truie ; depuis, un grand nombre d'auteurs ont constaté des faits semblables. Hensen (2) a vu chez une Lapine, dont l'une des trompes était oblitérée à sa partie inférieure par atrophie de la corne utérine, qu'une centaine d'œufs s'étaient détachés de l'ovaire, comme le prouvaient les corps jaunes, et un grand nombre présentaient un commencement de segmentation.

Agassiz et Burnett ont reconnu des traces évidentes de segmentation dans les œufs non fécondés de certaines Morues américaines. Chez la Poule, OEllacher (3) a constaté que les œufs non fécondés subissent dans l'oviducte un commencement de segmentation. Mais chez aucun

(1) Bischoff, *Annales des sciences naturelles*, , 3e série, II, 1844.
(2) Hensen, *Centralblatt f. die med. Wiss.*, 1869.
(3) OEllacher, *Zeitschr. f. wiss. Zool.*, XXII, 1872.

Vertébré, le développement ne va jusqu'à la formation d'un individu parfait.

Il n'en est pas de même chez les Invertébrés, où il existe beaucoup d'espèces dont les œufs peuvent se développer sans fécondation. Ce fait a été observé depuis longtemps chez le Ver à soie, et tous les sériciculteurs le connaissent. Chez ce Bombyx, le nombre des œufs féconds sans accouplement est très-variable d'un individu à l'autre. Les pontes parthénogénésiques sont d'ordinaire bien moins abondantes que les pontes normales, et le nombre des œufs qui réussissent à l'éclosion est très-restreint. Dans ses expériences, M. Barthélemy (1) n'a vu qu'une seule fois une ponte réussir presque tout entière. D'ailleurs, la ponte est difficile : au lieu de trois cents à quatre cents œufs, qui est le chiffre ordinaire, elle n'en fournit que quarante ou cinquante, dont un très-petit nombre se développent pour donner de petites chenilles, qui ne paraissent pas avoir une grande vitalité ; la plupart des œufs ne traversent pas l'hiver et l'on trouve le plus grand nombre des larves mortes dans la coque, au printemps.

Pour se rendre compte de ce phénomène, M. Barthélemy a invoqué l'hermaphrodisme de l'œuf, puisque l'animal lui-même n'est jamais hermaphrodite. C'était une vue de l'esprit qui approchait de la vérité, mais sans que son auteur pût l'expliquer.

Chez beaucoup d'autres Lépidoptères, il est certain qu'il n'y a qu'un très-petit nombre de mâles ; chez les Psychides, la parthénogenèse est ordinaire. Parmi les Hyménoptères, de nombreuses espèces de *Cynips* n'ont pas de mâles connus. Enfin, on sait que le pasteur allemand Dzierzon a reconnu la parthénogenèse chez l'Abeille. Les observations qu'il avait faites comme apiculteur ont été vérifiées par Siebold et Leuckart au point de vue anatomique, et il a pu donner du phénomène une théorie qui était déjà vaguement connue d'Aristote : la mère ou reine pond à volonté des œufs fécondés ou non fécondés, ceux-ci produisant les mâles ou faux-bourdons, ceux-là les femelles ou ouvrières.

Tout le monde sait que, pendant la saison chaude de l'année, les Pucerons se reproduisent par viviparité sans le concours du mâle. Chaque jeune devient, en quelques jours, une grosse femelle qui pond à son tour, et ainsi de suite jusqu'à l'automne. A ce moment, la dernière génération produite par parthénogenèse vivipare est sexuée. L'accouplement se fait, puis la ponte, et les œufs passent l'hiver pour éclore au printemps, en donnant naissance à des Pucerons vivipares. Bonnet, de Genève, a observé dix pontes vivipares en trois mois. Kyber a conservé

(1) Barthélemy, *Annales des sciences naturelles*, 4e série, XII, 1859.

des colonies de l'*Aphis rosæ* dans une chambre chauffée, et les a vus continuer à se reproduire pendant quatre années consécutives sans donner naissance à une seule génération sexuée.

Examinons brièvement le processus de la reproduction parthéno-génésique chez les Pucerons (1).

L'appareil reproducteur du Puceron vivipare, qui est toujours femelle, est construit sur le même type que l'ovaire de tous les Insectes. Ce sont des faisceaux de tubes plus ou moins nombreux, suivant les espèces, tubes qui contiennent, à la suite les unes des autres, une série de chambres ou loges dans lesquelles se développent, non pas des œufs, chez le Puceron, mais des embryons, ou plutôt des œufs qui, très-rapidement, se transforment en embryons.

Les loges ou chambres ovigères des Insectes sont les équivalents des follicules de l'ovaire des Vertébrés. Entre le plus jeune ovule et la masse cellulaire qui forme l'extrémité de chaque tube, il se produit continuellement de nouveaux ovules, d'où il suit que la gaîne des tubes ovariques s'allonge toujours. Chaque œuf se développe séparément dans une loge du tube ovarique. Ces tubes sont, chez le Puceron, au nombre de quatre à sept de chaque côté.

A l'extrémité de chaque gaîne ou tube, il y a une dilatation globuleuse composée d'un amas de petites cellules : c'est la chambre germinative. Au centre se trouve une cellule qui émet continuellement par bourgeonnement, à sa partie postérieure, une série de cellules pédonculées. Chacune de ces cellules pédonculées est un ovule.

A mesure qu'il se développe, cet ovule se met en rapport avec la paroi du tube ovarique, qui est tapissée par un épithélium, et il la refoule pour s'y former une loge destinée à le contenir pendant toutes les phases de son développement embryonnaire. Sous l'influence de ce contact entre l'œuf et l'épithélium, une des cellules épithéliales, située près du pôle postérieur de l'œuf, prolifère et produit un petit amas de cellules, qui fait saillie à l'extérieur de la gaîne ovigère. De cet amas de cellules s'élève un bourgeon qui comprime l'ovule toujours croissant, le repousse au point de contact et s'y creuse une petite loge par refoulement.

Ce bourgeon est une vésicule embryogène et l'homologue d'un spermatoblaste de la glande sexuelle mâle. Mais ce spermatoblaste est, comme nous allons le voir, capable d'un développement ultérieur et indépendant.

Dès que ce bourgeon cellulaire ou ce spermatoblaste a touché le vi-

(1) Balbiani, *Annales des sciences naturelles*, 5ᵉ série, XI, 1869, et XIV, 1870.

tellus de l'œuf, il agit sur lui comme le ferait un élément mâle. On voit alors, en effet, le blastoderme se former à la surface de l'œuf, et l'embryon se développer. Bientôt le bourgeon épithélial, auquel, en raison de son action fécondante, on peut donner le nom d'*androblaste*, augmente de volume et émet des cellules filles sur toute sa surface. Ces cellules sont identiques aux lobes du spermatoblaste des Vertébrés, lobes que nous avons vu également être de véritables cellules produites par bourgeonnement d'une cellule mère épithéliale.

Le pédoncule de l'androblaste se sépare de la gaîne ovigère, et la masse androblastique, devenue libre, se place à la face interne de l'abdomen de l'embryon. Cette masse ne joue plus aucun rôle, elle vit et se développe pour son propre compte dans les organes de l'Insecte et persiste même chez l'adulte, où elle forme la substance verte ou jaune qui s'observe chez tous les Pucerons.

Ainsi, en résumé, l'œuf, élément femelle, a été fécondé par le bourgeon épithélial, élément mâle, et de cette fécondation est résulté le développement de l'œuf jusqu'à la formation d'un animal parfait. De plus, le bourgeon épithélial a été influencé également par l'élément femelle, et s'est transformé en un véritable spermatoblaste.

Chez les autres espèces animales qui se développent sans le concours du mâle les choses se passent-elles comme chez les Pucerons ? L'être nouveau y est-il aussi le résultat de cette *préfécondation* de l'œuf par l'épithélium ovarique ? C'est ce qui n'est pas encore établi jusqu'ici. Mais tous ces faits, qui nous semblent échapper aux lois ordinaires, y rentreront certainement un jour, et comme le dit le grand poète et naturaliste Gœthe, l'exception d'aujourd'hui deviendra la règle demain.

FIN.

# TABLE DES MATIÈRES

## SEPTIÈME LEÇON.



## HUITIÈME LEÇON.



## NEUVIÈME LEÇON.



## DIXIÈME LEÇON.



## ONZIÈME LEÇON.



## DOUZIÈME LEÇON.



## TREIZIÈME LEÇON.

### QUATORZIÈME LEÇON.



### QUINZIÈME LEÇON.



### SEIZIÈME LEÇON.



### DIX-SEPTIÈME LEÇON.



### DIX-HUITIÈME LEÇON.



### DIX-NEUVIÈME LEÇON.



### VINGTIÈME LEÇON.

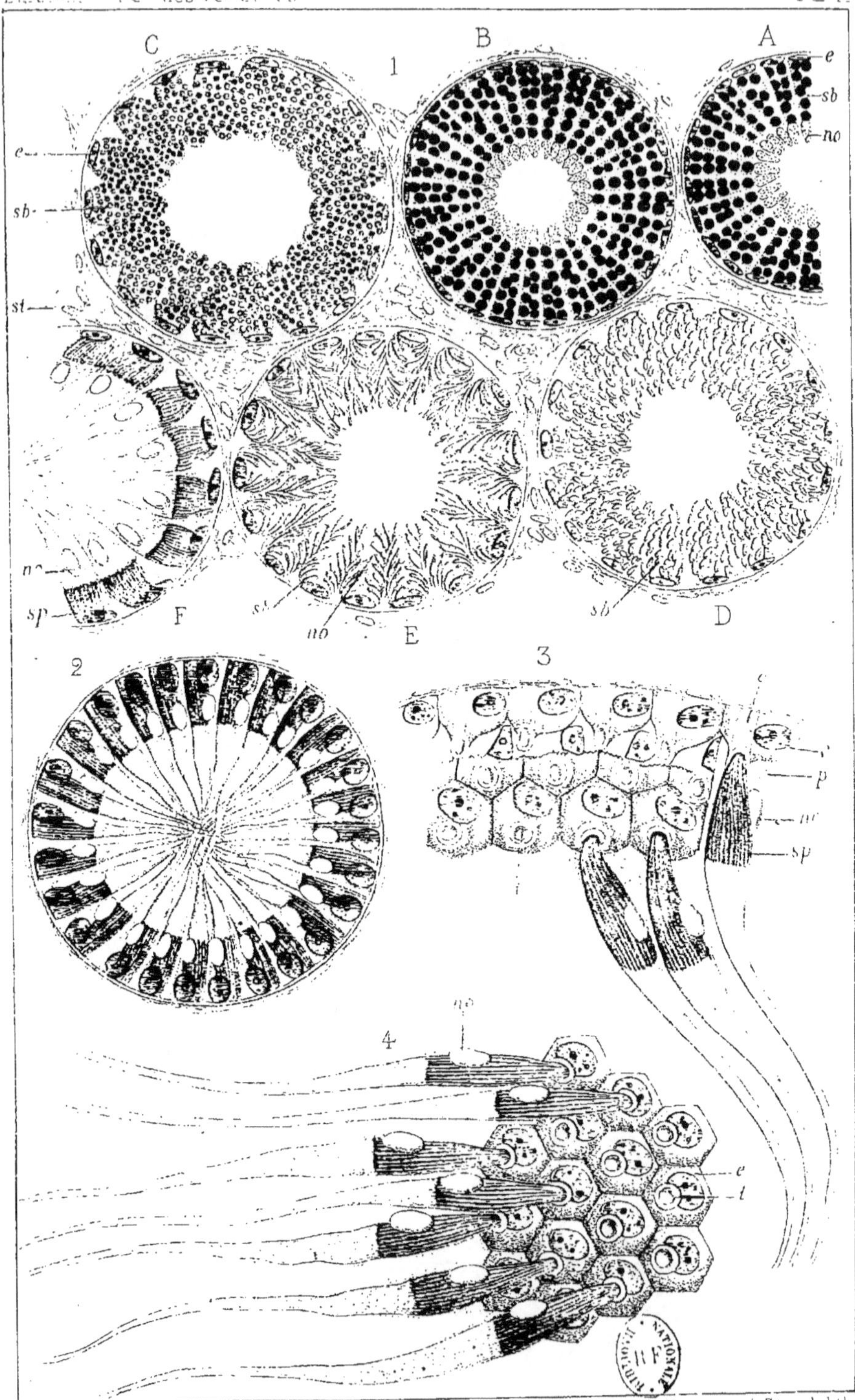
C
B
A
1
e
sb
no
e
sb
st
no
sp
F
E
D
st
no
sb
D
2
3
e
p
no
sp
4
no
e
t

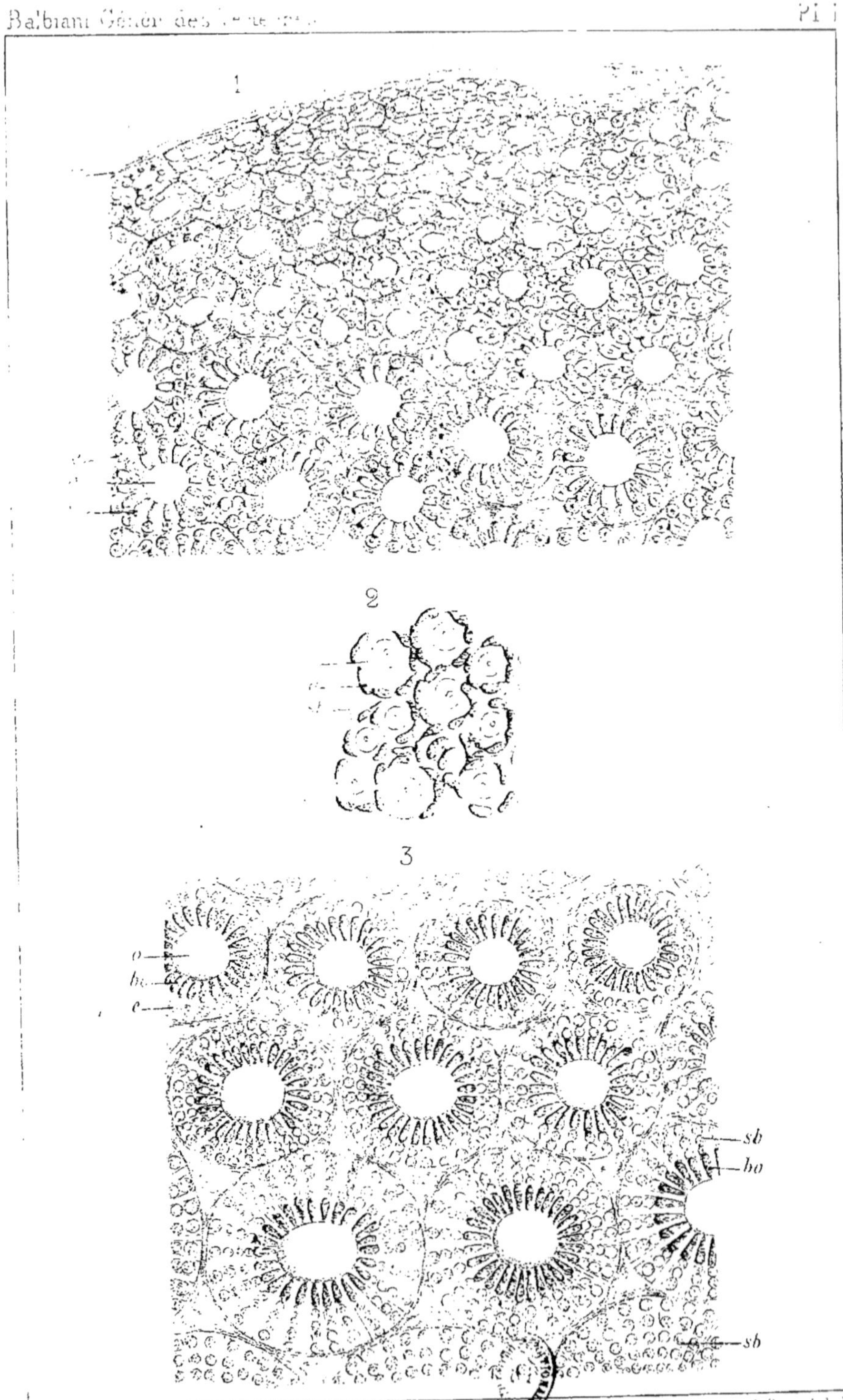


G. Balbiani del.

# EXPLICATION DES PLANCHES

## PLANCHE I.

Fig. 1. — Coupe transversale du testicule d'une Roussette (*Scyllium canicula*), faite dans la région des jeunes ampoules. Durcissement dans l'alcool absolu. Coloration successive par le picrocarminate et le vert de méthyle. Les ampoules les plus jeunes, placées à la périphérie, ont la même constitution que les follicules primordiaux de l'ovaire. Elles se composent d'une grande cellule centrale, ou ovule, entourée de petites cellules épithéliales. Le noyau et le nucléole de l'ovule ont déjà disparu. Dans les ampoules placées au milieu de la coupe, l'ovule central commence à produire par bourgeonnement des cellules filles, dont chacune se conjugue avec la cellule épithéliale qui lui fait face. Le noyau de la cellule ovulaire est coloré par le vert de méthyle et celui de la cellule épithéliale par le picrocarminate. Dans le bas de la figure, les ampoules sont plus développées et renferment des couples radiés de bourgeons ovulaires *bo* et de cellules épithéliales *e*. — *st*, stroma superficiel ou albuginée.

Fig. 2. — Groupe de follicules primordiaux du pli progerminatif du même testicule. *o*, ovules primordiaux ; *e*, cellules épithéliales primitives; *st*, stroma. Coloration au carmin.

Fig. 3. — Ampoules de la portion moyenne du testicule. Les cellules épithéliales *e*, conjuguées avec les bourgeons ovulaires *bo*, ont commencé à proliférer à leur tour pour produire les cellules séminales ou spermatoblastes *sb*.

## PLANCHE II.

Fig. 1. — Portion d'une coupe du testicule du *Scyllium canicula* présentant des ampoules bien développées. Même mode de préparation que celui indiqué dans l'explication de la planche I; *st*, stroma formé de fibrilles et de cellules conjonctives.

A, B, grosses ampoules renfermant des amas pyramidaux rayonnants de petites cellules séminales. Chaque amas est en rapport par sa base avec la cellule épithéliale mère *e*, et présente à son sommet le noyau persistant *no* du bourgeon ovulaire avec lequel la cellule épithéliale s'était conjuguée.

C, ampoule au début de la transformation des spermatoblastes *sb* en filaments spermatiques. Les petits globules renfermés dans les spermatoblastes sont les corpuscules céphaliques ou premiers rudiments des têtes des spermatozoïdes. Le protoplasma des cellules séminales a été détruit en grande partie par l'action du liquide durcissant (alcool absolu), et ces cellules paraissent ne former qu'une seule masse dans laquelle sont plongés les globules céphaliques. Ces globules et la masse commune sont fortement colorés par le vert de méthyle. Les queues des spermatozoïdes, déjà bien visibles à cette période sous forme de filaments ténus, rayonnant vers le centre de l'ampoule, ont également été détruites par l'action du liquide durcissant.

D, les corpuscules céphaliques ont pris la forme de petits bâtonnets colorés par le vert de méthyle. Même remarque que pour l'ampoule c, relativement à l'action exercée par l'alcool sur les cellules séminales et les queues des spermatozoïdes.

E, ampoule à une phase plus avancée du développement des filaments spermatiques. Les bâtonnets céphaliques se sont allongés et transformés en corpuscules claviformes, effilés en pointe à leur extrémité périphérique adhérente à la cellule mère. A l'extrémité obtuse opposée s'insérait le filament caudal détruit par l'action de l'alcool ; no, noyaux persistants des bourgeons ovulaires, dont chacun est en rapport avec un des faisceaux spermatiques en voie de développement.

F, segment d'une ampoule presqu'au terme de sa maturation. Les têtes des faisceaux spermatiques sp se sont rapprochées de la paroi de l'ampoule, mais elles n'ont pas atteint leur longueur définitive ; les filaments forment des faisceaux lâches, plus larges qu'au moment de la maturité complète ; no, noyaux ovulaires.

FIG. 2. — Coupe d'une ampoule entière, renfermant des faisceaux spermatozoïdes complétement mûrs. Cette figure est destinée à montrer la disposition radiée des faisceaux. Ceux-ci ont les têtes tournées vers la périphérie et les queues vers le centre.

FIG. 3. — Portion de la paroi d'une ampoule mûre vue par la face interne. Les cellules épithéliales e se présentent de profil et de trois quarts. La plupart ont déjà laissé échapper le faisceau spermatique qu'elles portaient. Sur les trois cellules qui ont conservé leur faisceau, on voit comment celui-ci s'engage par son extrémité périphérique, dans une sorte de gaine ou de canal à paroi épaisse et réfringente c, qui traverse de part en part le protoplasma de la cellule mère, et aboutit à la membrane propre de l'ampoule. Après la chute du faisceau, l'entrée de ce canal apparaît au sommet de la cellule comme un trou circulaire, à bord net et légèrement saillant, semblable à un petit cratère t ; p, masse transparente granuleuse entourant la tête du faisceau spermatique, et formée probablement par la coagulation d'une substance albumineuse répandue entre les paquets de spermatozoïdes. Lorsque le faisceau se détache, cette masse se brise au niveau du point où il sort de la cellule ; une portion est entraînée avec le faisceau, tandis que l'autre reste adhérente à la cellule épithéliale (1). no, noyau ovulaire appliqué à la surface de chaque faisceau spermatique.

FIG. 4. — Portion de la paroi d'une ampoule mûre, au moment de la chute des faisceaux spermatiques. Les cellules épithéliales sont vues complétement de face par leur côté interne. On voit que l'orifice t, par lequel émergent les faisceaux, n'est pas situé exactement au sommet de la cellule, mais un peu latéralement, sur un point opposé à celui où se trouve le noyau. On peut apprécier aussi la forme parfaitement circulaire de cet orifice, qui reste comme un trou béant dans la paroi de la cellule, après que le faisceau est tombé.


## PLANCHE III.

FIG. 1-6. — Ces figures montrent les transformations successives du contenu des am-

_______

(1) Cette disposition n'a pas été rendue d'une manière très-exacte sur la figure, par l'artiste chargé de lithographier la planche.

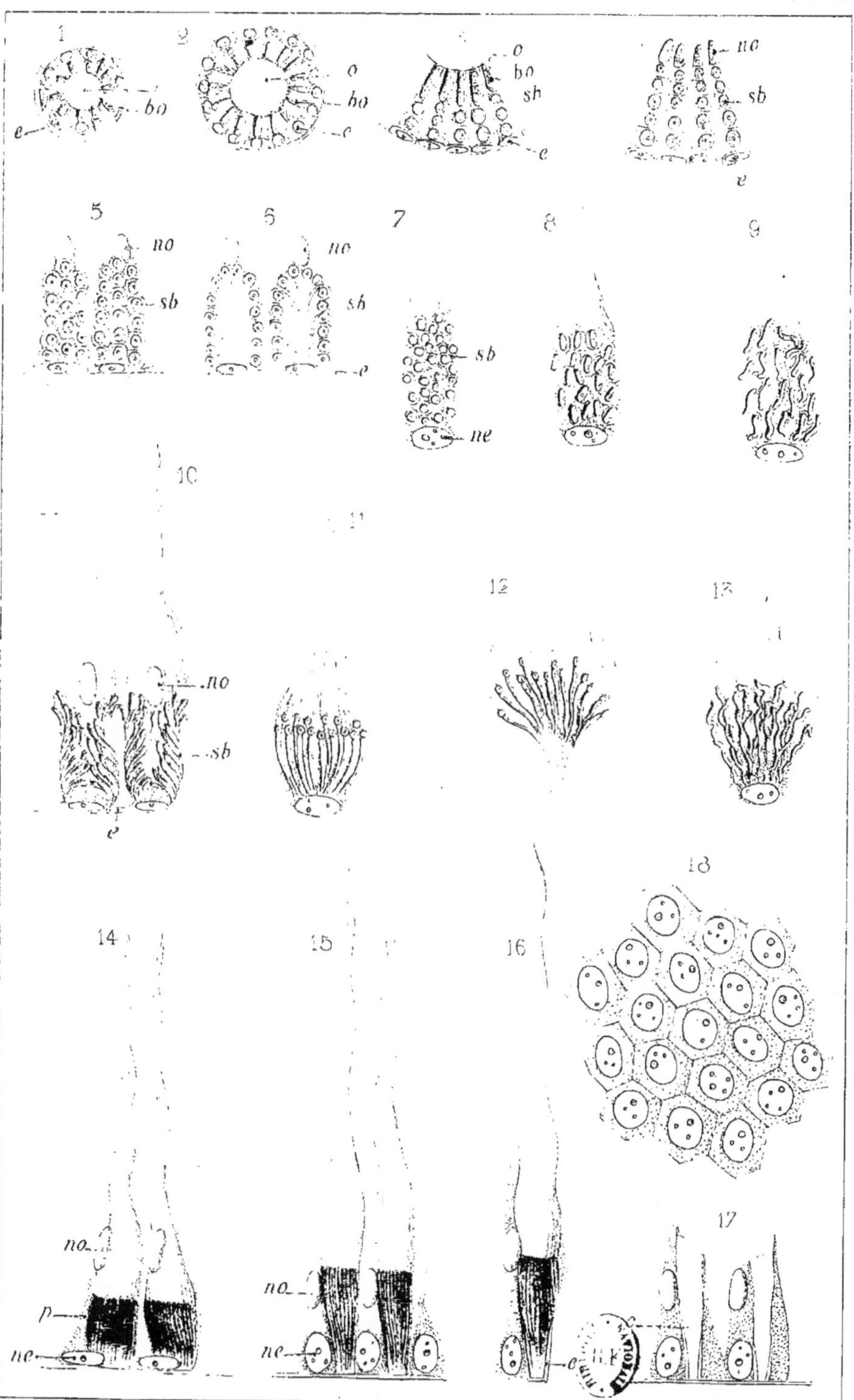
C. Balbiani del.
L. Hugon et J Storck lith

poules spermatiques du testicule du *Scyllium canicula,* jusqu'à la période où les spermatozoïdes commencent à se développer.

Fig. 1. — Très-jeune ampoule dont l'ovule central *o* commence à produire des bourgeons ou cellules filles *bo,* qui se conjuguent avec les cellules épithéliales *c* de la paroi.

Fig. 2. — Ampoule plus développée. La cellule centrale *o* a augmenté de volume et s'est entourée d'une génération radiée de cellules filles *bo,* dont chacune forme un couple avec la cellule épithéliale *e* placée vis-à-vis d'elle à la paroi de l'ampoule.

Fig. 3. — Segment d'une ampoule au début de la prolifération des cellules épithéliales. *o,* portion de la membrane de l'ovule central ; *bo,* bourgeons ovulaires; *sb,* cellules séminales ou spermatoblastes formant deux ou trois rangées au-dessus de chaque cellule épithéliale *e.*

Fig. 4. — Portion d'une ampoule plus développée. Les cellules séminales *sb* forment des pyramides de cinq rangées de cellules. Chaque pyramide est surmontée à son sommet du noyau *no* d'un bourgeon ovulaire, dont le protoplasma a disparu absorbé par les cellules séminales. Il ne reste non plus aucune trace de l'ovule central.

Fig. 5. — Les cellules *sb* se sont multipliées par bourgeonnement et par division ; elles forment au-dessus de chaque cellule épithéliale une masse mamelonnée qui proémine dans la cavité de l'ampoule, et dont le sommet est surmonté du noyau ovulaire *no.* Ce noyau s'est déjà transformé en une petite plaque graisseuse elliptique, et a cessé de se colorer par les réactifs.

Fig. 6. — Aspect intérieur des masses mamelonnées formées par les cellules séminales. Le centre de la masse est occupé par une sorte d'axe ou de rachis formé par un prolongement de la cellule mère et sur lequel s'insèrent, d'une manière régulière, les cellules filles pédonculées *sb.*

Fig. 7. — Phases successives de l'évolution des filaments spermatiques du *Scyllium canicula.* Éléments isolés par dissociation de préparations alcooliques.

Fig. 7. — Apparition des corpuscules céphaliques ou rudiments des têtes des spermatozoïdes dans les cellules de développement. Les queues sont aussi déjà visibles sous forme d'une touffe de filaments au-dessus de l'amas de cellules séminales ; *ne,* noyau de la cellule mère auquel adhère une petite quantité de protoplasma.

Fig. 8-9. — Transformation des corpuscules céphaliques en bâtonnets, d'abord courts et droits, puis longs et flexueux.

Fig. 10. — Les bâtonnets se sont étirés à leur extrémité périphérique en un filament par lequel ils se fixent sur la cellule mère.

Fig. 11. — La rétraction du prolongement protoplasmique de la cellule mère a rapproché du noyau les têtes, qui commencent à prendre une disposition parallèle.

Fig. 12. — Extrémité interne rompue d'une cellule mère portant des spermatozoïdes incomplétement développés.

Fig. 13. — Élément analogue à celui de la figure 11. Les têtes ont encore la forme de longs bâtonnets flexueux.

Fig. 14. — Fragment de la paroi d'une ampoule portant deux faisceaux spermatiques presque mûrs. Les têtes des faisceaux sont arrivées au contact de la membrane propre. Elles sont entourées d'une masse granuleuse *p,* formée en partie par le protoplasma cellulaire, en partie par le liquide albumineux coagulé de l'intérieur de l'ampoule ; *ne,* noyau de la cellule mère ; *no,* noyau ovulaire.

Fig. 15. — Portion de la paroi d'une ampoule à laquelle adhèrent deux faisceaux spermatiques presque complétement mûrs. Les faisceaux se sont allongés et condensés, et sont fixés sur la membrane propre, à côté du noyau de la cellule mère. Celui-ci, *ne*, a pris une forme ovalaire, allongée dans le sens d'un rayon de l'ampoule.

Fig. 16. — Faisceau spermatique au terme de sa maturité. Il porte sur son côté le noyau de la cellule mère coloré en rose, et le noyau ovulaire resté incolore. L'extrémité de la tête du faisceau est engagée dans le canal protoplasmique *c* de la cellule mère, détruite en partie.

Fig. 17. — Fragment d'une ampoule portant deux cellules épithéliales dont les faisceaux spermatiques sont tombés. La tête des faisceaux s'est moulée en creux dans la substance granuleuse durcie qui les entourait, et la cavité du moule se continue, vers la périphérie, avec le canal *c* de la cellule mère, dans lequel pénétrait l'extrémité du faisceau.

Fig. 18. — Portion de l'épithélium d'une ampoule mûre vue par la surface externe.


PLANCHE IV.


Fig. 1. — Portion d'une coupe du testicule d'une larve de *Rana temporaria* complétement développée. Tout le contenu des lobes testiculaires se compose de jeunes follicules formés d'un ovule central *o* et de petites cellules périphériques. Un de ces ovules *o'* a pris un développement extraordinaire et ressemble tout à fait à un jeune œuf de l'ovaire de la femelle ; *st*, stroma.

Fig. 2. — Coupe transversale du testicule d'un *Bufo vulgaris* adulte ; *sb*, spermatoblastes à divers degrés de développement. On voit dans trois capsules contiguës un gros ovule *o'*, *o'*, *o'*, entouré de cellules épithéliales, parmi des faisceaux de spermatozoïdes mûrs *sp*.

Fig. 3. — Section transversale de quelques tubes séminifères de *Rana temporaria*. Dans le tube x, on voit trois jeunes follicules avec un ovule central *o*, *o*, *o*, semblables à ceux que renferme le testicule pendant le jeune âge. Tous les tubes contiennent de nombreux amas de cellules séminales ou spermatoblastes *sb*, entourés de leur enveloppe folliculaire *e'*. Deux de ces amas (tubes x et z) ont été coupés par le milieu, et laissent voir les cellules convergeant par leur pédoncule vers le centre de l'amas. Sur d'autres points de la paroi des tubes, des faisceaux de spermatozoïdes à divers degrés de développement sont fixés sur les cellules épithéliales qui leur ont donné naissance.

Fig. 4. — Capsule testiculaire d'un jeune Axolotl âgé de un an. Le contenu est formé d'ovules primordiaux *o'* et de petites cellules, dont les unes *e* s'appliquent contre la membrane propre, pour former son revêtement épithélial, et dont les autres *e'*, commencent à entourer les ovules pour constituer leur enveloppe folliculaire.

Fig. 5. — Follicules primitifs du même testicule dans lesquels l'ovule est en voie de division. *a*, division du noyau ; *b*, étranglement de l'ovule commençant par un de ses côtés.

Fig. 6. — Capsule testiculaire du même animal, plus développée que celle représentée dans la figure 4. Elle renferme des amas sphériques de cellules séminales *sb*, entourés de leur enveloppe folliculaire *e*.

Fig. 7. — Les plus jeunes capsules du même testicule, ne contenant chacune qu'un seul follicule primitif formé d'un ovule *o*, entouré de cellules épithéliales *e*. Dans un de ces follicules, l'ovule est en voie de division et renferme deux noyaux.

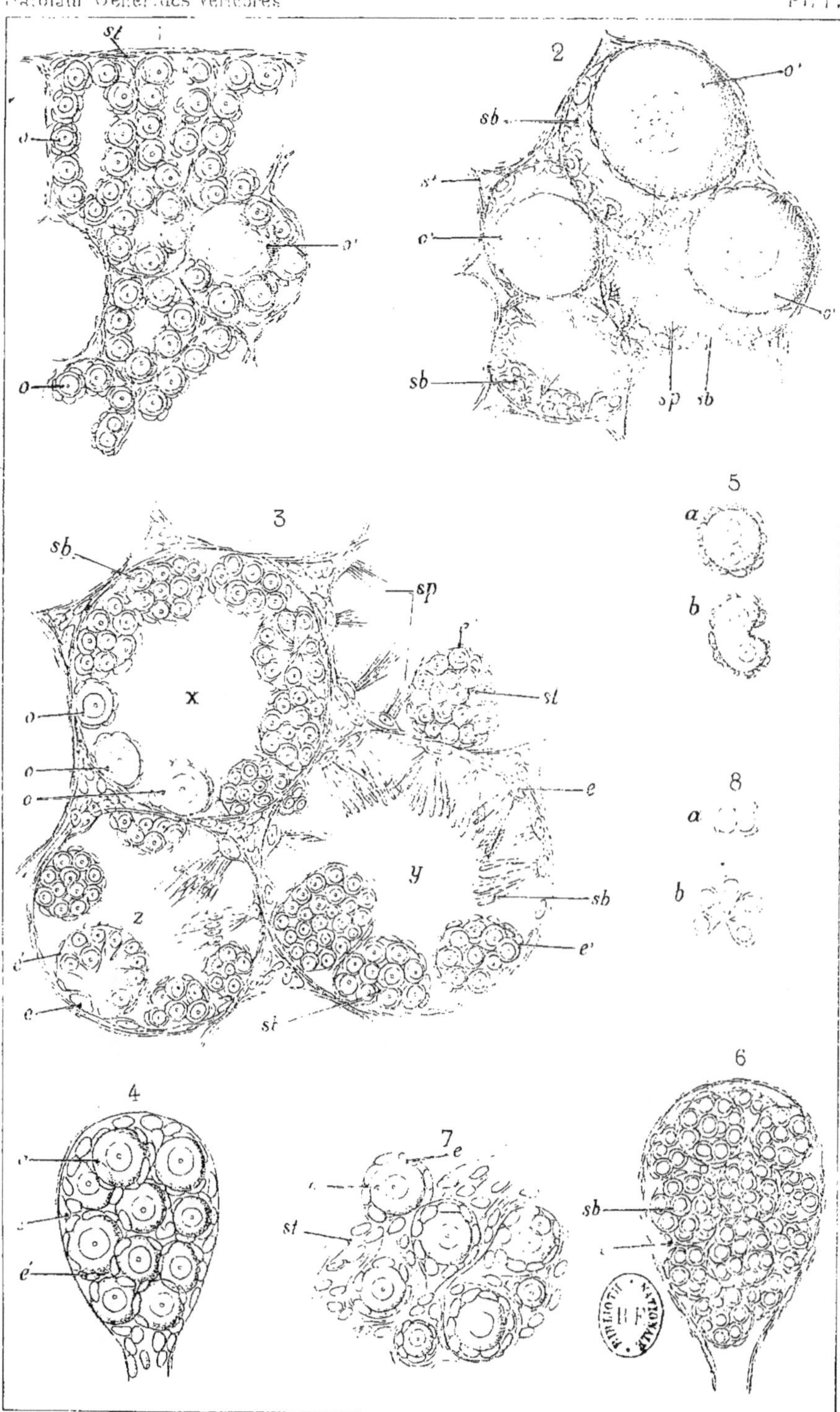

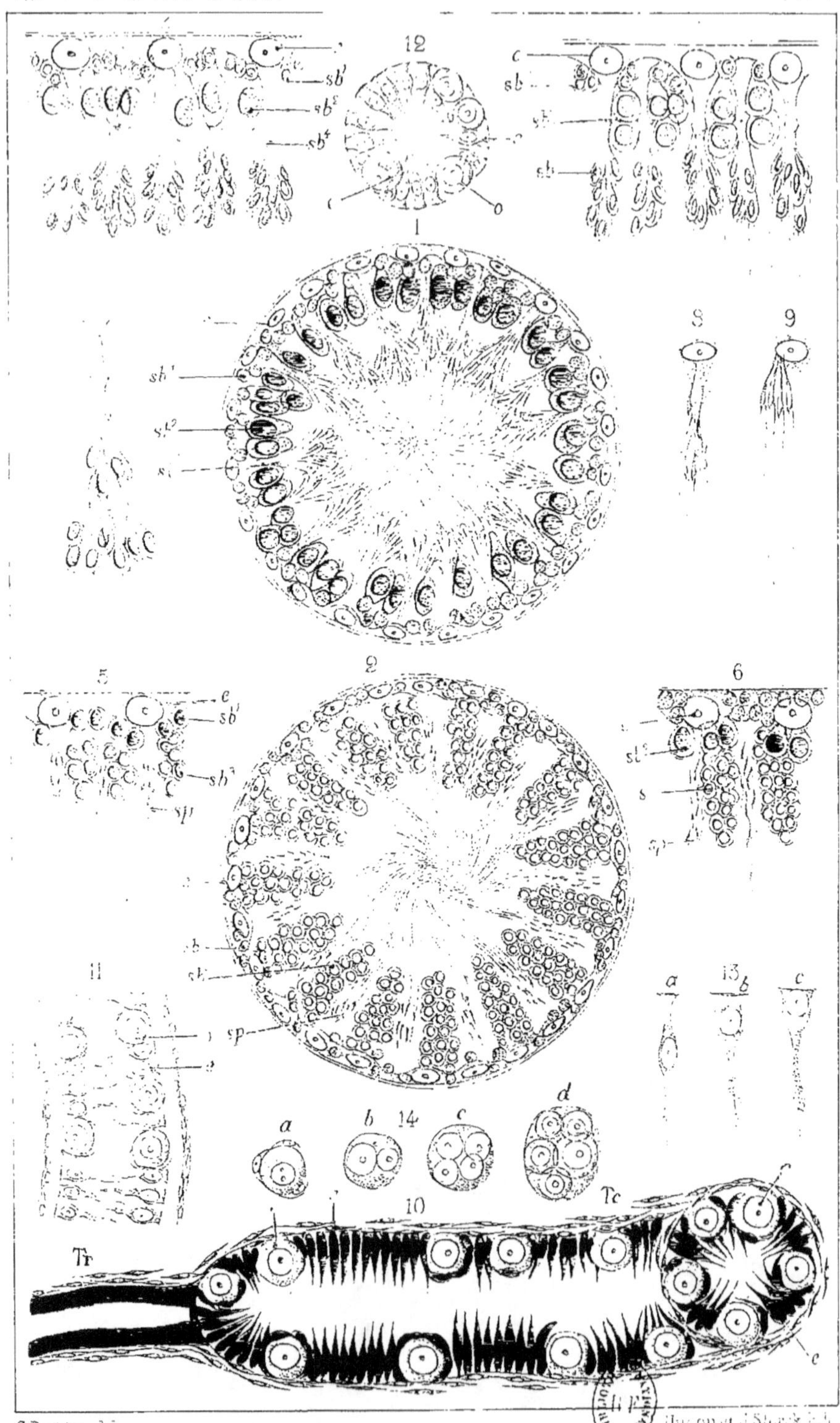

Pl.
12
1
8
9
sb'
sb²
sb⁴
c
sb
sb'
sb²
s
5
2
6
e
sb'
t
sb³
sp
st²
s
sp
11
sp
s
13
a
b
c
a
b
14
c
d
Tc
Tr
10
c
c

Fig. 8. — Eléments des follicules testiculaires isolés par dissociation. *a*, cellule séminale en voie de division; *b*, groupe de cellules séminales adhérant entre elles par leur extrémité interne.

## PLANCHE V.

Fig. 1-9. — Développement des spermatozoïdes du Rat. Le testicule a été durci dans l'alcool absolu. Les coupes ont été colorées successivement au moyen du picrocarminate et du vert de méthyle, et ont été conservées dans la glycérine.

Fig. 1. — Section transversale d'un canalicule séminifère à la période où la génération la plus âgée des cellules séminales commence à se transformer en filaments spermatiques. La coupe présente trois générations de cellules séminales disposées concentriquement au contour extérieur du canalicule.

La génération la plus jeune, *sb'*, est placée vers la surface et se compose de petites cellules granuleuses rondes, s'élevant au-dessus de l'épithélium, auquel elles se rattachent par un pédicelle court et grêle. Ces cellules absorbent d'une manière intense le vert de méthyle, comme toutes les cellules épithéliales à l'état jeune. Elles représentent les cellules séminales ou spermatoblastes au premier stade de leur développement.

*Sb²*, deuxième stade de l'évolution des spermatoblastes. Grandes cellules ovalaires ou piriformes, disposées sur un seul rang, rattachées par un pédoncule aux cellules épithéliales *e*. Ces cellules n'absorbent plus le vert de méthyle, comme au stade précédent, mais prennent une coloration rouge plus ou moins intense, le noyau surtout, au contact du picrocarminate.

Le canalicule ne contient pas de spermatoblastes au troisième stade de leur développement. (Voir fig. 6, *sb³*.)

*Sb⁴*, quatrième stade des spermatoblastes. Cellules allongées, piriformes, disposées en faisceau à l'extrémité d'un prolongement des cellules épithéliales. Leur transformation en spermatozoïdes a déjà commencé. Chaque cellule a poussé vers le centre du canalicule un filament qui forme la queue, et présente dans son intérieur le rudiment de la tête, en forme de crochet, du spermatozoïde du Rat.

Fig. 2. — Section transversale d'un canalicule à la période où les spermatozoïdes commencent à s'engager dans la lumière du conduit. Cette coupe présente trois états différents du développement des éléments séminaux, mais qui ne sont pas identiques à ceux représentés dans la figure 1.

*Sb'*, spermatoblastes au premier stade, un peu plus jeunes que les éléments correspondants de la figure précédente. Les petites cellules n'ont pas encore dépassé pour la plupart le niveau de l'épithélium, ce qui les fait paraître comme si elles étaient contenues dans les cellules épithéliales.

Il n'y a pas de spermatoblastes du deuxième stade. (Voir la figure 1, *sb²*.)

*Sb³*, troisième stade de l'évolution des cellules séminales, représenté par des amas de petites cellules rondes nombreuses, formant une saillie prononcée dans la cavité du canalicule. Ces amas cellulaires résultent de la multiplication des éléments du deuxième stade. Les noyaux sont colorés fortement par le carmin, comme ceux des cellules du deuxième stade.

La coupe ne contient pas de cellules séminales au quatrième stade (voir figure 1, *sb⁴*), celles-ci s'étant déjà transformées en spermatozoïdes mûrs *sp*.

Fig. 3. — Portion de la coupe longitudinale d'un canalicule, à la même période que celui représenté figure 1. *e*, épithélium; *sb'*, *sb²*, *sb⁴*, premier, deuxième et quatrième stade des spermatoblastes. Les cellules de ce dernier stade ont commencé à pousser le filament caudal, mais la formation de la tête n'a pas encore commencé dans leur intérieur ; par contre, elles renferment un noyau ovalaire, coloré légèrement en rose par le picrocarminate.

Fig. 4. — Portion de canalicule, comme dans la figure précédente, sauf que les spermatoblastes du deuxième stade $sb^2$ commencent à se multiplier par division, pour passer au stade $sb^3$.

Fig. 5. — Portion de canalicule dans laquelle les spermatoblastes du premier stade $sb^1$ sont sur le point de passer au deuxième, et ceux du deuxième au troisième stade $sb^3$. On remarquera la teinte violette que les cellules $sb^1$ prennent pendant le passage, teinte résultant de ce qu'elles ont une égale affinité pour les deux réactifs colorants.

Lorsqu'elles se sont complétement transformées en cellules du deuxième stade, elles ne se colorent plus que par le carmin. La génération la plus ancienne se compose de filaments spermatiques bien formés $sp$, greffés par leur tête sur le prolongement protoplasmique de la cellule mère.

Fig. 6. — Portion de canalicule dans laquelle la génération la plus âgée se compose de spermatozoïdes complétement développés, tandis que la plus jeune commence à naître à la périphérie du canalicule, sous forme de petites cellules granuleuses, colorées par le vert de méthyle ; $sb^2$, $sb^3$, générations intermédiaires du deuxième et du troisième stade.

Fig. 7. — Prolongement central d'une cellule mère de spermatozoïdes, arraché de sa base avec le faisceau de spermatoblastes qu'il porte à son extrémité. Isolé par dissociation.

Fig. 8-9. — Cellules épithéliales détachées de la paroi d'un canalicule avec quelques spermatozoïdes engagés par leur tête dans le protoplasma cellulaire. Isolées par dissociation.

Fig. 10. — Section longitudinale de la portion terminale d'un canalicule contourné avec l'origine du tube droit qui lui fait suite ; du testicule d'un jeune Chat de trois jours. Durcissement dans l'alcool absolu. Coloration par le picrocarminate et le vert de méthyle. Le canalicule contourné $Tc$ est revêtu intérieurement d'une couche de longues cellules épithéliales, fusiformes ou coniques, lâchement unies entre elles $e$, $e$. Parmi ces cellules sont placés de nombreux ovules primordiaux $o$, $o$, $o$, entourés de leur enveloppe folliculaire. Le tube droit $Tr$ est beaucoup plus étroit que le tube contourné ; il présente aussi un épithélium tout différent de celui de ce dernier. Cet épithélium est formé de cellules cylindriques assez courtes, disposées en une couche régulière et serrée, semblable à celui des canaux du *rete testis* (voir la planche VI). Les deux tubes se terminent chacun en cul-de-sac, leurs parois ne s'étant pas encore résorbées au point de contact pour permettre la communication de leurs cavités.

Fig. 11. — Fragment de canalicule du testicule d'un jeune Chat de six mois. Isolé par dissociation après macération du testicule pendant plusieurs semaines dans une solution de bichromate d'ammoniaque. Le contenu du canalicule s'est séparé de la paroi. Les cellules épithéliales $e$ sont lâchement unies entre elles et entre-croisent leurs extrémités dans l'axe du tube. On aperçoit parmi elles quelques ovules primordiaux $o$, renfermés dans leur follicule.

Fig. 12. — Coupe transversale d'un canalicule du même animal. La paroi du tube s'est détachée du contenu. On voit la disposition radiée des cellules épithéliales, entre lesquelles sont placés quelques ovules primordiaux, dont l'un $o'$ en voie de multiplication.

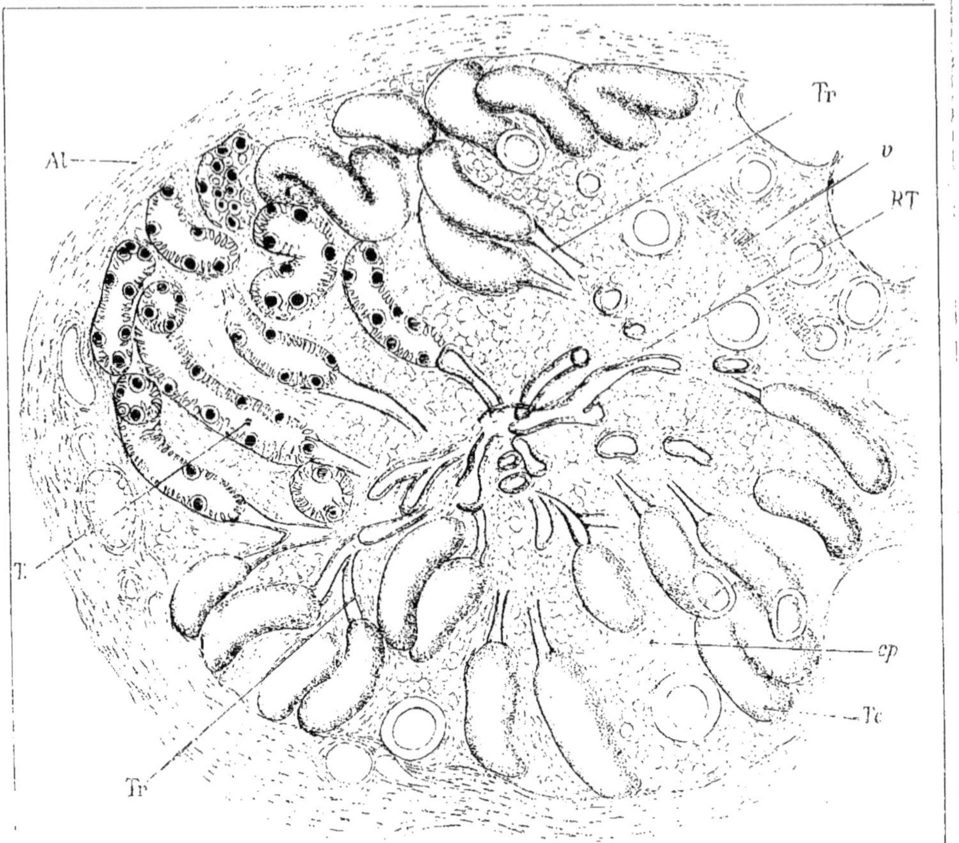

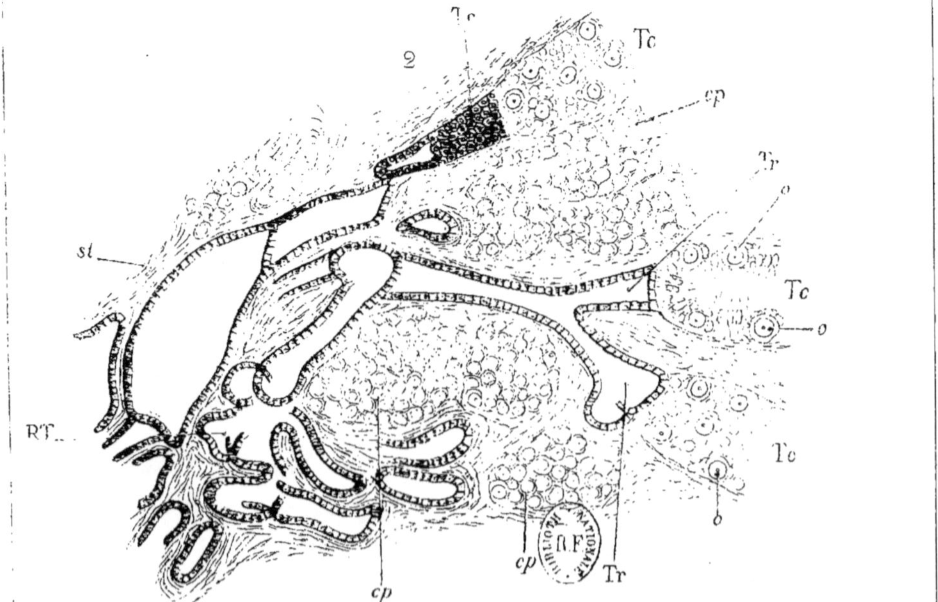

Balbiani .Géner. des Vertébrés
Pl. VI
Al
Tr
v
RT
T.
cp
Tr
Tc
2
Tc
Tc
cp
Tr
o
st
Tc
o
RT
BIBLIOTHÈQUE NATIONALE R F
cp
Tr
cp
C Balbiani del

Fig. 13. — Formes diverses des cellules épithéliales des canalicules d'un Chat non adulte. Isolées par dissociation dans une solution de bichromate d'ammoniaque.

Fig. 14. — Ovules et groupes d'ovules des mêmes canalicules, isolés par dissociation. *a*, ovule primordial dans son follicule ; *b*, *c*, *d*, masses ovulaires provenant de la multiplication des ovules primordiaux.

## PLANCHE VI.

Fig. 1. — Section transversale du testicule d'un Chat nouveau-né. Durcissement dans l'alcool absolu. Coloration par le picrocarminate et le vert de méthyle. *Tc*, tubes contournés renfermant des ovules primordiaux et un épithélium à longues cellules fusiformes ; *Tr*, tubes droits venant se mettre en rapport par leurs extrémités libres, avec la partie terminale des tubes contournés. Les cavités des deux conduits sont d'abord séparées par une cloison formée par leurs parois adossées, puis communiquent l'une avec l'autre après la résorption de cette cloison. Les tubes droits sont des diverticules des canaux du *rete testis*, *Rt*, placés dans la partie centrale de la coupe, et ces canaux proviennent eux-mêmes des canalicules du corps de Wolff bourgeonnant dans la direction du testicule. *Al*, albuginée ; *cp*, cellules plasmiques rondes formant avec les cellules de tissu conjonctif la masse interstitielle du testicule ; *v*, vaisseau.

Fig. 2. — Portion plus grossie d'une autre coupe transversale du même testicule ; *Rt*, *rete testis*, d'où partent les tubes droits *Tr*, qui viennent se mettre en communication avec les extrémités des tubes contournés *Tc*. Les tubes droits provenant par bourgeonnement des canaux du *rete testis* se multiplient eux-mêmes en bourgeonnant par leurs extrémités libres, comme on peut le voir sur un des tubes de la figure. On remarquera la différence de l'épithélium dans les tubes contournés et les tubes droits. *st*, stroma ; *cp*, cellules plasmiques interstitielles.

PARIS. — TYPOGRAPHIE A. HENNUYER, RUE D'ARCET, 7.